高等医药教育规划教材
高等院校数字化融媒体特色教材
高等院校基础医学实验教学示范中心建设成果

分子医学实验教程

主　编　赵鲁杭　周以侹
副主编　于晓虹　闫小毅
编　委　邹　玲　霍朝霞　翁登坡
　　　　杨月红　丁　倩　陈枢青
　　　　厉朝龙

ZHEJIANG UNIVERSITY PRESS
浙江大学出版社

图书在版编目（CIP）数据

分子医学实验教程 / 赵鲁杭，周以侹主编. —杭州：浙江大学出版社，2021.8
ISBN 978-7-308-21585-5

Ⅰ.①分… Ⅱ.①赵… ②周… Ⅲ.①医学—分子生物学—实验—高等学校—教材 Ⅳ.①Q7-33

中国版本图书馆 CIP 数据核字(2021)第 136056 号

分子医学实验教程

赵鲁杭　周以侹　主编

丛书策划　阮海潮(1020497465@qq.com)
责任编辑　阮海潮
责任校对　王元新
封面设计　杭州林智广告有限公司
出版发行　浙江大学出版社
(杭州市天目山路 148 号　邮政编码 310007)
(网址:http://www.zjupress.com)
排　　版　杭州青翊图文设计有限公司
印　　刷　杭州杭新印务有限公司
开　　本　787mm×1092mm　1/16
印　　张　16.75
字　　数　440 千
版 印 次　2021 年 8 月第 1 版　2021 年 8 月第 1 次印刷
书　　号　ISBN 978-7-308-21585-5
定　　价　59.00 元

前　言

分子医学是从分子水平上研究医学问题的一个学科领域，其覆盖学科门类比较广泛，主要包括生物化学、分子生物学、遗传学、分子免疫学等，《分子医学实验教程》整合了生物化学、分子生物学、遗传学和部分免疫学的实验教学内容，结合分子医学领域的先进实验技术、方法和临床科学问题，通过实验强化所学的基础理论知识，训练学生的基本实验技能，培养学生综合实验设计的能力和开拓性思维，为培养优秀的医学研究人才和临床医生奠定基础。

《分子医学实验教程》强调分子医学研究所需要的实验技术技能培训，实验项目设计以蛋白质和核酸(染色体)为主线，结合部分传统的生物化学实验项目，形成了相互关联的系列性、综合性实验项目体系。实验项目以综合性实验为主，结合先进实验技术的线上线下混合式教学和学生自主创新性实验设计，在教学方式上以学生线下自主操作实验为主，结合线上实验教学、课堂教学演示、课堂讨论等多种教学方式，在培养学生实验操作能力的同时，多层次、多角度地拓展学生学习内容的广度和深度，开拓学生的视野，培养学生的自主创新性能力。

本实验教材是在浙江大学医学院生物化学与遗传学系的各位前辈和同仁的共同努力和协作下完成的，实验内容凝结了各位前辈和同仁的心血和智慧，周以侹教授对本教材整体实验教学项目内容的架构进行了规划、设计和审阅。本实验教材得到了浙江大学本科生院教材出版基金的支持，同时也得到了浙江大学医学院基础医学系领导和徐立红教授、刘伟教授、厉朝龙教授、张咸宁教授的指导、支持和帮助，在此表示衷心的感谢。虽然我们做了很大的努力，但由于水平有限，疏漏和错误之处在所难免，恳请读者予以批评指正。

赵鲁杭
2021 年 6 月于杭州

目　录

第一篇　分子医学实验技术概论

第二篇 分子医学实验常用的技术和方法

第三篇 实验项目

第一篇　分子医学实验技术概论

第一章　分子医学实验基本要求

第一节　实验室规章制度与操作规范

一、实验室规章制度

(1)实验前认真预习实验教材中相关的实验内容,了解实验目的、要求和基本的实验过程。

(2)进入实验室必须穿好实验服,实验室内保持安静,严禁大声喧哗;不得无故迟到或早退,不得在实验室内吸烟和用餐。

(3)上课认真听讲,按照实验教材和老师的指导进行实验,实验过程中若有疑问或遇见问题,请及时询问教师,切勿自己盲目处理。

(4)保持实验台的清洁整齐,实验试剂取用完毕后应及时放回原位,及时盖好试剂瓶盖,避免实验试剂被污染。公用物品用毕应放回原处,不得私自占用。

(5)实验仪器的使用应严格按照操作规程进行,要爱护实验室的仪器设备,文明使用,如遇仪器设备出现故障请及时与老师联系。如由于人为因素引起实验仪器设备损坏,将按照规定进行赔偿。

(6)注意用水、用电的安全,强酸、强碱、有毒及腐蚀性试剂的使用要特别注意,要戴手套进行操作。不得将高温、强酸、强碱、有毒及腐蚀性试剂抛洒在实验台上,避免伤害性事故的发生。

(7)实验废弃物应分类处理,一般性液体废弃物可倒入水池,并放水冲走;强酸、强碱可在稀释后倒入水槽并放水冲走;有毒或腐蚀性试剂应倒入指定的废液瓶中集中处理;动物尸体应放入指定的容器中集中处理。

(8)不准用实验室的容器盛放食物,不能在实验室的冰箱内存放食物,严禁将实验室的任何试剂入口。

(9)实验完毕,须将试剂排列整齐,整理好公用物品,清理打扫自己的实验台面,关闭仪器设备的电源,请指导教师检查,允许后方可离开。

二、实验室常见危险化学试剂分类

实验室常见的危险化学试剂具有易燃烧、爆炸、毒害、腐蚀或放射性等危险性质,主要有几下几类:

(1)易燃液体:汽油、苯、甲苯、乙醇、乙醚、乙酸乙酯、丙酮、乙醛、氯乙烷、二硫化碳等。

(2)易燃固体:硝化棉、萘、樟脑、硫黄、红磷、镁粉、铝粉、锌粉等。

(3)遇水燃烧物:钾、钠、碳化钙、磷化钙、硅化镁、氢化钠等。

(4)爆炸品:三硝基甲苯、硝化甘油、硝化纤维、苦味酸、雷汞等。

(5)强氧化剂:过氧化钠、过氧化钡、过硫酸盐、硝酸盐、高锰酸盐、重铬酸盐、氯酸盐等。

(6)强腐蚀性物质:浓酸(包括有机酸中的甲酸、乙酸等)、固态强碱或浓碱、液溴、苯酚等。

(7)毒品:氰化钾、氰化钠等氰化物,三氧化二砷、硫化砷等砷化物,升汞及其他汞盐,汞,白磷,可溶性或酸溶性重金属盐以及苯胺、硝基苯等。

三、实验注意事项及应急处理

(一)实验室安全和注意事项

实验的参与人员必须时刻把实验室安全放在首位,严格遵守实验室的规章制度和实验操作规范。

(1)实验操作过程中凡遇有能产生烟雾或有毒性腐蚀性气体时,应放在通风柜内进行。如果实验室内无此种设施,则必须注意及时打开窗户通气。

(2)以吸管取用试剂应使用橡皮吸球。对于有剧毒或腐蚀性试剂的取用更要注意安全,应使吸管的尖端固定在液面下适当的位置,以防试剂进入吸球。如果不慎已吸入球内,则应随时洗净晾干。

(3)乙醚、乙醇、丙酮、氯仿等易燃试剂不可直接放在火源上蒸煮,以防容器破裂而引起火灾。遇有火险绝不要慌乱,应根据火情妥善处理。如系少量试剂引起的小火,可用湿抹布轻轻盖住即可熄灭;如已酿成大火,则应首先关闭电源(如实验室建筑有自动灭火装置,则不可关闭电源),用二氧化碳灭火器或粉末灭火器扑灭(千万不可用水或酸碱泡沫灭火器灭火);如果衣服着火,切勿惊慌,可迅速跑到室外就地打滚即可将身上的火扑灭。

(4)含有强腐蚀性试剂、有毒试剂的实验废液应及时倒入指定的废液瓶中集中处理。

(5)不能用湿手接触电源,若发生触电,应迅速切断电源,必要时进行人工呼吸。

(二)应急处理(实验室意外事故的急救)

(1)皮肤灼伤处理:皮肤不慎被强酸、溴、氯等物质灼伤时,应用大量自来水冲洗,然后用5%碳酸氢钠溶液洗涤。

(2)强酸溶液进入口内的处理:应立即用清水或 0.1mol/L 氢氧化钠溶液漱口,再服用氯化镁、镁乳等和牛奶混合剂数次,每次约 200mL;或服用万应解毒剂(配法:木炭末 2 份、氧化镁 1 份及鞣酸 1 份混合而成)1 茶匙。但不宜服用碳酸钠溶液,以免因和酸作用而产生过量气体反而加剧对胃的刺激。

(3)强碱溶液进入口内的处理:立即用大量清水或 5%硼酸溶液漱口,再服用 5%醋酸溶液适量,或服用上述万应解毒剂 1 茶匙。

(4)石炭酸类物质进入口内的处理:立即用 30%~40%酒精漱口,再服用 30%~40%酒精适量,并设法尽可能将胃内容物呕吐出。

(5)氰化物进入口内的处理:应立即用大量清水漱口,再服用 3%过氧化氢溶液适量;静脉注入 1%美蓝 20mL,再吸入亚硝酸异戊酯,并注意呼吸情况,必要时可进行人工呼吸。

(6)汞及汞类化合物进入口内的处理:应立即服用生鸡蛋或牛奶若干,再设法使胃内容物尽量呕吐出来。

(7)碘酒或碘化物进入口内的处理:应立即服用米汤或淀粉若干,再设法使胃内容物尽量呕吐出来。

(8)酸、碱等化学试剂溅入眼内的处理:先用自来水或蒸馏水冲洗眼部,如溅入酸类物质则可再用5%碳酸氢钠溶液仔细冲洗;如系碱类物质,可以用2%硼酸溶液冲洗,然后滴1~2滴油性物质起滋润保护作用。

(9)被电击的处理:实验室内电器设备众多,如某项设备漏电,使用中则有触电危险。如有人不慎触电,首先应立即切断电源。在没有断开电源时绝不可用手去拉触电者,宜迅速用干木棒、塑料棒等绝缘物把导电物与触电者分开,然后对触电者进行抢救。若发现触电者已失去知觉或已停止呼吸,则应立即施行人工呼吸;待有了呼吸即可移至空气新鲜、温度适中的房间里继续进行抢救。

(10)酸、碱等化学试剂溅洒在衣服鞋袜上的处理:强酸或强碱类物质洒在衣服鞋袜上,应立即脱下用自来水浸泡冲洗;溅洒物如系苯酚类物质,而衣服又是化纤织物,则可先用60%~70%酒精擦洗被溅处,然后再将衣物放清水中浸泡冲洗。

以上仅是一般应急处理方法,重症者应及时送医院急诊室处理。

(11)实验动物咬伤处理:从事动物实验时,若需要固定动物并将其处死,应戴厚的防护手套。若不小心被动物咬伤,不要惊慌,一般来说,实验室的动物都来自正规的动物饲养中心,属于无特定病原体(specific pathogen free,SPF)级动物,都是经过严格消毒,进行防疫治疗的,一般不会携带病毒,被咬伤后对伤口进行清洗(自来水、盐水或肥皂水),然后消毒即可。伤口比较严重的可就近到校医院进行处理。如不确定动物来源,被咬伤后首先要用肥皂水进行冲洗,也可以适当地用碘伏进行消毒处理,然后及时去疾控中心或防疫站进行狂犬病疫苗注射。

四、实验室基本操作技能

(一)玻璃仪器的洗涤与清洁

玻璃仪器的洗涤与清洁直接影响实验结果的准确性,因此玻璃仪器的洗涤工作是很重要的。

1.新购置玻璃仪器的清洗

新购置来的玻璃仪器表面附着有游离碱性物质,应先用肥皂水洗刷后再用流水冲洗,浸泡于1%~2%盐酸中过夜,取出后再用流水冲洗,最后用蒸馏水冲洗2~3次,在干燥箱中烤干或自然晾干,备用。

2.使用过的玻璃仪器的洗涤

(1)一般玻璃仪器:烧杯、三角烧杯、试剂瓶、试管等,可先用洗衣粉或肥皂水刷洗,将器皿内外壁细心地刷洗,使其尽量多地产生泡沫,然后再用自来水洗干净,洗至容器内壁光洁不挂水珠为止,最后用蒸馏水冲洗2~3次,晾干备用。

(2)容量仪器:吸量管、容量瓶、滴定管等在使用后立即用清水冲洗,勿使残留物质干涸,并及时用流水或洗衣粉水尽量洗涤,稍干后用铬酸洗液浸泡数小时,然后用自来水反复冲洗,将洗液完全洗去,最后用蒸馏水冲洗2~3次,晾干备用。

(3)比色杯:用毕立即用自来水反复冲洗干净,如不干净时可用盐酸或适当溶剂冲洗(避免用较强的碱液或强氧化剂清洗),再用自来水冲洗干净。切忌用试管刷或粗糙的布或纸擦洗,以保护比色杯透光性,冲洗后倒置,晾干备用。

(二)量器类的使用法

量器是指对液体体积进行计量的玻璃器皿,如滴定管、移液管、容量瓶、量筒、刻度吸量管、刻度离心管及自动加液管等。

1. 刻度吸量管

刻度吸量管供量取10mL以下任意体积的液体时用，分全流出式与不完全流出式。全流出式：一般包括尖端部分，欲将所量取液体全部放出时，须将残留管尖的液体吹出。此类吸量管的上端常标有“吹”字。不完全流出式：若吸量管上端未标有“吹”字样，则残留管尖的液体不必吹出，其刻度不包括吸量管的最后一部分，使用前先要看清容量和刻度。根据需要选择适当的吸量管，刻度吸量管的总容量最好等于或稍大于最大取液量。用拇指和中指（辅以无名指），持吸量管上部，用食指堵住上口并控制液体流速，刻度数字要对向自己。用另一只手捏压橡皮球，将吸量管插入液体内（不得悬空，以免液体吸入球内），用橡皮球将液体吸至最高刻度上端1～2cm处，然后迅速用食指按紧管上口，使液体不至于从管下口流出。将吸量管提出液面，吸黏性较大的液体（如全血、血清、血浆）时，先用滤纸擦干管尖外壁，然后用食指控制液体缓慢下降至所需刻度（此时液体凹面、视线和刻度应在同一水平面上），并立即按紧吸量管上口。放液时，管尖最好接触受器内壁，但不要插入受器内原有的液体中，以免污染吸量管和试剂。放松食指，使液体自然流入受器内。吸血液、血清等黏稠液体及标本（尿液）的吸量管，使用后要及时用自来水冲洗干净。吸一般试剂的吸量管可不必马上冲洗，待实验完毕后再冲洗。冲洗干净的刻度吸量管，最后用蒸馏水冲洗，晾干备用。

2. 量筒

量筒是用来量取精确度要求不高的溶液体积的，使用起来比较方便。它有5～2000mL十余种规格。用量筒量取液体体积是一种粗略的计量法，所以在使用中必须选用合适的规格，不要用大量筒计量小体积的溶液，也不要用小量筒多次量取大体积的溶液。

3. 移液器

移液器是一种连续可调的精确取液器，其通过旋转上端按钮调节刻度，控制内腔的体积，按动上端的按钮排出内腔的空气，将移液器吸液杆上的枪头或吸头插入液体中，松开按钮，靠内置弹簧的弹力复原，形成的负压可导致液体吸入枪头或吸头内。常规的移液器的规格有10μL、20μL、100μL、200μL、1000μL等，可根据所需吸取的量选择合适规格的移液器进行取样。

移液器的基本操作方法如下：

(1)根据所需吸取液体的量选择合适的移液器。

(2)调节旋钮至所需吸取液体的刻度，将吸头套紧在吸液杆上。

(3)用拇指将取液按钮按到第一挡，将吸头插入液体内，慢慢放松按钮使其复位，然后将移液器撤离液面。

(4)将吸头移至所需加样的容器内，按下按钮至第二挡，排尽吸头内的液体，然后移开移液器，再放松按钮（一般液体可沿容器壁加入，移开移液器时拇指暂时不能松开）。

4. 天平

天平是实验中称量的重要仪器。根据所称量目的物的不同，或称量精度的要求不同，应选用不同的天平。实验室较为常用的天平有电子天平和托盘天平。

电子天平的使用方法如下：

(1)调水平：天平开机前，首先检查天平后部水平仪内的水泡是否位于圆环的中央，若不在中央，通过天平的地脚螺栓调节，左旋升高，右旋下降。

(2)根据电子天平的分类，确定所需天平精确度。

(3)按下开机键，接通显示器，等待仪器自检。当显示器显示零时，自检过程结束，可进行称量；若显示器显示零以外的数字，则需按一下调零键（“Tear”键）调零。

(4)放置称量纸(或一次性称量盘),待计数稳定后按调零键去皮,当显示器显示零时,在称量纸(或称量盘)上加所要称量的试剂。

(5)称量完毕,按调零键,当显示器显示零时,按关机键关闭显示器,切断电源。

(6)清理称量台及天平周围桌面。

托盘天平的使用方法如下:

(1)称量时,托盘天平应放在平稳的桌面(实验桌)上,先要调零,把游码拨到零刻度处,检查天平是否平衡。平衡的标准是指针指在刻度盘的中央。

(2)天平不能用于称量过热、过冷或超过称量范围的物体。称量时,记住是"左物右码",即称量时把物体放在左盘,砝码放在右盘。砝码要用镊子夹取。加砝码时,先加质量大的,再加质量小的,最后移动游码直到天平平衡为止。记录所加砝码和游码的质量。

(3)要称量的物体不能直接放在托盘上,以免腐蚀托盘。固体药品先在两个托盘上各放一张大小相同的称量纸,然后把药品放在纸上。具有易潮解或腐蚀性的药品,应当放在玻璃仪器里(如烧杯等)称量。

(4)称量完毕,应当把游码拨回零刻度,把砝码放回砝码盒中。

(5)清理天平托盘及周围桌面。

注意事项如下:

(1)在称量之前,首先判断所称总质量是否在使用天平的称量范围内,如超出范围,会导致天平发生故障。

(2)预热:精密度较高的电子天平在使用前一般要进行预热,天平精度越高,预热时间应越长。预热是保证电子天平测量准确的一项重要工作。

(3)水平状态:电子天平移动或其他方面的环境变化,都需要对天平进行调水平。

(4)测量环境:精密度高的天平因环境空气流动可引起称量数字的飘移,造成称量结果不准确。另外,样品和容器的温度与外部有所偏差,会引起空气对流,空气对流产生的作用力对称量结果会产生一定的影响。在称量时,要尽量避免这种温差,从干燥器或冰箱拿出的样品不可直接进行称量。

(5)电子天平属于精密仪器,应避免震动,减少移动。

(6)天平周围及称量盘应保持清洁。

(三)溶液的混匀

样品与试剂的混匀是保证化学反应充分进行的一种有效措施。为使反应体系内各物质迅速地互相接触,必须借助外加的机械作用。混匀时须防止容器内液体溅出或被污染,严禁用手指直接堵塞试管口或锥形瓶口振摇。溶液稀释时也须混匀。混匀的方法通常有以下几种:

1.搅动混匀法

适用于烧杯内溶液的混匀,如固体试剂的溶解和混匀。搅拌使用的玻璃棒必须两头都圆滑,棒的粗细、长短必须与容器的大小和所配制的溶液的多少成适当的比例关系。搅拌时必须使搅棒沿着器壁运动,以免搅入空气或使溶液溅出。倾入液体时必须沿着器壁慢慢倾入,以免产生大量气体,倾倒表面张力低的液体更要缓慢仔细。研磨配制胶体溶液时,搅棒沿着研钵的一个方向进行,不要来回研磨。

2.旋转混匀法

适用于锥形瓶、大试管内溶液的混匀。手持容器使溶液做离心旋转,以手腕、肘或肩做轴旋转。

3. 指弹混匀法

适用于离心管或小试管内溶液的混匀。左手持试管上端，用右手指轻轻弹动试管下部，或用一只手的大拇指和食指持管的上端，用其余三个手指弹动离心管，使管内的液体做旋涡运动。

4. 振荡混匀法

适用于振荡器，使多个试管同时混匀，或试管置于试管架上，双手持管架轻轻振荡，达到混匀的目的。

5. 倒转混匀法

适用于有塞量筒和容量瓶及试管内容物的混匀。

6. 吸量管混匀法

用吸量管将溶液反复吸放数次，使溶液混匀。

7. 甩动混匀法

右手持试管上部，轻轻甩动振荡即可混匀。

8. 电磁搅拌混匀法

在电磁搅拌机上放上烧杯，在烧杯内放入封闭于玻璃或塑料管中的小磁子，利用磁力使小磁子旋转以达到混匀杯中液体的目的。适用于酸碱自动滴定、pH 梯度滴定等。

（赵鲁杭、霍朝霞）

第二节　实验记录、数据处理和实验报告

实验是在理论知识指导下的科学实践，目的是通过实践掌握科学观察的基本方法和技能，培养学生科学思维、分析判断和解决实际问题的能力。实验也是培养探求真知、尊重科学事实和真理的学风，培养科学态度的重要环节。

一、实验记录

实验记录要求客观、真实、完整地将实验条件(包括气候、实验材料、实验试剂等)以及观察到的现象、结果和数据及时地记录下来。原始数据必须准确、及时、详尽、清楚地进行记录，不能夹杂主观因素。设计表格，将在定量实验中观测的数据，如称量物的重量、滴定管的读数、光密度值等填在表格内，应依据仪器的精确度记录有效数字。

二、实验数据的处理和实验误差

(一)有效数字

有效数字是表明一种测定的准确度，以小数点后的数字位数来表示。在做一项测定和计算时，在结果的表述上可以包括一位估计的数值，如在一般长度的测量中毫米以下的数值往往是估计的，如 326.7mm，这个 0.7 就是一个估计的数值，是有可能有误差的；另外在加减乘除的数学计算中，应该以有效数字最少的那个数值作为计算结果的有效数字位数，如 0.523＋0.46＋1.3526，计算结果应该是 2.34，而不是 2.3356，再如 1.58×2.346，结果应该是 3.71，而不是 3.70668。在检测过程中对仪器设备的选择也是如此，应该选择准确度相类似的仪器设备，在某一个实验环节使用了一次准确度较低的仪器，那将会使整个过程的测定结果的准确度降低；同样在这个测定过程中的另一个环节即使使用精密度再高的仪器也是徒劳的，不会增加测定结果的准确性。

（二）误差

在进行一些测定的实验过程中，很难使得测定的数值与客观存在的真值完全相同，真值与测定值之间的差值称为误差。真值往往是不能确切地知道的，通常以多次测定的结果的平均数来近似地代表真值。在测定的过程中无论使用的仪器设备有多么的精密，试剂纯度有多高，操作者的技术有多么的娴熟和细致，都不能使测定的结果与真值完全相符。同一个样本多次重复测定，其结果也不可能完全相同。所以说实验中的误差是绝对的。根据误差的来源和性质，通常可将其分为三类。

1. 系统误差

系统误差是指一系列的检测结果存在着具有相同倾向性的偏差，或大或小，或正或负，但多是比较恒定的，往往是由于某种确定的系统原因引起的，在一定的条件下重复测定时常重复出现。经分析原因，可采取一定的措施减少误差或对误差进行纠正。系统误差的来源主要有：

(1)方法误差，由方法本身不够完善造成，如化学反应的特异性不高；

(2)仪器误差，由仪器本身不够精密所致，如量器、比色杯不符合要求；

(3)试剂误差，来源于试剂的不纯或变质；

(4)操作误差，如个人对条件的控制、终点颜色的判断常有差异。

为了纠正系统误差，常采取下列措施：

(1)空白试验：为了消除试剂等因素引起的误差，空白管在测定时不加样品，按与样品测定完全相同的操作程序，在完全相同的条件下进行分析测试所得的结果为空白值。将样品分析的结果扣除空白值，可得到比较准确的结果。

(2)回收率测定：取一已知精确含量的标准物质与待测未知样品同时做平行测定，测得的量与所取的量之比就称为回收率，可以检验表达分析过程的系统误差，也可通过下式对样品测量值进行校正：

被测样品的实际含量＝样品的分析结果(含量)/回收率

(3)量具校正。

2. 偶然误差

该类误差时大时小、时正时负，具有偶然性、不可预见性和没有规律性等特点，例如取样不准或由于某些外界因素的影响。分析测定的步骤越多，出现这种误差的机会也就越多。但如进行多次测定便可发现测定次数增加时，由于正误差和负误差出现的概率相等，此种误差可相互抵消。为了减少偶然误差，一般采取的措施是：①平均取样：如将动物组织制成匀浆后取样；全血标本取样时要摇匀等。②多次取样：平行测定的次数愈多，其平均偶然误差就愈小。

3. 责任误差

这种误差往往是由于实验操作人员的各种失误所造成的，是可以避免的。如溶液溅出、标本搞错等，在计算算术平均数时此种数值应弃去不用。

（三）误差的表示方法和计算

1. 平均误差

平均误差是指一组测定值中，测定值与测定均值的算术平均差。

$$平均误差=\sum|测定值-均值|/测定次数$$

该方法的缺点是取的是绝对值，无法准确地表示出每次测定的正负偏离情况。

2. 标准误差(标准差)

标准误差是指一组测定值中，每一个测定值与测定平均值间的偏离程度(详见统计学方法)。

3. 绝对误差

绝对误差是指测定值与真值之间的差数，是表示精确度的一种方法。

绝对误差＝测定值－真值

绝对误差的值可正可负，正值表示测定结果偏高，负值表示测定结果偏低。但是所谓真值往往是未知的，实际上是由多次精确测定的结果的平均值来代替的，所以绝对误差＝测定值－测定均值。

4. 相对误差

绝对误差表示的是误差绝对值的大小，而不是误差率的概念，实践中用得更多的是相对误差。更多的情况是用相对误差来表示测定结果的准确性。

相对误差＝(测定值－真值)/真值×100％

相对偏差＝(测定值－测定均值)/测定均值×100％

(四)表示检测精准程度的几个概念

1. 准确度

准确度是指测定值与真值相接近的程度，通常用误差的大小来表示，误差愈小，准确度愈高。误差又分为绝对误差和相对误差，它们都可以用来表示测定的准确度，大多情况下是用相对误差来表示实验测定结果的准确性。

绝对误差＝测定值－真值

相对误差＝(测定值－真值)/真值×100％

例如，用分析天平称得甲、乙两份样本的质量各为 2.1750g 和 0.2175g，假定两者的真值各为 2.1751g 和 0.2176g，则称量的绝对误差分别为：

2.1750－2.1751＝－0.0001(g)

0.2175－0.2176＝－0.0001(g)

它们的相对误差分别为：

－0.0001/2.1751×100％＝－0.005％

－0.0001/0.2176×100％＝－0.05％

两份样本称量的绝对误差虽然相等，但当用相对误差表示时，甲的称量的准确度是乙的10倍。所以用相对误差来表示更为准确。

但是由于真值是并不知道的，因此在实际工作中无法求出分析的准确度，而只能用精密度来评价分析的结果。

2. 精密度

精密度是指在相同条件下(同样的仪器、同样的方法等)，对同一个样本进行多次反复测定后所得数据的相近程度。精密度一般用偏差来表示。偏差也分绝对偏差和相对偏差：

绝对偏差＝个别测定值－算术平均值(不计正负号)

相对偏差＝(个别测定值－算术平均值)/算术平均值×100％

精密度是用来衡量在规定的实验方法和条件下实验结果的稳定性和重复性的一个重要指标，它代表着各测定值的分散和密集程度。各测定值之间彼此愈接近，表示重复性愈好；测定值的偏差愈小，精密度愈高，方法愈稳定。当然和准确度的表示方法一样，用相对偏差来表示实验的精密度，比用绝对偏差更有意义。

精密度和准确度有一定的关系，但两者不是统一的，精密度高不等于准确度高，反之亦然。准确度的高低表示测定结果的好坏、系统误差的大小；而精密度的高低则表明方法的稳定性、重复性的好坏。只有在消除了系统误差以后，使用精密度高的方法，才能做到既精密又准确，可称之为精确的方法。

在实验中，对某一样品同时进行多次平行测定求得算术平均值，作为该样品的分析结果。对于每次测定结果的精密度，常用平均绝对偏差和平均相对偏差来表示。

例如，五次分析某一蛋白质中氮的质量分数的结果，其算术平均数和各测定值的绝对偏差如下：

分析结果	算术平均值	各测定值的绝对偏差（不计正负）
16.1%		0.1%
15.8%		0.2%
16.3%	16.0%	0.3%
16.2%		0.2%
15.6%		0.4%

它们的平均绝对偏差和平均相对偏差分别是：

平均绝对偏差＝(0.1%＋0.2%＋0.3%＋0.2%＋0.4%)/5＝0.2%

平均相对偏差＝平均绝对偏差/算术平均值×100%＝0.2/16.0×100%＝1.25%

在实验中有时只做两次平行测定，这时可用下式表示结果的精密度：

精密度＝二次分析结果的差值/平均值×100%

应该指出误差和偏差具有不同的含义，误差以真值为标准，偏差以平均值为标准。我们平时所说的真值其实只是采用各种方法进行多次平行分析所得到的相对正确的平均值，用这一平均值代替真值计算误差，得到的结果仍然只是偏差。例如上述蛋白质含氮量的测定结果可用数字(16.0±0.2)%表示。

还应指出，用精密度来评价分析的结果是有一定局限性的。平均相对偏差很小，精密度很高，并不一定说明实验准确度也很高，这是因为如果分析过程中存在系统误差，可能并不影响每次测定数值之间的重合程度，即不影响精密度，但此分析结果却必然偏离真值，也即分析的准确度并不一定很高。当然，如果精密度也不高，则无准确度可言。

3. 灵敏度

灵敏度的高低有几种表示方法：一种是指被测物质单位浓度变化所引起的指示物理量的变化，如吸光度，相同的单位浓度，引起吸光度变化大的，称之为灵敏度高。灵敏度与取样体积、分析方法以及最后比色或检测需要量都有密切关系。要使方法的灵敏度保持稳定，必须结合灵敏度和准确度做全面的考虑。特别是在微量分析中，空白值的大小及稳定性对灵敏度影响很大，应当引起注意。

三、实验报告

在实验完成后，必须书写实验报告。一份满意的实验报告必须具备准确、客观、简洁、明了四个特点。写好实验报告除了正确的操作程序外，还有赖于仔细的观察及客观的记录，有赖于运用所掌握的理论知识对实验现象和结果的分析和综合能力。实验报告的优劣是判断实验者科学研究能力的一个重要指标。

实验报告首页要写明：实验名称(the title of experiment)、姓名、学号、班级、组别、同组同学、带教教师、实验日期等。实验报告的主体内容和格式一般包括如下几方面：

1. 实验目的和原理

用几句话简单扼要地说明进行本实验的目的和原理。对实验中所采用的技术和方法，要做简单扼要的介绍，并阐明运用该方法和技术与完成本实验项目之间的关系。

2. 实验操作程序

在充分理解操作步骤和原理的基础上，对整个实验操作过程进行概括性描述，对有些实验项目如成分的分离提取和制备，可以流程图表形式加以表达，要求简单明了，避免长篇抄录。

3. 实验数据和计算

这包括对实验过程中所出现的种种现象的仔细观察，以及对各种数据的客观记录。利用所获得的数据进行数学处理，列出公式，加以计算，得出结果。要注意正确应用各种单位。对有些项目，应根据实验目的、要求，利用获得的数据正确制作图或表。

4. 结果与讨论

这是实验报告中最重要的一部分。实验者首先应对实验结果的准确性进行分析确认，对实验中的误差或错误加以分析，然后综合所观察到的各种现象和数据，得出结论。在此基础上，应运用相关的理论知识及参考文献，结合实验目的、要求进行讨论。对实验中出现的新问题可提出自己的看法，并对自己的实验质量做出评价。

（赵鲁杭）

第二章　分子医学实验样品制备的原则、策略和方法

第一节　实验样品制备的基本原则和策略

一、实验样品制备的基本原则

生物样本是指植物、动物、微生物等生物的组成成分或代谢物，一定数量和足够纯度的生物样本的制备是进一步进行结构和功能研究的基础。由于生物样本的来源广泛、种类众多、组成复杂、容易失活等特点，所以在生物样本的制备过程中应当注意以下几个基本原则：

1. 实验材料的选择

应根据实验的目的和要求，选择合适的实验材料进行实验，基本原则是应选择富含目标生物分子的实验材料，兼顾一些其他影响目标生物分子含量和检测的因素。

2. 避免或减少样品制备过程中可能产生的污染

根据制备不同的目标生物分子的要求，有选择性地避免一些可能的污染因素，在实验的器具、容器和制备过程中都需要注意。如在微量元素测定时要避免相关的金属离子的污染；在提取蛋白质或核酸样品时应避免蛋白酶或核酸酶的污染，必要时应加入蛋白酶或核酸酶的抑制剂；在提取酶时应避免一些重金属污染或金属螯合剂污染。

3. 实验条件的选择

对于制备不同的目标生物分子，要根据实验的目的和要求，尽可能采取简单的样品制备过程，减少实验步骤。许多生物(大)分子一旦离开了生物体内的环境就极易失活，要注意控制实验过程的温度，尽量采取温和的实验条件，制备溶液体系的酸碱度和缓冲体系也很重要。所以生物分子的制备一定要选择最适宜的实验条件。

二、实验样品制备的基本策略

生物样品的制备是一个复杂的实验过程，基本的实验过程和策略是：

1. 材料的选择和处理

选择富含目的组分的实验材料，如提取胰岛素要用生物的胰腺；选择一定生理状态的细胞，如染色体制备细胞周期的选择，微生物对数生长期时，酶和核酸的含量较高；去除一些杂质成分，如动物组织的结缔组织、脂肪等。

2. 组织、细胞的破碎

提取组织细胞内的物质，需要对细胞膜、核膜乃至细胞器膜进行破碎，才能提取其中的生物组分或分子。不同生物的组织细胞破碎的方法有所不同，概括起来分为物理法、化学法和酶法。

3. 提取、分离

利用溶解或其他分离技术(如离心、过滤等)获取需要分离的靶组分(蛋白质、核酸、糖、脂肪、细胞器、细胞核或染色体)，并将其与其他组分(杂质)进行初步分离。

4. 纯化

在初分离的基础上，利用一系列的技术方法和手段（如盐析、电泳、层析、超离），进一步去除杂质组分，获取高纯度的目标组分。

5. 纯度检测

对于分离纯化得到的目标组分的纯度进行检测，如蛋白质的纯度分析，一般需要两种以上基于不同原理的分析方法证明某种蛋白质是纯的，它才有可能是纯的，而足够纯的生物组分的获取是进一步研究的基础。

6. 活性或功能检测和理化性质分析

实验样品制备的目的往往是为了获取有生物活性或功能的生物组分，所以靶生物组分的生物活性和功能的检测显得非常重要；理化性质的研究分析也是实验样品研究的重要内容。

7. 保存

获得了具有较高纯度和生物活性或功能的目标组分以后，需要将其进行保存，供后续研究使用。不同方法获得的不同生物组分的保存方法有所不同，可以是液态、固态或结晶。

第二节 常用实验样品的制备

在分子医学实验过程中，无论是分析生物体内各种物质的含量，还是探索组织中的物质代谢过程，或是生物分子以及染色体样本的制备，都需要利用预先处理过的特定生物样品。掌握此种实验样品的正确处理与制备方法是做好分子医学实验的先决条件。最常用的实验样品有血液、组织样品（肝、肾、心肌、胰、肌肉）、微生物样品和植物样品等。由于不同的实验有不同的要求，因此对采集到的生物样品需要预先做适当处理。掌握实验样品的正确处理与制备方法是做好实验的先决条件。

一、血液样品

1. 全血

取出血液后，迅速盛于含有抗凝剂的试管内，同时轻轻混匀，使血液和抗凝剂充分混匀，以免血液凝固。取得的全血如不立即进行实验，应储存于4℃冰箱中。常用的抗凝剂有草酸盐（1～2mg/mL 全血）、柠檬酸盐（5mg/mL 全血）、氟化钠（5～10mg/mL 全血）、肝素（0.01～0.2mg/mL 全血、EDTA 等）。可将抗凝剂配成适度的水溶液，按需要量加入试管中，并涂布于试管壁，横放烘干备用，或直接购买含抗凝剂的试管备用。

2. 血浆

将上述抗凝之全血在离心机中离心，血细胞下沉，上清液即为血浆。分离血浆时必须严格控制溶血，除采血时一切用具都需要清洁干燥外，取出之血液也不能剧烈振摇。

3. 血清

收集的血液不加抗凝剂，在室温下约5～20min 即自行凝固，通常3h 后，血块收缩而分离出血清。血块收缩后，应及早分离出血清，以免溶血。若血块黏着容器壁过紧，血清不易分离出来，可用细玻璃棒轻轻剥离，将血液离心，可分离得较快、较多。

4. 无蛋白血滤液

分析血液中某些成分时，为了避免蛋白质的干扰，需预先除去血中的蛋白质成分。常用三氯醋酸、钨酸或氢氧化锌等沉淀剂与蛋白质作用，然后用过滤或离心方法制成无蛋白血滤液。

二、组织样品

在分子医学实验中，常常利用离体组织研究各种物质代谢与酶系的作用，也可以从组织中提取各种物质、酶进行研究。但生物组织离体过久，其所含物质的量和生物活性都将发生变化。因此，利用离体组织作为提取材料或代谢研究材料时应在冰冷条件下迅速取出所需要的组织，并尽快进行提取或测定。

三、微生物样品

微生物细胞由于具有繁殖速度快、培养方便等特点，现已成为制备生物大分子的主要样品材料，如分子克隆表达产物的制备。微生物样品包括培养上清液（胞外组分）和菌体（胞内组分），胞内组分可以通过破碎菌体而获得，常用的方法有超声波法和溶菌酶法。

四、植物样品

植物样品也是分子医学和中药学研究中经常使用的实验样品，主要是为了提取和制备植物中的生物活性组分，如植物多糖、皂苷类物质、黄酮类物质等。植物中的生物活性组分往往可耐高温，所以植物样品处理可使用烘干等方法，有效成分的提取也可采用水煮法，其他植物样品的破碎方法还有研磨法、匀浆法等。

第三节　生物大分子的制备

生物大分子主要是指蛋白质（酶）、核酸和多糖等，制备生物大分子是对其进行研究的前提。制备生物大分子的一般程序包括：①生物材料的选择与预处理；②破碎组织细胞；③抽提（适当的缓冲液，对于蛋白质来说往往是低盐溶液）；④分离、纯化（盐析法或有机溶剂法等常需离心；层析法或电泳法）；⑤纯度的分析鉴定；⑥产物的浓缩、干燥。

制备生物大分子时需注意：建立一个方便及灵敏的分析方法，估计每一步的提纯程度；选择富含生物大分子的实验材料；尽可能减少提纯步骤；避免生物大分子的变性，如保持低温、适当的酸碱度、避免强烈搅拌、防止产生大量泡沫等；加入蛋白酶抑制剂可防止蛋白质的水解作用，添加二巯基苏糖醇等可避免氧化，添加金属离子螯合剂如乙二胺四乙酸（EDTA），可防止重金属离子对酶的失活。此外，在提取 DNA 时，EDTA 可螯合 DNase 激活剂镁离子，从而抑制 DNase 的活性，防止 DNA 降解。最后还需注意，提纯后的生物大分子很有可能会发生一定的结构变化并导致活性变化。

一、生物材料的选择与预处理

动物组织样品一般采用断头法处死动物，放出血液，立即取出实验所需脏器或组织，除去外层的脂肪及结缔组织后，用冰冷的生理盐水洗去血液（必要时可用冰冷的生理盐水灌注脏器以洗去血液），再用滤纸吸干，即可用于实验。

二、组织细胞的破碎

组织细胞的破碎方法有：

1. 研磨或匀浆

适用于组织材料。准确称取新鲜组织，剪碎，加入适当的匀浆制备液。常用的匀浆制备液有生理盐水、PBS缓冲液等。

(1)研钵研磨：加磨料(如玻璃粉、石英砂、氧化铝等)研磨。可将动物组织、植物组织、细菌或细胞与玻璃粉及缓冲液按一定比例混合成稠糊状，置冷研钵内用力研磨5min，离心取上清液。要注意磨料不能对所需成分有吸附作用。

(2)在玻璃匀浆器内匀浆：由一根内壁经过磨砂的玻璃管和一根一端为球状(表面经过磨砂)的粗杆组成。操作时先把样品置于管内，再套入磨杆用手上下移动，左右旋转，反复多次即可将细胞破碎。在制匀浆时，一般需要将匀浆器或匀浆管置于冰浴中。匀浆器的内磨砂面与管壁磨砂面之间一般只有十分之几毫米，细胞破碎程度比高速组织捣碎机高，机械切力对生物大分子破坏较少，但手动效率很低，注意避免打碎匀浆器。也可用电动搅拌器制备组织细胞的匀浆液。

2. *超声波破裂法*

多用于处理微生物材料。超声波通常由超声振荡器发生，高频电发生器产生高强度超声信号，电功率转送器把超声波传送到它接触的溶液中去，这些超声波形成的冲击和振动引起细胞的破坏，选用各种大小的探头可以处理几毫升到1L的样品量。缺点是电功率转送器内产生大量的热，必须仔细注意被处理液的温度并使之保持冷却。破碎效果与样品浓度及所用频率有关，经足够时间的超声处理可以破碎细菌和酵母细胞，如在悬液中加进玻璃珠则时间可缩短。超声处理时易形成自由基，而某些氧化性的自由基常常使一些不稳定的酶失活，提取一些对超声波敏感的核酸及酶时应慎重使用超声处理，加入半胱氨酸等巯基化合物可对某些酶起保护作用。

3. *冻融法*

把动物组织冷至$-15\sim-20$℃使之冰冻，然后缓慢融解。反复操作，大部分细胞及细胞内颗粒可被破碎。交替冷冻及熔化也能使细菌细胞破裂，例如鼠伤寒沙门菌混悬液经几十次反复冻融，残存率极低，可能是自溶过程起作用。

4. *酶法*

使用分解细胞壁或细胞膜组成成分的酶类使细胞破裂。如溶菌酶能专一性地破坏细菌细胞壁，水解糖肽组分的β-1,4-糖苷键。特别适用于革兰阳性细菌。

5. *化学法*

(1)表面活性剂：近年已广泛应用(特别用于分离呼吸链成分)。常用的有十二烷基磺酸钠(SDS)、去氧胆酸钠、非离子型表面活性剂吐温40(Tween 40)或Triton X-100等，能破坏细胞膜使细胞瓦解，有时使酶易溶解，除去表面活性剂后酶仍留在上清液中。

(2)有机溶剂：常用丙酮、乙醇、丁醇等选择性地溶解细胞膜或某些含酯和类脂的细胞组分。可用于制备一些酶，但也易使一些酶失活，需在低温下进行。

总的说来，化学法局限性相当大，因为表面活性剂、有机溶剂等能使多种生物活性成分遭破坏。反复冻融的效率较低，反复经历常温条件，有失活与自溶的危险。所以只有一些机械的碎裂法和酶解法较常用，也可综合运用两种或两种以上的方法。

三、抽提

抽提通常是指用适当的溶剂和方法，从原料中把有效成分提取出来的过程。目的是去除杂质，或提出有效成分。抽提液包括缓冲液、稀酸、稀碱、有机溶剂等。一般理想的抽提液应具备的条件：①对有效成分溶解度大，破坏作用小；②对杂质不溶解或溶解度很小；③来源广泛、价格低廉、操作安全等。在提取过程中一般需注意低温操作，避免强烈搅拌，防止产生大量泡沫，避免与强酸、强碱及重金属离子作用等。如果需要从生物材料中提取酶和蛋白质时，可以考虑在抽提液中添加蛋白酶抑制剂，如二异丙基氟磷酸(DFP)、甲苯磺酰氟(PMSF)、对氯汞苯甲酸(PCMB)；或用亲和吸附等方法除去蛋白水解酶以保证所需的酶和蛋白质免遭蛋白水解酶的破坏，从而使质量与收率得到提高。如需要从生物材料中提取核酸时，则考虑在抽提液中添加蛋白酶如蛋白酶 K，以去除核酸提取物中的蛋白质。

四、生物大分子的分离、纯化

分离纯化生物大分子的常用方法和技术有沉淀、透析、超滤、离心、层析和电泳等。

(一)蛋白质(酶)的分离、纯化

1. 沉淀

有效成分作为沉淀与其他组分分离或杂质作为沉淀弃掉，多数需要离心技术。沉淀的基本原理是，根据各种物质的结构差异(如蛋白质分子表面疏水基团和亲水基团之间比例的差异)来改变溶液中的某些性质(如 pH、极性、离子强度、金属离子等)，就能致使抽提液中有效成分的溶解度发生变化，也称溶解度法。有效成分与杂质溶解度的不同，经过适当处理，即可达到从抽提液中分离有效成分的目的。①盐析法——盐析/盐溶交替，硫酸铵；②有机溶剂沉淀法——甲醇/乙醇/丙酮；③聚乙二醇沉淀法——非离子型聚合物；④选择性沉淀法——改变理化因子。

(1)盐溶和盐析：在蛋白质水溶液中加入少量的中性盐，如硫酸铵、硫酸钠、氯化钠等，会增加蛋白质分子表面的电荷，增强蛋白质分子与水分子之间的作用，从而使蛋白质在水溶液中的溶解度增大，这种现象称为盐溶。当盐浓度继续升高时，蛋白质的溶解度会不同程度下降并先后析出，这种现象称盐析(salting out)。盐析的原理是中性盐使蛋白质表面电荷被中和以及水化膜被破坏，使蛋白质从溶液中沉淀析出。盐析时，溶液的 pH 在蛋白质的等电点处效果最好。盐析沉淀蛋白质时，通常不会引起蛋白质的变性。不同的蛋白质盐析所需的盐浓度不同，可进行分段盐析。如半饱和硫酸铵溶液可沉淀血浆球蛋白，而饱和硫酸铵溶液可沉淀血浆清蛋白。

稀盐溶液因盐离子与蛋白质部分结合，具有保护蛋白质不易变性的优点，因此在提取液中常加入少量中性盐，如 0.15mol/L 的 NaCl 溶液。

(2)有机溶剂沉淀蛋白质：凡能与水以任意比例混合的有机溶剂，如乙醇、甲醇、丙酮等，均可用于沉淀蛋白质。其沉淀原理是：①脱水作用；②使水的介电常数降低，蛋白质溶解度降低。使用丙酮沉淀时，必须在 0～4℃低温下进行，丙酮用量一般 10 倍于蛋白质溶液体积。蛋白质被丙酮沉淀后，应立即分离。除了丙酮以外，也可用乙醇沉淀。

(3)非离子多聚物沉淀法：非离子多聚物是 20 世纪 60 年代发展起来的一类重要沉淀剂，最早用于提纯免疫球蛋白、沉淀一些细菌和病毒，近年来逐渐广泛应用于核酸和酶的分离提纯。这类非离子多聚物包括不同相对分子质量的聚乙二醇、葡聚糖、右旋糖酐硫酸钠等，其中应用最多的是聚乙二醇。用非离子多聚物沉淀生物大分子和微粒，一般有两种方法：①选用两种水溶性非离子多聚物组成液液两相体系，不等量分配，而造成分离。此方法基于不同生物分子表面结构不同，有不同的分配系数，并外加离子强度、pH 值和温度等影响，从而扩大分离效果。②选用一种水溶性非离子多聚物，使生物大分子在同一液相中由于被排斥、相互凝聚而沉淀析出。

(4)选择性变性沉淀：其原理是利用蛋白质、酶和核酸等生物大分子对某些物理或化学因素敏感性不同，有选择地使之变性沉淀，以达到分离提纯的目的。此方法可分为：①利用表面活性剂(如三氯乙酸)或有机溶剂引起变性；②利用对热的不稳定性，加热破坏某些组分，而保存另一些组分；③利用对 pH 值的稳定性不同引起的酸碱变性。

2. 层析法

层析是分离纯化蛋白质最为常用的实验技术和方法。如离子交换层析，分辨力强，分离量大；凝胶过滤，基于分子筛的排阻效应，用于分离相对分子质量有明显差别的蛋白质，分辨力强，不会引起蛋白质变性，但将引起样本溶液的大量稀释，此外，也可用于除盐；亲和层析，利用蛋白质与配体分子之间特异的非共价结合的特性进行分离，分辨力很强，但一种配体只能用于一种或一类蛋白质。

3. 电泳法

电泳法种类繁多，其基本原理都是根据蛋白质在电场中泳动的速率与电场强度和蛋白质颗粒表面的净电荷量成正比。但蛋白质的泳动速率除决定于分子本身的性质外，还受电泳介质的性质等影响。

4. 透析法

透析法是指利用透析袋把大分子蛋白质与小分子化合物分开的方法。常用于脱盐和去除小分子化合物。

5. 超滤法

超滤法应用正压或离心力使蛋白质溶液通过能截留一定相对分子质量的超滤膜，使盐和小分子物质滤过，蛋白质被截留下来，可用于脱盐、脱水和浓缩蛋白质溶液。

(二)核酸分离、纯化

核酸的高电荷磷酸骨架使其比蛋白质、多糖等其他生物大分子物质更具亲水性，根据它们理化性质的差异，可选择沉淀、层析、密度梯度离心等方法进行分离。分离、纯化过程条件应温和，防止过酸、过碱，避免剧烈搅拌，同时还应防止核酸酶作用(加入 EDTA)。由于体内核酸都是与蛋白质结合以核蛋白体的形式存在，所以在制备核酸时要去除蛋白质。苯酚、氯仿等都是蛋白质的变性剂，能沉淀蛋白质而将核酸与蛋白质分开，另外还常加入蛋白水解酶(如蛋白酶 K)以水解残留的蛋白质。此外，还可用非离子多聚物沉淀法分离核酸，如可以葡聚糖和聚乙二醇为两相系统分离单链 DNA、双链 DNA 和多种 RNA 制剂。由于所用材料及方法的不同，得到的 DNA 产量及质量均不同，所以获得基因组 DNA 后，均需检测 DNA 的产量(含量)和质量(纯度)。

五、纯度的分析鉴定

(1)蛋白质纯度鉴定：电泳法、层析法、免疫学方法等。

(2)核酸纯度鉴定：紫外分光光度法测定 DNA、RNA 的纯度；此外，聚丙烯酰胺凝胶电泳和琼脂糖凝胶电泳(用 EB、DNA green、Gel-Red 或 Gel-Green 等任一染料染色)亦可鉴定其纯度。

六、产物的浓缩、干燥

(1)浓缩：粗提样品减少体积或纯品浓缩，其目的是减小体积、初步分离、更换溶剂等。常用的方法有沉淀、吸附层析、离心、透析、超滤、冷冻干燥。

(2)冰冻干燥法：通过升华从冻结的生物产品中去掉水分或其他溶剂的过程。冰冻干燥的过程中样品的结构不被破坏，固体成分被坚冰支持，冰升华时，在干燥的剩余物质里留下孔隙，保留了物质的化学结构和生物学活性的完整性。

(赵鲁杭)

第二篇　分子医学实验常用的技术和方法

第三章　离心分离技术

离心技术是利用旋转运动所产生的离心力以及物质的沉降系数或浮力密度的差异而发展起来的一种分离技术，主要用于物质的分离、制备、纯化和分析。离心机是利用离心力分离液相中非均一物质或颗粒的仪器设备。不同的离心机结构、性能和用途等差别很大，如制备型离心机一次可以分离提纯大量的样品，比层析和电泳的样品制备量要大得多；分析型离心机不仅可以测生物大分子的相对分子质量，还可以检验物质的纯度、构象和沉降系数等。

最早阶段的离心机为手摇式离心沉降器。以后根据生产和科学试验的发展需要，发明了水流驱动离心机和蒸汽驱动离心机。1910 年，出现了小型电动离心机。1924 年，制成了油涡轮驱动的分析型离心机。1927 年，发明了压缩空气驱动离心机。1948 年，Ivan Sorvall 先生创建的索福公司开始研制离心机，于 1950 年推出全球第一台高速冷冻离心机 RC-1，以后发展了 RC-2、RC-2B、RC-5、RC-5B Plus 和 RC-5C Plus。

第一节　离心的基本原理和基本概念

一、离心的基本原理

离心是利用机械的旋转运动产生的离心力对液体中的颗粒物进行分离、沉淀的一种实验技术和方法。液体中的颗粒物在容器内做圆周运动时受到一个向外的离心力的作用(F)，同时也受到浮力(F')的作用，颗粒物在离心场中沉降与否取决于 F 和 F' 的大小。

当悬浮液静置不动时，由于受到重力场的作用，悬浮液中密度比液体大的颗粒状物逐渐沉降，粒子密度越大下沉越快，反之密度比液体为小的粒子就向上浮。微粒在重力场中移动的速率与微粒的密度、大小和形状有关，并且又与重力场的强度和液体的黏度有关。像红细胞大小的直径为数微米的微粒可以利用重力来观察它们的沉降速率。小于几个微米的微粒、病毒和蛋白质分子，则不可能仅仅利用重力作用来观察它们的沉降过程，因为微粒越小沉降越慢，而扩散现象则越严重，所以需要利用离心作用以产生强大的离心力场，克服溶液中微粒的扩散以加速其沉降的过程。

二、离心的基本概念

1. 离心力(centrifuge force，F)

所谓离心力，是指物体做圆周运动时形成的一种使物体脱离圆周运动中心的力。当离心机转子以一定的角速率 ω(弧度/秒，rad/s)旋转，颗粒的旋转半径为 r(cm)时，任何颗粒均经受一个向外的离心力，即：$F=\omega^2 r$。

2. 相对离心力(relative centrifuge force,RCF)

相对离心力是指在离心场中,作用于颗粒的离心力相当于地球重力加速度的倍数,单位是重力加速度 g(980cm/s^2),即 RCF=$\omega^2 r/980$。实用上,这一关系式常用每分钟的转数 n(或 revolutions per minute,rpm)来表示。由于 $\omega=2\pi n/60$,于是:

$$RCF=4\pi^2 n^2 r/(3600\times 980)=1.119\times 10^{-5} n^2 r$$

在一般情况下,低速离心常以 rpm 来表示,高速或超速离心时用相对离心力"$\times g$"表示,g 是斜体,前面是乘号。例如 30000$\times g$ 表示的是作用在被离心物质上的离心力是地心引力的 3 万倍。在计算相对离心力时,应该注意旋转半径 r 的不同,由于离心管的不同位置与中心轴的距离往往是不同的,所以位于离心管中不同位置的被离心物所受到的相对离心力也是不同的,一般文献报道的相对离心力的数据常指其平均值($RCF_{平均}$),即离心管中点的离心力。

为了真实反映颗粒在离心管不同位置处所受的离心力的不同及其动态变化情况,以固定角式转子的顶部(R_{min}=4.8cm)和底部(R_{max}=8.0cm)为例计算相对离心力 RCF_{min} 和 RCF_{max},若转速为 12000r/min,则计算结果为:

$RCF_{min}=(1.119\times 10^{-5})\times 12000^2\times 4.8=7734\times g$

$RCF_{max}=(1.119\times 10^{-5})\times 12000^2\times 8.0=12891\times g$

角转离心机的结构如图 3-1-1 所示,从以上计算结果来看,作用于离心管顶部和底部的离心力相差将近 1 倍,通常报道中所说的离心力往往指的是平均相对离心力($RCF_{平均}$)。可见仅仅用转数来表述离心力的大小是不太严谨的。

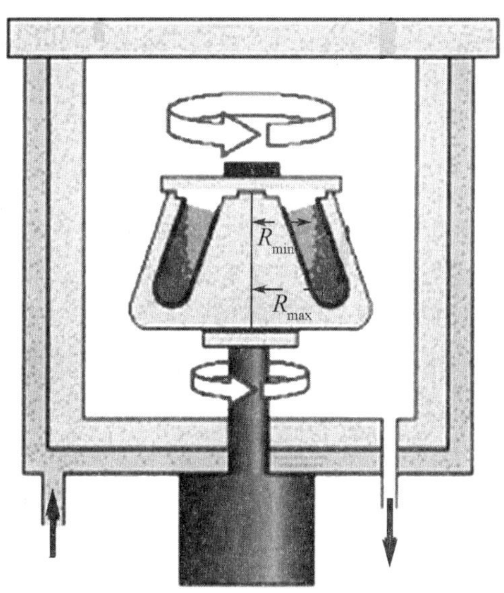

图 3-1-1　角转离心机示意图

为了方便转速和离心力之间的换算,人们制作了半径(r)、相对离心力(RCF)和转速(n)三者之间的关系图(图 3-1-2),沉降颗粒在离心管中所处位置不同,所受离心力也不同。计算颗粒的相对离心力(RCF)时,应注意离心管与转轴中心的距离 r。

3. 沉降速率(v)

沉降速率指在强大离心力作用下,单位时间内颗粒沉降的距离。一个球形颗粒的沉降速率不但取决于所提供的离心力,也取决于颗粒的密度和半径,以及悬浮介质的密度和黏度。计

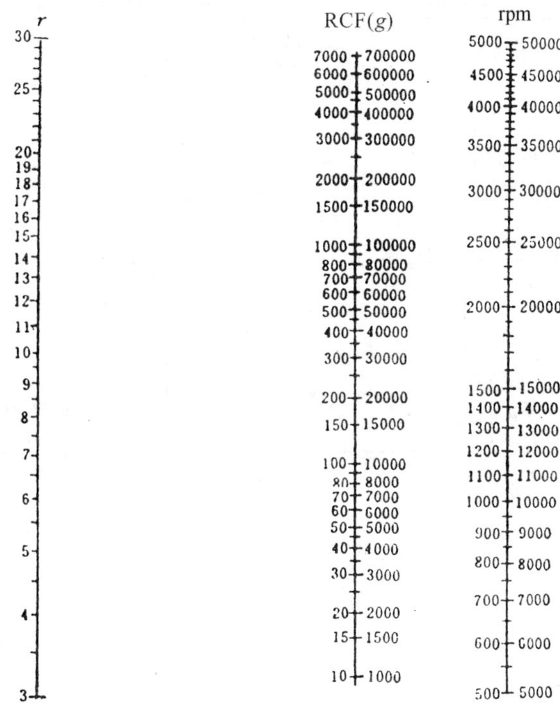

图 3-1-2　离心机转速与离心力的列线图

算公式为：

$$v=V\omega^2 r(\sigma-\rho)/\eta$$

式中，V 为颗粒体积；σ 为颗粒的密度；ρ 为介质密度；η 为溶液的黏度。

4. 沉降系数(S)

沉降系数是指在单位离心力作用下待分颗粒的沉降速率。计算公式为：

$$S=v/(\omega^2 r)=V(\sigma-\rho)/\eta$$

沉降系数(S)与被离心物质的体积、密度差成正比，与溶液的黏度成反比。S 的单位是 s，为了纪念超速离心的创始人 Svedberg，规定 10^{-13} s 称作一个 Svedberg 单位(S)，即 1S=10^{-13} s。S 的数值受到相对分子质量和形状等特征的影响，因此常用来表示一种特殊分子或结构特性。例如，细菌的核蛋白体的亚基具有 40×10^{-13} s 和 60×10^{-13} s 沉降系数的颗粒，分别称为 40S 和 60S。

第二节　离心机分类和离心方法

一、离心机分类

1. 按用途分类

分为制备型离心机和分析型离心机。

2. 按转速分类

不同级别离心机的性能比较见表 3-2-1。

表 3-2-1　不同级别离心机的性能比较

类型	普通离心机	高速离心机	超速离心机
最大转速(rpm)	10000	25000	可达 75000
最大 RCF(*g*)	15000	89000	可达 700000
分离形式	固液沉淀分离	固液沉淀分离	差速离心和密度梯度离心
转子	角式和外摆式转子	角式、外摆式转子等	角式、外摆式、区带转子等
仪器性能和特点	转速控制不是很精确，基本上是在室温下操作	有消除空气和转子间摩擦产热的制冷装置，速度和温度控制较为精确	备有消除空气和转子间摩擦产热的制冷装置和真空装置，速度和温度控制更为精确
应用	收集易于沉淀的较大颗粒或细胞	收集微生物、细胞碎片、大的细胞器、蛋白质和核酸沉淀物等	分离多重细胞器、病毒，以及蛋白质、核酸、多糖等

3. 按结构、类型和用途分类

分为台式离心机、落地式离心机、普通室温离心机、冷冻高速离心机、血液洗涤台式离心机、台式低速自动平衡离心机等。

二、离心方法

离心方法根据目的不同可分为制备离心法和分析离心法。制备离心法又可分为两大类型：差速离心法与密度梯度区带离心法。

(一)差速离心法

采用逐渐增加离心速率或低速与高速交替进行离心，使沉降速率不同的颗粒，在不同离心速率及不同离心时间下分批离心的方法，称为差速离心法。差速离心法一般用于分离沉降系数相差较大的颗粒。进行差速离心时，首先要选择好颗粒沉降所需的离心力和离心时间，离心力过大或离心时间过长，容易导致大部分或全部颗粒沉降及颗粒被挤压损伤。当以一定离心力在一定的离心时间内进行离心时，在离心管底部就会得到最大和最重颗粒的沉淀，进一步加大转速对分出的上清液再次进行离心，又得到第二部分较大、较重颗粒的沉淀及含更小而轻颗粒的上清液。如此多次离心处理，即能把液体中的不同颗粒较好地分离开(图 3-2-1)。此法所得沉淀是不均一的，仍混杂有其他成分，需经再悬浮和再离心(2～3 次)，才能得到较纯的颗粒。差速离心法主要用于分离细胞器和病毒。其优点是：操作简单，离心后用倾倒法即可将上清液与沉淀分开，并可使用容量较大的角式转子。缺点是：①分离效果差，不能一次得到纯颗粒；②壁效应严重，特别是当颗粒很大或浓度很高时，在离心管一侧会出现沉淀；③颗粒被挤压，离心力过大、离心时间过长会使颗粒变形、聚集而失活。

(二)密度梯度区带离心法(简称区带离心法)

区带离心法是样品在一惰性梯度介质中进行离心沉降或沉降平衡，在一定离心力下把颗粒分配到梯度中某些特定位置上，形成不同区带的分离方法。该法的优点是：①分离效果好，可一次获得较纯颗粒；②适用范围广，既能分离具有沉降系数差的颗粒，又能分离有一定浮力密度差的颗粒；③颗粒不会挤压变形，能保持颗粒活性，并防止已形成的区带由于对流而引起混合。缺点是：①离心时间较长；②需要制备梯度；③操作严格，不易掌握。区带离心法又可分为差速区带离心法(动态法或沉降速率法)和等密度离心法(平衡法或沉降平衡法)。

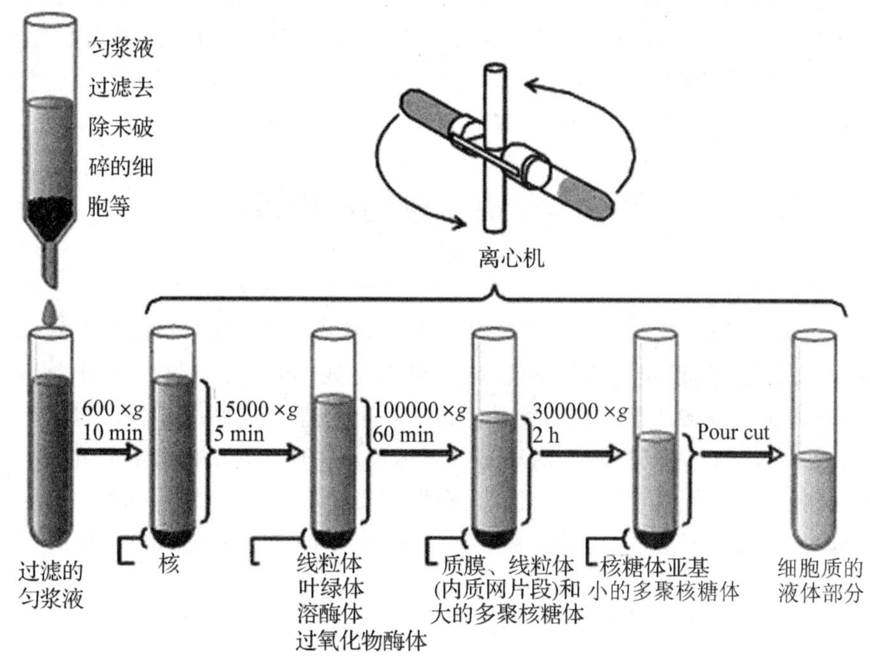

图 3-2-1　差速离心示意图

1. 差速区带离心法

将样品置于一个平缓的介质梯度中沉降。样品的颗粒按照其不同的沉降速率沉降，从而互相分离。离心一定时间后不同大小的颗粒将沉降于不同的层次，产生所谓“区带”。界面的移动可用适当的光学系统观察和拍照，这种方法适用于分离密度相似而大小有别的样品。沉降系数越大，往下沉降得越快，所呈现的区带也越低。沉降系数较小的颗粒，则在较上部分依次出现。从颗粒的沉降情况来看，离心必须在沉降最快的颗粒（大颗粒）到达管底前或刚到达管底时结束，使颗粒处于不完全的沉降状态，而出现在某一特定区带内。在离心过程中，区带的位置和形状（或宽度）随时间而改变，因此，区带的宽度不仅取决于样品组分的数量、梯度的斜率、颗粒的扩散作用和均一性，也与离心时间有关，时间越长，区带越宽。适当增加离心力可缩短离心时间，并可减少扩散导致的区带加宽现象，增加区带界面的稳定性。差速区带离心的分辨率受颗粒的沉降速率和扩散系数、实验设计的离心条件、离心操作的熟练程度的影响。

2. 等密度离心法

当不同颗粒之间存在浮力密度差时，在离心力场作用下，颗粒或向下沉降，或向上浮起，一直沿梯度移动到与它们的密度恰好相等的位置上（即等密度点）形成区带，称为等密度离心法。离心时样品被置于一个较陡峭的密度梯度中沉降。该梯度的最大密度高于样品混合液的最大密度，梯度的最小密度低于样品混合液的最小密度，当样品颗粒沿梯度运动到与颗粒的密度相同的密度层时就停止运动，经过一段较长时间的离心，样品中所有不同密度的颗粒都将停止在各自的等密度区域。此方法适用于分离大小相近而密度不同的样品。离心达到平衡后，不同密度颗粒各自分配到其等密度点的特定梯度位置上，形成不同的区带。大颗粒的平衡时间可能比梯度本身的平衡时间短，而小颗粒则较长，因此离心所需时间应以最小颗粒到达平衡点的时间为准。等密度离心的有效分离取决于颗粒的浮力密度差，密度差越大，分离效果越好，与颗粒的大小和形状无关。但后两者决定着达到平衡的速率、时间和区带的宽度。颗粒的浮力密度不是恒定不变的，还与其原来密度、水化程度及梯度溶质的通透性或溶质与颗粒的结合等因素有关，例如某些颗粒容易发生水化使密度降低。等密度离心的分辨率受颗粒性质（密度、均一性、含量）、梯度性质（形状、斜率、黏度）、转子类型、离心速率和时间的影响。颗粒区带宽度与梯度斜率、离心力、颗粒相对分子质量成反比。

第三节　离心机的使用操作

（1）将离心机放在平整、坚固的的水平台面或地上，不能有晃动。

（2）接通电源并开机，先打开离心机样品仓盖子，检查是否存在异常，如有异常，先排除异常，如无异常，盖好盖子，设定一个基础转速和离心时间，转速可以设定为最大，时间设定为5min。开启电源进行空转测试。空转测试正常后才可以进行样品的离心操作。

（3）将装有样品并经过严格平衡的离心管对称放置在离心转头的离心管孔里。

（4）盖好离心机转子的盖子和离心机盖，根据需要设定离心的转速和时间，开始离心。

如发现离心机机身不稳、震动或声音不均匀时，应立即停止离心，检查对称放置的离心管重量是否相同。

（5）离心结束，打开离心机盖，取出离心管，盖上盖子，关闭电源，结束离心过程。

（赵鲁杭）

第四章　电泳技术

电泳(electrophoresis)是指带电颗粒在电场中的泳动。许多重要的生物分子如氨基酸、多肽、蛋白质、核苷酸、核酸等都含有可电离基团,在非等电点条件下均带有电荷,在电场力的作用下,它们向着与其所带电荷相反的电极移动。电泳技术就是利用样品中各种分子带电性质、分子大小、形状等的差异,在电场中的迁移速率不同,从而对样品进行分离、纯化和鉴定的一种综合技术。电泳可用于样品的制备、纯度鉴定、相对分子质量测定等。

早在 1809 年俄国物理学家 Reŭss 就进行了世界上第一次电泳实验,从此这一技术不断地得到应用和发展。1937 年瑞典生化学家 Tiselius 将电泳发展成为一种分离技术,建立了研究蛋白质的自由界面电泳方法,并因此荣获诺贝尔奖。由于自由界面电泳没有固定支持介质,扩散和对流作用较强,影响分离效果,于是在 20 世纪 50 年代相继出现了固相支持介质的区带电泳。然而对于复杂的生物大分子,用滤纸、硅胶或醋酸纤维素膜等作为支持介质进行电泳,其分离效果仍不理想。1959 年,Raymond 和 Weintraub,Davis 和 Ornstein 先后利用人工合成凝胶作支持介质建立了聚丙烯酰胺凝胶电泳,极大地提高了区带电泳的分辨率和分离效果,增强了电泳技术的发展以及与其他技术结合配套的能力,电泳技术的发展也进入了突飞猛进、种类繁多、应用广泛的时期。

第一节　基本原理

一、电泳的基本原理

当带电分子被置于电场中时,其在电场中所受到的力(F)等于电场强度(E)与该物质所带净电荷的数量(Q)的乘积,即 $F=EQ$。这个作用力使得带电分子向与其电荷相反的电极方向移动。在移动过程中,分子会受到介质黏滞力的阻碍。黏滞力(F')的大小与分子大小、形状、电泳介质孔径大小以及缓冲液黏度等有关,并与带电分子的移动速率成正比。对于球状分子,F'的大小服从 Stokes 定律,即 $F'=6\pi r\eta v$,式中 r 是球状分子的半径,η 是缓冲液黏度,v 是粒子泳动速率(单位时间粒子运动的距离)。当带电分子匀速移动时,即达到动态平衡时,$F=F'$,可得 $EQ=6\pi r\eta v$。

v/E 表示单位电场强度时带电颗粒的运动速率,称为迁移率(mobility),也称为电泳速率,以 u 表示,即

$$u=v/E=Q/(6\pi r\eta)$$

由此式可见,粒子的迁移率在一定条件下决定于粒子本身的性质,即所带电荷及其大小和形状,迁移率与带电分子所带净电荷成正比,与分子的大小和缓冲液的黏度成反比。两种不同的带电颗粒(如两种蛋白质分子)一般具有不同的迁移率,故在电场中移动的速率一般会有所不同。在具体实验中,移动速率 v 为单位时间(以 s 为单位)内移动的距离(以 cm 为单位),即

$$v=d/t$$

式中,t 为时间;d 为时间 t 内带电颗粒在电场中移动的距离。

又电场强度 E 为单位距离内电势差[以伏特(V)为单位],即

$E=V/l$(V 表示电压)

以 $v=d/t$,$E=V/l$ 代入前式即得

$$u=v/E=d/t\div V/l=dl/(Vt)$$

所以迁移率的单位为 $cm^2\cdot s^{-1}\cdot V^{-1}$。

某物质(A)在电场中移动的距离为

$$d_A=u_AVt/l$$

物质(B)的移动距离为

$$d_B=u_BVt/l$$

两物质移动距离的差为

$$\Delta d=(d_A-d_B)=(u_A-u_B)Et/l$$

该式指出,物质 A 和 B 能否分离决定于两者的迁移率,如两者的迁移率相同,则不能分离;如两者的迁移率有差别,则能分离。实验所选的条件如电压、电泳时间以及电场的距离在实验条件下是固定的。

由于粒子在电场中的迁移率在一定条件下取决于粒子所带电荷以及它的分子大小和形状,因而具有各自不同电荷和形状大小的分子在电泳过程中具有不同的迁移速率,形成了依次排列的不同区带而被分开。有些类型的电泳几乎完全依赖于分子所带的电荷不同进行分离,如等电聚焦电泳;而有些类型的电泳则主要依靠分子大小的不同即电泳过程中产生的阻力不同而得到分离,如 SDS-聚丙烯酰胺凝胶电泳。

二、影响带电粒子在电场中泳动的因素

1. 生物大分子的性质

待分离生物大分子所带电荷的多少、分子大小和性质都会对电泳产生明显影响,一般而言,分子所带电荷越多、直径越小、形状越接近球形,其电泳迁移速率越快。

2. 缓冲液

缓冲液 pH 值直接影响生物大分子的解离程度和带电性质,溶液 pH 值距离等电点越远,生物大分子所带净电荷就越多,电泳时速率就越快。当缓冲液 pH 大于等电点时,生物大分子带负电荷,电泳时向正极移动;当缓冲液 pH 小于等电点时,生物大分子带正电荷,电泳时向负极移动。一般电泳还要求缓冲液的离子强度保持在一定范围(0.02～0.2)内,离子强度过低则缓冲能力差,但如果离子强度过高又会形成较强的离子扩散层,引起电泳速度降低。此外,缓冲液黏度越大,电泳时受到的阻力越大,电泳分离速率越慢。

3. 电场强度

电场强度指每单位介质长度的电位梯度(又称电位差或电位降)。一般而言,电场强度越大,电泳速率越快。但随着电场强度的增大会引起通过介质的电流强度增大,从而造成电泳过程产生的热量增多,最终导致介质温度升高,可产生:①样品和缓冲离子扩散速率增加,引起样品分离带加宽;②产生对流,引起待分离物的混合;③引起热敏感样品如蛋白质变性;④引起介质黏度下降、电阻降低等。降低电流强度,可以减少产热,但会延长电泳时间,引起生物大分子扩散增加,同样影响分离效果。所以电泳实验中要选择适当的电场强度,同时可以通过适当冷却系统降低温度以获得较好的分离效果。

4. 电渗

液体在电场中对于固体支持介质的相对移动称为电渗。由于支持介质表面存在一些带电

基团，如滤纸表面含有羧基，琼脂含有硫酸基等，这些基团电离后使支持介质表面带电，吸附一些带相反电荷的离子在电场作用下移动，形成介质表面溶液的流动。当电渗方向与电泳方向相同时加快电泳速率；当电渗方向与电泳方向相反时，降低电泳速率。

5. 支持介质的筛孔

支持介质的筛孔大小对生物大分子的电泳迁移速率有明显的影响。在筛孔大的介质中泳动速率快，反之则泳动速率慢。

第二节　电泳技术的分类

1. 根据电泳中是否使用支持介质分为自由电泳和区带电泳

(1)自由电泳不使用支持介质，电泳在溶液中进行。这类电泳又分为非自由界面电泳和自由界面电泳两类。非自由界面电泳指悬浮在溶液中的带电粒子(如各种细胞)通电后全部移动，不出现界面，如显微电泳等。自由界面电泳指被分离的物质集中在某一层，形成各自的界面而进行定性或定量分析。自由界面电泳需要昂贵精密的电流仪器，仅在少数特殊电泳如等电聚焦电泳和等速电泳中使用。

(2)区带电泳需使用支持介质，根据支持介质不同可分为滤纸电泳、醋酸纤维薄膜电泳、薄层电泳和凝胶电泳等。此外，根据支持介质的装置形式不同又可分为水平板式电泳、垂直板式电泳、垂直盘状电泳、毛细管电泳、桥形电泳和连续流动电泳等。

2. 根据电泳时电压的高低分为高压电泳和常压电泳

(1)高压电泳使用的电压在500～1000V，电位梯度可高达50～200V/cm。这类电泳分离速率快，但热效应较大，必须具备冷却装置，主要适用于小分子化合物的快速分离。

(2)常压电泳使用的电压在500V以下，电位梯度为2～10V/cm。这类电泳的分离速率较慢，但对电泳设备要求简单。

3. 根据电泳系统pH是否连续分为连续pH电泳和不连续pH电泳

(1)连续pH电泳是指电泳全过程中pH保持不变，如纸电泳和醋酸纤维薄膜电泳等。

(2)不连续pH电泳是指电极缓冲液和电泳支持介质中的pH不同，甚至电泳支持介质不同区段的pH也不相同，如聚丙烯酰胺凝胶电泳、等电聚焦电泳和等速电泳等。

4. 根据工作目的和分离样品的数量多少，分为分析电泳和制备电泳

5. 根据结合配套的技术种类不同，分为免疫电泳、层析电泳、等电聚焦电泳、转移电泳、双相电泳、脉冲梯度电场凝胶电泳和相互垂直交替电场凝胶电泳等

6. 根据电泳物质类别不同，分为细胞电泳、核酸电泳、蛋白质电泳等

第三节　电泳装置

电泳装置主要包括两个部分：电泳仪和电泳槽。电泳仪提供直流电，在电泳槽中产生电场，驱动带电颗粒的迁移。电泳槽可以分为水平式和垂直式两类。垂直板式电泳是较为常见的一种，常用于聚丙烯酰胺凝胶电泳中蛋白质的分离。水平式电泳是将凝胶铺在水平的玻璃或塑料板上，电泳时将凝胶直接浸入缓冲液中，常用于琼脂糖凝胶中核酸的分离和分析。电泳装置见图4-3-1～图4-3-3所示。

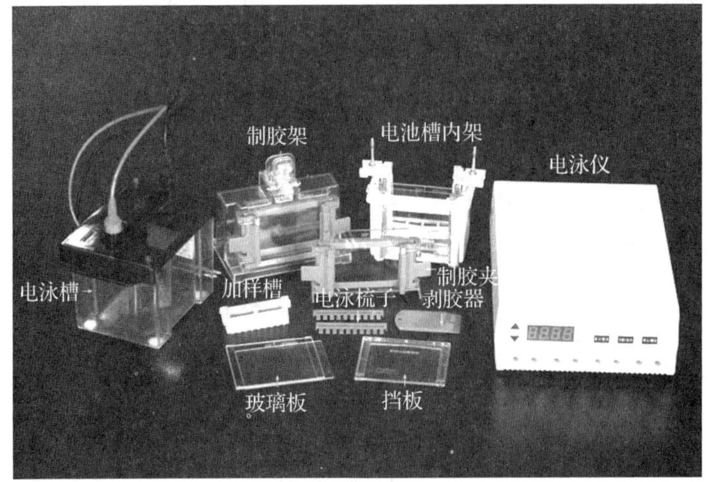

图 4-3-1 垂直板状电泳装置

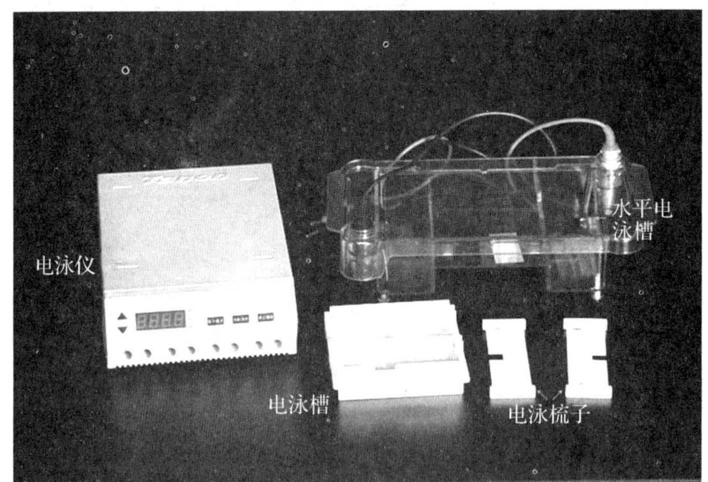

图 4-3-2 水平电泳装置

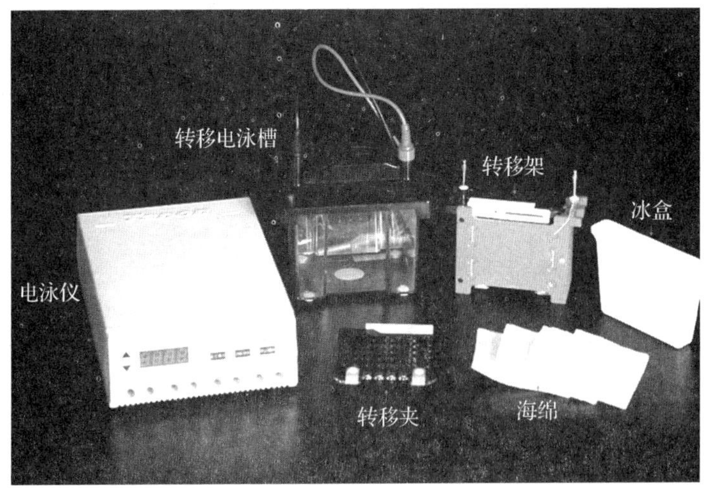

图 4-3-3 电转移装置

第四节　电泳结果的检测、分析和回收

一、电泳示踪剂

电泳常用的示踪剂有溴酚兰和二甲苯青 FF。示踪剂一般与蔗糖、甘油组成上样缓冲液，蔗糖、甘油可增加溶液密度，以确保样品均匀沉入加样孔内。

二、电泳染色剂

电泳后，被分离的样品需经染色后才能显现出带型，检测蛋白质最常用的染色剂是考马斯亮蓝 R-250、银染色法；检测糖蛋白可用凝集素-酶-底物染色法；检测脂蛋白可用亲脂染料如苏丹黑 B 染色法；检测核酸最常用的是溴乙锭染色法和 DNA green 染色法，其次是银染色法；如果样品有放射性标记，则可通过放射性自显影等方法进行检测。

(一)蛋白质染色法

1. 考马斯亮蓝染色法

通常用甲醇：水：冰醋酸(体积比为 45：45：10)配制成 0.1%～0.25%(W/V)的考马斯亮蓝溶液作为染色液。这种酸-甲醇溶液使蛋白质变性，固定在凝胶中，防止蛋白质在染色过程中在凝胶内扩散，一般染色需 30min～1h。脱色液同样是酸-甲醇混合物，但不含染色剂，脱色通常需在摇床上摇动过夜，期间更换脱色液 2～3 次。考马斯亮蓝染色灵敏度高，在聚丙烯酰胺凝胶中可以检测到 0.1μg/条带。

2. 银染色法

银染色法比考马斯亮蓝染色的灵敏度高出 100 余倍，可以检测低至 1ng 的蛋白质，它通过银离子(Ag^+)在蛋白质上被还原成金属银形成黑色来指示蛋白区带。银染可以直接进行也可以在考马斯亮蓝染色后进行，这样凝胶主要的蛋白带可以通过考马斯亮蓝染色分辨，而考马斯亮蓝染色检测不到的细小蛋白带再由银染检测。虽然银染的灵敏度高而备受青睐，但它也有成本高、实验步骤复杂、对某些蛋白质不能着色等缺点。

(二)核酸染色法

1. 溴乙锭染色法

溴乙锭(ethidium bromide，EB)是一种荧光染料，具有致癌作用，操作时需戴手套避免污染。EB 分子可嵌入核酸双链的碱基对之间，在紫外线激发下，发出橘红色荧光。可在凝胶溶液中加入终浓度为 0.5μg/mL 的 EB，有时亦可在电泳后，将凝胶浸入 EB 溶液中染色 10～20min。核酸 EB 染色，可以检测低至 5ng 的 DNA。现在更多的是用 DNA green 染色法，其染色原理与 EB 类似，但毒性较低。

2. 银染色法

银染色液中的银离子(Ag^+)可与核酸形成稳定的复合物，然后用还原剂如甲醛使 Ag^+ 还原成银颗粒，可把核酸电泳带染成黑褐色。主要用于聚丙烯酰胺凝胶电泳染色，也用于琼脂糖凝胶染色。银染色法的灵敏度比 EB 染色法高 200 倍，但银染色后，DNA 不能回收。

3. DNA green 染色法

DNA green 染色法是一种具有 EB 稳定性和 SYBR Green I 低毒性的新型核酸染料，其特点如下：

(1)低毒。其主要成分未发现对人体有致癌性、未被列入有毒有害品目录,有利于保护使用者的健康。

(2)灵敏。检测灵敏度跟 EB 相当,能满足常规核酸电泳实验要求。

(3)稳定。对光、水和热的稳定性跟 EB 相当,可加入琼脂糖凝胶中反复熔化。

(4)无分子间位移现象。不会出现 SYBR 染料常见的条带模糊和扭曲现象。

(5)使用方法多样。既可以加入熔化的胶中,也可以电泳后染色,还可用于 PAGE。

(6)跟各种常用的核酸电泳缓冲液(如 SuperBuffer-2、TBE、TAE)兼容,但在 SuperBuffer-2 和 TBE 中背景最低。

(7)观察时不需要任何额外的仪器设备或 UV 光源,可以使用现成的观察 EB 的 300nm UV。

(8)可用于 RNA 染色(也呈绿色)。

(9)当 DNA 或 RNA 浓度较高时还可以直接在日光下观察(需要将胶放在黑色背景下)。

(10)由于避免了 UV 对 DNA 的伤害,尤其适用于胶回收实验。

注意:虽然本产品的主要成分未发现对人体有致癌性、未被列入有毒有害品目录,但操作时仍需戴上手套。

使用方法之一:电泳中染色 DNA(RNA 的染色跟 DNA 完全一样)。

本方法是将 DNA green 直接加入熔化的凝胶中使用,只适用于琼脂糖凝胶电泳,不适用于 PAGE。

(1)将 DNA green 直接加入到熔化的琼脂糖凝胶中,每 100mL 凝胶加 3～10μL DNA green,混合均匀后倒胶。琼脂糖凝胶中不能含任何其他染料(如 EB 和 SYBR Green I,否则会相互干扰)。在 100mL 琼脂糖凝胶中加入 DNA green 的量不要超过 10μL,否则背景将很强。注意:一定要保证琼脂糖彻底熔化,尤其是在第一次熔化胶的时候,否则未熔化的小颗粒将产生跟染料相同的荧光。

(2)将 DNA 样品与 DNA 上样液按比例混合后上样。注意:一定要使用不含 SDS 等去污剂的上样液,否则 SDS 会跟染料结合,极大地降低灵敏度。

(3)上样后电泳,电泳参数同常规的电泳。

(4)电泳结束后在 300nm 左右的 UV 下观察。注意:不要使用波长为 260nm 或 360nm 的 UV,否则检测灵敏度会降低。如果 DNA 或 RNA 浓度较高,还可以在日光下直接观察(需要将胶放在黑色背景下),避免 UV 对 DNA 的伤害,尤其适用于胶回收实验。

(5)用配置了 520～550nm 滤光片(一般呈黄色或深黄色)的相机拍照。注意:不要使用与 EB 兼容的红色滤光片(它能阻挡 520～550nm 的光)。如果能再加上能滤去 UV 的滤光片,效果会更好。

(6)后续 Southern、转膜或 DNA 胶回收实验按常规操作进行。

使用方法之二:电泳后染色 DNA。

本方法是在电泳后对 DNA 进行染色,适用于琼脂糖凝胶电泳和 PAGE。但该方法需要单独的染色处理,染料用量较大,不推荐用于琼脂糖凝胶的染色。

(1)按照常规方法进行电泳。

(2)用去离子水将 DNA green 稀释 500 倍后(100mL 水需要加 0.2mL DNA green),将凝胶放入,室温下摇晃染色 30min(对琼脂糖凝胶)或 15min(对 PAGE)。

(3)用水脱色 10～30min,具体时间需根据背景强弱决定,其余同方法一。

注意:电泳后染色液可以反复使用。

三、电泳结果的检测及回收

1. 扫描法

可以通过扫描光密度仪对染色的凝胶扫描进行定量分析，确定样品中不同蛋白质的相对含量。扫描仪测定凝胶上不同迁移距离的吸光度值，各个染色蛋白带形成相应的峰，峰面积的大小即代表蛋白质含量的多少。

2. 吸光度法

将蛋白质区带切下，置于一定体积的50%吡啶溶液中摇晃过夜，然后通过分光光度计测定溶液的吸光度值，可估算蛋白质的含量。由于蛋白质只有在一定的浓度范围内其含量才与吸光度值呈线性关系，所以吸光度比色法对蛋白质含量的测定只是一种半定量的方法。

3. 电洗脱法

凝胶电泳通常是作为一种分析工具使用，但也可以用于蛋白质的纯化制备。电泳后将所需蛋白质区带部分的凝胶切下，通过电泳的方法将蛋白质从凝胶中洗脱下来，回收其中的蛋白质。常用的方法是将切下的凝胶装入透析袋内加入缓冲液浸泡，再将透析袋浸入缓冲液中进行电泳 2～3h 即可，蛋白质就会向某个电极方向迁移而离开凝胶进入透析袋内的缓冲液。电洗脱后可通一个反向电流，持续几秒钟，使吸附在透析袋上的蛋白质进入缓冲液，这样就可以将凝胶中的蛋白质回收。

第五节 几种常用的电泳方法

一、聚丙烯酰胺凝胶电泳

以聚丙烯酰胺凝胶为支持物的电泳方法称为聚丙烯酰胺凝胶电泳（polyacrylamide gel electrophoresis，PAGE）。它是在淀粉凝胶电泳的基础上发展起来的。Davis 和 Ornstein 于 1959 年报道了聚丙烯酰胺凝胶盘状电泳法，并用该法成功地对人血清蛋白进行了分离。聚丙烯酰胺凝胶是一种人工合成的凝胶，具有机械强度好、弹性大、透明、化学稳定性高、无电渗作用、设备简单、样品用量小（1～100μg）、分辨率高等优点，并可通过控制单体浓度或与交联剂的比例制备不同大小孔径的凝胶。可用于蛋白质、核酸等分子大小不同的物质的分离、定性和定量分析；还可结合去垢剂十二烷基硫酸钠（SDS）以测定蛋白质亚基的相对分子质量。

聚丙烯酰胺凝胶是由丙烯酰胺（acrylamide，Acr）与交联剂亚甲基双丙烯酰胺（N,N'-methylene bisacrylamide，Bis）在催化剂作用下，经过聚合交联形成含有亲水性酰胺基侧链的脂肪族长链，相邻的两个链通过亚甲基桥交联起来的三维网状结构的凝胶。

决定凝胶孔径大小的主要因素是凝胶的浓度，例如，7.5%的凝胶孔径平均 5nm，30%的凝胶孔径为 2nm 左右。但交联剂对电泳泳动率亦有影响，交联剂质量对总单体质量的百分比愈大，电泳泳动率愈小。为了使实验的重复性较高，在制备凝胶时对交联剂的浓度、交联剂与丙烯酰胺的比例、催化剂的浓度、聚胶所需时间这些影响泳动率的因素都应尽可能保持恒定。常用的所谓标准凝胶是指浓度为 7.5%的凝胶，大多数生物体内的蛋白质在此凝胶中电泳都能得到较好的结果。当分析一个未知样品时，常先用 7.5%的标准凝胶或用 4%～10%的凝胶梯度来测试，选出适宜的凝胶浓度。

蛋白质在聚丙烯酰胺凝胶中电泳时，它的迁移率取决于它所带净电荷以及分子的大小和形状等因素。不连续平板电泳示意图见图 4-5-1。

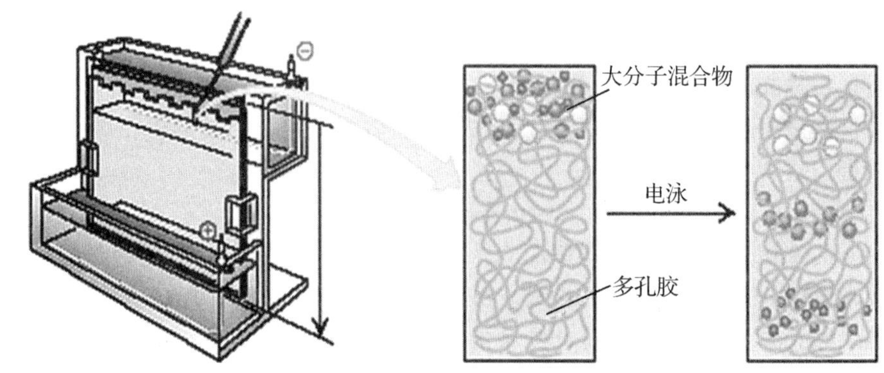

图 4-5-1　不连续平板电泳示意图

二、SDS-聚丙烯酰胺凝胶电泳

1967 年，Shapiro 等人发现，如果在聚丙烯酰胺凝胶系统中加入阴离子去污剂十二烷基硫酸钠(sodium dodecyl sulfate，SDS)，则蛋白质分子的电泳迁移率主要取决于它的相对分子质量，而与所带电荷和形状无关(原理见相关的实验及图 8-2-3 和图 8-2-4)。

三、等电聚焦电泳

等电聚焦电泳(isoelectric focusing electrophoresis，IEF)是利用在凝胶中加入人工合成的两性电解质，这种两性电解质在电场中可以形成由阳极到阴极逐渐递增的 pH 梯度，待分离的两性物质在电泳过程中被集中在与其等电点相同的 pH 区域内，不同等电点的待分离物质依据其等电点的不同而进行了分离。所以说 IEF 是根据待分离两性物质等电点(pI)的不同而进行分离的一种电泳技术，具有极高的分辨率，可以分辨出等电点相差 0.01 的蛋白质，是分离蛋白质等两性物质的一种理想方法(等电聚焦电泳示意图见图 8-2-8)。常用的两性电解质为 Ampholine，它是一种人工合成的含有多氨基和多羧基的脂肪族混合物，具有以下特点：导电性好，在电场中分布均匀；水溶性好，缓冲能力强；紫外吸收低，易从聚焦蛋白质中洗脱等。

不同的两性电解质具有不同的 pH 梯度范围，既可有较宽 pH 梯度范围的(pH3～10)，也可有较窄 pH 梯度范围的(pH7～8)。因此，要根据待分离样品的具体情况选择适当的两性电解质，使待分离样品中各个组分都介于两性电解质的 pH 范围之内。两性电解质的 pH 范围越小，分辨率越高。

等电聚焦电泳具有极高的灵敏度和分辨率，可将人血清分出 40～50 条清晰的区带，而一般的 PAGE 只能分离出 20～30 条区带，特别适合于研究蛋白质的微观不均一性，例如一种蛋白质在 SDS-聚丙烯酰胺凝胶电泳中表现单一区带，而在等电聚焦电泳中表现出 3 条带。这可能是由于蛋白质存在单磷酸化、双磷酸化和三磷酸化形式。由于几个磷酸基团不会对蛋白质的相对分子质量产生明显影响，因此在 SDS-聚丙烯酰胺凝胶电泳中表现单一区带，但由于它们所带的电荷有差异，所以在等电聚焦电泳中可以被分离检测到。

等电聚焦电泳主要用于蛋白质的分离分析，但也可以用于纯化制备，虽然成本较高，但操作简单、纯化效率极高。等电聚焦电泳还可以用于测定未知蛋白质的等电点，将一系列已知等电点的标准蛋白及待测蛋白同时进行等电聚焦电泳。测定各个标准蛋白电泳区带到凝胶某一侧的距离对各自的 pI 作图，即得到标准曲线。而后测定待测蛋白的距离，通过标准曲线即可求出其等电点。

等电聚焦电泳多采用水平平板电泳，由于两性电解质价格昂贵，同时聚焦过程需要蛋白质根据其电荷性质在电场中自由迁移，所以等电聚焦电泳通常使用低浓度聚丙烯酰胺凝胶（如4%）薄层电泳，以降低成本和防止分子筛作用。

四、聚丙烯酰胺凝胶双向电泳

聚丙烯酰胺凝胶双向电泳（two-dimensional polyacrylamide gel electrophoresis，2D-PAGE）是由 O'Farrell 于 1975 年建立的蛋白质电泳分离技术，是将 IEF 和 SDS-PAGE 结合起来的一种电泳技术，是目前获得组织、细胞内蛋白质表达图谱的一种重要手段。在一个蛋白混合物中，只要是等电点和相对分子质量两者之一有区别的蛋白质，都可以通过 2D-PAGE 实现分离。

双向电泳具有很高的分辨率，它可以直接从细胞提取液中检测某个蛋白。例如将某个蛋白质的 mRNA 转入到青蛙的卵母细胞中，通过对转入和未转入细胞的蛋白提取液的双向电泳图谱比较，转入 mRNA 的细胞提取液的双向电泳图谱中应存在一个特殊的蛋白质斑点，这样就可以直接检测 mRNA 的翻译结果。

双向聚丙烯酰胺凝胶电泳技术结合了 IEF 和 SDS-PAGE 两种电泳技术的优点，是分离分析蛋白质最有效的一种电泳手段。通常第一向电泳是 IEF，现在有商业化的 IPG 干胶条，浸泡后即可使用，蛋白质混合物中的各种蛋白质根据其等电点不同进行分离。将 IEF 电泳后的胶条取出，紧贴在 SDS-PAG 上面即可进行第二向电泳（图 4-5-2）。

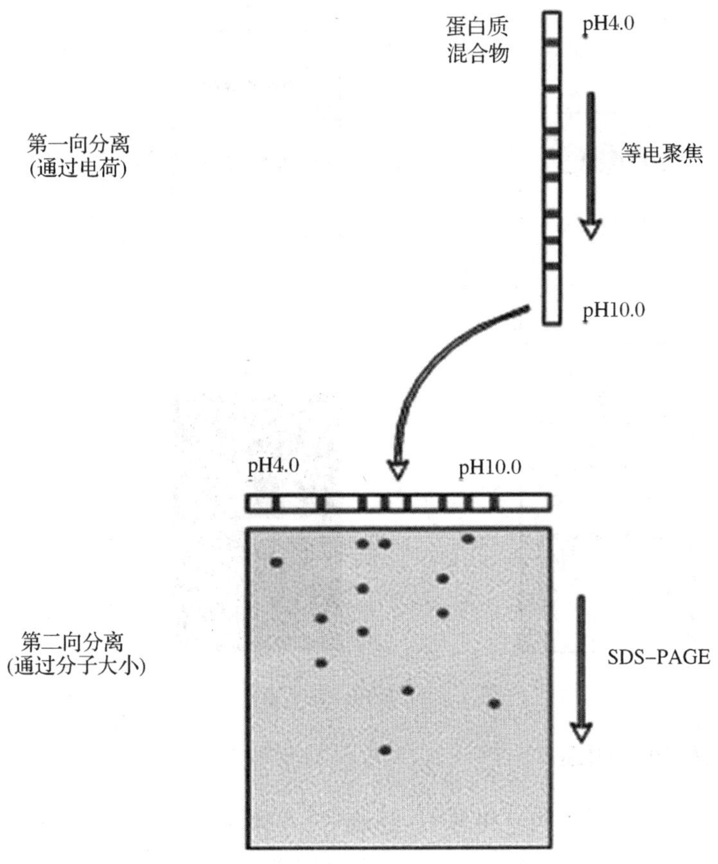

图 4-5-2 双向聚丙烯酰胺凝胶电泳结果示意图

在第二向电泳过程中，蛋白质依据其相对分子质量大小进行分离。这样各种蛋白质根据等电点和相对分子质量的不同而被分离、分布在双向图谱上。细胞提取液的双向电泳可以分辨出1000～2000个蛋白质，有报道称最高可以分辨出5000～10000个斑点，这与细胞中可能存在的蛋白质数量接近。双向电泳是一项技术性很强的工作，目前已有一些2-DE图谱分析软件可以直接记录并比较复杂的双向电泳图谱，并可由计算机控制的机器手将所需要的蛋白质斑点从凝胶中取出。

2-DE的操作程序包括：样品的制备、IEF和SDS-PAGE、凝胶染色与显色、图像分析等。其中蛋白质样品的制备要通过变性、还原等步骤破坏蛋白质之间的相互作用，去除非蛋白的成分如核酸等。胶条在一向电泳后要在平衡液（含SDS的缓冲液）中浸泡30min，以保持第二向电泳体系组分的一致性，提高蛋白质的转移效率。

五、蛋白印迹

蛋白印迹（Western blotting）是在凝胶电泳和固相免疫测定技术基础上发展起来的一种新的免疫生化技术。其基本过程为先进行SDS电泳，然后将电泳凝胶中的蛋白质转移到某种载体膜上，在膜上进行抗原抗体反应（图4-5-3）。常用于鉴定某种蛋白，并能对蛋白进行定性和半定量分析（详细原理见实验操作部分）。

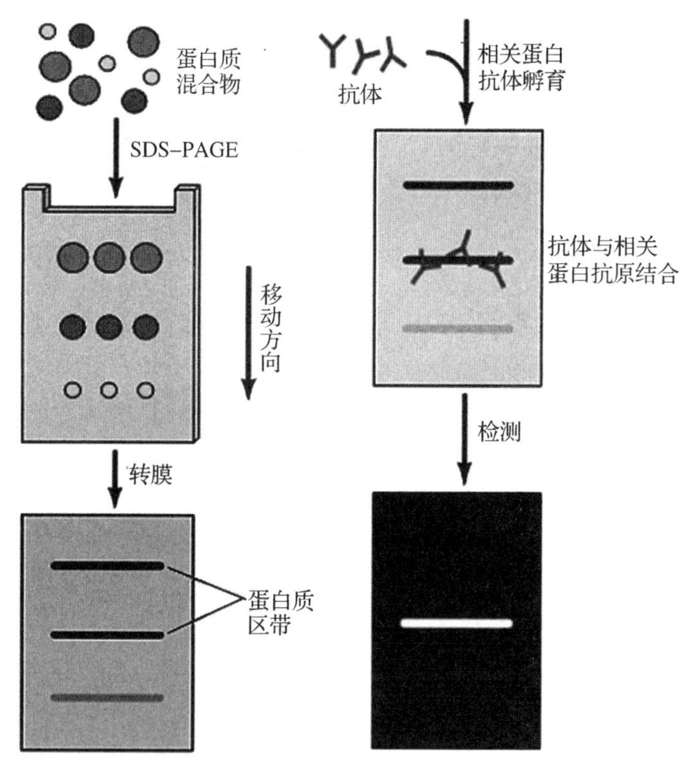

图4-5-3　蛋白印迹示意图

六、DNA印迹和RNA印迹

DNA印迹（Southern blotting）和RNA印迹（Northern blotting）基本原理类似，是分别对经过电泳分离的DNA或RNA分子进行杂交鉴定的方法，可用于对DNA或RNA进行定性和定量分析以及基因突变分析等。其基本过程为 DNA 或 RNA 的凝胶电泳分离→转膜→探针的核酸分子杂交(图 4-5-4)。

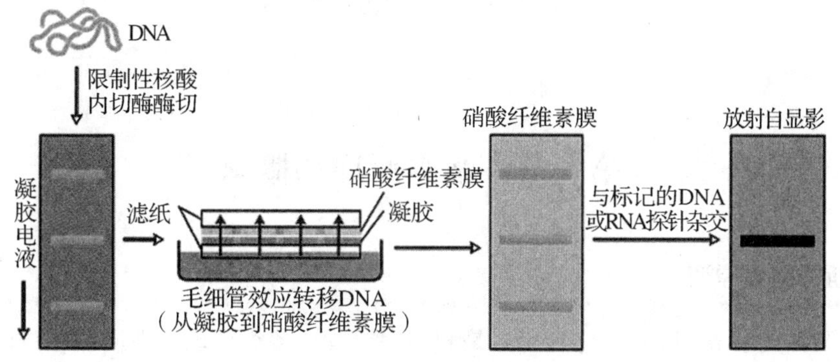

图 4-5-4　DNA 印迹示意图

（赵鲁杭）

第五章　层析技术

第一节　基本原理和概念

一、层析的基本原理

层析法又称色谱法(chromatography)，是利用混合物中各组分理化性质(如溶解度、极性、吸附力、亲和力、电荷和相对分子质量等)的差异，将多组分混合物中的物质进行分离、分析和纯化的一种技术。层析分离的基本原理是利用混合物中各组分在两相(固定相和流动相)间进行分配。当流动相携带混合物经过固定相时，即与固定相相互作用，由于各组分的理化性质、分子结构等的不同，使得待分离物质与固定相的作用程度存在着差异(即不同组分具有不同的分配系数)，不同组分在固定相中的滞留时间不同，从而随流动相移动的速率也有所不同，最终达到各组分彼此分离的目的。层析法的最大特点是：①高分辨率：能分离各种性质极其相似的物质；②高灵敏性：可以用于少量物质的分析鉴定；③量程大：通过改变层析条件可以对少量和大量物质都能分离、纯化、制备。层析技术是生物样品或生物分子分离、纯化制备和分析的重要实验技术，广泛地应用于石油化工、医药卫生、生物科学、环境科学、农业等领域的科学研究和实际应用中。

层析法是由俄国植物学家茨维特(Tswett)在20世纪初首先提出来的：充填含有色素碳酸钙的玻璃管用石油醚淋洗，依靠碳酸钙对叶绿素中不同色素吸附能力的差别，在石油醚的流动作用下把有关色素分离成一个个带有颜色的谱带，色谱一词也由此得名。

二、层析技术的基本概念

1. 固定相

固定相(stationary phase)是由层析基质组成的。其基质包括固体物质(如吸附剂、离子交换剂)和液体物质(如固定在纤维素或硅胶上的溶液)，这些物质能与有关的化合物进行可逆性的吸附、溶解和交换作用。

2. 流动相

流动相(mobile phase)是在层析过程中推动固定相上的物质向一定方向移动的液体或气体。在柱层析时，流动相又称洗脱剂，在薄层层析时又称展层剂。

3. 担体

担体(support)是一种化学惰性的、多孔性的固体微粒，能提供较大的惰性表面，使固定液以液膜状态均匀地分布在其表面。

4. 分配系数

分配系数(distribution coefficient，K)是指某一组分在固定相与流动相中浓度的比值，即$K=C_A/C_B$，式中，C_A为物质在A相(流动相)中的浓度；C_B为物质在B相(固定相)中的浓度。分配系数与被分离物质本身的性质、固定相和流动相的性质以及层析时的环境条件等有关。不同物质的分配系数或迁移率是有差异的，差异程度的大小是决定几种物质在层析体系中是否能分开的先决条件，差异越明显，分离效果越好。如果某物质在固定相和流动相之间的分配系数 K 为 1，说明该物质在固定相中的浓度与流动相中的相同；如果 K 是 0.5，则在流动相中的浓度是固定相中的 2 倍。影响分配系数主要因素有：①被分离物质本身的性质；②固定相和流动相的性质；③层析柱的温度。

5. 迁移率

迁移率(rate of flow，R_f)指某一组分在层析过程中移动的距离和同一时间流动相移动距离之比。

6. 相对迁移率

相对迁移率(relative mobility，Rx)是指某一组分在层析过程中移动的距离和某一标准物质在相同时间内移动的距离之比值。它可以小于等于 1，也可以大于 1。

7. 理论塔板数

对于一根层析柱来说，可作如下基本假设：层析柱的内径和柱内的填料是均匀的，而且层析柱由若干层组成。每层高度(H)称为一个理论塔板。溶质开始加在层析柱的零塔板上，将连续的层析过程分解成了间歇的动作，这与多次萃取过程相似，一个理论塔板相当于一个两相平衡的小单元。

8. 分辨率(或分离度)

分辨率表示相邻两个色谱峰的分开程度，是指相邻两色谱保留值之差与两峰底宽平均值之比，用 R_s 表示，R_s 值越大，表明两组分分离得越好。当 $R_s=1$ 时，两组分能较好地分离，每种组分的纯度约为 98%；当 $R_s=1.5$ 时，两组分基本完全分开，每种组分的纯度可达到 99.8%。如果两组分浓度相差太大，尤其要求有较高的分辨率。

9. 正相色谱与反向色谱

正相色谱是指固定相的极性高于流动相的极性，在层析过程中非极性分子或极性小的分子比极性大的分子移动的速率快。

反向色谱是指固定相的极性低于流动相的极性，在层析过程中极性大的分子比极性小的分子移动的速率快。

一般来说，分离纯化极性大的分子(如带电离子等)采用正相色谱(或正相柱)，而分离纯化极性小的有机分子(如有机酸、醇、酚等)多采用反向色谱(反向柱)。

10. 操作容量(或交换容量)

在一定条件下，某种组分与基质(固定相)反应达到平衡时，存在于基质上的饱和容量，称为操作容量(或交换容量)。它的单位是 mmol(或 mg)/g(基质)或 mmol(或 mg)/mL(基质)，数值越大，表明基质对该物质的亲和力越强。应当注意，同一种基质对不同种类分子的操作容量是不相同的，这主要是分子大小(空间效应)、带电荷的多少、溶剂的性质等多种因素的影响。因此，实际操作时，加入的样品量要尽量少些，特别是生物大分子，样品的加入量更要进行控制，否则达不到有效的分离。

第二节 层析技术的分类

一、层析的分类

层析的形式和种类非常多，根据流动相、固定相、层析原理等的不同，可以将层析进行分类。

1. 根据流动相的形态分类

色谱中有两相，即流动相和固定相。流动相可以是气体或液体，固定相可分为固体吸附剂和涂在固体担体或毛细管内壁上的液体固定相。

(1)气相色谱法：用气体作流动相的色谱法。再按固定相的状态，气相色谱又可分为气固色谱和气液色谱。

(2)液相色谱法：用液体作流动相的色谱法。再按固定相的状态，液相色谱亦可分为液固色谱和液液色谱。

2. 根据固定相的承载形式分类

可分为柱层析和平面层析(纸层析、薄层层析)。

(1)柱层析(columnar chromatography)：固定相装在玻璃管或金属管内，或涂在柱内壁上。柱层析又分为填充柱色谱和空心毛细管色谱。层析时在柱顶部加入要分离的样品溶液，假如样品内含两种成分 A 与 B，样品溶液全部流入吸附柱之后，加入合适的溶剂洗脱，A 与 B 也就随着溶剂向下流动而移动，最后达到分离。连续分段收集洗脱液，各组分即可顺序洗出。

(2)纸层析(paper chromatography)：用滤纸作载体，吸附在滤纸上的水为固定相。待分离的物质在纸上进行展开、分离。

(3)薄层层析(thin layer chromatography)：将固定相(吸附剂)在玻璃板上或其他薄膜上均匀地铺成薄层，把要分析的样品加到薄层上，然后用合适的溶剂展开而达到分离鉴定的目的。优点是设备简单，操作容易，层析展开时间短，分离效率高，并可采用腐蚀性显色剂，而且可以在高温下显色。

3. 根据层析的分离原理分类

根据分离原理不同可将层析分为 5 种类型(表 5-2-1)。

表 5-2-1　依据原理的层析技术分类

层析类型	分离原理
吸附层析法	以固体吸附剂为固定相，待分离的组分与吸附剂的吸附能力各不相同
分配层析法	待分离的组分在流动相和固定相(静止液相)中的分配系数不同
离子交换层析法	固定相是离子交换剂，待分离的组分与离子交换剂亲和力不同
凝胶层析法	固定相是多孔凝胶，待分离的组分在凝胶中移动所受阻滞的程度不同
亲和层析法	固定相只与待分离的组分中某一组分专一性结合，与其他组分分离

二、层析洗脱与检测方法

(一)层析的洗脱方式

(1)简单洗脱或单一洗脱：洗脱液不变；

(2)线形梯度洗脱：洗脱液的组成(离子浓度、pH、极性)呈线性变化；

(3)分步洗脱：分阶段更换洗脱液。

(二)层析中使用的检测方法

(1)柱层析中使用的检测方法：紫外检测(UV_{280nm}、UV_{260nm})、折光检测、荧光检测、生物活性检测等。

(2)平面层析中使用的检测方法：显色试剂检测、荧光检测、紫外检测等。

第三节　吸附层析

一、吸附层析的原理

吸附层析(adsorption chromatography)是利用吸附剂对不同物质吸附能力的差异而进行分离的一种层析方法。待分离的混合物中各组分的理化性质是有所不同的(如分子极性、溶解度、分子形状和大小等),当各组分随流动相通过由吸附剂组成的固定相时,由于吸附剂对待分离混合物中各组分的吸附力不同,导致各组分随流动相移动的速度不同,最终使得混合物中的各组分得以分离。吸附层析的效果如何取决于待分离物质被吸附剂(固定相)吸附结合的能力,以及其在流动相中溶解度的差异。

吸附层析的固定相种类很多,主要有氧化铝、活性炭、硅藻土、硅胶、淀粉、纤维素、DEAE-纤维素硅酸镁、聚酰胺等,其中以硅胶和氧化铝最为常用。这些吸附剂都具有吸附某些物质的能力,而且对于不同的物质吸附力有所不同。

吸附是表面的一个重要性质。任何两个相都可以形成表面,吸附就是其中一个相的物质或溶解于其中的溶质在此表面上的密集现象。在固体与气体之间、固体与液体之间、吸附液体与气体之间的表面上,都可能发生吸附现象。

溶质分子之所以能在固体表面停留,是因为固体表面的分子(离子或原子)和固体内部分子所受的吸引力不相等。在固体内部,分子之间相互作用的力是对称的,其力场互相抵消。而处于固体表面的分子所受的力是不对称的,向内的一面受到固体内部分子的作用力大,而表面层所受的作用力小,因而气体或溶质分子在运动中遇到固体表面时受到这种剩余力的影响,就会被吸引而停留下来。吸附过程是可逆的,被吸附物在一定条件下可以解吸出来。在单位时间内被吸附于吸附剂的某一表面积上的分子和同一单位时间内离开此表面的分子之间可以建立动态平衡,称为吸附平衡。吸附层析过程就是吸附与解吸附的动态平衡过程,也是吸附与解吸附的矛盾统一过程。

例如用硅胶和氧化铝作支持剂,其主要原理是利用吸附力与分配系数的不同,使混合物得以分离。当溶剂沿着吸附剂移动时,带着样品中的各组分一起移动,同时发生连续吸附与解吸作用以及反复分配作用。由于各组分在溶剂中的溶解度不同,以及吸附剂对它们的吸附能力的差异,最终将混合物中各组分分离。

二、吸附层析的分类

根据吸附剂的存在方式不同,可将吸附层析分为柱层析和薄层层析。

(一)柱层析

柱层析(column chromatography)是将吸附剂(固定相)装在玻璃管内而进行层析分离的。首先将柱内的吸附剂(固定相)用洗脱液(流动相)湿润,然后将样品从层析柱的顶端加入,层析柱的下端开关打开,当样品流入固定相后,加入洗脱液进行洗脱。在洗脱过程中不断发生溶解—吸附—再溶解—再吸附的过程,由于样品中的待分离物质与吸附剂的吸附力不同,以及在流动相的溶解度不同,导致它们在层析柱里的流动速率不同,最终各组分分别从层析柱下端流出,达到了分离的目的。可以通过检测或分步收集的方法获取分离的各组分物质。

一般非极性或极性不强的物质(如甘油三酯、胆固醇、磷脂、胡萝卜素等)适合用此类方法分离。

(二)薄层层析

薄层层析(thin layer chromatography,TLC)是将吸附剂均匀地铺在玻璃板上形成薄层而得名。在靠近板的一端的吸附剂上点样,然后在密闭的层析缸内将薄板浸入流动相的液体内(液面不能超过点样点),通过吸附—解吸附—再吸附—再解吸附的过程,使得混合物中的各组分在固定相中进行分离。

薄层层析具有操作方便、设备简单、显色容易等特点,同时展开速率快,一般仅需15~20min;混合物易分离,分辨力一般比纸层析高10~100倍,它既适用于只有0.01μg的样品分离,又能分离大于500mg的样品作制备用,而且还可以使用如浓硫酸、浓盐酸之类的腐蚀性显色剂。薄层层析的缺点是对生物大分子的分离效果不甚理想。

三、固定相和流动相的选择

吸附剂(固定相)的选择主要考虑两方面因素:一是吸附剂的性质与适用范围;二是吸附剂的颗粒大小。一般来说,所选吸附剂应具有最大的比表面积和足够的吸附能力,它对欲分离的不同物质应有不同的吸附能力,即有足够的分辨力;所选吸附剂与溶剂及样品组分不会发生化学反应。吸附力的强弱规律可概括如下:吸附力与两相间界面张力的降低成正比,某物质自溶液中被吸附的程度与其在溶剂中的溶解度成反比。极性吸附剂易吸附极性物质,非极性吸附剂易吸附非极性物质。同族化合物的吸附程度有一定的变化方向,例如,同系物极性递减,而被非极性表面吸附的能力将递增。理想的吸附剂必须经过多次实验才能获得,良好的吸附剂应该具有表面积大、颗粒均匀、吸附选择性好、稳定性强、成本低廉等特点。

(一)吸附剂的性质与适用范围

较为常用的吸附剂有羟基磷灰石、硅胶、氧化铝、硅藻土、纤维素、聚酰胺及DEAE-纤维素等。

1. 硅胶

硅胶是应用最广泛的一种极性吸附剂。它的主要优点是化学惰性,具有较大的吸附量,易制备成不同类型、孔径、表面积的多孔性硅胶,一般以$SiO_2 \cdot xH_2O$通式表示。

硅胶的吸附活性取决于含水量,吸附层析一般采用含水量为10%~12%的硅胶,含水量小于1%的活性最高,而大于20%时,吸附活性最低。硅胶在105~110℃加热30min进行脱水活化,将显著提高其吸附能力。

硅胶适用于分离酸性和中性物质,碱性物质能与硅胶作用,因此如用中性溶剂展开,碱性物质有时会留在原点不动,或者斑点拖尾,而不能很好地分离。为了使某一类化合物得到满意的分离,可改变硅胶酸碱性。例如,可用稀酸或稀碱液(0.1~0.5mol/L)或一定pH值的缓冲溶液代替水制备酸性、碱性或某一pH值的薄层;也可在硅胶中加入氧化铝(碱性)制成薄层;或在展开剂中加入少量的酸或碱进行展层。

使用硅胶和硅藻土时,通常要先加入黏合剂再在支持板上涂布。常用的黏合剂为煅石膏和淀粉,在硅胶、氧化铝和硅藻土中分别加入5%~20%石膏后,称为硅胶G、氧化铝G和硅藻土G。用煅石膏为黏合剂的薄层易从玻璃板上脱落,但具有耐腐蚀性试剂的优点。加淀粉制成的薄层,机械性能较好,但不宜用腐蚀性强的试剂。

2. 氧化铝

氧化铝为微碱性吸附剂,适用于亲脂性物质的分离制备,氧化铝具有较高的吸附容量,价格低廉，分离效果好，因此应用也较广泛。

在使用氧化铝作吸附层析时，要注意选择适当活性及适当酸碱度的产品。氧化铝通常可按制备方法不同而分为碱性、中性和酸性三种。碱性氧化铝可应用于碳氢化合物的分离；中性氧化铝适用于醛、酮、醌、某些苷类及酸碱溶液中不稳定的酯、内酯等化合物的分离；酸性氧化铝适用于天然及合成的酸性色素以及醛、酸的分离。

氧化铝用前通常在高温 400℃加热 6h，含水量达 0～3%使其活化，但要防止温度过高破坏其内部结构。

3. 聚酰胺

聚酰胺由己二酸与己二胺聚合而成，也可用己内酰胺聚合而成，因它们都含有大量酰胺基团，故统称聚酰胺。聚酰胺对碱稳定性好，对酸稳定性差。

聚酰胺薄膜层析是 1966 年后发展起来的一种薄层层析方法，用此方法分析氨基酸衍生物 DNP -氨基酸、PTH -氨基酸、DNS -氨基酸及 DABTH -氨基酸时，具有灵敏度高、分辨力强、展层迅速和操作简便等优点。目前由国产原料制成的聚酰胺薄膜性能良好、效果满意，已用于酚类、醌类、硝基化合物、氨基酸及其衍生物、核酸碱基、核苷、核苷酸、杂环化合物、合成染料、磺胺、抗生素、环酮、杀虫剂及维生素 B 等 16 类化合物的分析。

4. 硅藻土和纤维素

它们是中性吸附剂，需在吸附水、缓冲溶液或甲酰胺等之后，才能用于薄层层析。

常用吸附剂活性(度)增加的次序为：蔗糖＜淀粉＜滑石粉＜碳酸钠＜碳酸钾＜碳酸钙＜磷酸钙＜磷酸镁＜氧化镁＜硅胶＜硅酸镁＜氧化铝＜活性炭＜漂白土。

极性吸附剂氧化铝和硅胶的活性可分为五级。活性级数越大，吸附能力越弱，其活性大小与含水量有很大的关系(表 5-3-1)。在一定温度下，加热除去水分可以使氧化铝和硅胶的活性提高，吸附能力加强，也称为活化(activation)；反之，加入一定量的水分可使活性降低，称为脱活性(deactivation)。活化过程温度也不是越高越好，而是有一定温度范围的。温度过高，会引起吸附剂内部结构发生改变，反而使吸附力出现不可逆地下降。

表 5-3-1　硅胶、氧化铝的含水量与活性的关系

活性级	硅胶含水量(%)	氧化铝含水量(%)
1	0	0
2	5	3
3	15	6
4	25	10
5	38	15

5. 羟基磷灰石

羟基磷灰石(HA)，分子式为$[(Ca_5(PO_4)_3(OH)]_2$，又称羟磷灰石，碱式磷酸钙，是钙磷灰石的自然矿物化，特点是吸附容量高，稳定性好，在 85℃以下、pH5.5～10.0 均可使用。羟基磷灰石常用来制备和纯化蛋白质、核酸、病毒等生物样本，特别是分离 RNA、双链 DNA、单联 DNA 和杂合双链 DNA-RNA 等，在合适的实验条件下经一次 HA 柱层析就能达到有效的分离。

HA 做吸附层析时的过程如下：

(1) 溶胀：HA 干粉浸于蒸馏水中使其膨胀度(水化后所占用的体积)达 2～3mL/g，再按 1∶6体积加入缓冲液(如 0.01mol/L 磷酸钠缓冲溶液)悬浮洗去细小颗粒。注意：HA 的悬浮液不能做搅拌操作，否则会破坏其晶体结构。可以用旋涡振荡器处理悬浮液。

(2) HA 层析柱再生：先从柱顶部挖去一层 HA，然后用一倍床体积的 1mol/L NaCl 溶液洗涤，再换 4 倍体积的平衡缓冲液洗涤，就可再次使用。

从分辨率和操作容量上讲，细的颗粒都优于粗颗粒，但细的颗粒流速较慢，如果要提高流速，就要增大层析柱的直径。

（二）吸附剂的颗粒大小

用作薄层层析固定相的吸附剂颗粒，要求大小适当、均匀，若颗粒过大，展开时溶剂推进速率太快，分离效果不好；若颗粒太小，展开太慢，斑点拖尾不集中，分离效果也差。颗粒大小固定在一定范围内并且薄层厚度均匀一致时，每次得出的 R_f 值即可保持恒定。无机类支持剂的颗粒以 150～200 目（直径为 0.07～0.1mm）、薄层厚度为 0.25～1mm 较合适。有机吸附剂如纤维素等的颗粒为 70～140 目（直径 0.1～0.2mm）、薄层厚度为 1～2mm 最恰当。

（三）流动相的选择

吸附层析的流动相在柱层析时一般称为洗脱剂，在薄层层析时一般称为展开剂或展层剂，流动相应选择稳定性好、黏度小、能彻底洗脱所分离的成分并容易与被洗脱的成分分离。

可根据被分离物中各种成分的极性、溶解度和吸附剂的活性来选择洗脱剂。如蛋白质或核酸与 HA 以离子键结合具有离子交换特性，可选 NaCl 浓度梯度或磷酸钠浓度梯度洗脱；而极性较弱的甾体或色素等，可选硅胶吸附，用有机溶剂洗脱，选择洗脱剂的顺序是极性由小到大（正相层析），浓度则是由低到高，原则就是达到所有成分完全洗脱分离、用量少、时间短。

选择展开剂需视被分离物的极性及支持剂的性质而定。对初选展开剂合适与否的评价，要根据其分离有效成分的效果来确定。如果不合适，还需进行极性调整，直至达到对有效成分的完全分离为止。

如果薄层层析所用的支持剂是吸附剂，在同一吸附剂上，不同化合物的吸附性质有如下规律：①饱和碳氢化合物不易被吸附；②不饱和碳氢化合物易被吸附，分子中双键愈多，则吸附得愈紧密；③当碳氢化合物被一个功能基取代后，吸附性增大。吸附性按以下功能基依次递增：$—CH_3$＜—O—＜—CO＜$—NH_2$＜—OH＜—COOH。吸附性较大的化合物，一般需用极性较大的溶剂才能推动它。

选择展开剂的另一个依据是溶剂的极性大小。一般而论，在同一种支持剂上，凡溶剂的极性愈大，则对同一性质的化合物的洗脱能力也愈大，即在薄层上能把此化合物推进得愈远，R_f 值也愈大。如果用一种溶剂去展开某一成分，当发现它的 R_f 值太小时，可考虑换用一种极性较大的溶剂，或在原来的溶剂中加入一定量极性较大的溶剂进行展层。溶剂极性大小的次序是：石油醚＜二硫化碳＜四氯化碳＜三氯乙烯＜苯＜二氯甲烷＜氯仿＜乙醚＜乙酸乙酯＜乙酸甲酯＜丙酮＜正丙醇＜甲醇＜水。

四、薄层层析的制板、点样、展层和显色

（一）制板

薄层板制作简称制板，是指作为固定相的支持剂被均匀地涂布在玻板上，形成一薄层。所用的玻板要求表面平滑、清洁。玻板的大小按需要选定，常用的规格为 6cm×20cm。

1. 软板制作

软板也称干板，是不加黏合剂，将支持剂干粉直接均匀地铺在玻板上制成的。这种薄层板制作简单，展开快，但极易吹散。其具体制作方法如下：

（1）选用直径约为 0.5cm 的玻璃管一根，根据薄层的厚度（一般为 0.4～1mm）在其两端绕胶布数圈。

（2）将支持物干粉倒在玻板上，固定玻板一端以防玻璃推进时移动。

(3)将玻璃管压在玻板上,将支持剂干粉由一端推向另一端即成薄层。

2.硬板制作

硬板又称湿板,是将支持剂加黏合剂和水或其他液体后,均匀地铺在玻璃板上,再经烘干而成的薄层板。制作方法可用专门的薄层制板器,也可用手工,均能得到满意的效果。下面介绍三种手工涂布制板的方法:

(1)玻棒涂布:将支持剂用水或适当溶剂调成胶浆,倒在玻板上,然后依软板制作相同的方法,用玻棒在玻板上将支持剂由一端向另一端推动,即成薄层。

(2)玻片涂布:在玻板两旁放置两块稍厚的玻板,把支持剂胶浆倒在中间的玻板上,然后用另一块玻片的边缘将胶浆刮向另一端,即成一定厚度的薄层。干燥后用刀刮去薄板两侧的支持剂。更换玻板两旁不同厚度的玻片,即可调节薄层的厚度。

(3)倾斜涂布:将支持剂胶浆倒在玻片上,然后将玻板倾斜,使胶浆均匀涂布于玻板上。

上述任何一种方法将支持剂均匀涂布于玻板上后,静置片刻,待薄层表面无水渍后,置烘箱中,让温度升到 100℃,持续 20min~1h。关闭电源,待温度降至接近室温时,取出薄层板,放入干燥器备用。此一步骤称为活化。

(二)点样

薄层层析点样方法与纸层析基本相同,但另应注意以下几点:

(1)样品最好用具挥发性的有机溶剂(如乙醇、氯仿等)溶解,不应用水溶液,因水分子与吸附剂的相互作用力较弱,当它占据了吸附剂表面上的活性位置时,就使吸附剂的活性降低,使斑点扩散。

(2)点样量不宜太多,否则会降低 R_f 值,一般为几到几十微克,体积为 1~20μL。

(3)原点直径要控制在 2mm 以内。欲达此目的,就须分次点样,边点样,边用冷、热风交替吹干。

(4)薄层板在空气中不能放置太久,否则会因吸潮降低活性。

(三)展层

展层装置种类较多,根据展层方式基本上可分上行、下行、连续及水平式四种。不加黏合剂的薄层只能作近水平式(板与水平成 10°~20°角)的上行或下行展开。不论何种展层方式,展层容器必须密闭,并事先要使展开剂蒸汽达到饱和。容器的体积大小要视薄层板的面积而定,因为大容器要达到溶剂蒸汽饱和所需的时间比小的长。虽然薄层层析时,溶剂饱和度对分离效果的影响不如纸层析大,但影响仍然存在。根据实验证明,在不饱和的展层装置中,由于混合展开剂内含有几种挥发性试剂,致使薄层板边缘与中间的试剂比例不同,因此样品在边缘和中间展层的距离也不同,这种现象称为边缘效应,严重时会影响分离效果。

如同纸层析一样,薄层层析时为了获得更好的分离效果,也采用双向展层和分次展层。分次展层是先用一种溶剂展开至一定距离后,将薄层板取出,待溶剂挥发后再按同一方向用第二种溶剂展开。

(四)显色和定量

薄层层析法的显色和定量与纸层析法类似。薄层板展开完成后,从展开装置中取出,于室温或烘箱中干燥,然后根据被分离物质的种类和性质,选用相应的显色剂喷雾显色,或用紫外灯检测被分离的物质斑点,如同纸层析法一样,测量和计算各斑点的 R_f 值。

由于薄层层析与纸层析法有不同的特点,因此在分析定量时需注意以下几点:

(1)在喷雾显色时,不加黏合剂的薄层要小心操作,以免吹散吸附剂。

(2)薄层层析还可以用强腐蚀性显色剂,如硫酸、硝酸、铬酸或其他混合溶液。这些显色剂几乎可以使所有的有机化合物转变为碳,如果支持剂是无机吸附剂,薄层板经此类显色剂喷雾后,被分离的有机物斑点即显示黑色。此类显色剂不适用于定量测定或制备用的薄层上。

(3)如果样品斑点本身在紫外光下不显荧光,可采用荧光薄层检测法,即在吸附剂中加入荧光物质,或在制备好的薄层上喷雾荧光物质,制成荧光薄层。这样在紫外光下薄层本身显示荧光,而样品斑点不显荧光。吸附剂中加入的荧光物质常用的有1.5%硅酸锌镉粉,或在薄层上喷雾0.04%荧光素钠、0.5%硫酸奎宁醇溶液或1%磺基水杨酸的丙酮溶液。

(4)由于薄层边缘含水量不一致,薄层的厚度、溶剂展开距离的增大,均会影响 R_f 值,因此在鉴定样品的某一成分时,应用已知标准样作对照。

(5)定量时,可对斑点作光密度测定,也可将一个斑点显色,而将与其相同 R_f 值的另一未显色斑点从薄层板上连同吸附剂一起刮下,然后用适当的溶剂将被分离的物质从吸附剂上洗脱下来,进行定量测定。

(于晓虹)

第四节　分配层析

一、分配层析的原理

分配层析(partition chromatography)是根据物质在两种不相混溶(或部分混溶)的溶剂间溶解度和分配系数的不同来实现物质分离的方法,相当于一种连续的溶剂抽提方法。分配系数 K 是指在一定温度和压力条件下物质在固定相和流动相两部分浓度达到平衡时的浓度比值,即

$$\text{分配系数 } K=\frac{\text{物质在固定相中的浓度}}{\text{物质在流动相中的浓度}}$$

现在应用的分配层析技术,大多数是以一种多孔物质固着一种极性溶剂,此极性溶剂在层析过程中始终固定在多孔支持物上,称为固定相。另有一种与固定相互不相溶的非极性溶剂流过固定相,此流动溶剂称流动相。如果含有多种物质的混合物存在于两相之间,各物质将随着流动相的移动进行连续的、动态的分配,因各物质的分配系数不同,移动速率不同,结果达到彼此分离的目的。

固定相及载体的选择:分配层析一般以多孔支持物作为载体,以结合在载体上的极性液体物质为固定相。硅胶、滤纸、淀粉等都可以作为固体支持物。例如硅胶可以结合相当于其自身重量的70%的水分,结合了水的硅胶即丧失了它作为吸附剂的性能,同样滤纸等也可以吸附大量的水或是极性溶液,此时载体上结合的水或是极性溶液即为固定相,它们呈不流动的状态。

流动相的选择:一般可先选择待分离物质各组分溶解度稍大的溶剂作为流动相,然后再根据分离情况改变流动相的组成形成混合溶剂。一般常用的流动相为石油醚、醇类、酮类、酯类卤代烷及苯等以及它们的混合液。

由于待分离物质的各组分在流动相中的溶解度和分配系数不同,层析时移动的速率也就不同,经过反复地在两相中溶解和分配,即可将各组分进行分离。分配层析主要用于分离极性

较大的物质，如有机酸、氨基酸、糖类、肽类、核苷酸、核苷等。

分配层析中应用最广泛的是以滤纸为多孔支持物的纸上分配层析。它设备简单、价廉、所需样品少、分辨率能达到一般要求标准，因而较广泛地被采用。

二、纸层析

(一)纸层析的基本原理

纸上层析是以滤纸作为支持物的分配层析。滤纸纤维与水有较强的亲和力，能吸收22%左右的水，其中6%～7%的水是以氢键形式与纤维素的羟基结合。由于滤纸纤维与有机溶剂亲和力很弱，故在纸层析时，以滤纸纤维及其结合的水作为固定相，以有机溶剂作为流动相。纸层析对混合物进行分离时发生两种作用：第一种是溶质在结合于纤维上的水与流过滤纸的有机相之间进行分配（即液-液分配）；第二种是滤纸纤维对溶质的吸附及溶质溶解于流动相的不同分配比进行分配（即固-液分配）。虽然混合物的彼此分离是这两种因素共同作用的结果，但主要决定于液-液分配作用。

在实际操作时，点样后的滤纸一端浸没于流动相液面之下，由于毛细管作用，有机相即流动相开始从滤纸的一端向另一端渗透扩展。当有机相沿滤纸流经点样处时，样品中的溶质就按各自的分配系数在有机相与附着于滤纸上的水相之间进行分配。一部分溶质离开原点随有机相移动，进入无溶质区，此时又重新进行分配；一部分溶质从有机相移入水相。在有机相不断流动的情况下，溶质就不断地进行分配，沿着有机相流动的方向移动。因样品中各种不同的溶质组分有不同的分配系数，移动速率也不相同，从而使样品中各种溶质组分得到分离和纯化（图5-4-1）。

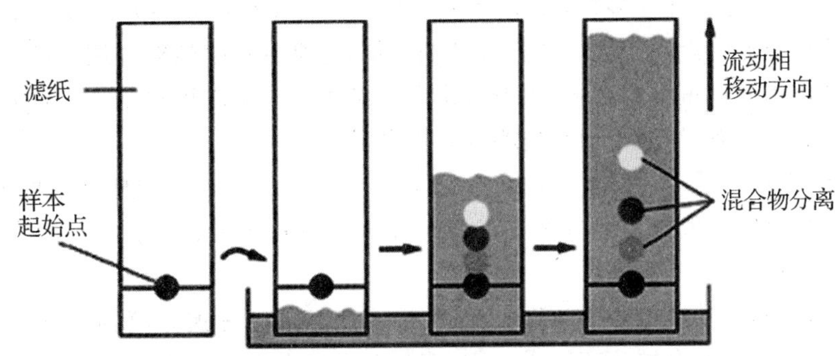

图5-4-1　纸层析分离原理示意图

通过纸层析被分离的各种溶质组分在滤纸上移动的速率通常用 R_f 表示：

R_f ＝组分移动的距离/溶剂前沿移动的距离

＝原点至组分斑点中心的距离/原点至溶剂前沿的距离

在滤纸、溶剂、温度等各项实验条件恒定的情况下，各物质的 R_f 值是不变的，它不随溶剂移动距离的改变而变化。R_f 与分配系数 K 的关系如下：

$$R_f = 1/(1+\alpha K)$$

α 是由滤纸性质决定的一个常数。由此可见，K 值愈大，溶质分配于固定相的趋势愈大，而 R_f 值愈小；反之，K 值愈小，则分配于流动相的趋势愈大，R_f 值愈大。R_f 值是定性分析的重要指标。

在样品所含溶质较多或某些组分在单相纸层析中的 R_f 比较接近，不易明显分离时，可采用双相纸层析法。该法是将滤纸在某一特殊的溶剂系统中按一个方向展层以后，即予以干燥，再转向 90°，在另一溶剂系统中进行展层，待溶剂到达所要求的距离后，取出滤纸，干燥显色，从而获得双相层析谱。应用这种方法，如果溶质在第一种溶剂中不能完全分开，而经过第二种溶剂的层析能得以完全分开，大大地提高了分离效果。

(二)纸层析的操作

1. 实验器材的选择

(1)滤纸：层析用滤纸的质量好坏将直接影响物质的分离效果，一种适用于层析法分离的滤纸必须达到如下要求：除了应质地均一，厚薄适当，纤维密度适中，具有一定的机械强度外，还应具有一定的纯度，Ca^{2+}、Mg^{2+}、Cu^{2+}、Fe^{3+} 等金属离子含量要少，灰分在 0.01%以下。我国常用的有国产新华层析滤纸 1、2、3 号，英国产 Whatman 1、2、3 号，美国产 Schleicher & Schüll (s. s) 589、595 号。

杂质含量较高的滤纸必要时需进行预处理，用 0.01～0.4mol/L HCl、8-羟基喹啉水溶液或加铜沉淀剂处理，可除去滤纸中某些金属离子。如果做氨基酸分析，滤纸上含有微量与茚三酮反应的物质，可用 0.5mol/L $NaNO_2$ 和 0.5mol/L HCl 混合液洗涤，再用水冲洗至中性。

(2)展开装置：展开是指溶剂与点样点的滤纸接触后，由于毛细管作用，沿一定方向在滤纸上移动，同时带动溶质组分向前移动的过程。这种展开过程必须在一个被溶剂蒸汽所饱和的密闭容器中进行，以防止滤纸中的溶剂挥发。容器的大小和形状依滤纸而定，最简单的是用直立的试管，大的可用玻璃标本缸。在容器底部放置适当高度的溶剂，点样后的滤纸垂直悬挂于上方或卷成圆筒状直立于溶剂中。

纸层析展开的方式依据被分离物质的种类多少、分配系数及其他分析要求，有上行及下行式展开、双向展开、环行展开等多种，较常用的是上下行展开和双向展开。其中下行展开装置比较复杂，要求在容器的上端安置一个盛展开剂的槽，滤纸的点样端整齐地浸没于槽的展开剂中，由于毛细管作用外加重力的影响，展开剂沿着滤纸由上向下缓慢移动。这种方式一般适用于长的或大张滤纸，分离 R_f 值小而且较为接近的各种物质。

(3)展开剂：选择合适的展开剂是决定分离成败的关键。由于不同样品的组成不同，所以没有共同的规律可循，一般使用的溶剂有正丁醇、酚、三甲基吡啶、二甲基吡啶、苯甲醇等。对展开剂的选择要考虑以下几方面：

①同一物质在不同的溶剂中 R_f 值不同，选择溶剂时应考虑被分离物质在该溶剂系统中 R_f 值需为 0.05～0.85，两个被分离物质的 R_f 值相差最好大于 0.05。

②溶剂系统与被分离物质之间，以及多元溶剂系统中各组分之间，都不应起化学反应。

③溶剂系统中含水量对 R_f 值影响很大，故要严格注意控制温度，使含水量恒定。

④展开溶剂都应事先处理才能应用，处理方法因溶剂性质的不同而异，常用的处理方法有酸碱反复抽提、水洗涤、干燥剂干燥、重蒸精制等。

⑤一般亲水性物质或极性较大的物质采用与水不互溶的有机溶剂加水混合作展开剂。中等极性物质采用疏水性有机溶剂与亲水性有机溶剂(甲醇、甲酰胺等)混合液作展开剂。对于有些疏水性物质或低极性物质(如高级脂肪酸)则可采用反相层析加以分离。

2. 操作要点

(1)样品预处理：为了对被分析的样品达到满意的分离效果，在上样展开前一般都要进行预处理。预处理包括：

①尽可能地纯化，除去对纸层析分离起干扰的物质，例如样品中的蛋白质，可用三氯醋酸

溶液去除。

②去盐：常用离子交换树脂脱盐，如氨基酸、核苷酸类样品可用弱阴性和弱阳性树脂将带有阴、阳离子的盐分除去。

③对欲分离物质含量过低的样品要进行浓缩，热不稳定的物质的浓缩要在低温、低压下进行，最常用的方法是低温减压干燥或浓缩，经浓缩或冷冻干燥后的样品再溶解于特定的溶剂中。宜选用使被分离物质的溶解性较好而干扰物质的溶解度较小且又易于挥发的溶剂。

(2)点样：点样是将经处理后的样品点加在层析滤纸的特定部位，这是一项需十分仔细的操作步骤，点样的好坏会直接影响分离效果。点样可用玻璃毛细管，如作定量测定，应使用微量移液管或微量注射器，市售血球计数管经加工磨尖头部并标定体积后使用也甚理想。点样量一般为 2～20μL，要控制样品斑点的直径在 5mm 左右。如一次点样量不够，可待斑点干燥后(或以冷风吹干)再重复点样。在同一张滤纸上作多个样品分析时，样品点彼此距离应间隔 2～3cm。点样的位置，上行展开法一般点样在离滤纸下端 4～5cm 处，下行展开法在离上端 6～8cm 处。如作双相纸层析分离，点样处应位于距滤纸右侧边 5cm 与距底边 5cm 直线的交点，一张滤纸只能点加一个样品。

(3)展开：待滤纸上的样品溶液干燥后，将滤纸悬挂在展开装置内，避免与展开剂接触，密闭展开容器，使滤纸在充满展开剂的蒸汽中平衡半小时至一小时。平衡后，将滤纸点样端浸没于溶剂中，要求点样位置高出溶剂液面 3～4cm。比较理想的，最好在容器盖上连接一个长柄漏斗，待平衡后自外加入溶剂至所需高度。这样操作可不必打开容器盖，以保持容器中展开剂蒸汽的饱和状态。也可以以上操作原则为依据，根据具体实验的需要，适当调整操作方案。

溶剂展开的距离一般视被分离溶质的 R_f 值而定。各溶质的 R_f 值相差很大的样品，展开距离可较短；R_f 值相差较小的样品要求较大的展开距离。但是考虑到由于展开距离太大(尤其是上行法)，溶剂移动速率愈来愈慢，而且斑点扩散也趋严重，反而影响分离效果，因此在实际操作时，溶剂展开的距离，上行法一般有 15～20cm，下行法有 30～40cm 就足够了。

对于各溶质的 R_f 值非常接近的样品，为了获得较满意的分离效果，可以采用连续展开法。如用上行法，则把滤纸上端折转，夹于脱脂棉花中，使上升的溶剂不断地被棉花吸收；如用下行法，则把滤纸的下端剪成锯齿状，溶剂达到顶端后便可以从下垂的锯齿尖端滴下，进行连续展开。但用此种方法已无法确定溶剂展开的前缘，展开所需时间可选用一个 R_f 较大的有色参比标准物作示踪剂。

(4)显色：展开完毕，取出滤纸，随即用铅笔标记溶剂移动的前沿位置，悬挂在空气中晾干或热风吹干。多数样品纸层析展开后，分离斑点是无色的，需依据各溶质的理化性质，运用不同方法加以显色，如茚三酮溶液可与氨基酸反应显示紫色，硝酸二氨合银溶液可显示还原性糖。在操作时一般将显色剂喷洒到展开后的滤纸上，分离斑点立即显现。配制显色剂的溶剂最好使用与水不相溶的、挥发性较大的溶剂，尽量减少显色剂中的含水量，以免斑点扩散。

有些样品如许多有机药物或其代谢物，层析后一般不用显色剂喷雾显色，只要在暗处放置于紫外分析仪下，在斑点处即显现不同颜色的荧光，用铅笔圈出斑点，测定 R_f 值。标记放射性同位素的物质，可利用其对照相底片感光的特性作放射自显影，或将层析谱剪成小片作脉冲计数。一些抗菌素及维生素等对某些细菌生长具有抑制或促进作用，则可将滤纸剪成小片，作细菌培养来确定斑点位置，描绘出层析谱。

(5)测量 R_f 值：判断层析谱中各斑点的性质，最简单的办法是测定 R_f 值，因为在相同的实验条件下，同一种物质具有相同的 R_f 值，并不受展开剂移动距离长短的影响。双相层析谱的

斑点 R_f 值分别等于各向展开剂的单向层析谱相应的 R_f 值。

在已知样品中各溶质的情况下，可同时进行标准物层析分离，通过 R_f 值及层析谱斑点位置的比较，更精确地确定样品中相应物质的性质。

一般来说，在同一层析谱上，一种物质只出现一种斑点，在少数情况下，由于物质在色谱分析过程中出现变化（如半胱氨酸很容易氧化成半胱磺酸），也可能出现一个以上的斑点。有些物质在某一溶剂系统中的 R_f 值非常接近，在层析时可出现在同一斑点中，因此不能简单地认为一个斑点就是一种物质。遇到这种情况时，如要把同一斑点中的物质加以分离，可改变层析条件，尤其是展开剂，或采用其他层析法进一步予以鉴定。

在连续展开时，因没有溶剂前缘可循，无法计算 R_f 值，此时可计算相对比移值（R_g）。其计算方法如下：

R_g＝原点至物质斑点的距离/原点至参比物质斑点的距离

(6)定量分析：常用的定量方法有三种。

①剪洗法：显色后将分离的斑点剪下，以适当的溶剂洗脱，比色定量，该法的误差一般在±5%左右。

②光密度扫描：将滤纸条置于光密度计中直接扫描，描绘出色谱曲线图，根据积分计数或测量曲线面积求出物质的含量，一般误差为±5%～±10%。

③直接测量斑点面积：此法影响因素很多，每次斑点的形状不易控制一致，重复性差。

(7)影响 R_f 值的因素：R_f 值是纸层析定性分析的重要测量指标，每一种物质在恒定的实验条件下，R_f 值是一个常数。如果实验条件改变，即使是微小的改变，R_f 值就发生变化。这些实验条件或影响 R_f 值的因素除滤纸及展开剂的性质外，还有如下几方面：

①被分离物质的分子结构和极性：纸层析分离的固定相实际上是水，流动相为非极性溶剂，在水与有机溶剂两相之间决定物质分配系数的主要因素是物质极性大小，分配系数的改变即反映出 R_f 值的变化。例如酸性和碱性氨基酸的极性较强于中性氨基酸，后者在水中的溶解度（分配）较小，R_f 值就较大。如果分子中极性基团数目不变而延长非极性结构碳链，则降低了整个分子的极性，R_f 值随之增大。因此，在纸层析分离时，如知道被分离物质的分子结构，就能大致预测各物质的 R_f 值的大小。

②酸碱度：溶剂、滤纸及样品的 pH 均能影响 R_f 值。溶剂系统的 pH 既能影响溶质的解离状态，又能影响流动相本身的含水量，溶剂酸碱度大，吸水量多，则使极性物质的 Rf 值增大，反之则降低。

③温度：温度不仅影响物质在两相间的分配系数，而且影响溶剂相的组成及纤维素的水合作用。因此要获得准确的 R_f 值，层析过程必须在恒温条件下进行。

④展开方式：R_f 值可因展开方式不同而有所差异，其中下行法的 R_f 值较大，上行法的 R_f 较小。环形展开时，由于溶剂是从中心向四周扩散，内圈较外圈小，限制了溶剂的流动，故 R_f 值也较大。

（于晓虹）

第五节 离子交换层析

一、离子交换层析的原理

离子交换层析(ion exchange chromatography)是以离子交换剂作为固定相,通过其结构上的可交换离子与周围介质中的离子进行交换和结合,由于被分离的各种离子与离子交换剂交换和结合能力不同,经过交换平衡使得介质中的各种离子得以分离。该法可以同时分析多种离子化合物,具有灵敏度高,重复性、选择性好,分析速度快等优点,是当前最常用的层析法之一。

离子交换剂为人工合成不溶于水的高分子聚合物,如纤维素、葡聚糖、琼脂糖等,其上通过一定的化学反应共价结合了一些活性基团(酸性或是碱性基团),这些基团在一定的条件下可以解离成阴离子或是阳离子。根据这些基团所带电荷不同,可分为阴离子交换剂和阳离子交换剂。当待分离的各种离子化合物随溶液通过离子交换柱时,各种离子即与离子交换剂上的荷电部位竞争交换和结合。

离子交换剂是由基质、荷电基团和反离子构成,在水中呈不溶解状态,能释放出反离子。同时它与溶液中的其他离子或离子化合物相互结合,结合后不改变本身和被结合离子或离子化合物的理化性质。

离子交换剂与水溶液中离子或离子化合物所进行的离子交换反应是可逆的。假定以 RA 代表阳离子交换剂,在溶液中解离出来的阳离子 A^+ 与溶液中的阳离子 B^+ 可发生可逆的交换反应,反应式如下:

$$RA+B^+ \longleftrightarrow RB+A^+$$

该反应能以极快的速率达到平衡,平衡的移动遵循质量作用定律。

离子交换剂对溶液中不同离子具有不同的结合力,结合力的大小取决于离子交换剂的选择性。离子交换剂的选择性可用其反应的平衡常数 K 表示:

$$K=[RB][A^+]/[RA][B^+]$$

如果反应溶液中$[A^+]$、$[B^+]$两离子的浓度相等,则 $K=[RB]/[RA]$。若 $K>1$,即$[RB]>[RA]$,表示离子交换剂对 B^+ 的结合力大于 A^+;若 $K=1$,即$[RB]=[RA]$,表示离子交换剂对 A^+ 和 B^+ 的结合力相同;若 $K<1$,即$[RB]<[RA]$,表示离子交换剂对 B^+ 的结合力小于 A^+。K 值是反映离子交换剂对不同离子的结合力或选择性参数,故称 K 值为离子交换剂对 A^+ 和 B^+ 的选择系数。

溶液中的离子与交换剂上的离子进行交换,一般来说,电性越强,越易交换。如阳离子交换树脂,在常温常压的稀溶液中,交换量随交换离子的电价增大而增大,如 $Na^+<Ca^{2+}<Al^{3+}<Si^{4+}$。如原子价数相同,交换量则随交换离子的原子序数的增加而增大,如 $Li^+<Na^+<K^+<Pb^+$。在稀溶液中,强碱性树脂的各负电性基团的离子结合力次序是:$CH_3COO^-<F^-<OH^-<HCOO^-<Cl^-<SCN^-<Br^-<CrO_4{}^{2-}<NO_2{}^-<I^-<C_2O_4{}^{2-}<SO_4{}^{2-}<$柠檬酸根。弱碱性阴离子交换树脂对各负电性基团结合力的次序为:$F^-<Cl^-<Br^-=I^-=CH_3COO^-<MoO_4{}^{2-}<PO_4{}^{3-}<AsO_4{}^{3-}<NO_3^-<$酒石酸根$<$柠檬酸根$<CrO_4{}^{2-}<SO_4{}^{2-}<OH^-$。

两性离子如蛋白质、核苷酸、氨基酸等与离子交换剂的结合力,主要决定于它们的理化性质和特定条件下呈现的离子状态。当 pH＜pI 时，能被阳离子交换剂吸附；反之，当 pH＞pI 时，能被阴离子交换剂吸附。若在相同 pI 条件下，且 pI＞pH 时，pI 越高，碱性越强，就越容易被阳离子交换剂吸附。

离子交换层析就是利用离子交换剂的荷电基团，吸附溶液中相反电荷的离子或离子化合物，被吸附的物质随后为带同类型电荷的其他离子所置换而被洗脱。由于各种离子或离子化合物对交换剂的结合力不同，所以在层析柱内移动的速率有快有慢，通过层析可以使各种离子或离子化合物达到分离的目的(图 5-5-1A、B)。

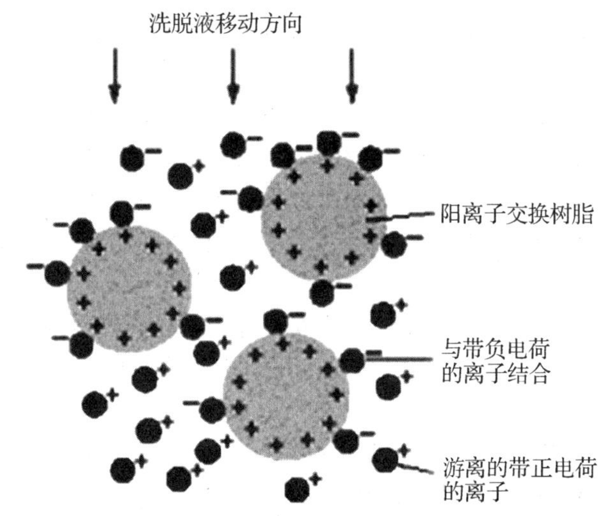

(A)阴离子交换剂示意

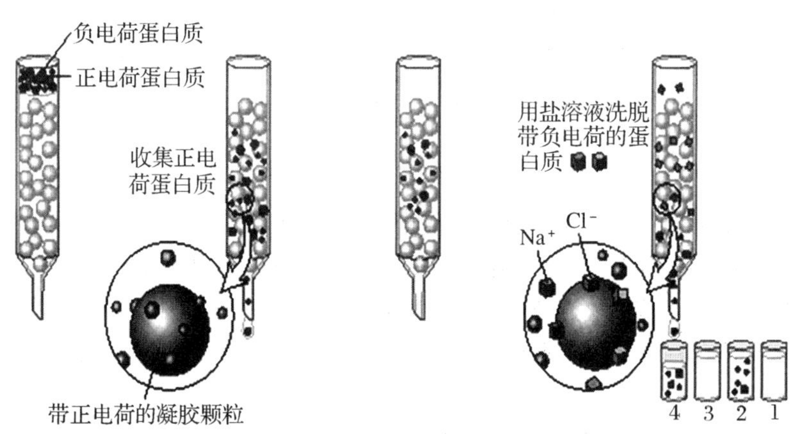

(B)层析分离和收集

图 5-5-1　离子交换层析

二、离子交换剂的类型

根据离子交换剂中基质的组成及性质，可将其分成两大类：疏水性离子交换剂和亲水性离子交换剂；根据离子交换剂上电离时产生的可交换离子的性质，可将离子交换剂分为阳离子交换剂和阴离子交换剂；根据交换基团酸碱性的强弱，阳离子交换剂可分为强酸型和弱酸型；阴离子交换剂可分为强碱型和弱碱型。

(一)疏水性离子交换剂

此类交换剂的基质是一种与水亲和力较小的人工合成树脂,最常见的是由苯乙烯与交联剂二乙烯苯反应生成的聚合物,在此结构中再以共价键引入不同的电荷基团。由于引入电荷基团的性质不同,又可分为阳离子交换树脂、阴离子交换树脂及螯合离子交换树脂。树脂离子交换剂是网络结构的珠状体,大小为 20～50 目,近年来 Bio-Red 公司还生产了 100～200 目、200～400 目的产品,目数大的树脂可以提高分辨率和交换容量。

疏水性离子交换剂由于含有大量的活性基团,交换容量大、流速快、机械强度大,主要用于分离无机离子、有机酸、核苷、核苷酸及氨基酸等小分子物质,也可用于从蛋白质溶液中除去表面活性剂(如 SDS)、去污剂(如 Triton X-100)、尿素、两性电解质(Ampholyte)等。

1. 阳离子交换剂

阳离子交换剂的电荷基团带负电,反离子带正电,故此类交换剂可与溶液中的阳离子或带正电荷化合物进行交换反应。依据电荷基团的强弱,又可将它分为强酸型、中强酸型及弱酸型三种,离子交换剂的表示方法如下:

磺酸基　$—SO_3^- \cdots\cdots H^+$　　强酸型阳离子交换剂

酚羟基　$—O^- \cdots\cdots H^+$,羧基　$—COO^- \cdots\cdots H^+$　　弱酸型阳离子交换剂

其余的如磷酸根$—PO_3H_2$、亚磷酸根$—PO_2H_2$、磷酸基$—O-PO_2H_2$都属于中强酸型的离子交换剂。

在离子交换反应发生时,氢离子为外来的阳离子所取代,反应式如下所示:

$$R-SO_3^-H^+ + M^+X^- \rightleftharpoons R-SO_3^-M^+ + H^+X^-$$

$$R-COOH + M^+X^- \rightleftharpoons R-COO^-M^+ + H^+X^-$$

2. 阴离子交换剂

此类交换剂是在基质骨架上引入季铵$[N^+(CH_3)_3]$、叔胺$[N(CH_3)_2]$、仲胺$[NHCH_3]$和伯胺$[NH_2]$基团后构成的,依据胺基碱性的强弱,又可分为强碱性(含季铵基)、弱碱性(含叔胺基、仲胺基)及中强碱性(既含强碱性基团又含弱碱性基团)三种阴离子交换剂。它们与溶液中的离子进行交换时,反应式为:

$R-N^+(CH_3)_3OH^- + Cl^- \rightleftharpoons R-N^+(CH_3)_3Cl^- + OH^-$　　强碱型阴离子交换剂

$R-N(CH_3)_2 + H_2O \rightleftharpoons R-N^+(CH_3)_2H \cdot OH^-$　　弱碱型阴离子交换剂

$R-N^+(CH_3)_2H \cdot OH + Cl^- \rightleftharpoons R-N^+(CH_3)_2H \cdot Cl^- + OH^-$

3. 螯合离子交换剂

这类离子交换树脂具有吸附(或络合)一些金属离子而排斥另一些离子的能力,可通过改变溶液的酸度提高其选择性。由于它的高选择性,只需用很短的树脂柱就可以把欲测的金属离子浓缩并洗脱下来。

(二)亲水性离子交换剂

亲水性离子交换剂中的基质为一类天然的或人工合成的化合物,与水亲和性较大,常用的有纤维素、交联葡聚糖及交联琼脂糖等,适合于分离蛋白质等大分子物质。

1. 纤维素离子交换剂

纤维素离子交换剂或称离子交换纤维素,是以微晶纤维素为基质,再引入电荷基团构成的。根据引入电荷基团的性质,也可分强酸型、弱酸型、强碱型及弱碱型离子交换剂。纤维素离子交换剂中,使用最为广泛的是二乙胺基乙基(DEAE—)纤维素和羧甲基(CM—)纤维素。近年来 Pharmacia 公司用微晶纤维素经交联作用,制成了类似凝胶的珠状弱碱性离子交换剂

(DEAE—Sephacel),结构与DEAE—纤维素相同,对蛋白质、核酸、激素及其他生物聚合物都有同等的分辨率。目前常用的纤维素交换剂见表5-5-1所示。

表5-5-1　离子交换纤维素

交换剂(简写)	类　型	功能基团	交换容量(毫克当量/g)	适宜工作pH
磷酸纤维素(P-C)	中强酸型阳离子交换剂	$—PO_3^{2-}$	0.7～7.4	pH<4
磺酸乙基纤维素(SE-C)	强酸型阳离子交换剂	$—(CH_2)_2SO_3^-$	0.2～0.3	极低
羟甲基纤维素(CM-C)	弱酸型阳离子交换剂	$—CH_2COO^-$	0.5～1.0	pH>4
三乙基氨基乙基纤维素(TEAE-C)	强碱型阴离子交换剂	$—(CH_2)_2N^+(C_2H_5)_3$	0.5～1.0	pH>8.6
二乙基氨基乙基纤维素(DEAE-C)	弱碱型阴离子交换剂	$—(CH_2)_2N^+H(C_2H_5)_2$	0.1～1.0	pH<8.6
氨基乙基纤维素(AE-C)	中等碱型阴离子交换剂	$—(CH_2)_2N^+H_3$	0.3～1.0	
Ecteda纤维素(ECTE-C)	中等碱型阴离子交换剂	$—(CH_2)_2N^+(C_2H_4OH)_3$	0.3～0.5	

离子交换纤维素适用于分离大分子多价电解质。它具有疏松的微结构,对生物高分子物质(如蛋白质和核酸分子)有较大的穿透性;表面积大,因而有较大的吸附容量。基质是亲水性的,避免了疏水性反应对蛋白质分离的干扰;电荷密度较低,与蛋白质分子结合不牢固,在温和洗脱条件下即可达到分离的目的,不会引起蛋白质的变性。但纤维素分子中只有一小部分羟基被取代,结合在其分子上的解离基团数量不多,故交换容量小,仅为交换树脂的1/10左右。

2.交联葡聚糖离子交换剂

交联葡聚糖离子交换剂是以交联葡聚糖G-25和G-50为基质,通过化学方法引入电荷基团而制成的。常用的有8种(表5-5-2),其中交换剂-50型适用于相对分子质量为3×10^4～3×10^6的物质的分离,交换剂-25型能交换相对分子质量较小(1×10^3～5×10^3)的蛋白质。交联葡聚糖离子交换剂的性质与葡聚糖凝胶很相似,在强酸和强碱中不稳定,在pH=7时可耐120℃的高热。它既有离子交换作用,又有分子筛性质,可根据分子大小对生物高分子物质进行分级分离,但不适用于分级分离相对分子质量大于2×10^5的蛋白质。

3.琼脂糖离子交换剂

主要以交联琼脂糖CL-6B(Sepharose CL-6B)为基质,引入电荷基团而构成。这种离子交换凝胶对pH及温度的变化均较稳定,可在pH3～10和0～70℃范围内使用,改变离子强度或pH时,床体积变化不大。例如,DEAE-Sepharose CL-6B为阴离子交换剂;CM-Sepharose CL-6B为阳离子交换剂。它们的外形呈珠状,网孔大,特别适用于相对分子质量大的蛋白质和核酸等化合物的分离,即使加快流速,也不影响分辨率。

4. Source 系列离子交换剂

有强碱型(Q)和强酸型(S)两种，是低压层析系统中分辨率最高、流速最快的离子交换剂。可用 1mol/L HCl 溶液和 1mol/L NaOH 溶液在床清洗，其理化性质稳定、寿命长、样品回收率高、重复性好、工艺容易放大。

5. Mono Beads 系列离子交换剂

Mono Beads 系列离子交换剂是 Pharmacia(GE)公司生产的以亲水性聚醚为基质的新型离子交换剂，能快速分离蛋白质、肽、低聚核苷酸等，动态载样量大，常用来分离从毫克到克级单克隆抗体。

表 5-5-2 离子交换交联葡聚糖的应用数据

型号 Sephadex	载量 [mL(mg)]	粒径(干) (μm)	pH 稳定性 工作(清洗)	耐压 (MPa)	最快流速 (cm/h)	特性/应用
DEAE						
A-25	140(α-乳清蛋白)	40～120	2～9[2～13]	0.11	475	小蛋白以及巨大分子
A-50	110(HSA)	40～120	2～9[2～12]	0.01	45	中等大小的生物分子
QAE						
A-25	10(HSA)	40～120	2～10[2～13]	0.11	475	低相对分子质量蛋白多肽核苷酸以及巨大分子
A-50	80(HSA)	40～120	2～11[2～12]	0.01	45	中等大小的生物分子
SP						
C-25	230(核糖核酸酶)	40～120	2～10[2～13]	0.13	475	小蛋白以及巨大分子
C-50	110(牛碳氧血红蛋白)	40～120	2～11[2～12]	0.01	45	中等大小的生物分子
CM						
C-25	190(核糖核酸酶)	40～120	6～13[2～13]	0.13	475	小蛋白以及巨大分子
C-50	110(牛碳氧血红蛋白)	40～120	6～10[2～12]	0.01	45	中等大小的生物

三、离子交换剂的选择与应用

离子交换剂的种类很多，没有一种离子交换剂可以适用于所有物质的分离，因此要取得较好的层析分离效果就需要根据各类离子交换剂的性质以及待分离物质的理化性质，选择合适的离子交换剂进行层析分离，使得在层析过程中可以得到较高的得率和物质分离的分辨率。选择离子交换剂的一般原则如下：

(1)选择阴离子或阳离子交换剂，决定于被分离物质在其稳定的 pH 下所带的电荷性质。如果被分离物质带正电荷，应选择阳离子交换剂；如果被分离物质带负电荷，应选择阴离子交换剂；如被分离物为两性离子，则一般应根据其在稳定 pH 范围内所带电荷的性质来选择交换剂的种类。

(2)强型离子交换剂适用的 pH 范围很广，所以常用它来制备去离子水和分离一些在极端 pH 溶液中解离且较稳定的物质。弱型离子交换剂适用的 pH 范围狭窄，在 pH 为中性的溶液中交换容量高，用它分离生命大分子物质时，其活性不易丧失。

(3)离子交换剂处于电中性时常带有一定的反离子，使用时选择何种离子交换剂，取决于交换剂对各种反离子的结合力。为了提高交换容量，一般应选择结合力较小的反离子。据此，强酸型和强碱型离子交换剂应分别选择 H 型和 OH 型；弱酸型和弱碱型交换剂应分别选择 Na 型和 Cl 型。

(4)交换剂的基质是疏水性还是亲水性，对被分离物质是否有不同的作用性质(如吸附、分子筛、离子或非离子的作用力等)，都将会对被分离物质的稳定性和分离效果产生影响。一般认为，在分离生命大分子物质时，选用亲水性基质的交换剂较为合适，它们对被分离物质的吸附和洗脱都比较温和，活性不易破坏。

(5)离子交换剂颗粒大小也会影响分离的效果。离子交换剂颗粒一般为球形，颗粒大小以目数(mesh)或者颗粒直径(μm)表示，目数越大表示直径越小。离子交换层析的分辨率和流速与离子交换剂颗粒的大小有关，一般来说颗粒小，层析分离的理论塔板数多，分辨率高，但相对缺点是流速慢，平衡时间较长；颗粒大则相反。可根据分离的需要进行选择。

四、离子交换剂的处理、再生和保存

购买的离子交换剂使用前必须经过处理后方能使用。一般的离子交换树脂多为干粉状，要用水浸透使之充分吸水溶胀，这样一方面可以使得离子交换剂颗粒的孔隙增大，具有交换活性的电荷基团充分暴露出来，另一方面去除一些杂质和细小颗粒。离子交换剂的处理过程包括酸、碱处理，一般程序如下：干树脂用水浸泡 2h 后减压抽去气泡，倾去水，再用大量去离子水洗至澄清，去水后加 4 倍量的 2mol/L HCl 溶液，搅拌 4h，除去酸液，用水洗至中性，再加 4 倍量的 2mol/L NaOH 溶液，搅拌 4h，除去碱液，用水洗至中性备用。其中处理用的酸碱浓度在不同实验条件下，可以有变动。

如果是亲水型离子交换剂，只能用 0.5mol/L NaOH 和 0.5mol/L NaCl 混合溶液或 0.5mol/L HCl 溶液处理(室温下处理 30min)。

酸碱处理的次序决定了离子交换剂携带反离子的类型，处理时一般阳离子交换剂最后用碱处理，阴离子交换剂最后用酸处理。在每次用酸或碱处理后，均应用水洗至近中性，再用碱或酸处理，最后用水洗至中性，经缓冲溶液平衡后即可装柱使用。用过的离子交换剂使其恢复原状的方法，称为“再生”。再生时并非每次都用酸碱反复处理，往往只要转型处理就行。所谓转型就是说使用时希望交换剂带何种反离子。如希望阳离子交换剂带 Na^+，可用 4 倍量的 2mol/L NaOH 溶液搅拌浸泡 2h；如希望它带 H^+，则用 HCl 溶液处理；希望它带 NH_4^+，则用氨水处理。阴离子交换剂转型，如用 HCl 溶液处理，交换剂常带 Cl^-；如用 NaOH 溶液处理则带 OH^-。

长期使用后的树脂含杂质很多，欲将其除掉，应先用沸水处理，然后用酸、碱处理之。树脂若含有脂溶性杂质，可用乙醇或丙酮处理。长期使用过的亲水型离子交换剂的处理，一般只用酸、碱浸泡即可。对琼脂糖离子交换剂的处理，在使用前用蒸馏水漂洗，缓冲溶液平衡后即可。

离子交换剂的再生是指对使用过的离子交换剂进行处理，使其恢复原来状况的过程。前面提及的酸碱交替浸泡的处理是使离子交换剂完全再生的一种方法，但也不必每次都要用酸碱处理再生，可以用盐(如 NaCl 等)进行洗脱再生。

下面以 DEAE—纤维素为例介绍预处理及再生的操作程度：

将干粉撒在 0.5mol/L NaOH 溶液中(15mL/g 干粉)，使其自然沉降，浸泡 1h，抽滤除尽碱液，用水洗至滤液呈中性；然后加入足量 0.5mol/L HCl 溶液，摇匀、浸泡、抽滤，用水洗去游离 HCl；再用 NaOH 溶液洗，进而用水洗去碱液，至滤液呈中性；最后将处理后的 DEAE—纤维素浸泡在所需的缓冲溶液中，平衡待用。

一次实验结束后，用 0.5mol/L NaOH 溶液洗涤，足以除去残留在交换剂上的蛋白质。用水洗尽碱液，用缓冲溶液平衡供下一次使用。如需要放置较长时间，可以加入少量的防腐剂(一般为 0.02%叠氮化钠)，4℃下保存。

五、离子交换层析的操作

1. 离子交换树脂的处理(见上述)

2. 层析柱的选择与装柱

根据需要分离样品的量选择适当大小的层析柱。离子交换用的层析柱一般较为粗短，不宜过长，一般直径与柱长之比在 1∶10～1∶50。如采用离子强度较大的梯度洗脱时，以选用粗而短的柱子为宜。因为当柱上洗脱液的离子强度高到足以完全取代被吸附的离子时，这些被置换的离子则以同洗脱液相同的速率从柱上向下移动，如果柱细长，即从脱附到流出之间的距离长，使脱附的离子扩散的机会增加，结果造成分离峰过宽，降低分辨率。一般用交联葡聚糖离子交换剂和纤维素离子交换剂时，常用的柱高为 15～20cm。

转型再生好的交换剂先放入烧杯，加入少量水，边搅拌边倒入垂直固定的层析柱中，使交换剂缓慢沉降。交换剂在柱内必须分布均匀，不应有明显的分界线，严防气泡产生，否则将严重影响交换性能。为防止气泡和分界线(即所谓“节”)的出现，在装柱时，可在柱内先加入一定高度的水，一般为柱长的 1/3 以内，再加入交换剂就可借水的浮力而缓慢沉降。同时控制排液口放水速率，以保持交换剂面上水的高度不变，交换剂就会连续地缓慢沉降，“节”和气泡就不会产生。

离子交换剂的装柱量要依据其全部交换量和待吸附物质的总量来计算。当溶液含有各种杂质时，必须考虑使交换量留有充分余地，实际交换量只能按理论交换量的 25%～50%计算。在样品纯度很低时，或有效成分与杂质的性质相近时，实际交换量应控制得更低些。

3. 平衡、上样、洗脱和收集

装柱完毕，通过恒流泵加入起始缓冲溶液，流洗交换剂，直至流出液的 pH 与起始缓冲溶液相同。关闭层析柱出液口，准备加样。

打开柱出液口，待缓冲溶液下移至柱床表面时，关闭出液口。用滴管加入已用起始缓冲溶液平衡后的样品。沿柱内壁滴加样品，待样品液加到一定高度后，再移向中央滴加，务必使样品液均匀分布于柱床全表面。然后打开出液口，待样品液全部流入柱床时，先用少量起始缓冲溶液冲洗柱内壁，再接上洗脱装置，按一定速率加入洗脱液，开始层析分离。

一般分析用的样品液上柱量为床容量的 1%～2%。制备用的样品量可适当加大。

从交换剂上把被吸附的物质洗脱下来，一种方法是增加离子强度，将被吸附的离子置换出来；另一种是改变 pH 值，使被吸附离子解离度降低，从而减弱其对交换剂的亲和力而被脱附。

由于被吸附的物质不一定是所要求的单一物质，因此除了正确选择洗脱液外，还采用控制流速和分部收集的方法来获得所需的单一物质。因不同物质的极性不同，容易交换的先流出来，根据先后顺序就能得到较纯的物质。

洗脱液的流速不仅与所用交换剂的结构、颗粒大小及数量有关，而且与层析柱的粗细及洗脱液的黏度有关，很难定出一定的标准，必须根据具体条件，反复实验，才能得出适合特定层析条件的洗脱液流速，一般控制在 $5\sim8\text{mL}/(\text{cm}^2\cdot\text{h})$。

经洗脱流出的溶液可用部分收集器分部收集，收集的体积一般以柱体积的 1%～2%为宜。若降低分部收集体积，可提高分辨率。分部收集洗脱液经相关的检测分析，便可得知所含物质的数量。也可以用监测仪显示收集的洗脱液在特定波长的吸光度(A)代表被分离物质的浓度，以此为纵坐标，以相应的洗脱体积为横坐标，绘制出洗脱曲线。

离子交换层析中的洗脱是至关重要的一步，为了有效地从交换剂上将各种被吸附的物质分阶段洗脱下来，常采用梯度溶液进行洗脱，即所谓梯度洗脱。这种溶液的梯度由盐浓度或

pH 的变化而形成。前者是用一简单的盐（如 NaCl 或 KCl）溶解于稀缓冲溶液中制成的；后者是用两种不同 pH 值或不同缓冲溶液制成的。

在某些实验条件下，离子交换层析的洗脱，也选用阶梯式或复合式梯度洗脱液。实践中采用何种形式的梯度洗脱，完全决定于分离要求，无规律可循。一般从线性梯度开始，然后在此基础上进一步摸索更为复杂的洗脱条件，以获得能够满足或达到实验要求的合适的洗脱方式。

（于晓虹、厉朝龙）

第六节　凝胶层析

凝胶层析（gel chromatography）又称凝胶排阻层析（gel exclusion chromatography）、分子筛层析（molecular sieve chromatography）、凝胶过滤（gel filtration）等。它是以多孔性凝胶为固定相，按分子大小顺序分离样品中各组分的液相层析方法。凝胶层析是 20 世纪 60 年代发展起来的一种快速而又简便的分离分析技术，是在生物化学中应用非常广泛的分离纯化手段，它具有所需设备简单、操作方便、样品回收率高、实验重复性好，特别是不改变样品的生物活性等优点，广泛地用于蛋白质、酶、核酸、多糖等生物分子的分离纯化，还可用于蛋白质相对分子质量的测定、样品的脱盐和浓缩等。

一、凝胶层析的基本原理

凝胶是一种经过交联具有三维网状结构的球状颗粒物，每个颗粒具有相互连通的筛孔，小的分子可进入凝胶网孔，而大的分子则排阻于颗粒之外。当含有分子大小不一的混合物样品加到用此类凝胶颗粒装填而成的层析柱上时，这些物质即随洗脱液的流动而发生移动。大分子物质沿凝胶颗粒间隙随洗脱液移动，流程短，移动速率快，先被洗出层析柱；而小分子物质可通过凝胶网孔，进入颗粒内部，然后再扩散出来，故流程长，移动速率慢，最后被洗出层析柱，从而使样品中不同大小的分子彼此获得分离。如果两种以上不同相对分子质量的分子都能进入凝胶颗粒网孔，则由于它们被排阻和扩散的程度不同，在凝胶柱中所经过的路程和时间也不同，彼此也可得到分离（图 5-6-1、图 5-6-2）。

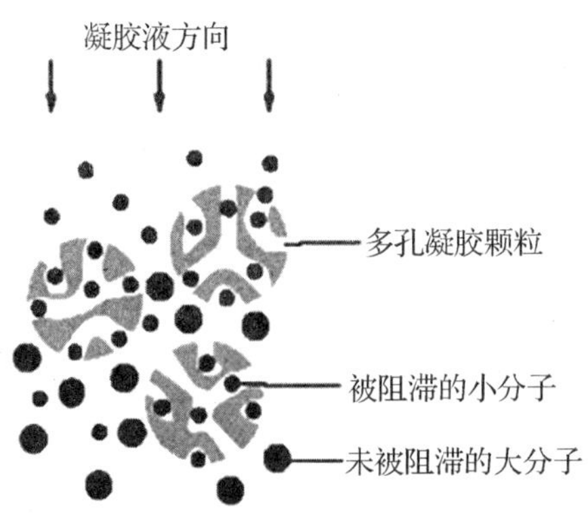

图 5-6-1　凝胶颗粒示意图

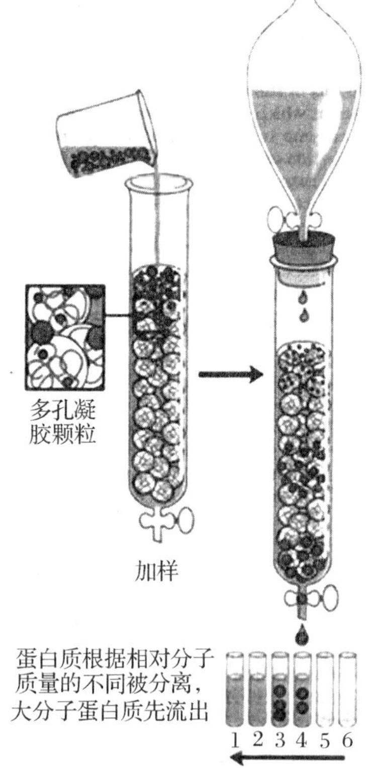

图 5-6-2　凝胶层析分离示意图

1. 分配系数(K_{av})

分配系数(K_{av})是指某个组分在固定相和流动相中的浓度比。

对于凝胶层析,分配系数实质上表示某个组分在内水体积和在外水体积中的浓度分配关系。可用以下公式计算 K_{av}:

$$K_{av}=(V_e-V_o)/V_i$$

式中,V_e 为洗脱体积,表示某一组分从上样洗脱开始到最高峰出现时所需的体积。

V_o 为外水体积,是层析柱内凝胶颗粒之间空隙的体积。当层析柱装好后,V_o 可以通过测定完全排阻的大分子物质的洗脱体积来测定。一般常用蓝色葡聚糖-2000 作为测定外水体积的物质,因为它的相对分子质量大(为 200 万),在各种型号的凝胶中都被排阻,并且它呈蓝色,易于观察和检测。

V_i 为内水体积,是层析柱内凝胶颗粒内部微孔的体积。

柱床体积 V_t 可由下式计算:

$$V_t=V_o+V_i+V_g$$

式中,V_g 为基质体积。由于 V_g 相对很小,可以忽略不计,则有:

$$V_t=V_o+V_i$$

V_e 一般是介于 V_o 和 V_t 之间的。对于完全排阻的大分子,由于其不进入凝胶颗粒内部,而只存在于流动相中,故其洗脱体积 $V_e=V_o$;对于完全渗透的小分子,由于它可以存在于凝胶柱整个体积内(忽略凝胶本身体积 V_g),故其洗脱体积 $V_e=V_t$。相对分子质量介于两者之间的分子,它们的洗脱体积也介于两者之间。有时可能会出现 $V_e>V_t$,这是由于这种分子与凝胶有吸附作用。

2. 排阻极限

排阻极限是指不能进入凝胶颗粒孔穴内部的最小分子的相对分子质量。所有大于排阻极限的分子都不能进入凝胶颗粒内部,直接从凝胶颗粒外流出,所以它们同时被最先洗脱出来。

排阻极限代表一种凝胶能有效分离的最大相对分子质量,大于这种凝胶的排阻极限的分子用这种凝胶不能得到分离。例如,Sephadex G-50 的排阻极限为 30000,它表示相对分子质量大于 30000 的分子都将直接从凝胶颗粒之外被洗脱出来。

3. 分级分离范围

分级分离范围表示一种凝胶适用的分离范围,对于相对分子质量在这个范围的分子,用这种凝胶可以得到较好的线性分离。例如,Sephadex G-75 对球形蛋白的分级分离范围为 3000~70000,它表示相对分子质量在这个范围内的球形蛋白可以通过 Sephadex G-75 得到较好的分离。应注意,对于同一型号的凝胶,球形蛋白与线形蛋白的分级分离范围是不同的。

4. 吸水率和床体积

吸水率是指 1g 干的凝胶吸收水的体积或重量,但它不包括颗粒间吸附的水分,所以它不能表示凝胶装柱后的体积。而床体积是指 1g 干的凝胶吸水后的最终体积。

5. 凝胶颗粒大小

层析用的凝胶一般都呈球形,颗粒的大小通常以目数(mesh)或者颗粒直径(m)来表示。柱子的分辨率和流速都与凝胶颗粒大小有关,颗粒大,流速快,但分离效果差,颗粒小,分离效果较好,但流速慢,一般比较常用的是 100~200 目。

二、凝胶的种类和性质

凝胶的种类很多，常用的主要有葡聚糖凝胶(dextran gel)、聚丙烯酰胺凝胶(polyacrylamide gel)、琼脂糖凝胶(agarose gel)等。它们都具有三维网状孔隙的结构，不溶于水，但在水中有较大的膨胀度，具有良好的分子筛功能。它们可分离的分子大小范围广，相对分子质量为10^2～10^8。

1. 葡聚糖凝胶

葡聚糖凝胶的商品名称为Sephadex，由葡聚糖和3-氯-1,2-环氧丙烷(交联剂)以醚键相互交联而形成具有三维空间多孔网状结构的高分子化合物。交联葡聚糖凝胶，按其交联度大小分成8种型号(表5-6-1)。交联度越大，网状结构越紧密，孔径越小，吸水膨胀就愈小，故只能分离相对分子质量较小的物质；而交联度越小，孔径就越大，吸水膨胀大，则可分离相对分子质量较大的物质。各种型号是以其吸水量(每克干胶所吸收的水的质量)的10倍命名，如，Sephadex G-25表示该凝胶的吸水量为每克干胶能吸2.5g水。在Sephadex G-25及G-50中分别引入羟丙基基团，即可构成LH型烷基化葡聚糖凝胶。

葡聚糖凝胶在水溶液、盐溶液、碱溶液、弱酸溶液和有机溶剂中较稳定，但当暴露于强酸或氧化剂溶液中，则易使糖苷键水解断裂。在中性条件下，交联葡聚糖凝胶悬浮液能耐高温，用120℃消毒30min而不改变其性质。如要在室温下长期保存，应加入适量防腐剂，如氯仿、叠氮钠等，以免微生物生长。

葡聚糖凝胶由于有羧基基团，故能与分离物质中的电荷基团(如碱性蛋白质)发生吸附作用，但可借助提高洗脱液的离子强度得以克服。因此在进行凝胶层析时，常用含有NaCl的缓冲溶液作洗脱液。

葡聚糖凝胶除了常用于分离蛋白质、核酸、多糖等物质外，还常被用于测定蛋白质的相对分子质量和脱盐。

表5-6-1　Sephadex G型葡聚糖凝胶的数据

Sephadex 型号	粒度范围 (湿球)(μm)	得水值 (mL/g干胶)	膨胀体积 (mL/g干胶)	有效分离 范围球形蛋白	pH 稳定性	最大流速* (mL/min)
G10	55～166	1.0±0.1	2～3	<7×10^2	2～13	D
G-15	60～181	1.5±0.2	2.5～3.5	<1.5×10^3	2～13	D
G-25 粗	172～516	2.5±0.2	4～6	1×10^2～5×10^3	2～13	D
中	86～256					
细	34～138					
超细	17.2～69					
G-50 粗	200～606	5.0±0.3	9～11	1.5×10^3～3×10^4	2～10	D
中	101～303					
细	40～60					
超细	20～80					
G-75 粗	92～277	7.5±0.5	12～15	3×10^3～8×10^4	2～10	6.4
超细	23～92			3×10^3～7×10^4		1.5
G-100 粗	103～331	10.0±1.0	15～20	4×10^3～1.5×10^5	2～10	4.2
超细	26～103			4×10^3～1×10^5		
G-150 粗	116～334	15.0±1.5	20～30	5×10^3～3×10^5	2～10	1.9
超细	29～116		18～22	5×10^3～1.5×10^5		0.5
G-200 粗	129～388	20.0±2.0	30～40	5×10^3～6×10^5	2～10	1.0
超细	32～119		20～25	5×10^3～2.5×10^5		0.25

*为2.6cm×30cm层析柱在25℃用蒸馏水测定之值。

D:Darcy's law。

2. 琼脂糖凝胶

琼脂糖是从琼脂中分离出来的天然线性多糖，它是琼脂去除了琼脂胶后得到的组分。琼脂糖的商品名称有 Sepharose（瑞典）、Bio-gel A（美国）、Segavac（英国）、Gelarose（丹麦）等多种，因生产厂家不同名称各异。琼脂糖是由 D-半乳糖和 3，6 位脱水的 L-半乳糖连接构成的多糖链，在温度 100℃时呈液态，当下降至 45℃以下时，它们之间相互连接成线性双链单环的琼脂糖，再凝聚即呈琼脂糖凝胶。商品除 Segavac 外，都制备成珠状琼脂糖凝胶。

琼脂糖凝胶按其浓度不同，分为 Sepharose 2B（浓度为 2%）、4B（浓度为 4%）及 6B（浓度为 6%）。Sepharose 与 1，3-二溴异丙醇在强碱条件下反应，即生成 CL 型交联琼脂糖，其热稳定性和化学稳定性均有所提高，可在广范 pH 溶液（pH3～14）中使用。通常的 Sepharose 只能在 pH4.5～9.0 范围内使用。琼脂糖凝胶在干燥状态下保存易破裂，故一般均存放在含防腐剂的水溶液中。

琼脂糖凝胶的机械强度和筛孔的稳定性均优于交联葡聚糖凝胶。琼脂糖凝胶用于柱层析时，流速较快，因此是一种很好的凝胶层析载体。有关琼脂糖的数据见表 5-6-2 所示。

表 5-6-2 琼脂糖凝胶的数据

琼脂糖	2B	CL-2B	4B	CL-4B	6B	CL-6B
琼脂糖含量%	2	2	4	4	6	6
分离范围						
球蛋白	$7\times10^4\sim4\times10^7$	$7\times10^4\sim4\times10^7$	$6\times10^4\sim2\times10^7$	$6\times10^4\sim2\times10^7$	$1\times10^4\sim4\times10^6$	$1\times10^4\sim4\times10^6$
多糖	$1\times10^5\sim2\times10^7$	$1\times10^5\sim2\times10^7$	$3\times10^4\sim5\times10^6$	$3\times10^4\sim5\times10^6$	$1\times10^4\sim1\times10^6$	$1\times10^4\sim1\times10^6$
DNA 排阻限（bp）	1353	1353	872	872	194	194
颗粒范围	60～200	60～200	45～165	45～165	45～165	45～165
pH 稳定性（长时）	4～9	3～13	4～9	3～13	4～9	3～13
pH 稳定性（短时）	3～11	2～14	3～11	2～14	3～11	2～14
灭菌*	C	A	C	A	C	A
最大体积流速（mL/min）	0.83	1.2	0.96	2.17	1.16	2.5
最大线性流速（cm/h）	10	15	11.5	26	14	30

* A：化学消毒；C：pH7 时可于 120℃高压灭菌 40min。

3. 聚丙烯酰胺凝胶

它是由丙烯酰胺与交联剂亚甲基双丙烯酰胺交联聚合而成。改变单体（丙烯酰胺）的浓度，即可获得不同吸水率的产物。聚丙烯酰胺凝胶的商品名称为 Bio-gel P。该凝胶多制成干性珠状颗粒剂型，使用前必须溶胀。

聚丙烯酰胺凝胶的稳定性不如交联葡聚糖凝胶，在酸性条件下，其酰胺键易水解为羧基，使凝胶带有一定的离子交换基团，一般在 pH4～9 范围内使用。实践证明，聚丙烯酰胺凝胶层析对蛋白质相对分子质量的测定、核苷及核苷酸的分离纯化，均能获得理想的结果。Bio-Gel P 主要型号有 Bio-Gel P-2～Bio-Gel P-300 等 10 种，Bio-Gel P-300 的排阻极限最大，为 4×10^5。Bio-Gel P 型凝胶的数据见表 5-6-3 所示。

表 5-6-3 Bio-Gel P 型凝胶的数据

型号	规格	粒（目）	径（湿）（μm）	得水值（mL/g 干胶）	床体积（mL/g 干胶）	分级范围（道尔顿）	溶胀时间(h) 20℃	溶胀时间(h) 100℃	流速（cm/h）
Bio-Gel P-2	细	200～400	45～90	1.5	3	1×10^{2}～1.8×10^{3}	4	2	5～10
	特细	～400	<45						<10
Bio-Gel P-4	中	100～200	90～180	2.4	4	8×10^{2}～4×10^{3}	4	2	15～20
	细	200～400	45～90						10～15
	特细	～400	<45						<10
Bio-Gel P-6	中	100～200	90～180	3.7	6.5	1×10^{3}～6×10^{3}	4	2	15～20
	细	200～400	45～90						10～15
	特细	～400	<45						<10
Bio-Gel P-6 DG		100～200	90～180						15～20
Bio-Gel P-10	中	100～200	90～180	4.5	7.5	1.5×10^{3}～2×10^{4}	4	2	15～20
	细	200～400	45～90						10～15
Bio-Gel P-30	中	100～200	90～180	5.7	9	2.5×10^{3}～4×10^{4}	12	3	7～13
	细	200～400	45～90						6～11
Bio-Gel P-60	中	100～200	90～180	7.2	11	3×10^{3}～6×10^{4}	12	3	4～6
	细	200～400	45～90						3～5
Bio-Gel P-100	中	100～200	90～180	7.5	12	5×10^{3}～1×10^{4}	24	5	4～6
	细	200～400	45～90						3～5

4. Sephacry 1

该种凝胶是由烷基葡聚糖与亚甲基双丙烯酰胺共价交联而成，具有一定大小的筛孔和少量的羧基。该种凝胶在所有的溶剂中均不溶解，一般使用的 pH 范围在 2～11，可用于蛋白质、核酸、多糖及蛋白聚糖，甚至大的病毒颗粒的分离。

三、柱层析凝胶的选择

在进行凝胶层析分离样品时，对凝胶的选择是必须考虑的重要方面。一般在选择使用凝胶时应注意以下问题：

(1)混合物的分离程度主要决定于凝胶颗粒内部微孔的孔径和混合物相对分子质量的分布范围。和凝胶孔径有直接关系的是凝胶的交联度。凝胶孔径决定了被排阻物质相对分子质量的下限。移动缓慢的小分子物质，在低交联度的凝胶上不易分离，大分子物质同小分子物质的分离宜用高交联度的凝胶。例如欲除去蛋白质溶液中的盐类时，可选用 Sephadex G-25。

(2)凝胶的颗粒粗细与分离效果有直接关系。一般来说，细颗粒分离效果好，但流速慢；而粗颗粒流速快，但会使区带扩散，使洗脱峰变平而宽。因此，如用细颗粒凝胶宜用大直径的层析柱，用粗颗粒时宜用小直径的层析柱。在实际操作中，要根据工作需要，选择适当的颗粒大小并调整流速。

(3)选择合适的凝胶种类以后，再根据层析柱的体积和干胶的溶胀度，计算出所需干胶的用量，其计算公式如下：

$$干胶用量/g=床体积/g\ 干胶=\pi r^{2}h/干胶溶胀度$$

考虑到凝胶在处理过程中会有部分损失，用上式计算得出的干胶用量应再增加10%～20%。

四、凝胶的处理、保存和凝胶层析的操作

1. 凝胶处理

交联葡聚糖及聚丙烯酰胺凝胶的市售商品多为干燥颗粒，使用前必须充分溶胀。方法是将欲使用的干凝胶缓慢地倾倒入5～10倍的去离子水中，根据凝胶溶胀所需时间，进行充分浸泡，然后用倾倒法除去表面悬浮的小颗粒，并减压抽气排除凝胶悬液中的气泡，准备装柱。在许多情况下，也可采用加热煮沸方法进行凝胶溶胀，此法不仅能加快溶胀速率，而且能除去凝胶中污染的细菌，同时排除气泡。

2. 凝胶柱制备

合理选择层析柱的长度和直径，是保证分离效果的重要环节。理想的层析柱的直径与长度之比一般为1∶25～1∶100。

凝胶柱的装填方法和要求，基本上与离子交换柱的制备相同。一根理想的凝胶柱要求柱中的填料（凝胶）密度均匀一致，没有空隙和气泡。通常新装的凝胶柱用适当的缓冲溶液平衡后，将带色的兰葡聚糖-2000、细胞色素c或血红蛋白等物质配制成质量浓度为2g/L的溶液过柱，观察色带是否均匀下移，以鉴定新装柱的技术质量是否合格，否则，必须重新装填。

3. 加样与洗脱

(1)加样量：加样量与测定方法和层析柱大小有关。如果检测方法灵敏度高或柱床体积小，加样量可小；否则，加样量增大。例如利用凝胶层析分离蛋白质时，若采用280nm波长测定吸光度，对一根2cm×60cm的柱来说，加样量需5mg左右。一般来说，加样量越少或加样体积越小（样品浓度高），分辨率越高。通常样品液的加入量应掌握在凝胶床总体积的5%～10%。样品体积过大，分离效果不好。

对高分辨率的分子筛层析，样品溶液的体积主要由内水体积(V_i)所决定，故高吸水量（也称得水值）凝胶如Sephadex G-200，每毫升总床体积(V_t)可加0.3～0.5mg溶质，使用体积约为$0.02V_t$；而低吸水量凝胶如Sephadex G-75，每毫升总床体积(V_t)加溶质质量为0.2mg，样品体积为$0.01V_t$。

(2)加样方法：如同离子交换柱层析一样，凝胶床经平衡后，吸去上层液体，待平衡液下降至床表面时，关闭流出口，用滴管加入样品液，打开流出口，使样品液缓慢渗入凝胶床内。当样品液面恰与凝胶床表面持平时，小心加入数毫升洗脱液冲洗管壁。然后继续用大量洗脱液洗脱。

(3)洗脱：加完样品后，将层析床与洗脱液储瓶、检测仪、分部收集器及记录仪相连，根据被分离物质的性质，预先估计好一个适宜的流速，定量地分部收集流出液，每组分一至数毫升。各组分可用适当的方法进行定性或定量分析。

凝胶柱层析一般都以单一缓冲溶液或盐溶液作为洗脱液，有时甚至可用蒸馏水。洗脱时用于流速控制的装置最好的是恒流泵。若无此装置，可用控制操作压的办法进行。

4. 凝胶的再生和保存

凝胶层析的载体不会与被分离的物质发生任何作用，因此凝胶柱在层析分离后稍加平衡即可进行下一次的分析操作。但使用多次后，由于床体积变小，流动速率降低或杂质污染等原因，使分离效果受到影响。此时对凝胶柱需进行再生处理，其方法是：先用水反复进行逆向冲洗，再用缓冲溶液平衡，即可进行下一次分析。

对使用过的凝胶，若要短时间保存，只要反复洗涤除去蛋白质等杂质，加入适量的防腐剂即可；若要长期保存，则需将凝胶从柱中取出，进行洗涤、脱水和干燥等处理后，装瓶保存之。

五、凝胶层析的应用

1. 生物大分子的纯化

凝胶层析是依据物质相对分子质量的不同来进行分离的，由于它的这一分离特性，以及它具有简单、方便、不改变样品生物学活性等优点，使得凝胶层析成为分离纯化生物大分子的一种重要手段，尤其是对于一些大小不同，但理化性质相似的分子，用其他方法较难分开，而凝胶层析无疑是一种合适的方法。例如对于不同聚合程度的多聚体的分离等。

2. 相对分子质量测定

在一定的范围内，各个组分的 K_{av} 以及 V_e 与其相对分子质量的对数成线性关系。

$$K_{av}=-b\lg M_W+c \text{ 或 } V_e=-b'\lg M_W+c'$$

式中 b,c,b',c' 为常数，即 V_e 与 $\lg M_w$ 也成线性关系。我们可以通过在一凝胶柱上分离多种已知相对分子质量的蛋白质，并根据上述线性关系绘出标准曲线，然后用同一凝胶柱测出其他未知蛋白的相对分子质量。凝胶层析测定相对分子质量操作比较简单，所需样品量也较少，是一种初步测定蛋白相对分子质量的有效方法。

这种方法的缺点是测量结果的准确性受很多因素影响。由于这种方法假定标准物和样品与凝胶都没有吸附作用，所以如果标准物或样品与凝胶有一定的吸附作用，那么测量的误差就会比较大；上面公式成立的条件是蛋白基本是球形的，对于一些纤维蛋白等细长的蛋白不成立，所以凝胶层析不能用于测定这类分子的相对分子质量；另外，由于糖的水合作用较强，所以用凝胶层析测定糖蛋白时，测定的相对分子质量偏大，而测定铁蛋白时则发现测定值偏小；还要注意的是，标准蛋白和所测定的蛋白都要在凝胶层析的线性范围之内。

3. 脱盐及去除小分子杂质

利用凝胶层析进行脱盐及去除小分子杂质是一种简便、有效、快速的方法，它比用透析法脱盐要快得多，不会造成样品较大的稀释，生物分子不易变性。常用的是 Sephadex G-25，另外还有 Bio-Gel P-6 DG 或 Ultragel AcA 202 等排阻极限较小的凝胶类型。目前已有多种脱盐柱成品出售，使用方便，但价格较贵。

4. 去热原物质

热原物质是指微生物产生的某些多糖蛋白复合物等使人体发热的物质。它们是一类相对分子质量很大的物质，所以可以利用凝胶层析的排阻效应将这些大分子热原物质与其他相对分子质量较小的物质分开。例如对于去除水、氨基酸、一些注射液中的热原物质，凝胶层析是一种简单而有效的方法。

5. 溶液的浓缩

利用凝胶颗粒的吸水性可以对大分子样品溶液进行浓缩。例如，将干燥的 Sephadex（粗颗粒）加入溶液中，Sephadex 可以吸收大量的水，溶液中的小分子物质也会渗透入凝胶孔穴内部，而大分子物质则被排阻在外。通过离心或过滤去除凝胶颗粒，即可得到浓缩的样品溶液。这种浓缩方法基本不改变溶液的离子强度和 pH 值。

（于晓虹）

第七节　亲和层析

亲和层析(affinity chromatography)是一种利用生物分子间专一的亲和力而进行分离的层析方法。亲和层析过程简单、快速，具有很高的分辨率，是一种极为有效的蛋白质分离纯化方法。某些蛋白质能与配体分子特异而非共价地结合进行分离。亲和层析也有一定的局限性，首先吸附剂的通用性较差，对特定的分离目标需要制定特定的吸附剂和实验条件；配体的选择和与基质的共价结合需要较烦琐的实验步骤。

一、亲和层析的基本原理

许多生物大分子具有与某种化合物非共价、专一性、可解离的相互作用，如抗原-抗体、酶-底物或抑制剂或辅基、激素或细胞因子-受体等，这种生物大分子与配体(能与生物大分子进行专一性可逆结合的物质或分子叫配体，ligands)之间能够进行专一、非共价、可逆性结合的能力称为亲和力，亲和层析也因此得名。亲和层析的分离原理就是通过将具有亲和力的两个分子中的一个固定在不溶性的基质上，利用两分子间特异的亲和力，对另一个分子进行纯化。被固定在基质上的分子称为配体，配体和基质之间通过共价键结合，两者构成亲和层析的固定相，称为亲和吸附剂或亲和树脂。

亲和层析通常只需经过一种处理即可使某种待提纯的蛋白质从很复杂的蛋白质混合物中分离出来，并且纯度很高。亲和层析具有很高的分辨率，是一种生物大分子分离纯化的理想层析方法，其缺点是适用面不广，不是所有的生物大分子都有其配体的。亲和层析分离待分离物原理示意图见图 5-7-1 所示。

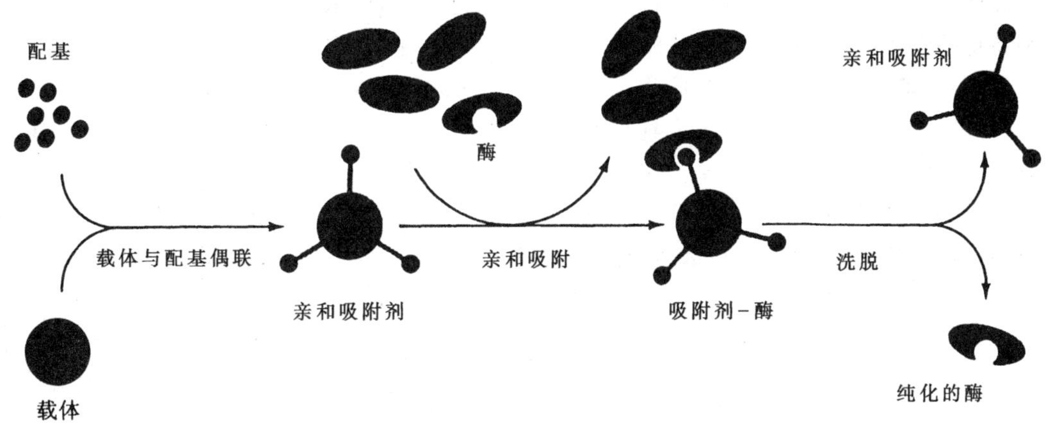

图 5-7-1　亲和层析分离原理示意图

二、亲和层析载体、配体的选择和偶联

1. 亲和层析载体的选择

亲和层析载体必须符合以下条件：

(1)高度的亲水性，使其上结合的配体能与水溶液中的生物大分子充分接近。

(2)分子结构上应具有大量的能被活化的化学基团，活化后能与配体形成稳定的共价结合，并且不改变载体自身和配体的基本性质。

(3)载体应具有均匀的多孔网状结构,生物大分子能够均匀、稳定地通过,从而使得生物大分子能与配体进行充分的接触、结合。载体的孔径过小会增加排阻效应,影响配体和待分离物质的结合。

(4)需要有较好的机械强度和物理化学稳定性,实验条件下 pH 和离子强度不会导致其性质的明显改变。

(5)载体本身与样品中的各组分应该没有明显的非特异性吸附作用。

一般交联葡聚糖、琼脂糖、聚丙烯酰胺等可用于凝胶层析的树脂均可用作亲和层析的载体或基质,其中琼脂糖应用得最为广泛,常用的是 Sepharose 4B,它具有非特异性吸附低、稳定性好、孔径均匀适当、易于活化和强亲水性等特点。交联葡聚糖和聚丙烯酰胺的物理化学稳定性较好,但它们的孔径相对偏小,而且孔径的稳定性不好,可能会在与配体偶联时有较大的降低,不利于待分离物质与配体的充分接触和结合,只有大孔径型号的凝胶才可以用于亲和层析,但同时相对而言,大孔径的凝胶机械强度相对较差。同时载体应具有良好的机械性能。

2. 配体的选择

亲和层析是利用配体与待分离物的特异结合来进行待分离物的分离纯化的,所以配体的选择对于待分离物的有效分离非常重要。理想的配体应具有以下一些特性:

(1)配体与待分离物有适当的亲和力,亲和力过强或过弱都不利于亲和层析的分离。

(2)配体能够与载体或基质进行稳定的共价结合,而且这种共价结合不会影响到配体自身的结构和与待分离物的结合。

(3)配体与待分离物的结合具有较强的特异性,而对样品中的其他组分没有明显的吸附结合作用,这是保证亲和层析高分辨率的重要因素。

(4)配体自身应具有较好的稳定性,能耐受亲和层析的各种实验条件的影响。

3. 载体的活化以及与配体的偶联

载体的活化是指通过对载体进行一定的化学处理,使载体表面的一些化学基团转变为易于和特定的配体结合的活性基团。载体的活化是载体与配体偶联的前提和基础。

不同载体的活化方法是不相同的,以琼脂糖为例说明载体的活化方法。

(1)溴化氰活化:琼脂糖分子上具有大量的羟基,可被溴化氰活化生成亚胺碳酸活性基团,后者可以与配体分子上的伯胺基反应并偶联生成异脲衍生物。

(2)环氧氯丙烷活化:载体和环氧氯丙烷在碱性条件下形成活性载体,其可以结合带有氨基、或羟基、或巯基的配体,完成载体与配体的偶联。活化过程见图 5-7-2 所示。

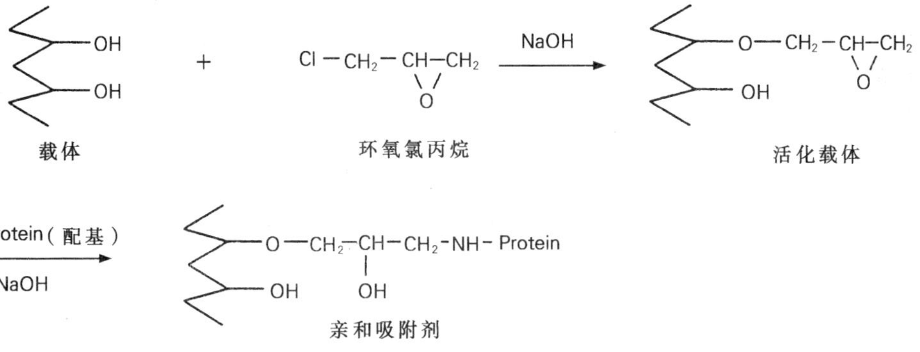

载体 + 环氧氯丙烷 $\xrightarrow{NaOH}$ 活化载体

$\xrightarrow[NaOH]{H_2N\text{-}Protein(配基)}$ 亲和吸附剂

图 5-7-2 环氧氯丙烷活化载体示意图

应当注意的是,由于载体的大分子结构,当载体与配体结合后,有可能占据了配体分子的部分表面位置,从而妨碍了配体与待分离物质的结合,即产生所谓的“无效偶联”。解决这个问题的方法是在载体和配体之间接上一个适当长度的“手臂”，这样空间障碍效应就可以基本消除了。乙二胺、ω-氨基己酸都是作为“手臂”的良好选择，它们可以通过分子两端的活性基团（氨基、羧基等），在适当的化学处理下分别与载体和配体结合，从而起到“手臂”的作用。

三、亲和层析的类型

1. 生物亲和层析(BAFC)

生物亲和层析是利用自然界中存在的生物特异性相互作用物质对的亲和层析，通常具有很高的选择性。典型的物质对有酶-底物、酶-抑制剂、激素-受体等。通常酶的底物并不是合适的亲和配基，因为它们易于转化成产物而影响目的产物的分离。但是产物型化合物不会转化成底物，不存在这个问题。因此，利用酶-产物型物质对更加有利于酶的纯化。

2. 拟生物亲和层析(Biomimetic AFC)

拟生物亲和层析是利用部分分子相互作用，模拟生物分子结构或某特定部位，以人工合成的配基为固定相吸附分离目的蛋白质的亲和层析，以氨基酸（包括多肽）亲和层析（AALA）和染料亲和层析（DAFC）为代表。染料配基与许多蛋白质及酶的活性位点相互作用，模拟这些生物分子的底物、辅助因子或结合剂的作用形式。染料配基价格低廉，与蛋白质的结台容量高，不易为物理或化学物质所降解，因此是一种较为理想的基团特异性配基。值得注意的是，活性染料对蛋白质分子特异性较低且染料配基通常是有毒性的，且与蛋白质会发生非特异性相互作用，产品回收纯度不高，特别是分离复杂的体系时难度更大。

多肽是亲和层析纯化生物大分子更有效的配基，其稳定性更好，能在GMP条件下进行大规模的无菌生产，从而可以大大降低成本。与金属和染料配基相比，多肽具有更高的特异性，且通常无毒性。多肽配基与蛋白质结构的相似性使它们之间的相互作用通常是温和的，因此在分离过程中可以采用温和的洗脱条件，避免了蛋白质的变性、失活。目前主要的问题是自然界中存在的与蛋白质等生物大分子有天然亲和性的多肽种类非常有限。肽与目标蛋白的结合最终是由于它们的表面互补性，即电荷和疏水相互作用。但是即使蛋白质的晶体结构已知，设计互补的氨基酸序列也是困难的，目前可用组合化学技术加以克服。

3. 免疫亲和层析(IAFC)

以抗原、抗体中的一方作为配基，亲和吸附另一方的分离技术，称为免疫亲和层析。由于抗体与抗原作用具有高度的专一性，并且它们的亲和力极强，所以许多典型的亲和层析纯化蛋白质的过程已经使用了单克隆抗体（简称单抗）作为亲和配基。以目标蛋白单抗为配基，通过亲和层析技术来分离纯化目标蛋白质。

4. 金属离子亲和层析(IMAC)

金属离子亲和层析是利用金属离子的络合或形成螯合物的能力吸附蛋白质的分离系统。目的蛋白质表面暴露的供电子氨基酸残基，如组氨酸的咪唑基、半胱氨酸的巯基和色氨酸的吲哚基，十分有利于蛋白质与固定化金属离子结合，这也是IMAC用于蛋白质分离纯化的唯一依据。金属离子，如锌和铜，已发现能很好地与组氨酸的咪唑基及半胱氨酸的巯基结合。含有不同数量这些基团的蛋白质可通过金属离子亲和层析得到分离。IMPC具有以下优点：①蛋白质吸附容量大，是天然配基结合量的10～100倍；②价格便宜，投资低；③具有普遍适用性。金属离子亲和层析与免疫亲和层析比较，对蛋白质的特异性差，会发生非特异性吸附。

四、亲和层析的操作

亲和层析一般采用柱层析的方式进行，一般的亲和层析柱很短，通常为 10cm 左右。由于生物大分子与配体达到平衡的速度很慢，所以样品液的浓度不宜过高，上样时流速不宜过快，以保证样品与亲和吸附剂有充分的接触、结合的时间。亲和层析操作主要包括上样吸附、清洗、洗脱(特异性洗脱、非特异性洗脱)和吸附剂再生几个阶段。亲和层析分离过程和待分离物与配体结合过程如图 5-7-3 所示。

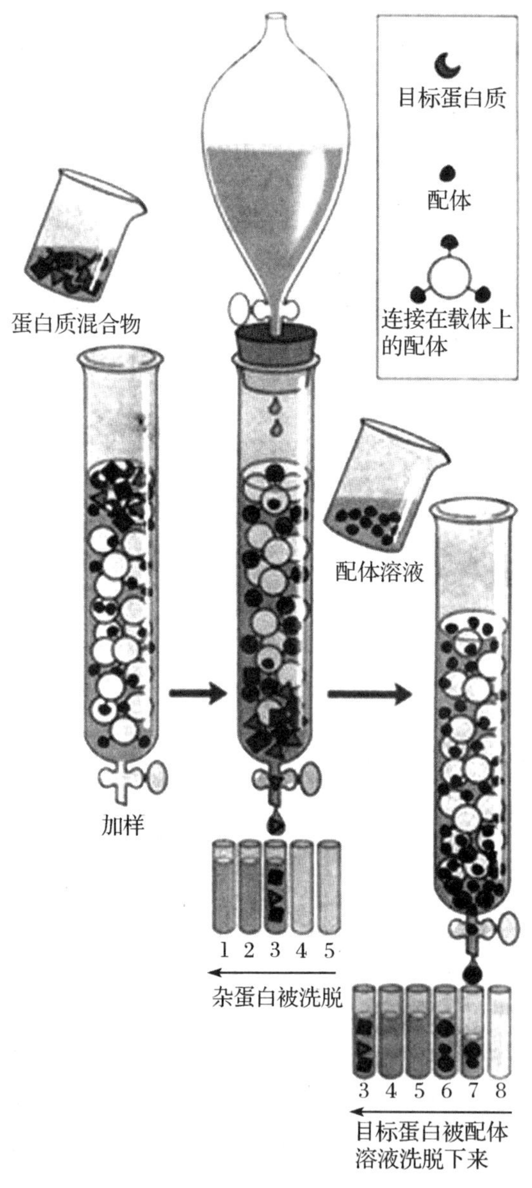

图 5-7-3　亲和层析分离目标蛋白过程示意图

1. 上样

上样时的流速不能过快，特别是在样品浓度较高、杂质较多或是配体与待分离物亲和力不大的情况下。上样时清洗缓冲液应具有一定的离子强度，以减少载体、配体与样品中其他组分的非特异性结合。

生物分子间的亲和力随温度的升高而降低，所以上样时应选择适当较低的温度，使待分离物与配体有较大的亲和力；而在后面的洗脱过程中可以选择适当较高的温度，使待分离物与配体的亲和力下降，有利于待分离物从配体上洗脱下来。

2.洗脱

选择合适的条件将待分离物与配体分开而被洗脱出来。亲和层析的洗脱方法有特异性洗脱和非特异性洗脱。

(1)特异性洗脱：特异性洗脱是指利用洗脱液中的物质与待分离物或与配体特异性地结合而将待分离物从亲和层析固定相(吸附剂)上洗脱下来的方法。

(2)非特异性洗脱：非特异性洗脱是通过改变洗脱缓冲液的 pH 值、离子强度、温度等条件，降低待分离物与配体之间的亲和力，从而将待分离物洗脱出来。

（于晓虹、厉朝龙）

第八节　高效液相色谱

一、高效液相色谱的原理和特点

高效液相色谱(high performance liquid chromatography，HPLC)又称为高压液相色谱、高速液相色谱等。高效液相色谱是在经典液相色谱的基础上引入了气相色谱的理论发展而来的一种高效、快速分离化合物的方法，它既有普通液相色谱的功能，又有气相色谱的特点，是色谱法的一个重要分支。高效液相色谱以液体为流动相，利用最高压强可达 5×10^{7} Pa 的高压输液泵将具有不同极性的单一溶剂或者不同比例的混合溶剂、缓冲液等流动相泵入装有固定相的色谱柱中，通过手动或自动进样方式注入的样品经流动相进入色谱柱内，样品各组分在色谱柱内被分离后进入检测器进行检测，检测后的样品各组分由馏分收集器收集，检测数据通过数据处理系统进行采集、处理、存储、显示、分析和打印等操作，从而实现对样品各组分的定量、定性分析或对样品某一纯净组分进行收集。该方法已应用于生物化学、医学、药学、食品分析、环境分析、商检等学科领域，成为这些领域中一种重要的分离分析技术。

高效液相色谱所使用的色谱柱内填充小颗粒的填料，这些填料的刚性很好，能耐受较大的压力。由于填料的颗粒很小，色谱柱的分离效果要远远高于经典液相色谱，每米的理论塔板数可以高达几十万。用不同类型的高效液相色谱分离或分析各种化合物的原理与相应的经典液相色谱相同。高效液相色谱具有以下特点：

1.高压

由于填料的颗粒很小，而且压得很紧，流动相流动时所受的阻力很大，必须施以高压才能加快流速，一般的压强在千万个帕(10^{7} Pa)水平上。

2.高速

由于高压，流动相的流速较经典液相色谱快很多，又由于使用的色谱柱柱身较短，一般在 50cm 以内，所以分析速度非常快，通常分析一个样品只需 10～20min，一般不会超过 1h。

3.高效

虽然高效液相色谱使用的色谱柱较短，但其分离效率要高于经典液相色谱，这主要是由于柱内填料的颗粒小，理论塔板数相对于传统的色谱柱更高，可达到几万或几十万。

4.试样用量少、灵敏度高

由于高效液相色谱可以搭配各种高灵敏度的检测器，大大提高了分析的灵敏度，如荧光检测器的灵敏度可达 10^{-12}g，因此分析的试样用量少，进样量最低可以达到几微升。

5.适用范围广

虽然气相色谱具有分离效果好、灵敏度高等特点，但沸点太高或热稳定性差的物质难以用气相色谱进行分析。而高效液相色谱只要分析样品能制成溶液就可以进行分析，高沸点、热稳定性差、相对分子质量大(>400)的有机物(几乎占有机物的75%～80%)原则上都可以用高效液相色谱来进行分离分析。在已知的化合物中，能用气相色谱分析的约占20%，而能用高效液相色谱分析的占75%～80%。

6.色谱柱的使用寿命长

使用过的色谱柱经过冲洗后可反复使用，使用寿命可长达使用几百次以上。

二、高效液相色谱的分类

根据不同的分类方法高效液相色谱可分为多种类型，按固定相的不同可分为液-液色谱(LLC)和液-固色谱(LSC)两大类；按照分离机制的不同可分为液-固吸附色谱、液-液分配色谱(包括正相分配色谱和反相分配色谱)、离子交换色谱、凝胶色谱(排阻色谱)、亲和色谱、疏水作用色谱等。其中在生物样品分析中常用的高效液相色谱类型有反相色谱(RPC)、离子交换色谱(IEC)、凝胶色谱(SEC)、疏水作用色谱(HIC)和亲和色谱。

三、高效液相色谱仪

高效液相色谱仪分为制备型和分析型两大类。分析型高效液相色谱仪主要用于样品中各组分的定性和定量分析；制备型高效液相色谱仪主要用于分离样品中的各组分，并收集一定数量的某一纯净组分。高效液相色谱仪主要由输液体统、进样系统、分离系统、检测系统和数据处理系统组成，其结构如图5-8-1所示(以安捷伦1200高效液相色谱仪为例)。

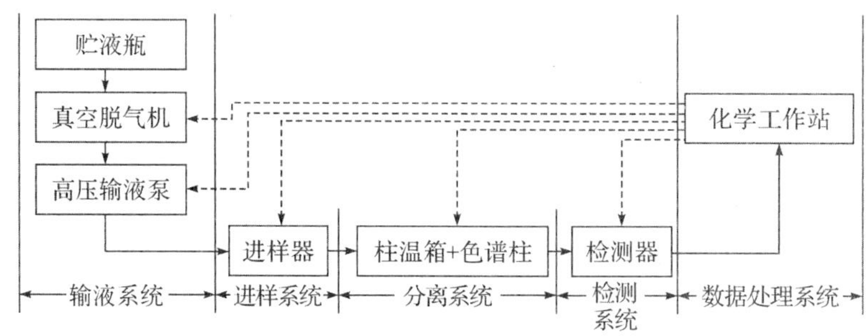

图5-8-1　安捷伦1200高效液相色谱仪结构示意

(一)输液系统

输液系统一般由贮液瓶、高压输液泵、梯度洗脱装置、真空脱气机、排气阀和柱塞杆清洗装置等组成。

1.贮液瓶

贮液瓶用于存放流动相、有机溶剂或超纯水等，其材料须耐腐蚀、对流动相必须是化学惰性的，可为玻璃、不锈钢或聚四氟乙烯等。常用的材质是玻璃的，容积一般为0.5～2L，以1L

居多。玻璃贮液瓶的颜色有白色和棕色两种，存放水相或流动相时需用棕色瓶。使用过程中贮液瓶应密闭，防止溶剂蒸发引起流动相组成的变化，防止空气中的氧气和二氧化碳重新溶解在已脱气的流动相中。贮液瓶一般放置在专用的试剂架中，其放置高度要高于高压泵，以保持一定的输液静压差。

配制流动相所需的有机溶剂必须是高纯度的（HPLC 级），缓冲盐溶液的试剂也必须为高化学纯度，不能含有金属离子。配制流动相所用的水必须为超纯水。

流动相倒入贮液瓶前需用 0.45μm 的滤膜减压过滤，以除去流动相中含有的机械性杂质，防止输液管路被堵塞，以保护系统和色谱柱。过滤流动相时要根据流动相的种类选择合适的滤膜，流动相为水相时要用水系滤膜过滤，流动相为有机相或含有有机相时要用有机系滤膜过滤，水系滤膜过滤有机相或含有有机相的流动相时会导致滤膜被溶解。流动相在过滤以后还必须脱气，目的是除去溶解在流动相中的气泡，降低基线噪声。脱气方式有四种：氦气脱气、真空脱气、超声波脱气和加热回流脱气。其中，氦气脱气效果最好，但氦气价格比较贵，不经济。加热回流脱气效果较好，但适用范围窄，不适合有机流动相或混合流动相。真空脱气是将贮液瓶抽成部分真空，将溶入的气体蒸发形成气泡溢出，其效果仅次于氦气脱气。超声波脱气是将流动相及容器放入超声波清洗器水槽中超声 15min 左右，这种脱气方式是四种脱气方式中效果最差的，但由于操作简便且基本能满足日常分析操作的需要，目前仍被实验室广泛采用。

2. 在线真空脱气机

在线真空脱气机一般适合脱完气的流动相在使用过程中的微量脱气，在使用低压梯度洗脱装置的高效液相色谱仪中必须配备。

3. 高压输液泵与梯度洗脱装置

高压输液泵的作用是将单元或梯度混合的流动相连续不断地以高压形式泵入液路系统，使样品在色谱柱中完成分离过程。高压输液泵是高效液相色谱仪的重要部件，其一般压强为 $1.5\times10^7\sim5\times10^7$ Pa。高压泵要求流速可调且流量恒定、无脉动、耐高压、耐腐蚀以及可进行梯度洗脱。高压泵的种类有恒压泵和恒流泵两种，恒流泵又分为螺旋注射泵和往复式柱塞泵，目前大多数高效液相色谱仪采用往复式柱塞泵。往复式柱塞泵通过不断往复运动，并在单向阀的控制下不断地从贮液瓶中吸入流动相，然后输送到色谱柱，从而完成流动相的输送过程。往复式柱塞泵的的优点是流量不受柱阻影响，缺点是输液时脉动比较大，但可以通过双泵联用的方法来克服这一缺陷。图 5-8-2 为往复式柱塞泵的结构示意图。

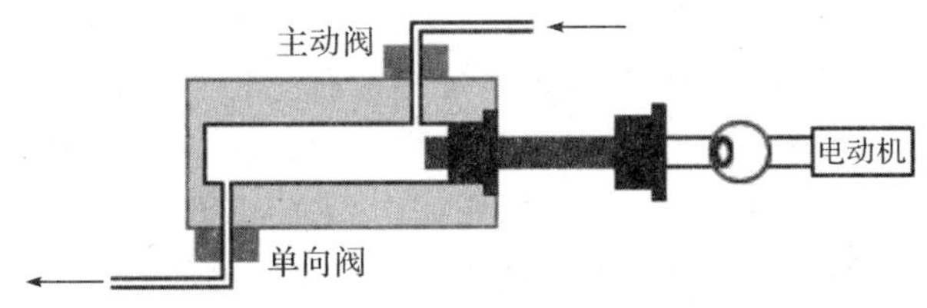

图 5-8-2　往复式柱塞泵的结构示意

梯度洗脱装置是在分离过程中通过逐渐改变流动相的组成增加洗脱能力的一种装置。梯度洗脱装置分为四元梯度洗脱装置（四元泵）和二元梯度洗脱装置（二元泵）。四元梯度洗脱装置主要由一个高压输液泵和一个比例调节阀组成，它是在常压下将两种或两种以上的流动相输至比例调节阀，用比例调节阀来调节各流动相的比例，从而达到混合流动相的目的。由于流动相是在常压下进行混合(泵前混合),属于低压混合系统,混合时流动相易产生气泡,因此需配备高效率的在线真空脱气机。二元梯度洗脱装置由两个高压输液泵和一个混合器组成,两个高压输液泵将两种不同的流动相输入混合器,进行混合后再进入色谱柱。因流动相的混合在高压下进行(泵后混合),故二元泵属于高压混合系统,其优点是混合精度高,但流动相之间的配比没低压混合系统灵活。

4. 排气(purge)阀

排气的作用是排除不同流动相在排气阀之间的输液管路中的气泡并替换管路中的旧流动相。每次开机或贮液瓶中的流动相被更换后,都需进行排气。排气时,将排气阀逆时针旋转两圈,流速设置为 5mL/min,将各个所需使用的流动相的输液管路依次各排气 5min。排气时,流动相直接从排气阀的另一端流出到废液瓶中,不再经过色谱柱。排气完毕,往顺时针方向拧紧排气阀即可。

5. 柱塞杆清洗(seal wash)装置

当使用的流动相中含有缓冲盐时,流动相析出的盐粒会渗入泵的柱塞杆和柱塞杆密封圈之间,造成泵的磨损。因此使用含盐流动相时需开启柱塞杆清洗装置清洗柱塞杆密封圈,将渗出的盐粒带走,从而保护柱塞杆和柱塞杆密封圈。清洗的溶剂为 10%的异丙醇(用超纯水配制)。10%的异丙醇可以减小水的张力,便于清洗液流动,并且可以抑制长菌。

(二)进样系统

高效液相色谱的进样方式有手动进样器进样和自动进样器进样两种方式。

手动进样器进样就是当六通阀进样器手柄位于取样(load)位置时,样品用微量注射器从进样孔注射入定量环,定量环充满后,多余样品从放空孔排出;当六通阀进样器手柄转动至进样(inject)位置时,阀与液相流路接通,由泵输送的流动相冲洗定量环,推动样品进入色谱柱进行分离和分析。手动进样器由微量注射器、六通阀、定量环等组成。手动进样器进样时流路连接如图 5-8-3 所示。

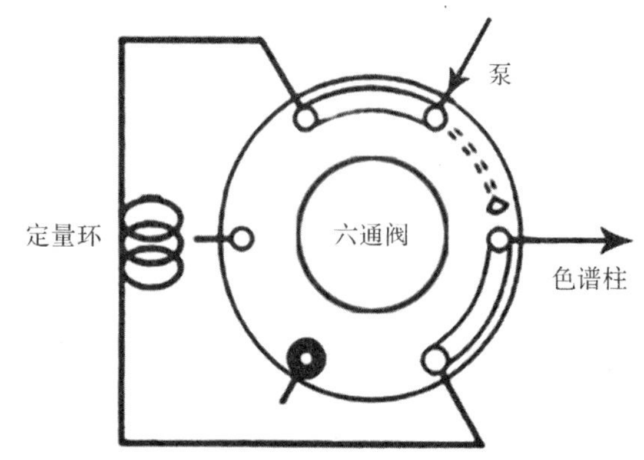

图 5-8-3　手动进样器进样时流路连接

自动进样器进样就是计算机自动控制进样,样品只需装入样品瓶后放入样品盘指定位置。进样时,六通阀从主路位置切换成旁路位置,此时进样针抬起,进样臂自动将样品瓶抓到针座上,然后进样针扎入进样瓶中,计量泵精确抽取预定体积的样品进入定量环,抽取完毕后进样针从样品瓶中抽出并将样品瓶放回样品盘原先位置后,进样针扎入针座毛细管,六通阀切换回主路位置,从而完成进样过程。自动进样器由六通阀、定量环、计量泵、进样针、针座毛细管以及进样臂、样品盘等组成。自动进样器进样时流路连接如图 5-8-4 所示。

对于高效液相色谱仪而言,无论是手动进样器还是自动进样器都是用六通阀进样的,六通阀进样具有进样量准确、重复性好,并可以在高压下进样等优点。自动进样器通过计算机程序控制,自动完成取样、进样、复位、清洗等自动化操作,具有准确度高、重复性好且无需人值守的优点,适合大批量的样品分析,但由于自动进样器比手动进样器多了一个计量泵和一部分连接管线,死体积要比手动进样器大。

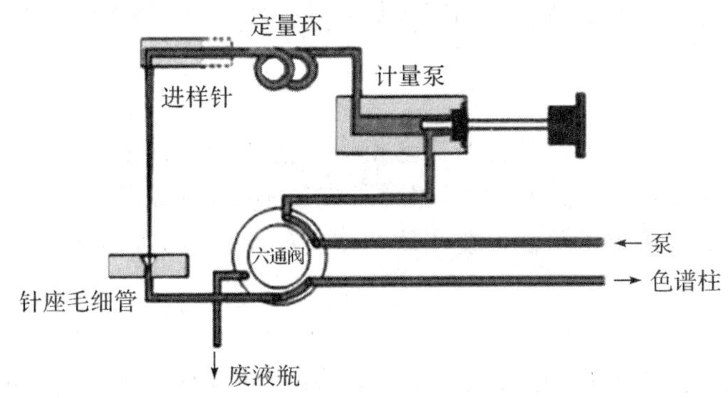

图 5-8-4 自动进样器进样时流路连接

此外需要注意的是，进样的样品必须用流动相或初始流动相（梯度洗脱）配制，且配制好的样品进样前要用滤膜过滤，以除去样品中的不溶物或细小颗粒等杂质，防止这些杂质堵塞系统或色谱柱。

（三）分离系统

分离系统主要由柱温箱、色谱柱以及一些连接管路组成，其作用是将样品的各组分进行分离。

1. 柱温箱

柱温箱的作用是使进入色谱柱的流动相维持在一个恒定的温度上，其控温范围一般为室温至 60℃。在样品的分离中设置合适的柱温能起到降低流动黏度、改善峰分离度、提高柱效，提高检测的稳定性和可信性、缩短分析时间、保护色谱柱和高压输液泵等方面的作用。

2. 色谱柱

色谱柱是高效液相色谱仪的核心部件之一，甚至可以说是高效液相色谱仪的“心脏”。色谱柱的要求是分离度高、柱容量大、分析速度快。色谱柱的材质一般为不锈钢管，也有用厚壁玻璃管制作的商品柱，不锈钢柱可应用于所有有机溶剂和大部分水性缓冲液，但含氯的流动相能腐蚀不锈钢，玻璃柱则应用于能与不锈钢发生反应的特殊样品或流动相。色谱柱按用途可分为分析型和制备型两大类，常规分析柱的内径一般为 2～5mm，长度 10～30cm；制备柱的内径要比常规分析柱大，内径一般大于 5mm。除此之外，色谱柱还有窄径柱（内径小于 2mm）、毛细管柱（内径小于 0.5mm）之分。色谱柱内的固定相的载体一般由机械强度高的硅胶或树脂等构成，且都具有惰性。分析型柱固定相的载体的粒径一般为 5～10μm，其中 5μm 使用比较广泛；制备型柱固定相的载体的粒径则为数十微米。

（四）检测系统

高效液相色谱仪的检测系统由各种不同的检测器组成。检测器是高效液相色谱仪的核心部件之一，其作用是将色谱柱连续流出的样品组分的含量变化转变成易于测量的电信号，电信号被数据处理系统接收后得到样品分离的色谱图。一般的检测器应具有高灵敏度、低噪声、响应快、线性范围宽等特点，还必须对温度和流速的变化不敏感。常用的检测器有紫外检测器、示差折光检测器和荧光检测器，其他的检测器有电化学检测器、化学发光检测器等。

1. 紫外检测器

紫外检测器是高效液相色谱分析中使用最广泛的检测器，其工作原理与普通的紫外分光光度计一样，适用于对紫外光有吸收性能样品的检测。其特点是灵敏度高、线性范围宽、噪声低、对温度和流速变化不敏感、检测范围广（蛋白质、氨基酸、多肽、核酸、激素等都能检测）以及可检测梯度洗脱样品。紫外检测器有固定波长紫外检测器、可变波长紫外检测器、光电二极管阵列检测器三种类型。

2. 示差折光检测器

示差折光检测器是利用样品组分与流动相的折光率的不同来对样品进行检测，其通用性强、操作简单，但灵敏度低，主要用于样品组分与流动相折光率相差比较大的样品，如糖类化合物等。由于示差折光检测器的检测易受流动相变化的影响，所以不适合用于梯度洗脱样品的检测。

3. 荧光检测器

荧光检测器是一种高灵敏度、有选择性的检测器，可检测能产生荧光的化合物，如多环芳烃、胺类、维生素等。某些不发荧光的物质也可通过化学衍化生成荧光衍生物，再进行荧光检测。其检测原理是凡具有荧光的物质，在一定条件下，其发射光的荧光强度与物质的浓度成正比。荧光检测器的特点是灵敏度高，最小检测浓度可达 10^{-12} g/mL，其灵敏度要比紫外检测器约高 2 个数量级，适用于痕量分析，但线性范围没有紫外检测器宽。

（五）数据处理系统

数据处理系统一般由硬件（计算机和输入输出设备）和软件（数据采集和分析软件）组成，也称为化学工作站。其作用是对色谱数据进行采集、处理、存储、显示、定性定量分析和报告输出等操作，并参与高效液相色谱仪的自动控制。

四、色谱峰参数和色谱参数

（一）色谱图与色谱峰参数

1. 色谱图

色谱图就是注入的样品在色谱柱内被流动相洗脱分离后各组分经检测器检测在输出设备上显示的信号-时间曲线。色谱图又称为色谱流出曲线，它反映了样品各组分浓度随洗脱时间而变化的情况。理想的色谱流出曲线如图 8-5-5 所示。

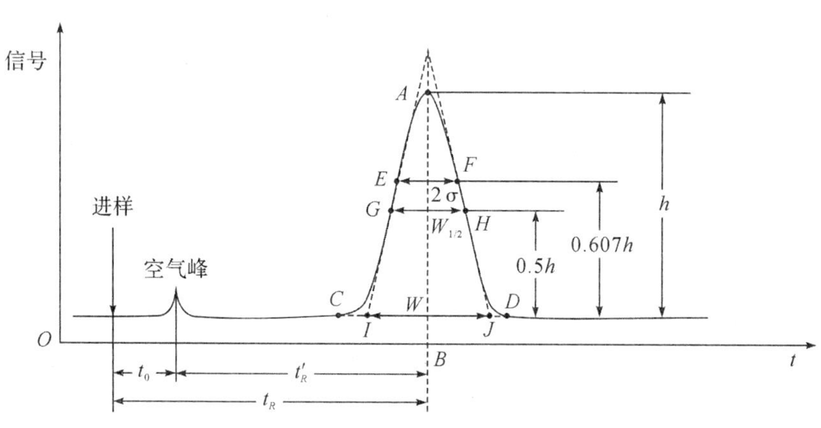

图 8-5-5　色谱流出曲线

2. 基线

经流动相冲洗，色谱柱与流动相达到平衡后且未加入样品的情况下，检测器测出的一段时间的流出曲线，该曲线一般应为平行于横轴（时间轴）的直线。

3. 噪声与飘移

各种原因引起的基线起伏波动的现象称为噪声，主要原因有流动相中有气泡、检测器不稳定、色谱柱被污染等。噪声的大小可以通过测量峰值来确定。基线随着时间的变化而缓慢偏离的现象称为飘移。飘移一般是由于实验条件不稳定所引起的，如电压、温度、流动相及流速的不稳定，或者是层析柱的污染物被不断洗脱下来造成的。图 8-5-6 为噪声和飘移示意图。

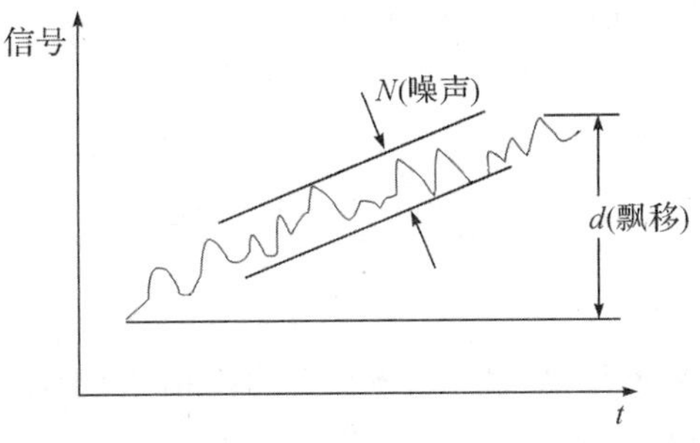

图 8-5-6 噪声与飘移

4. 色谱峰

色谱峰是指样品中的组分流经检测器时响应的连续信号-时间曲线。正常的色谱峰近似于正态分布曲线，左右对称，峰尖单一。不正常的色谱峰有前沿峰和拖尾峰两种，前沿峰前沿平缓，后延陡峭；拖尾峰前沿陡峭，后延拖尾。色谱峰的主要参数有：

(1)峰底：连接峰的起点与终点的直线。

(2)峰高(h)：峰高是指色谱峰最高点至峰底距离。

(3)峰面积(A)：峰面积为色谱峰曲线与峰底闭合区域内的面积。

(4)标准差(σ)：0.607 倍峰高处色谱峰宽的一半。

(5)半峰宽($W_{1/2}$)：峰高一半处的峰宽度。

$$W_{1/2}=2.354\sigma$$

(6)峰宽(W)：在峰两侧拐点处所做切线与峰底相交两点间的距离。

$$W=4\sigma=1.699W_{1/2}$$

(二)色谱参数

1. 保留时间(t_R)

样品某一组分从进样开始到色谱柱后出现浓度极大值时所需的时间，称保留时间(T_R)。

2. 死时间(t_0)

不被固定相吸附或溶解的组分的保留时间，称为死时间(t_0)。

3. 调整保留时间(t'_R)

样品某一组分在固定相中的保留时间，称调整保留时间(t'_R)。

$$t'_R=t_R-t_0$$

4. 保留体积(V_R)

样品某一组分从进样开始到色谱柱后出现浓度极大值时所通过的流动相的体积称保留体积(V_R)，又称为洗脱体积。

5. 死体积(V_0)

由进样器进样口到检测器流动池未被固定相所占据的空间称死体积(V_0)。它包括 4 部分：进样器至色谱柱管路体积、柱内固定相颗粒间隙、柱出口管路体积和检测器流动池体积。

$$V_0=Ft_0$$

式中，F 为流速。

6. 调整保留体积(V'_R)

调整保留体积(V'_R)是指样品中某一组分的保留体积减去死体积后的保留体积，即样品某一组分保留在固定相时所消耗的流动相体积。

$$V'_R = V_R - V_0 = Ft'_R$$

7. 拖尾因子(T)

拖尾因子(T)通常用来衡量峰的对称性。T 的计算公式为

$$T = \frac{W_{0.05h}}{2d_1}$$

式中，$W_{0.05h}$ 为 0.05 峰高处的峰宽，d_1 为峰顶点到峰前沿的距离。正常峰的 T 为 0.95～1.05，T 低于 0.95 为前沿峰，T 大于 1.05 为拖尾峰。

8. 分离度(R)

分离度(R)又称分辨率，是指相邻两峰峰顶间距离与两峰基线宽度平均值的比值。分离度是衡量色谱分离条件优劣的参数。

$$R = \frac{2(t_{R_2} - t_{R_1})}{W_1 + W_2} = \frac{1.177(t_{R_2} - t_{R_1})}{W_{1/2(1)} + W_{1/2(2)}}$$

$$\Delta t_R = t_{R_2} - t_{R_1}$$

当 $R=0$ 时，$\Delta t_R=0$，两峰完全重合；

当 $R=1$ 时，$\Delta t_R=4\sigma$，两峰分离度可达 98%；

当 $R=1.5$ 时，$\Delta t_R=6\sigma$，两峰分离度可达 99.7%，可视为完全分离。

9. 理论塔板数(N)

理论塔板数(N)用于定量表示色谱柱的分离效率，简称柱效。N 取决于固定相的种类、性质(粒度、粒径分布等)、填充状况、柱长、流动相的种类和流速及测定柱效所用物质的性质。理论塔板数可以近似表示为

$$N = 5.54\left(\frac{t_R}{W_{1/2}}\right)^2 = 16\left(\frac{t_R}{W}\right)^2$$

五、高效液相色谱定性和定量分析方法

(一)定性分析

定性分析就是对经过色谱柱分离后的样品各组分，经检测器检测后在色谱图上显示的各个色谱峰进行鉴定，以确定每个色谱峰所代表的样品组分是哪一种化合物。定性分析的方法有色谱鉴定法、化学鉴定法和两谱联用鉴定法。

1. 色谱鉴定法

色谱鉴定法是利用已知纯物质的色谱定性参数，如保留时间和相对保留时间做对照进行鉴定。其原理是同一物质在同一色谱分析条件下的保留时间相同。因此，可以将样品组分和已知纯物质在同一色谱条件下作的色谱图作对比，如果两者的保留时间一致，则可以判断样品的组分和已知物质为同一物质。此方法只能用于范围已知的化合物的定性分析，且要求色谱条件，如柱温、流动相流速、流动相种类、色谱柱和检测器的各项参数等都一致。

2. 化学鉴定法

利用专属性化学反应对分离后收集的组分进行定性分析。此法只能鉴定组分属于哪一类

化合物。其分析流程是先用高效液相色谱仪收集样品某一纯净组分的馏分，再与官能团分类试剂反应。

3. 两谱联用鉴定法

两谱联用鉴定法就是将高效液相色谱作为样品分离的手段，其要求两相邻的样品组分分离度足够大，能收集样品各组分的纯净馏分，然后除去流动相，利用质谱仪或核磁共振仪等仪器对样品各组分进行定性。此方法适用于样品中未知化合物的定性。

（二）定量分析

定量分析就是确定样品各组分的含量。定量分析的依据是样品组分的量与检测器检测到的峰面积成线性关系。其计算公式为

$$W_i = f_i A_i$$

式中，W_i、A_i 和 f_i 分别代表被测组分的量、色谱峰面积和校正因子。

定量分析的常用方法有外标法和内标法。

1. 外标法

外标法又称为标准曲线法，是用被测组分的纯物质配制成一系列已知浓度的标样，取相同量的标准液进行分析，采集不同浓度标样的色谱图，绘制峰面积-浓度标准曲线。然后在相同的色谱条件下，加入相同量的样品，得到样品组分的峰面积，最后根据标准曲线计算出被测组分的浓度。外标法操作简单，计算方便，是液相色谱中用得最多的定量方法；但对进样量的精度要求比较高。

2. 内标法

内标法是选择一个化合物作为样品待测组分的内标物，然后定量地加入定量准确的样品中去，根据待测组分和内标的响应值（峰面积之比）以及内标物的含量来计算待测组分的含量。其计算公式为：

$$W_i = \frac{f_i A_i}{f_s A_s} W_s$$

式中，W_s、A_s 和 f_s 分别为内标物的含量、峰面积及校正因子。

（翁登坡）

第六章　分光光度技术

分光光度法是根据物质产生吸收光谱的原理，即利用物质吸收光能的特性而建立起来的一种定量、定性分析方法，因而也称作吸光测定法，它包括比色法及分光光度法。由于许多物质的溶液是具有颜色的，如高锰酸钾显紫红色，硫酸铜溶液显蓝色，这些溶液的颜色深浅与溶液的浓度有关。在一定浓度范围内溶液的浓度越大，表现为溶液的颜色越深，因此可以通过比较溶液颜色的深浅来测定所含有色物质的含量，这种方法称为比色分析法，简称比色法。常用的比色法有两种：目视比色法和光电比色法，与目视比色法相比，光电比色法消除了主观误差，提高了测量准确度，而且可以通过选择滤光片来消除干扰，从而提高了选择性。但光电比色计采用钨灯光源和滤光片，只适用于可见光谱区和只能得到一定波长范围的复合光，而不是单色光束，还有其他一些局限，使它无论在测量的准确度、灵敏度还是应用范围上都不如分光光度法。20 世纪 30—60 年代是比色法发展的旺盛时期，此后就逐渐为分光光度法所代替。分光光度法与比色法的主要区别在于获取单色光的方式不同，光电比色计是用滤光片来分光，而分光光度计是用棱镜或光栅等来分光，棱镜或光栅将入射光色散成谱带，从而获得纯度较高、波长范围较窄的各波段的单色光。

第一节　分光光度技术原理

一、基本原理

光是一种电磁波，具有一定的波长范围。波长在 400～700nm 范圈内的电磁波为可见光。自然界的白光是一种混合光，是由七种颜色的光按一定的比例混合而成的；如果把两种适当的光按一定的强度比例混合也可得到白光，这两种颜色就叫互补色。

溶液对可见光区的各色光几乎都吸收，则溶液呈黑色。如果溶液对各种不同波长的可见光有不同的吸收能力，则溶液呈现出被它吸收色光的互补色。例如，白色光照射 $KMnO_4$ 溶液，溶液将其中的绿色光大部分吸收，而其他各色光透过溶液，通过溶液的光除紫色外其他颜色的光都两两互补成白色光，所以看到的是透过高锰酸钾溶液的紫色。从上面可知，有色溶液显现的颜色实质上是它所选择吸收光的互补色。互补色光示意图见图 6-1-1。

图 6-1-1　互补色光示意图

二、Lambert-Beer 定律

1. Lambert 定律

当一束平行单色光通过有色溶液时，光的一部分被溶液吸收，一部分透过，使光的强度减弱，若溶液的浓度不变，则溶液的厚度愈大，光线强度的减弱也愈显著。若 I_0 表示入射光的强度，I 表示光线透过溶液后的强度，L 表示溶液的厚度，两者的关系可表示如下：

$$\lg(I_0/I)=K_1L$$

式中，K_1 是一常数，受光线波长、溶液性质和溶液浓度的影响。从上述公式可知，透过溶液后光线 I_0 强度的减弱(I/I_0)与溶液厚度 L 呈指数函数关系。

2. Beer 定律

当一束单色光通过一溶液时，若溶液的厚度不变，则溶液浓度愈高光线强度的减弱也愈显著，与 Lambert 定律推导相似，两者的关系可表示如下：

$$\lg(I_0/I)=K_2C$$

式中，C 表示溶液的浓度，K_2 是一常数，受光线波长、溶液性质和溶液厚度的影响。上面公式所表示的光线强度与溶液浓度的关系称为 Beer 定律。

虽然所有的溶液均符合 Lambert 定律，但并非所有的溶液都符合 Beer 定律，这是由于有些物质在不同浓度条件下其颜色可能发生改变，即在不同浓度条件下其吸收光的波长发生改变。

3. Lambert-Beer 定律及应用

$$\lg(I/I_0)=-KCL$$

如果将通过溶液后的光线强度(I)和入射光 I_0 的比值称为透光度(T)，将 $-\lg(I/I_0)$ 用光密度(A)表示，则它们之间的关系为：

$$A=-\lg(I/I_0)=-\lg T=KCL \tag{1}$$

式中，K 为常数，称为消光系数(E)，表示物质对光线吸收强度的一个物理常数，受物质种类和光线波长的决定。消光系数常用摩尔吸光系数(ε)来表示，指在 1L 溶液中含有 1mol 溶质，且液层厚度为 1cm 时，在 λ_{max} 和一定条件下测得的吸光度(A)。从公式(1)可知，对于相同物质和相同波长的单色光(消光系数不变)来说，溶液的光密度和溶液的浓度成正比。

$$A_1/A_2=C_1/C_2 \tag{2}$$

如果 C_2 为标准溶液的浓度，则可根据光密度值，按公式(2)求得待测液的浓度。

三、分光光度技术的定量方法

定量分析不仅可以测定常量组分，而且也可以测定超微量组分，既可以测定单组分化合物的含量，也可以对多组分混合物同时进行测定。定量分析的依据是 Lambert-Beer 定律，物质的吸光度(A)和它的浓度(C)呈线性关系：$A=\varepsilon\cdot C\cdot L$，由于比色皿中液层厚度($L$)是不变的，因此只要选择适宜的波长，测定溶液的吸光度(A)，就可求出溶液浓度和物质的含量。常用的定量分析方法有标准对照法、标准曲线法及吸光系数法。

1. 标准曲线法

将标准品配制成一系列适当浓度的溶液，在 λ_{max} 处测定，得出一系列与不同浓度相对应的 A 值。将 C 作横坐标，A 作纵坐标，绘制成标准曲线。再以同样条件测得样品的 A 值，从标准曲线中找出相对应的浓度。

2. 标准对照法

在相同条件下配制标准品溶液和样品溶液，在 λ_{max} 处分别测得 $A_{标}$ 及 $A_{样}$，然后根据下式计算出样品浓度：

$$C_{样}=C_{标}\times A_{样}/A_{标}$$

因为所测的是同一物质，且用同一波长，故 ε 值相等，亦即吸光度与浓度成正比。

3. 吸光系数法

在实际工作中，有时会遇上标准物缺乏或不易获得足够的量，此时可根据文献所提供的吸收系数或在制备标准曲线时所求得的平均吸收系数，在相同的方法和条件下，直接测定样品的吸光度，按下式计算出样品中欲测物质的含量：

$$C=A/\varepsilon(L=1)$$

第二节　分光光度计的基本结构及使用

一、分光光度计的基本结构

无论是比色计还是分光光度计，其基本结构原理是相似的，都由光源、单色光器、狭缝、比色杯和检测器系统等部分组成(图 6-2-1)。两者的主要区别在于获取单色光的方式不同，光电比色计是用滤光片来分光，而分光光度计用棱镜或光栅等分光，棱镜或光栅将入射光色散成谱带，从而获得纯度较高、波长范围较窄的各波段的单色光。

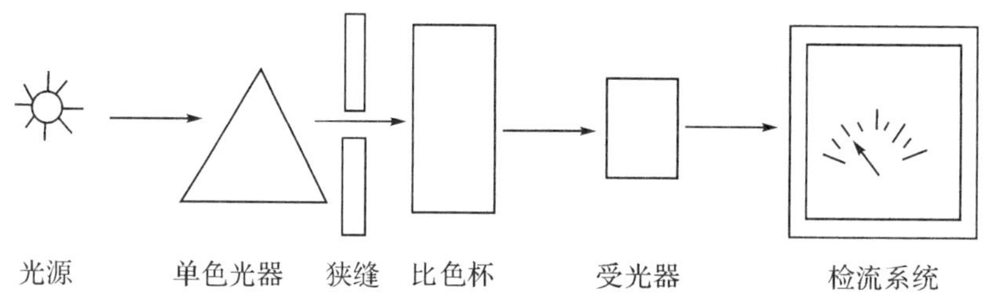

图 6-2-1　比色分析仪基本结构示意图

1. 光源

一个良好的光源要求具备发光强度高、光亮稳定、光谱范围较宽和使用寿命长等特点。一般的光度计采用稳控的钨灯，适用于 340～900nm 范围的光源，更先进的分光光度计中有稳压调控的氢灯，适用于 200～360nm 的紫外分光分析光源。

2. 单色光器

单色光器的作用在于根据需要选择一定波长的单色光。所谓单色光，是指某特定波长有最大发射，而在相邻较长和较短波长的发射能量较少。最简单的单色光器是光电比色计上所采用的滤光片(一定颜色的玻璃片)，由于通过光线光谱范围较宽，所以光电比色分辨效果较差。棱镜和光栅是较好的单色光器，它们能在较宽光谱范围内分离出相对纯的光线，因此分光光度计有较高的分辨效果。

3. 狭缝

通过单色光器的发射强度可能过强，也可能过弱，不适于检测。狭缝是由一对隔板在光上形成的缝隙，通过调节缝隙的大小来调节入射单色光的强度使入射光形成平行光线，以适应检测器的需要。光电比色计的狭缝是固定的，而光度计和分光光度计的缝隙大小是可调的。

4. 比色杯

比色杯又叫吸收杯、样品杯，是光度测量系统中最重要的部件之一，在可见光范围内测量时选用光学玻璃比色杯，在紫外线范围内测量时要选用石英比色杯。保护比色杯的质量是取得良好分析结果的重要条件之一，不得用粗糙坚硬物质接触比色杯，不能用手指拿取比色杯的光学面，用后要及时洗涤比色杯，不得残留测定液。

5. 检测器系统

硒光电池、光电管或光电倍增管等光电元件常用来作为受光器，将通过比色杯的光线能量转变成电能，进一步再用适量的方法测量所产生的电能。光电比色计用硒光电池作为受光器，其光敏感性低，不能检出强度非常弱的光线，对波长在 270nm 以下和 700nm 以上的光线不敏感。较精密的分光光度计都采用真空光电管或光电倍增管作为受光器，并应用放大装置以提高敏感度，虽然光谱范围狭窄的单色光的能量比范围宽的弱得多，但这种有放大线路的灵敏检测系统仍可准确地将其检测出来。

二、几种常用分光光度计

1. SP-722E 可见分光光度计

722 型分光光度计是将光电管和微电流放大器同装在一密闭暗盒内，光信号由光电管接受后通过高值电阻转换成微弱的信号，再经微电流放大器加以放大后，在数字显示器上读出。操作方法如下：

(1)开盖，开机预热 20min(开机前确认样品室没有东西，否则影响仪器自检)。

(2)用波长调节旋钮调至实验所需波长，波长选择的依据见表 6-2-1。

(3)打开样品室，将挡光体插入比色皿架，对准光路。

(4)关盖，在 T 方式下，按“0%T”键调透光度为零。

(5)取出挡光体，关盖，在 T 方式下，按“100%T”键调透光度为 100%。

(6)测定样品：按方式键(MODE)调设置为 A；将比色杯放入比色室，光面对准光路，使用“0A”键，用对照管调 0。拉动比色室外拉杆，对样品进行比色，读取数值。

(7)测毕，打开样品室盖，关电源，将各旋钮停在起始位置上，冲洗比色杯。

表 6-2-1　待测介质颜色所对应的波长及颜色

选择波长(nm)	波长对应颜色	待测介质颜色
400～435	青紫	黄绿
435～480	蓝	黄
480～490	蓝绿	橘黄
490～500	绿蓝	红
500～560	暗绿	深紫
560～580	绿黄	蓝紫
580～595	黄	蓝
595～610	橘黄	蓝绿
610～750	红	绿蓝

2. 752 型紫外可见分光光度计

(1)预热仪器，将选择开关(A\T\C\F 键)置于“T”，按下“电源”开关，钨灯点亮；按下“氢灯”开关，氢灯电源接通；再按“氢灯触发”按钮，氢灯点亮。仪器预热 30min。仪器背后有一只

“钨灯”开关,如不需要用钨灯时可将它关闭。

(2)用波长调节旋钮调至实验所需波长(280nm 或 260nm)。

(3)灵敏度挡首先调到“1”挡,灵敏度不够时再逐渐升高。但换挡改变灵敏度后,须重新校正“0%”和“100%”。选好的灵敏度,实验过程中不要再变动。

(4)调节透光度 T 为 0%:轻轻旋动零旋钮(▽/0%键),使数字显示为“00.0”(此时试样室是打开的)。

(5)调节透光度 T 为 100%:将盛蒸馏水(或空白溶液)的比色皿放入比色皿座架中的第一格内(波长在 360nm 以上时,可以用玻璃比色皿;波长在 360nm 以下时,需用石英比色皿),并对准光路,把试样室盖子轻轻盖上,调节透过度“100%”旋钮(0A/100%),使数字显示正好为“100.0”。如果显示不到 100.0,则可适当增加灵敏度的挡数,再重新调节“0%”与“100%”。

(6)吸光度的测定:将选择开关(A\T\C\F 键)置于“A”,盖上试样室盖子,将空白液置于光路中,调节吸光度调节旋钮(0A/100%),使数字显示为“.000”。将盛有待测溶液的比色皿放入比色皿座架中的其他格内,盖上试样室盖,轻轻拉动试样架拉手,使待测溶液进入光路,此时数字显示值即为该待测溶液的吸光度值。读数后,打开试样室盖,切断光路。

(7)关机:实验完毕,切断电源,将比色皿取出洗净,并将比色皿座架用软纸擦净。

3.使用分光光度计时的注意事项

(1)分光光度计属精密仪器,应细心爱护使用。分光光度计必须放置在固定的仪器台上,不要随意搬动,防止振动、潮湿、强光直射和化学腐蚀。

(2)要保持吸收杯的清洁干净,保护光学面的透明度。比色杯内液体不要加过满,一般以容积的 2/3 为宜。每次加样后需要用软质地的吸水纸将外部擦干净,保持比色杯外部的干燥和清洁。

(3)读取光密度值的时间应尽量缩短,以防光电系统疲劳,如连续使用时,中间应适当使之避光休息。

(4)比色杯不要放置在仪器面上,以免液体腐蚀仪器表面。

(5)如果需大幅度改变波长,那么需等数分钟后才能正常工作(因波长由长波向短波或短波向长波移动时,光能量变化急剧,光电管响应缓慢,需一段光响应平衡时间),使数字显示稳定后,重新进行测定。

(6)分光光度计内需放置硅胶干燥袋,定期更换。

(7)每台分光光度计与其比色杯应配对使用,不得随意挪用。

(8)比色溶液的吸光度值应控制在 0.05~1.0 的范围内,这样所测得的读数误差较小。如溶液浓度太浓,可稀释后再进行检测。

(赵鲁杭)

第七章　PCR技术

聚合酶链反应(polymerase chain reaction,PCR)是一种体外DNA扩增技术。1985年由美国PE-Cetus公司人类遗传室的Kary Mullis发明的PCR技术具有划时代的意义,其大大地促进了分子生物学的发展,在基因克隆、基因分析、基因表达检测和基因突变检测上具有广泛的应用,克服了微量DNA操作困难的障碍。

第一节　PCR的原理及影响因素

一、PCR的原理

PCR的原理类似于细胞内DNA的复制过程,它是一种能在较短时间内(1～3h)体外(试管内)大量扩增DNA片段的技术。在试管内建立DNA合成的反应体系(包括模板DNA、引物对、四种dNTPs、Mg^{2+}、耐热的DNA聚合酶和缓冲体系),经过变性、复性和延伸三个基本反应过程的重复,短时间内可以将某个DNA片段进行大量的扩增(扩增10^6倍以上)。

PCR的过程如下:

(1)DNA变性:即在90～95℃高温条件下使DNA双链解离成单链;

(2)复性:又称退火,即将温度快速下降到某一温度(一般为50～60℃),使引物与模板DNA配对形成双链;

(3)延伸:即在耐热的DNA聚合酶催化作用下,引物以变性的单链DNA为模板进行DNA的合成反应,一般的延伸温度条件为67～72℃。

以上三个步骤重复25～35次,就可以将引物对之间的DNA片段扩增10^6倍以上(图7-1-1)。PCR技术具有特异性好、灵敏度高、扩增倍数大、重复性好以及快速、简便、易自动化等特点,自发明以来不断地完善和发展,目前已报道的PCR方法有几十种,被广泛地应用到生命科学的各个领域。

二、PCR的反应体系及主要影响因素

PCR的反应体系包括模板DNA、引物对、四种dNTPs、Mg^{2+}、耐热的DNA聚合酶和缓冲体系,反应体系中各组分的变化都会最终影响PCR的结果。

(一)PCR的反应体系

1.耐热的DNA聚合酶

PCR中最常用的DNA聚合酶是*Taq* DNA聚合酶,是从美国黄石国家森林公园的温泉中的微生物*Thermus aquaticus*分离得到的,*Taq* DNA聚合酶在74℃,pH8.0以上表现出最大的反应活性,它具有5′→3′的聚合酶活性和5′→3′的外切酶活性,但缺乏3′→5′核酸外切酶活性(即没有对错配碱基的校对功能)。后来从其他的嗜热菌中也分离得到了一些耐热的DNA聚合酶,而且具有3′→5′核酸外切酶活性,但合成DNA的速度往往低于*Taq* DNA聚合酶,可根据不同的需要进行选择。

一般经典的 50μL PCR 反应体系中需加入 1 个活力单位的 *Taq* DNA 聚合酶(1U/50μL)，而对于具有纠错功能的聚合酶，往往需要适当加大酶量，可参考试剂的说明书使用。聚合酶用量过大会导致 PCR 的非特异性扩增区带增多，PCR 的特异性下降。

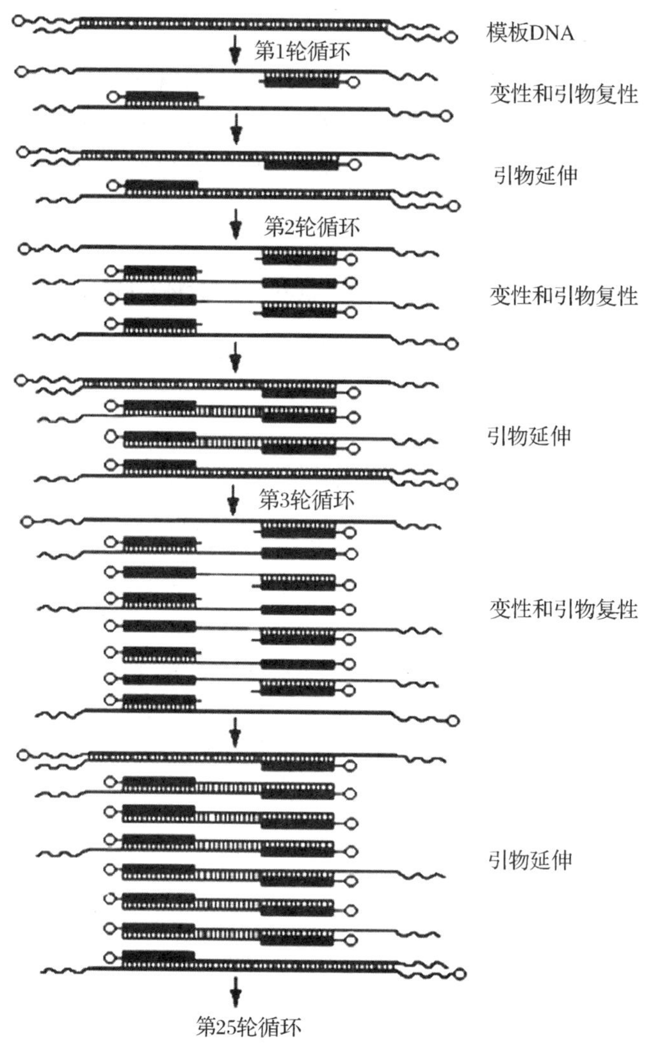

图 7-1-1　PCR 反应原理示意图

2. PCR 的引物

通常 PCR 引物是成对的，分别与待扩增的 DNA 片段两侧的单链序列互补，一条称为上游引物或正向引物(forward primer)，另一条称为下游引物或反向引物(reverse primer)。引物设计的好坏是关系到 PCR 扩增成败最为关键的因素之一，好的 PCR 引物在合适的 PCR 反应条件下只产生特异性的扩增产物，而不产生非特异性的扩增产物，现在有许多软件可根据一定的原则来设计 PCR 的引物，引物的设计遵循以下原则：

(1)引物的长度一般为 15～30 个碱基，引物越长，相对来说与模板结合的特异性越好。

(2)引物中 G+C% 为 45%～50%，引物中应避免连续 5 个以上的嘌呤或嘧啶排列在一起。

(3)引物的 3′端通常必须严格地与模板 DNA 链互补配对，这是因为引物 3′端与模板的配对与否关系到 DNA 聚合酶的延伸效率和 PCR 的扩增与否；引物的 5′端与模板的配对关系可相对不那么严格。

(4)引物之间应不具连续 4 个以上的碱基的配对关系，特别是 3′端。

(5)两个引物应具有相当的 Tm 值，所以引物的长度也应该基本相当，一般不要相差 3 个碱基以上。

(6)PCR 反应体系中聚合酶的终浓度一般为 0.1～0.6μmol/L，浓度过高会产生非特异性扩增区带。

3. 缓冲体系

PCR 的缓冲液都是商业化购买的，为 Tris-HCl 缓冲液，其 pH 值一般在 8.5～9.0。$MgCl_2$一般是单独加的，通常使用的浓度为 2.0mmol/L，Mg^{2+}浓度的高低会影响变性过程中双链的解离、引物的退火、产物的特异性和非特异性扩增片段的多少等，所以在摸索 PCR 条件的时候，除了退火温度以外，Mg^{2+}也是需要优化的条件之一。

(二)标准 PCR 反应体系组分、浓度范围及反应条件

1. 标准的 50μL PCR 反应体系组分及浓度范围见表 7-1-1 所示

表 7-1-1 50μL PCR 反应体系

组分	各组分的总浓度范围
超纯水(pH7.0)	至终体积为 50μL
10×PCR 缓冲液(无 Mg^{2+})	5μL
$MgCl_2$(25mmol/L)	1.5～2.5mmol/L
dNTP 混合物	每种 200μg
上下游引物	0.1～0.6μmol/L
DNA 模板	质粒 DNA 约 0.5pg，基因组 DNA 约 300ng
Taq DNA 聚合酶	1U/50μL 左右

2. 标准 PCR 反应的程序

(1)预变性：94～95℃，3～5min；

(2)变性：94℃，30～60s；退火：50～60℃，30～60s；延伸：72℃，30～60s；重复进行 25～35 个循环；

(3)最后扩增：72℃，5～10min。

第二节 PCR 技术的应用

一、逆转录 PCR

逆转录 PCR(reverse transcription PCR，RT-PCR)即以 RNA(主要是 mRNA)为模板而进行的 PCR，首先与 RNA 3′端互补的引物以 RNA 为模板在逆转录酶的作用下进行逆转录，生成 cDNA 的第一条链，然后与 cDNA 3′端互补的引物以及与 RNA 3′端互补的引物组成引物对进行 PCR 扩增。RT-PCR 的特点是灵敏且用途广泛，常用于检测细胞中是否表达了某种 RNA，是基因表达检测的方法之一。

在进行 RT-PCR 时应注意：①RNA 酶不易变性失活，故用于实验的所有器皿都必须经含 DEPC 的水浸泡后高压灭菌，水也需要经 DEPC 处理过然后高压灭菌；②RNA 的提取过程要加入 RNA 酶抑制剂(RNasin);③提取的 RNA 要避免 DNA 的污染,纯净的 RNA 的 A_{260nm}/A_{280nm}为 2.0,若样品中含有蛋白质、酚或 DNA 都会导致比值下降;④要设立阳性对照和阴性对照。

二、单链构象多态性 PCR

单链构象多态性 PCR(single-strand conformation polymorphism PCR,SSCP-PCR)是一种 PCR 扩增产物的单链,在序列出现微小变化的情况下有可能形成不同的空间构象,由于构象的不同,可以导致它们在中性聚丙烯酰胺凝胶电泳的迁移率上有所不同,是一种用于检测基因突变的方法。双链 DNA 的电泳迁移率只与 DNA 的长度有关而与其序列无关;在含变性剂的凝胶中,单链 DNA 的电泳迁移率也只与 DNA 链的长短有关;而单链 DNA 在中性的聚丙烯酰胺凝胶中进行电泳时,其迁移率除了与单链 DNA 的长度有关外,更主要的是与单链 DNA 构象有关。在非变性条件下,DNA 单链可折叠形成一定的空间构象,这种空间构象的形成是由 DNA 的碱基序列决定的,相同长度的 DNA 单链可以因为其序列的不同,甚至是单碱基的差异,也有可能形成不同的空间构象,从而导致其电泳迁移率的不同。PCR 的扩增产物经变性后,在非变性的聚丙烯酰胺凝胶中进行电泳,只要扩增的 DNA 序列有所不同(单碱基突变还是或多碱基的插入或缺失),就有可能导致电泳迁移率的不同。该方法的优点是可以用来检测已知或未知的突变,无论是单碱基突变还是多碱基的插入或缺失,适应于对大样本的筛查。

三、限制性片段长度多态性 PCR

限制性片段长度多态性 PCR(restriction fragment length polymorphism PCR,RFLP-PCR)是一种将 PCR 技术和 RFLP 相结合的用来检测已知突变的方法。限制性核酸内切酶(restriction endonuclease,RE)能识别双链 DNA 的特定序列,并在特定的位点上进行酶切,如果发生突变,则可能导致 RE 识别序列的产生或消失,从而影响 RE 对 DNA 的酶切。根据某个已知突变位点两侧的碱基序列,设计一对 PCR 引物并进行 PCR 扩增,将 PCR 的扩增产物用合适的 RE 进行酶切,看 PCR 扩增产物的酶切电泳图谱,根据是否产生或消失酶切片段,就可以知道是否在 RE 识别序列中发生了突变。该方法的缺点是具有一定的局限性,并不是所有的 DNA 序列都可以找到相应的 RE,但是由于现在发现的 RE 种类越来越多,很多的突变序列都可以被 RE 识别,所以这项技术的应用越来越广泛。该方法的优点是只要进行 PCR 扩增,就可以通过 RE 酶切来判断某个位点是否发生了突变,方法简单,结果比较可靠。

四、等位基因特异扩增法

等位基因特异扩增法(allele specific amplification,ASA)专用于测定某一特定位点是否发生了突变。其原理是设计两对特定的引物,每对引物中有一条引物的 3′-末端正好位于突变位点,当引物 A 与引物 B 组成一对时,可顺利扩增野生型基因,却不能扩增突变型基因;当引物 A′与引物 B 组成一对时,可扩增突变型基因,却不能扩增野生型基因。所以,当引物 A 与引物 B 配对扩增时有目的产物,说明有野生型基因存在;当引物 A′与引物 B 配对扩增时有目的产物,说明有突变型基因存在。当两组扩增均有目的产物时,说明是杂合子,既含有野生型基因也含有突变型基因。

(赵鲁杭)

第三篇　实验项目

第八章　蛋白质与酶学实验

第一节　概　　述

一、蛋白质的分子组成、结构及理化性质

蛋白质是生命的物质基础之一，绝大多数生命现象都是蛋白质功能的体现，对于蛋白质的组成、结构、含量、功能和表达调控的研究，是生命科学研究的一个重要内容。

蛋白质是由氨基酸按照一定的排列顺序通过肽键连接而成的多肽链，蛋白质分子中的氨基酸排列顺序（一级结构）是由编码蛋白质的基因所决定的，并决定了蛋白质特定空间构象的形成。蛋白质的空间构象决定蛋白质的物理化学性质和生物学功能，蛋白质的变性就是由于理化因素的影响使得蛋白质的空间构象发生改变，从而导致蛋白质的理化性质变化和生物学活性的改变。由此可见，蛋白质的结构和功能是密切相关的。

二、蛋白质的分离和纯化

蛋白质结构和功能研究的前提就是要获取相当纯度的蛋白质样品，一个好的蛋白质分离纯化方案就是在实验过程中尽可能避免或是减少蛋白质的变性和降解，同时尽可能地获取较多量的、高纯度的某种蛋白质。整个蛋白质提取、分离和纯化过程中都要以此为目标和要求，例如蛋白质提取、分离和纯化的整个过程中都要注意在低温下操作，避免与强酸、强碱及重金属离子作用，避免剧烈搅拌，添加相应的蛋白酶抑制剂，如二异丙基氟磷酸（DFP）、甲苯磺酰氟（PMSF）、对氯汞苯甲酸（PCMB）和螯合剂（如 EDTA）等（具体制备方法详见第二章第三节）。其中最为重要的纯化和纯度鉴定的方法就是层析和电泳技术，层析在制备方面更有优势，可以制备一定数量的蛋白质样本；电泳的长处在于蛋白质的分离鉴定和少量的制备，它们都是生物化学中最常用的技术手段，广泛用于各种类型分子的分离、纯化和分析、鉴定。

三、蛋白质的定量

蛋白质含量的测定也是蛋白质研究中的一个重要环节。蛋白质含量测定的方法很多，基于的原理各有不同，常用的方法有凯氏定氮法、双缩尿法（Biuret 法）、Folin-酚试剂法（Lowry 法）、考马斯亮蓝法（Bradford 法）和紫外吸收法；此外，还有近来广为应用的蛋白定量方法——BCA 法。其中 Bradford 法和 Lowry 法灵敏度较高，比紫外吸收法灵敏 10～20 倍，比 Biuret 法灵敏 100 倍以上。凯氏定氮法实验过程比较复杂，但检测结果比较准确，更接近样品中蛋白质的真实含量，所以往往以凯氏定氮法作为蛋白质含量测定的金标法。

上述这些方法并不是在任何条件下适用于任何形式蛋白质的含量测定，同一种蛋白质溶液用以上几种方法测定，有可能得出几种不同的结果。每种测定法都不是完美无缺的，都有其优缺点。在选择方法时应考虑：①实验对测定所要求的灵敏度和精确度；②蛋白质的性质；③溶液中存在的干扰物质；④测定所需的时间。

四、蛋白质纯度的鉴定

纯的蛋白质样品一般是指不含有其他杂蛋白以及杂质。用于蛋白质纯度鉴定的方法有各种电泳和层析方法，如聚丙烯酰胺凝胶电泳（PAGE）、SDS-聚丙烯酰胺凝胶电泳（SDS-PAGE）、等电聚焦（IEF）、二维电泳（DE）、离子交换层析、凝胶过滤等。此外，分析蛋白质 N 端和 C 端的均一性也是有效评价蛋白质纯度的方法，其鉴别能力有时较电泳、层析等方法更为灵敏；如能同时测定 N 端或 C 端的若干个序列，则在很大程度上可以排除杂蛋白存在的可能性。质谱也是一种有效的方法。一般检测蛋白质的纯度必须应用两种不同机理的分析方法才能作出判断，例如，一个用凝胶过滤和 SDS-PAGE 证明是纯的蛋白质样品，由于这两种方法的机理是相同的，因而此判断是不够充分的。

五、蛋白质生物活性的测定

高纯度的蛋白质样品并不能说明它的生物活性如何，所以在蛋白质定量和纯度鉴定的基础上，还应对分离纯化的蛋白质进行生物活性分析，以了解获取的蛋白质样品的性质和功能如何，也只有在获取有生物学功能的蛋白质的前提下，进一步进行结构和功能的研究才有意义。

第二节　实验项目

实验一　生物样本中蛋白质的提取

实验 1-1　组织细胞中蛋白质的提取

【基本原理】

离体不久的组织，在适宜的温度及 pH 等条件下，可以进行一定程度的物质代谢。因此，在生物化学实验中，常利用离体组织来研究各种物质代谢的途径与酶系作用，也可以从组织中提取各种代谢物质或酶进行研究。

但生物组织离体过久，其所含物质的含量和生物活性都将发生变化。例如，组织中的某些酶在久置后会发生变性而失活；有些组织成分如糖原、ATP 等，甚至在动物死亡数分钟至十几分钟内，其含量即有明显的降低。因此，利用离体组织作代谢研究或作为提取材料时，都必须迅速将它取出，并尽快地进行提取或测定。一般采用断头法处死动物，放出血液，立即取出实验所需的脏器或组织，去除外层的脂肪及结缔组织后，用冰冷的生理盐水洗去血液（必要时可用冰冷的生理盐水灌注脏器以洗去血液），再用滤纸吸干，即可用于实验。取出的脏器或组织，可根据不同的方法制成不同的组织样品。①组织糜：将组织用剪刀迅速剪碎，或用绞肉机绞成糜状即可。②组织匀浆：向剪碎的新鲜组织中加入适量的冰冷的匀浆制备液，用高速电动匀浆机或玻璃匀浆器制成匀浆；一般在制匀浆时，需要将匀浆器或匀浆管置于冰浴中。常用的匀浆制备液有生理盐水、缓冲液或 0.25mol/L 蔗糖等，可根据实验的不同要求，加以选择。③组织浸出液：将组织剪碎、浸泡于一定的缓冲液内，其上清液也即为组织浸出液。

由于动物肝脏细胞比较脆弱，易于破碎，故本实验选用小鼠肝脏细胞作为实验材料，采用匀浆法将其破碎，然后加入样品提取液使蛋白质溶解，用高速离心法弃去细胞碎片和未匀浆的组织细胞块。收集上清液后可进行蛋白质定量分析。

【试剂与器材】

一、试剂

1. 样品提取缓冲液：称取 Tris 0.606g，KCl 0.746g，甘油 20.00g，加双蒸水到总体积 100mL，用盐酸调 pH 到 7.1，溶液浓度为 Tris 50μmol/L，KCl 100μmol/L，甘油 20g/100mL。

2. 蛋白酶抑制剂溶液：称取 PMSF（苯甲磺酰氟）1.742g，溶于 100mL 乙醇中；另称取 pepstatin A（胃蛋白酶抑制剂）9.603mg 溶于 100mL 乙醇中。以上两种溶液各取 10mL 混合成为抑制剂。

3. 生理盐水，4℃保存。

二、器材

1. 玻璃匀浆管　2. 塑料盒（置冰块）　3. 解剖剪刀　4. 镊子
5. 培养皿（或解剖盘）　6. 天平　7. 称量纸　8. 滤纸

【实验材料】

小鼠。

【操作步骤】

1. 用颈椎脱臼法处死小鼠，切开腹腔，取完整肝脏，小心去掉胆囊（不要弄破），放入盛冷生理盐水的烧杯中漂洗干净。

2. 取小鼠肝组织 0.5g，在称量纸上剪碎，放入玻璃匀浆管中。

3. 按 1∶15 的比例往玻璃匀浆管中加入匀浆缓冲液（即每份样品需加预冷的提取缓冲液 7.3mL，蛋白酶抑制剂 0.2mL），手动匀浆。注意用力均匀，以免损坏匀浆管。

4. 匀浆完成后，取两支 1.5mL Eppendorf 管，各加入 1.2mL 匀浆液后，置入冷冻离心机中。

5. 于 4℃，13000r/min 离心 20min 后，小心取出上清液至 1.5mL Eppendorf 管中，上清液部分用于蛋白质含量的测定，剩余的－20℃保存用于电泳分离检测（SDS-PAGE）。

【讨论】

1. 选择适当提取液是蛋白质提取的关键，提取液的 pH 通常根据目的蛋白的等电点来确定，一般要偏离等电点。低浓度的盐溶液有促进蛋白质溶解的作用，但盐浓度过高即可能造成蛋白质的沉淀——盐析作用。

2. 蛋白质提取中最常见的问题是目的蛋白质发生变性和被蛋白酶降解，基本的防范措施是尽可能缩短提取时间和在尽可能低的温度下进行提取。为了防止蛋白酶的破坏（肝脏组织中蛋白酶含量较高，更应注意），可在提取液中加入蛋白酶抑制剂，例如加入苯甲磺酰氟（PMSF）可以抑制丝氨酸蛋白酶和某些半胱氨酸蛋白酶，胃蛋白酶抑制剂（pepstain）可抑制酸性蛋白酶,乙二胺四乙酸(EDTA)可抑制金属蛋白酶。为了防止蛋白质的巯基发生氧化,可加入一定量的还原剂如巯基乙醇、二硫苏糖醇。考虑到溶液中如存在重金属离子(如铝、铜、铁离子)可能会与蛋白质形成不溶复合物,可在溶液中加入一定浓度的 EDTA。

3. 细胞破碎后蛋白质溶解在抽提液中,通常通过离心或过滤去掉不溶性成分后的上清液体积较大,不利于以后分离,应将蛋白质溶液进行浓缩。最常用的浓缩方法是沉淀法,另外还有超滤法、冷冻干燥法等。选择适当的沉淀剂不仅可使样品浓缩,还可以达到去除核酸和部分纯化蛋白质的目的。

4. 蛋白质溶液中加入有机溶剂如丙酮、乙醚后,通过其脱水作用和减少溶剂的极性使蛋白质产生沉淀。有机溶剂沉淀蛋白质时,应预先将有机溶剂冷却到－10℃以下。加入硫酸铵到一定浓度,可使蛋白质通过盐析作用而沉淀,不同蛋白质产生沉淀时所要求的硫酸铵的饱和度不一样,因而采用分级沉淀的方法可以达到部分纯化蛋白质的目的。

5. 通过离心将沉淀的蛋白质分离出来后,往往要求重新溶解,并脱去其中的盐分和有机溶剂,可通过透析法和柱层析法达到此目的。

【注意事项】

1. 抓小鼠时千万要小心,请戴好防护手套,以防被咬和抓伤。
2. PMSF 有毒性,要防止直接接触皮肤。

实验 1-2　细菌细胞中蛋白质的提取

【基本原理】

借助超声波的振动力可将细菌或酵母菌的细胞壁或细胞器进行有效地破碎,不同的细菌或酵母菌菌体所需的超声波处理时间有所不同,一般为 5～10min,在菌体的悬液中加入石英砂可以有效地缩短时间。为了防止长时间超声波处理产生过多的热量,常采用间隙性处理和冰浴降温等方法。菌体破碎情况可以以菌液的澄清度作为指标之一,菌体细胞破碎得越多,菌液就越澄清。

【试剂与器材】

1. PBS(含 1mmol/L PMSF);
2. 超声波细胞破碎仪。

【操作步骤】

取 1mL 菌液于 1.5m Eppendorf 管内,12000r/min 离心 1min,弃上清,加 0.5mL 含 1mmol/L PMSF 的 PBS 重悬,冰上超声破碎。250W,超声 2s 间歇 3s,至菌液澄清(以菌液浑浊度的下降作为菌体破碎的标准)。也可加入少量的溶菌酶处理后再进行超声破碎处理。4℃,13000r/min 离心 20min,小心取出上清液至 1.5mL Eppendorf 管中,上清液部分用于蛋白质含量的测定,剩余的置－20℃保存用于电泳分离检测(SDS-PAGE)。

附:重组菌的构建和重组蛋白的诱导表达

质粒 DNA 黏附在细菌细胞表面,经过 42℃短时间的热刺激处理,促进细菌吸收 DNA。然后在非选择培养基中培养一代,待质粒上所带的抗生素基因表达,就可以在含抗生素的培养基中生长。

一、细菌的转化

1.事先将恒温水浴的温度调到 42℃。

2.从-70℃超低温冰柜中取出一管(100μL)*E. coli*. BL21(DE3)感受态菌,立即用手指加温熔化后插进冰内,冰浴 3~5min。

3.加进 5μL 构建好的(StxB)-pGEX-5x-1-his 重组质粒混合液(DNA 含量不超过 100ng),轻轻振荡后放置冰上 30min。

4.轻轻摇匀后插进 42℃水浴中 90s 进行热刺激,然后迅速放回冰中,静置 3~5min。

5.在超净工作台中向上述各管中分别加进 500μL LB 培养基(不含抗生素)轻轻混匀,然后固定到摇床上 37℃,150r/min 振荡 1h。

6.在超净工作台中取上述转化混合液 100~300μL,滴到含有氨苄抗生素的固体 LB 平板培养皿中,用酒精灯烧过的玻璃涂布棒涂布均匀(留意:玻璃涂布棒上的酒精熄灭后稍等片刻,待其冷却后再涂)。

7.在涂好的培养皿上做上标记,先放置在 37℃恒温培养箱中 30~60min 直到表面的液体都渗透到培养基里后,再颠倒过来放进 37℃恒温培养箱过夜。

二、蛋白的诱导表达及提取

1.取 1 支试管,加入 3mL LB 培养基。取出昨日涂的平板,用牙签或者小枪头挑取单克隆于试管中,37℃摇床 300r/min 培养过夜。

2.取第一步的菌液 50μL 加入 3mL 氨苄 LB 培养基中,37℃,300r/min 振荡培养 2~3h(OD_{600nm}达到 0.6~0.8)。

3.取出试管,于超净台内取 1mL 菌液留待后续提取蛋白作为空白对照。余下菌液中加入 IPTG 使终浓度至 1mmol/L,23℃,150r/min 诱导表达 10h。

4.10h 后取出试管,提取细菌蛋白。

(赵鲁杭)

实验二 蛋白质含量的测定

实验 2-1 Kjeldahl 定氮法测定蛋白质的浓度

【基本原理】

由于蛋白质的平均含氮量为 16%,故对样品中的蛋白质含量测定可以先通过测定样品中氮的含量,然后将测得的含氮量折算成样品中蛋白质的含量。基本原理是:被测样本与浓硫酸共热时分解产生氨,氨和硫酸结合生成硫酸铵。在此过程中需加入硫酸铜作为催化剂,加硫酸钾或硫酸钠以提高沸点;此外,过氧化氢也能加速反应。硫酸铵在强碱作用下分解产生氨。用水蒸气蒸馏法将氨收集于过量的硼酸中，然后用标准酸溶液滴定。根据所测得的含氮量，计算样品的蛋白质含量。

氧化：有机含氮物＋$H_2SO_4 \longrightarrow CO_2\uparrow + H_2O + SO_2\uparrow + NH_3\uparrow$

$2NH_3 + H_2SO_4 \longrightarrow (NH_4)_2SO_4$

蒸馏：$(NH_4)_2SO_4 + 2NaOH \longrightarrow 2NH_3 \cdot H_2O + Na_2SO_4$

$NH_3 \cdot H_2O \longrightarrow NH_3\uparrow + H_2O$

吸收：$NH_3 + H_3BO_3 \longrightarrow NH_4H_2BO_3$

滴定：$NH_4H_2BO_3 + HCl \longrightarrow NH_4Cl + H_3BO_3$

本实验采用甲基红-溴甲酚绿混合指示剂。此指示剂在 pH5 以上呈绿色，在 pH5 以下为橙红色，在 pH5 时因互补色关系呈紫灰色。

【试剂与器材】

一、试剂

1. 血清检样。
2. K_2SO_4 粉末（A. R.）。
3. 12.5% $CuSO_4$ 溶液。
4. 浓硫酸溶液（A. R.）。
5. 0.01mol/L HCl 溶液（经标定）。
6. 40% NaOH 溶液。
7. 0.3mol/L 硼酸溶液（A. R.）：应对混合指示剂呈紫灰色，如偏酸可用稀 NaOH 溶液校正。
8. 混合指示剂：取 0.2%溴甲酚绿乙醇溶液 10mL 与 0.2%甲基红乙醇溶液 3mL 混合。

二、器材

1. 100mL 凯氏烧瓶
2. 凯氏蒸馏仪
3. 玻璃珠
4. 消化架
5. 酸式滴定管
6. 碱式滴定管
7. 吸量管（0.1，1.0，5.0，10.0mL）
8. 酒精灯
9. 小漏斗
10. 三角烧瓶

【操作步骤】

一、消化

1. 取凯氏烧瓶 2 只，加入如下试剂：

1 号瓶中加入：(1)血清 0.1mL（要求精确）；(2)K_2SO_4 粉末 0.2g；(3)12.5% $CuSO_4$ 溶液 0.3mL；(4)浓硫酸溶液 1.2mL；(5)玻璃珠 1 粒（防止爆沸）。

2 号瓶中加入：(1)水 0.1mL；(2)K_2SO_4 粉末 0.2g；(3)12.5% $CuSO_4$ 溶液 0.3mL；(4)浓硫酸溶液 1.2mL；(5)玻璃珠 1 粒。

2. 将凯氏烧瓶斜夹在铁架台上，以酒精灯加热，开始有水蒸气产生，然后产生 SO_2 白烟。此时在凯氏烧瓶上加盖小漏斗，防止 SO_2 外溢过多，当溶液由棕色变为澄清的蓝绿色时，即消化完成。冷却后，用 5mL 蒸馏水冲洗瓶颈。

二、蒸馏

如图 8-2-1 安装仪器。蒸馏装置预先用铬酸洗液浸泡 1 天，用自来水冲净。蒸汽发生器中装水，加几滴硫酸成酸性。在蒸馏器冷凝管下端置一锥形瓶接水，将蒸汽发生器加热，使蒸汽通过全部装置 15～30min。然后将蒸汽发生器从电热器上取下，此时蒸汽发生器因冷却产生负压，利用此负压将蒸馏器内管中的积水回吸至外套管。开放下端管夹放出废液，然后将此管夹保持于开放状态。

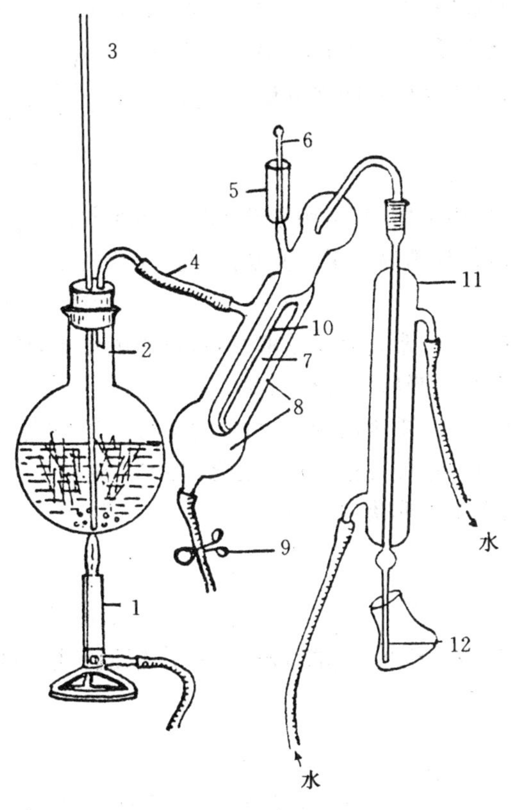

图 8-2-1　微量凯氏蒸馏装置

1. 电热器或煤气灯　2. 蒸汽发生器　3. 长玻璃管　4. 橡皮管
5. 小玻杯　6. 棒状玻塞　7. 反应室　8. 反应室外壳
9. 夹子　10. 反应室中插管　11. 冷凝管　12. 锥形瓶

1. 在 150mL 锥形瓶中加入 0.3mol/L 硼酸溶液 100mL 和混合指示剂 2 滴(溶液应呈紫灰色)，置冷凝管下端，使冷凝管口全部浸入溶液中。

2. 将消化液加入蒸馏器上的小玻杯中，轻轻提起玻塞使样品流入内管，并用少量蒸馏水冲洗凯氏烧瓶和小玻杯，冲洗液全部流入内管。

3. 向小玻杯加入 7mL 40% NaOH 溶液，塞紧小玻杯，并加一层水封口。

4. 将蒸汽发生器重置于电热器上，夹紧蒸馏器下端的废液排出管，开始蒸汽蒸馏，此时内管液体应为深蓝(氢氧化铜)或棕色(氧化铜)。

5. 从接收瓶中指示剂转为绿色开始计时，蒸馏 6min。然后将接收瓶下移使冷凝管口离开液面，继续蒸馏 2min，利用冷凝水冲洗吸入冷凝管中的溶液。最后用洗瓶冲洗冷凝管口一并洗入接收瓶中。取下接收瓶，用清洁纸片盖住。

6. 将蒸汽发生器自电热器上取下，利用负压吸出内管液体，再用蒸馏水冲洗仪器 3 次，放出废液。

7.按上述操作步骤对空白对照试样进行操作。

三、滴定

用0.01mol/L HCl标准溶液分别滴定样品和空白试样，至蓝色变为紫灰色，即达终点。

四、计算

含氮量，mgN%＝[滴定检样所用HCl溶液的体积(mL)－滴定空白试样所用HCl溶液的体积(mL)]×HCl溶液的浓度×14×100÷所用检样的体积(mL)或质量(g)

蛋白质含量，蛋白质/g%＝(mgN%－NPN)÷1000×6.25

式中，NPN为血清样品中非蛋白质的含氮量。含氮量的平均值为20mgN%～35mgN%。

【讨论】

1.凯氏法的优点是适用范围广，可用于动植物的各种组织、器官及食品等组成复杂样品的测定，只要细心操作都能得到精确结果。其缺点是操作比较复杂，含大量碱性氨基酸的蛋白质测定结果偏高。

2.普通实验室中的空气中常含有少量的氨，可以影响结果，所以操作应在单独洁净的房间中进行，并尽可能快地对硼酸吸收液进行滴定。

3.为准确消除非蛋白氮所带来的误差，可通过向样品溶液中加入三氯醋酸，使其质量分数为5%，将蛋白质沉淀出来，再取上清液进行消化，测定非蛋白氮。

总氮量＝蛋白氮量＋非蛋白氮量

（赵鲁杭）

实验2-2　Folin-酚试剂法(Lowry法)测定蛋白质的浓度

【基本原理】

1921年，Folin发明了Folin-酚试剂法测定蛋白质的浓度，反应原理是利用蛋白质分子中的酪氨酸和色氨酸残基还原酚试剂(磷钨酸-磷钼酸)生成蓝色化合物；1951年，Lowry对上述方法进行了改进，让蛋白质先与碱性铜试剂进行反应，然后再与酚试剂反应，改进后的方法可以使反应的灵敏度提高。

蛋白质中的肽键在碱性溶液中能与铜离子结合形成复杂的紫色或紫红色络合物(类似双缩脲反应)。由于蛋白质中芳香族氨基酸残基(酪氨酸)的存在，该络合物在碱性条件下进而与Folin-酚试剂形成蓝色复合物。上述呈色反应的颜色深浅在一定范围内与蛋白质含量成正比。通过与已知含量的标准蛋白质的生色结果进行比较分析，即可检测待测样品的蛋白质含量。

目前实验室常规的快速定量测定蛋白质含量方法中，以Lowry等人发展的Folin-酚法应用最为普遍。该方法的优点是：灵敏度高(比紫外吸收法灵敏度高10～20倍)，操作简单快速，不需复杂的仪器设备。

【试剂与器材】

1.碱性铜溶液

(1)试剂A：含2% Na_2CO_3，0.4% NaOH；

(2)试剂 B:含 0.5% $CuSO_4 \cdot 5H_2O$,1%柠檬酸钠;

(3)碱性铜溶液:取 50mL 的试剂 A 和 1mL 的试剂 B 混合而成,当日有效。

2. Folin-酚试剂

(1)贮存液:于 1500mL 圆底烧瓶内,加入钨酸钠($Na_2WO_4 \cdot 2H_2O$)100g,钼酸钠($Na_2MoO_4 \cdot 2H_2O$)25g,水 700mL,85%磷酸 50mL 及浓盐酸 100mL,接上回流冷凝管,以小火回流 10h。回流结束后,加入硫酸锂($Li_2SO_4 \cdot H_2O$)150g,水 50mL 及溴水数滴,敞开瓶口继续沸腾 15min,以除去过量的溴。冷却后溶液呈黄色,加水定容至 1000mL。过滤,滤液置于棕色瓶中保存于暗处。此为酚试剂贮存液。

(2)应用液:使用时将酚试剂贮存液用蒸馏水以 1∶3 稀释即可。

3. 2mg/mL 及 0.5mg/mL 牛血清白蛋白溶液:4℃保存。

4. 双蒸水。

5. 可见分光光度计。

【操作步骤】

1. 取 16mm×150mm 试管 16 支,标号,放置在试管架上,在 1~6 号试管内分别加入标准牛血清白蛋白(使用时取贮液用双蒸水稀释至 0.5mg/mL)0、0.1、0.2、0.3、0.4、0.5mL,用双蒸水补足至每管总体积 0.5mL,在 7、8 号试管内分别加入待测样品 25、50μL,并用双蒸水补足至 0.5mL(即将待测样品稀释 20 或 10 倍)。9~16 管作为平行实验管重复 1~8 管的操作并同时进行实验,取算术平均值作为检测结果。

2. 各管加入 2.5mL 新配制的碱性铜溶液,立即摇匀,在室温下放置 10min。

3. 各管加入 0.5mL Folin-酚试剂应用液,边加入边立即充分混合(用振荡混合器),然后在室温下放置 30~60min(不要超过 60min)。

4. 分别用 1 号和 9 号管作为空白对照调零,检测其余标准样品管及待测样品管在 550nm 波长处的吸光度值。

5. 根据已知含量的标准样品测得的吸光度作标准曲线,然后根据待测样品的吸光度在标准曲线上查出其蛋白质含量。根据稀释倍数计算出小鼠肝脏提取液的蛋白质含量。

实验 2-3 考马斯亮蓝法测定蛋白质的浓度

【基本原理】

考马斯亮蓝 G-250 染料,在酸性溶液中与蛋白质结合,使染料的最大吸收峰的位置,由 465nm 变为 595nm,溶液的颜色也由棕黑色变为蓝色。经研究认为,染料主要是与蛋白质中的碱性氨基酸(特别是精氨酸)和芳香族氨基酸残基相结合。在一定范围内,考马斯亮蓝 G-250-蛋白质复合物呈青色,在 595nm 下,吸光度与蛋白质含量呈线性关系,故可以用于蛋白质含量的测定。

【试剂与器材】

1. 考马斯亮蓝 G-250 染料试剂:称 100mg 考马斯亮蓝 G-250,溶于 50mL 95%乙醇后,再加入 100mL 85%磷酸,用水稀释至 1L。

2. 2mg/mL 及 0.5mg/mL 牛血清白蛋白溶液:4℃保存。

3. 双蒸水。

4. 可见分光光度计。

【操作步骤】

1. 取 16mm×150mm 试管 16 支，标号，放置在试管架上，在 1～6 号试管内分别加入标准牛血清白蛋白(使用时取贮液用双蒸水稀释至 0.5mg/mL)0、0.02、0.04、0.06、0.08、0.1mL，用双蒸水补足至每管总体积 0.1mL，在 7、8 号试管内分别加入稀释 20、10 倍的待测样品 0.1mL。9～16 管作为平行实验管重复 1～8 管的操作并同时进行实验，取算术平均值作为检测结果。

2. 每管加入考马斯亮蓝 G-250 染料试剂 3mL，摇匀，室温静置 3min。

3. 分别用 1 号和 9 号管作为空白对照调零，检测其余标准样品管及待测样品管在 595nm 处的吸光度值。

4. 根据已知含量的标准样品测得的吸光度作标准曲线，然后根据待测样品的吸光度在标准曲线上查出其蛋白质含量。根据稀释倍数计算出小鼠肝脏提取液的蛋白质含量。

实验 2-4 紫外吸收法测定蛋白质的浓度

【基本原理】

蛋白质中普遍含有酪氨酸与色氨酸，由于这两种芳香族氨基酸分子中含有大 π 键，它们在 280nm 紫外光附近有光吸收，因而使蛋白质在上述紫外光波长附近产生较强的光吸收，利用蛋白质的这一特性可对其进行含量测定。

【试剂与器材】

1. 双蒸水。

2. 紫外分光光度计。

3. 2mg/mL 及 0.5mg/mL 牛血清白蛋白溶液：4℃保存。

【操作步骤】

1. 取 16mm×150mm 试管 16 支，标号，放置在试管架上，在 1～6 号试管内分别加入标准牛血清白蛋白(2mg/mL)0、0.3、0.45、0.6、0.75、0.9mL，用双蒸水补足至每管总体积 3mL，在 7、8 号试管内分别加入稀释 100、50 倍的待测样品 3mL。9～16 管作为平行实验管重复 1～8 管的操作并同时进行实验，取算术平均值作为检测结果。

2. 分别以 1 号管和 9 号管作为空白对照调零，用紫外分光光度计于波长 280nm 处比色，记录各管的吸光度值。

3. 根据已知含量的标准样品测得的吸光度作标准曲线，然后根据待测样品的吸光度在标准曲线上查出其蛋白质含量。根据稀释倍数计算小鼠肝提取液的蛋白质含量。

实验 2-5 BCA 法测定蛋白质的浓度

【基本原理】

二喹啉甲酸(bicinchonininc acid，BCA)与硫酸铜以及其他试剂混合在一起即成为苹果绿的 BCA 工作试剂。在碱性条件下，BCA 工作试剂与蛋白质反应时，蛋白质将 Cu^{2+} 还原为 Cu^{+}，一个 Cu^{+} 螯合两个 BCA 分子，工作试剂由原来的苹果绿变成紫色复合物，最大光吸收峰在 562nm 处，颜色的深浅在一定范围内与蛋白质的浓度成正比。

BCA 法的优点是操作简便、快速，45min 内可以完成实验，比 Lowry 法快很多；试剂的稳定性好，检测灵敏度高，抗试剂的干扰能力强，不受样品中离子型和非离子型去垢剂的影响。BCA 法检测蛋白质浓度范围为 20～200μg/mL，微量 BCA 法的测定范围为 0.5～10μg/mL。现在 BCA 法的试剂盒市面有售，适用范围较为广泛。

【试剂与器材】

1. 试剂 A：1% BCA 二钠盐，2%无水碳酸钠，0.16%酒石酸钠，0.4%氢氧化钠，0.95%碳酸氢钠，混合后调 pH 至 11.25。
2. 试剂 B：4%硫酸铜。
3. BCA 工作液：试剂 A 100mL＋试剂 B 2mL，混合。
4. 2mg/mL 及 0.5mg/mL 牛血清白蛋白溶液：4℃保存。
5. 可见分光光度计。
6. 恒温水浴箱。
7. 移液器、试管、枪头等。

【操作步骤】

1. 取 16mm×150mm 试管 8 支，标号，放置在试管架上，在 1～6 号试管内分别加入标准牛血清白蛋白(使用时取贮液用双蒸水稀释至 0.5mg/mL)0、60、120、180、240、300μL，用双蒸水补足至每管总体积 300μL，在 7、8 号试管内分别加入待测样品 25、50μL，并用双蒸水补足至 300μL。如需要可考虑做重复管，取算术平均值作为检测结果。
2. 各管加入 BCA 工作试剂 2mL，混匀，37℃水浴 30min，冷却至室温。
3. 以 1 号管作为空白对照调零，562nm 检测各管的吸光度值。
4. 根据已知含量的标准样品测得的吸光度作标准曲线，然后根据待测样品的吸光度在标准曲线上查出其蛋白质含量。根据稀释倍数计算出小鼠肝脏提取液的蛋白质含量。

【讨论】

1. Lowry 法的优缺点：①适合测定 1～300μg/mL 浓度范围的蛋白质溶液，样品中不应含有铜螯合剂如 EDTA，否则干扰实验结果。②由于磷钼酸-磷钨酸试剂(Folin-酚试剂)仅在酸性条件下稳定，而蛋白质的显色反应只在 pH10 时才发生，因此当该试剂加入后应当立即充分混匀，以便在磷钼酸、磷钨酸试剂被破坏之前与蛋白质发生显色反应，这对于结果的重现性非常重要。③每测一次未知样品，最好同时做一次已知样品的标准曲线。为保证实验的精确性，标准样品和待测样品宜做双份或三份平行实验。④如果所用溶液或样品含有带“$—CO—NH_2$”、“$—CH_2—NH_2$”、“$—CS—NH_2$”基团的化合物，或者溶液或样品中含有氨基酸、Tris、蔗糖、核酸、硫酸铵、巯基及酚类化合物时，会给本方法的测定带来干扰。

2. 考马斯亮蓝法的优缺点：①操作简便、快速，约于 2min 内完成染料与蛋白质的结合，所现颜色至少在 1h 内是稳定的；检测灵敏；重复性好。②与改良 Lowry 法相比，干扰物质较少；当样品中存在较大量的十二烷基磺酸钠(SDS)、TritonX-100 等去垢剂时，显色反应会受到干扰。如样品缓冲液呈强碱性时也会影响显色，故必须预先处理样品。③考马斯亮蓝 G-250 染液不宜久存，以 1～2 月为宜。④微量法测定蛋白质含量范围为 1～10μg/mL；常量法测定时以检测范围 10～100μg/mL 为宜。

3.紫外光吸收法测定蛋白质含量的优缺点：优点是简捷和方便，但由于不同蛋白质中酪氨酸与色氨酸含量存在差别，而且样品中混杂的核酸类物质会造成干扰，因而在实际测定中要根据实际情况采用不同的计算方法对实验数据进行处理，以期减少测定误差。为增加普通紫外吸收法测定蛋白质含量的准确性，可选择与待测样品性质接近的蛋白质作为标准蛋白质，准确称量并校正含量后，测定不同浓度下的光吸收值，然后绘成标准曲线，再根据待测样品在相同条件下测出的光吸收值在标准曲线上定出其含量。测量中蛋白质的浓度在 20～100μg/mL范围内，光吸收值在 0.05～1.00 范围内，标准曲线的线性关系较好。

【注意事项】

使用过考马斯亮蓝染液的比色杯较难清洗，如用通常方法清洗后尚留有染料，需用乙醇脱色后再清洗。

（赵鲁杭）

实验三　蛋白质的电泳分离

实验 3-1　聚丙烯酰胺凝胶电泳分离蛋白质

【基本原理】

以聚丙烯酰胺凝胶为支持物的电泳方法称为聚丙烯酰胺凝胶电泳（polyacrylamide gel electrophoresis，PAGE）。它是在淀粉凝胶电泳的基础上发展起来的。Davis 和 Ornstein 于 1959 年报道了聚丙烯酰胺凝胶盘状电泳法，并用该法成功地对人血清蛋白进行了分离。聚丙烯酰胺凝胶是一种人工合成的凝胶，具有机械强度好、弹性大、透明、化学稳定性高、无电渗作用、设备简单、样品用量小（1～100μg）、分辨率高等优点，并可通过控制单体浓度或与交联剂的比例聚合成不同孔径大小的凝胶。可用于蛋白质、核酸等分子大小不同的物质的分离、定性和定量分析；还可结合解离剂十二烷基硫酸钠（SDS）以测定蛋白质亚基的相对分子质量。

聚丙烯酰胺凝胶是由丙烯酰胺（acrylamide，Acr）与交联剂亚甲基双丙烯酰胺（*N*，*N*′-methylene bis acrylamide，Bis）在催化剂作用下，经过聚合交联形成含有亲水性酰胺基侧链的脂肪族长链，相邻的两个链通过亚甲基桥交联起来的三维网状结构的凝胶。

聚丙烯酰胺凝胶的聚合体系有两种：

（1）化学聚合：通常采用过硫酸铵（ammonium persulfate，AP）为催化剂，四甲基乙二胺（*N*，*N*，*N*′，*N*′-tetramethyl ethylenediamine，TEMED）为加速剂。在 TEMED 的作用下，过硫酸铵形成自由基 $SO_4\cdot$，后者可使丙烯酰胺单体的双键打开、活化形成自由基丙烯酰胺，从而引发聚合反应。

（2）光聚合：通常采用核黄素作催化剂，核黄素在光照下光解成无色基，后者再被氧化成自由基而引发聚合反应。光聚合的凝胶孔径较大，而且随时间延长而逐渐变小，不太稳定。化学聚合的凝胶孔径较小，且各次制备的重复性好。故一般采用化学聚合。

决定凝胶孔径大小的主要因素是凝胶的浓度，例如7.5%的凝胶孔径平均为5nm，30%的凝胶孔径为2nm左右。但交联剂对电泳泳动率亦有影响，交联剂质量占总单体质量的百分比愈大，则电泳泳动率愈小。为了使实验的重复性较高，在制备凝胶时对交联剂的浓度、交联剂与丙烯酰胺的比例、催化剂的浓度、聚胶所需时间这些影响泳动率的因素都应尽可能保持恒定。常用的所谓标准凝胶是指浓度为7.5%的凝胶，大多数生物体内的蛋白质在此凝胶中电泳都能得到较好的结果。当分析一个未知样品时，常先用7.5%的标准凝胶或用4%～10%的凝胶梯度来测试，选出适宜的凝胶浓度。表8-2-1显示的是相对分子质量与凝胶孔径的相互关系。

表8-2-1　相对分子质量与凝胶孔径的相互关系

相对分子质量范围	凝胶浓度/%
蛋白质	
<10000	20～30
10000～40000	15～20
40000～100000	10～15
100000～500000	5～10
>500000	2～5
核酸	
<10000	15～20
10000～100000	5～10
100000～2000000	2～2.6

选择缓冲系统时主要从pH范围、离子种类和离子强度来考虑。选择的pH值应使蛋白质分子处于最大电荷状态，使样品中各种蛋白质分子表现出的泳动率差别最大。酸性蛋白质在高pH条件下，碱性蛋白质在低pH条件下常得到较好的解离，电泳分离的效果较好。若蛋白质样品经电泳后还希望保留生物活性，则pH值不应过大或过小(大于9或小于4)。在考虑离子种类和离子强度时，原则上只要有导电离子存在的任何溶剂就能用于电泳，常选用0.01～0.1mol/L低离子强度的缓冲溶液。

不连续聚丙烯酰胺凝胶电泳有三种效应：浓缩效应、电荷效应和分子筛效应。浓缩效应在浓缩胶中进行；分子筛效应在分离胶中进行；电荷效应在浓缩胶和分离胶中都存在。

(1)浓缩效应：浓缩胶由于凝胶浓度较低，故为大孔径胶(Tris-HCl缓冲液、pH值为6.7左右)；分离胶凝胶浓度较大，为小孔径胶(Tris-HCl缓冲液、pH值为8.9左右)，电泳缓冲液为Tris-甘氨酸缓冲液，pH值为8.3。在这样的电泳系统中，凝胶的孔径、pH值、缓冲液离子成分都是有所不同的，故为不连续电泳。在浓缩胶的环境中，HCl完全解离为Cl^-，甘氨酸极少解离为甘氨酸负离子(pI值为5.97)，一般蛋白质也解离为蛋白质负离子。当电泳系统通电后，三种负离子均向正极移动，根据移动速率的快慢分为快离子(Cl^-)和慢离子(甘氨酸负离子)，蛋白质负离子移动速率居中。在快、慢离子之间的蛋白质由于相对分子质量较大，所带离子数相对较少，故在快慢离子之间的区域为低电导区，而为了维持整个系统的电流，在低电导区势必成为高电压区，由于各种蛋白质所带的电荷不同，泳动速率也不同，于是各种不同的蛋白质离子在高电压区中分别被压缩成狭窄的区带。这种浓缩效应可使蛋白质浓缩数百倍。

(2)分子筛效应：当被浓缩的蛋白质样品从浓缩胶进入分离胶时，pH值和凝胶的孔径都发生了变化，分离胶凝胶的pH值为8.9左右(电泳时实际测量为9.5)，接近甘氨酸的pK_a值

(9.7～9.8),甘氨酸的解离大大增加,有效泳动速率也大大增加,迅速超过蛋白质,这样高电压区就不存在了。由于分离胶的凝胶孔径较小,各种蛋白质根据其表面电荷多少、相对分子质量大小和分子构象的不同,在分离胶中所受的阻力不同而进行分离,表现为分子筛效应。

(3)电荷效应:在整个电泳系统中,电荷效应始终是促使蛋白质样品移动的主要因素,电荷效应在浓缩胶和分离胶中都存在。

本实验以聚丙烯酰胺凝胶作为电泳支持物分离血清蛋白质。血清蛋白质在聚丙烯酰胺凝胶电泳上可分出12～25个组分。

【试剂与器材】

一、试剂

1.分离胶缓冲溶液:称取三羟甲基氨基甲烷(Tris)36.3g,加入1mol/L HCl溶液48.0mL,再加蒸馏水到100mL,pH=8.9。可在4℃冰箱内保存数月。

2.单体交联剂:称取丙烯酰胺30.0g,亚甲基双丙烯酰胺0.8g,加蒸馏水至100mL。

3.催化剂:10%过硫酸铵溶液。称取过硫酸铵1g,加水至10mL(临用前配制)。

4.2%四甲基乙二胺(TEMED)。

5.浓缩胶缓冲溶液:称取三羟甲基氨基甲烷(Tris)6.0g,加1mol/L HCl溶液48.0mL,加蒸馏水到100mL,pH=6.7。

6.电极缓冲溶液:称取甘氨酸28.8g及三羟甲基氨基甲烷(Tris)6.0g,分别溶解后加蒸馏水到100mL,pH=8.3。应用时稀释10倍。

7.固定液:50%三氯醋酸溶液。称取三氯醋酸50g溶于100mL水中。

8.染色液:称取考马斯亮蓝R-250 0.5g,溶于90mL乙醇中,加冰醋酸10mL,使用时用蒸馏水稀释2倍。

9.浸洗、保存液:7%冰醋酸。

10.样品稀释液:浓缩胶(或分离胶)缓冲溶液25mL,加蔗糖10g及0.05%溴酚蓝5mL,最后加水至100mL。

二、器材

1.垂直板状电泳装置(图8-2-2)

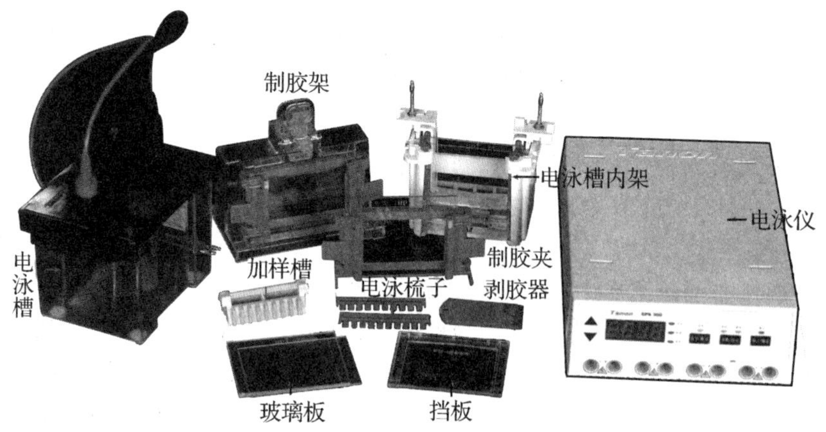

图8-2-2 垂直板状电泳装置及电泳仪

2.电泳仪(电压范围500V)

3.移液器及加样枪头

【操作步骤】

一、安装垂直板型电泳装置

1.将玻璃板用蒸馏水洗净晾干。

2.把玻璃板在灌胶支架上固定好。固定玻璃板时,两边用力一定要均匀,防止夹坏玻璃板。

二、凝胶的制备

1.分离胶的制备:在一个干净的小烧杯中,按表8-2-2所列的试剂用量配制。由于凝胶聚合时间受温度的影响,应根据室温来调节TEMED的加入量。

表8-2-2　7.5%分离胶和3%浓缩胶凝胶溶液配制表

试剂	分离胶/mL	浓缩胶/mL
分离胶缓冲液	2.5	
单体交联剂	2.5	0.5
浓缩胶缓冲液	—	1.25
蒸馏水	4.5	3.0
催化剂:过硫酸铵	0.05	0.05
加速剂:TEMED(2%)	0.5	0.25
总体积(mL)	10.0	5.0
凝胶浓度(%)	7.5	3

将所配制的分离胶溶液沿着长玻璃片的内侧面用1mL的移液器加至长、短玻璃片的窄缝内,加胶高度距样品槽模板上缘约1cm。用滴管沿玻璃片内壁加一层蒸馏水(用于隔绝空气,使胶面平整)。约30~60min后凝胶完全聚合,倒出分离胶胶面的水封层,并用无毛边的滤纸条吸去残留的液体。凝胶配制过程要迅速,加速剂TEMED要在注胶前再加入,否则会提前凝结无法注胶。注胶过程中要避免产生气泡。

2.浓缩胶的制备:在另一个干净的小烧杯中,按表8-2-2配制浓缩胶,应根据室温来调节TEMED的加入量。混匀后将凝胶溶液加到已聚合的分离胶上方,直至距短玻璃片上缘0.5cm处,轻轻将“梳子”插入浓缩胶液内(插入“梳子”的目的是使胶液聚合后,在凝胶顶部形成数个相互隔开的凹槽)。约30min后凝胶聚合,小心拔去“梳子”,用窄条滤纸吸去样品凹槽内多余的水分。

三、样品配制

取正常人血清0.1mL,加入样品稀释液1.9mL,内含0.0025%的溴酚蓝为示踪染料。

四、上样

将电极缓冲溶液倒入内、外槽中,缓冲液应没过短玻璃板。用加样枪头加入制备的血清样品,加样体积为10~20μL。由于样品溶解液中含有比重较大的甘油,故样品溶液会自动沉降在凝胶表面形成样品层。

五、电泳

将上槽接负极,下槽接正极,打开电源,开始时将电流控制在15~20mA(或电压60~80V),待样品进入分离胶后,改为30~50mA(或150V左右)。待蓝色染料迁移至下端约1~

1.5cm 时，停止电泳，约需 1～2h。

六、剥胶和染色

将电泳槽中的凝胶板取出，剥胶，凝胶置于染色液中染色 0.5～2h。

七、脱色

染色完毕，倾出染色液，加入脱色液。20～30min 换一次脱色液，2～3 次后可初步观察电泳条带，然后脱色过夜，直至背景清晰。

【讨论】

1. 制备凝胶应选用分析纯的丙烯酰胺和亚甲基双丙烯酰胺，两者均为白色结晶物质。如试剂不纯，则需进一步纯化，否则会影响凝胶聚合和电泳效果。纯化方法如下：

(1)丙烯酰胺的重结晶：将丙烯酰胺溶于 50℃氯仿中(70g/L)，溶解后趁热过滤。将滤液冷却至室温，置－20℃冰箱中过夜(有白色晶体析出)，用预冷的布氏漏斗过滤回收晶体。再用预冷的氯仿淋洗几次，真空干燥(纯化的 Acr 水溶液的 pH 值是 4.9～5.2，只要其 pH 值变化不大于 0.4pH 单位，就可使用)。

(2)亚甲基双丙烯酰胺的重结晶：12g Bis 溶于 40～50℃的 1L 丙酮中，趁热过滤，将滤液慢慢冷却至室温，置－20℃冰箱中过夜，过滤收集晶体。用预冷丙酮洗涤数次后，真空干燥。

2. Acr 和 Bis 的固体应避光贮存于棕色瓶中，保持干燥与较低温度(4℃)。Acr 和 Bis 的贮液也应贮存于棕色瓶中，置于冰箱(4℃)中以减少水解，但也只能贮存 1～2 个月。可通过测 pH 值(4.9～5.2)来检查是否失效。当 pH 值改变大于 0.4pH 单位时，则不能使用，因在偏酸或偏碱的环境中，它们可不断水解放出丙烯酸和 NH_3、NH_4^+ 而引起 pH 值改变，从而影响凝胶聚合。

3. Acr 和 Bis 是神经性毒剂，同时对皮肤有刺激作用，实验表明对小鼠半致死剂量为 170mg/kg，应注意避免直接接触(聚丙烯酰胺凝胶无毒，除非凝胶中含有未聚合的单体)。大量操作(如纯化)时可在通风橱内进行。

4. TEMED 原液应密闭贮存于 4℃的冰箱中；过硫酸铵易吸潮，固体过硫酸铵应密闭干燥，其溶液最好当天配制。应用已潮解的过硫酸铵将严重影响凝胶聚合。

5. 凝胶聚合时间与温度有关，温度过低则聚合时间延长，聚胶的最佳温度为 20～25℃。

6. 样品的盐浓度(离子强度)不能太高，否则电导太大，会降低浓缩效应，甚至使样品泳动缓慢。对含高盐浓度的样品应在电泳前先透析去盐。

7. 样品液中的沉淀和混浊等物质必须除去，否则会堵塞凝胶筛孔，影响分离。

(赵鲁杭、丁倩)

实验 3-2 SDS-PAGE 法测定蛋白质相对分子质量

【基本原理】

视频 1

聚丙烯酰胺凝胶电泳具有较高分辨率，用它分离、检测蛋白质混合样品，主要是根据各蛋白质组分的分子大小和形状以及所带净电荷多少等因素所造成的电泳迁移率的差别。1967 年，Shapiro 等人发现，在聚丙烯酰胺凝胶中加入十二烷基磺酸钠(sodium dodecylsulfate，SDS)后，与 SDS 结合的蛋白质带有一致的负电荷，电泳时其迁移速率主要取决于它的 M_r(相对分子质量),而与所带电荷和形状无关。当蛋白质的 M_r 在 15000～200000 之间时,蛋白质的 M_r 与电泳迁移率间的关系可用下式表示:$\lg M_r = K - bm$,式中,M_r 为蛋白质的相对分子质量;m 为迁移率;b 为斜率;K 为截距。在条件一定时,b 和 K 均为常数。将已知相对分子质量的标准蛋白质的迁移率对 M_r 的对数作图,可得到一条标准曲线(图 8-2-3)。将未知相对分子质量的蛋白质样品,在相同的条件下进行电泳,根据它的电泳迁移率可在标准曲线上查得它的相对分子质量。

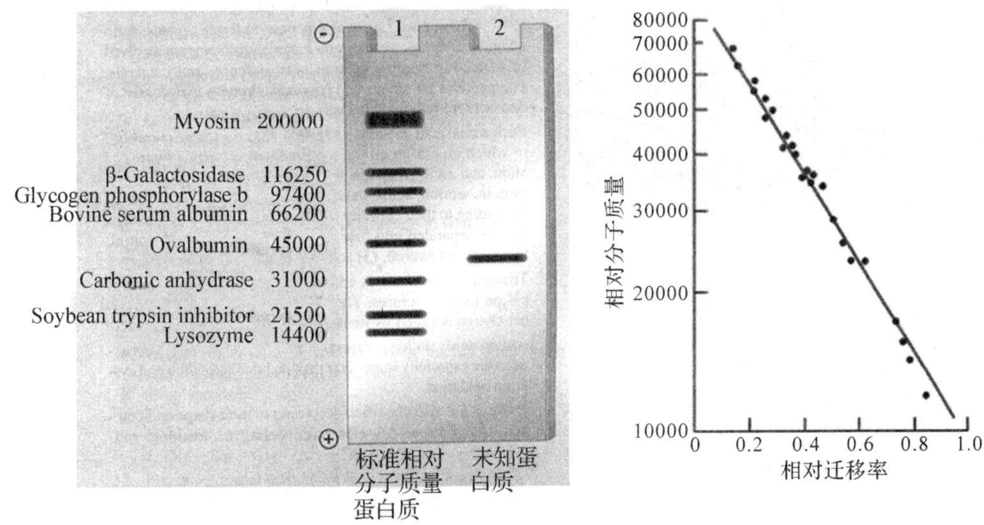

图 8-2-3　SDS-PAGE 图谱(左)和相对分子质量对数曲线(右)

SDS 是一种阴离子型去污剂,在蛋白质溶解液中加入 SDS 和巯基乙醇后,巯基乙醇可使蛋白质分子中的二硫键还原;SDS 能使蛋白质的非共价键(氢键、疏水键、离子键)打开,并结合到蛋白质分子上(在一定条件下,大多数蛋白质与 SDS 的结合比为 1.4g SDS/g 蛋白质),形成蛋白质- SDS 复合物。由于 SDS 带有大量负电荷,当它与蛋白质结合时,所带的负电荷的量大大超过蛋白质分子原有的电荷量,因而掩盖了不同种类蛋白质间原有的电荷差异。

SDS 与蛋白质结合后,还引起了蛋白质构象的改变。蛋白质-SDS 复合物的流体力学和光学性质表明,它们在水溶液中的形状,近似于雪茄烟形的长椭圆棒。不同蛋白质的 SDS 复合物的短轴长度都一样,而长轴则随蛋白质相对分子质量的大小成正比地变化。这样的蛋白质-SDS 复合物在凝胶中的迁移率,不再受蛋白质原有电荷和形状的影响,而只与椭圆棒的长度,也就是蛋白质相对分子质量的函数有关(图 8-2-4)。

SDS-PAGE 缓冲系统有连续系统和不连续系统。不连续 SDS-PAGE 缓冲系统有较好的浓缩效应,近年趋向用不连续 SDS-PAGE 缓冲系统。按所制成的凝胶形状又有垂直板型电泳和垂直柱型电泳。本实验采用 SDS-PAGE 不连续系统垂直板型凝胶电泳测定蛋白质的相对分子质量。

GAPDH(甘油醛-3-磷酸脱氢酶)是细胞内糖酵解途径的一种关键酶,由 4 个亚基组成,每个亚基的相对分子质量约为 37kDa(总的相对分子质量为 146kDa),GAPDH 基因几乎在所有组织细胞中都稳定地高水平表达,故常作为分子内参,用于检测其他蛋白质表达的相对量。

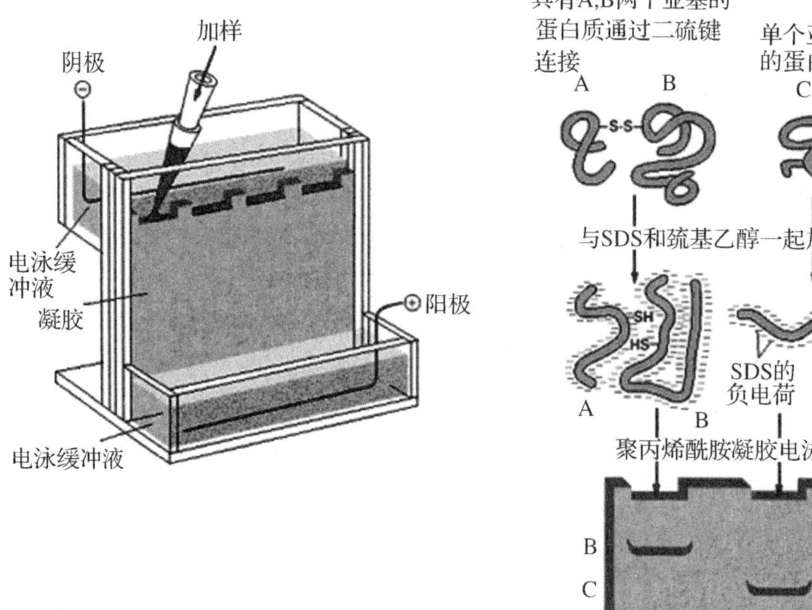

图 8-2-4　SDS-PAGE 电泳示意图

【试剂与器材】

一、试剂

1. 标准蛋白质纯品：根据待测蛋白质的相对分子质量大小，选择一些已知相对分子质量的蛋白质纯品作为参照。

2. 2%(V/V)TEMED 溶液：取 2mL TEMED，加蒸馏水至 100mL，置于棕色瓶中，在 4℃ 冰箱中保存。

3. 10%(W/V)过硫酸铵溶液：取过硫酸铵 1g，溶解于 10mL 蒸馏水中。最好当天配制。

4. 蛋白质样品溶解液：首先配制样品缓冲液(0.05mol/L，pH8.0 Tris-HCl)：称取 Tris 0.61g，加入 50mL 蒸馏水使之溶解，再加入 3mL 1mol/L HCl 溶液，混匀后在 pH 计上调 pH 至 8.0，最后加蒸馏水定容至 100mL。然后取样品缓冲液(0.05mol/L，pH8.0 Tris-HCl) 2mL，SDS 100mg，巯基乙醇 0.1mL，甘油 1.0mL，溴酚蓝 2mg，加蒸馏水至总体积 10mL。

5. 分离胶缓冲溶液(3mol/L Tris-HCl 缓冲液，pH8.8)：Tris 36.3g，加 50mL 去离子水，缓慢地加浓盐酸调 pH 至 8.8；加去离子水定容至 100mL。可在 4℃ 存放数月。

6. 浓缩胶缓冲溶液(0.75mol/L Tris-HCl 缓冲液，pH6.8)：Tris 9.08g，加 50mL 去离子水，缓慢地加浓盐酸至 pH6.8；加去离子水定容至 100mL。可在 4℃ 存放数月。

7. 凝胶贮液：丙烯酰胺(Acr)和亚甲基双丙烯酰胺(Bis)是中枢神经毒物，应注意避免直接接触，操作时应戴手套，大剂量配制时需在通风柜中操作。取 29.0g 丙烯酰胺，1.0g 亚甲基双丙烯酰胺，加去离子水至 100mL，缓慢搅拌直至丙烯酰胺粉末完全溶解，过滤后装在棕色瓶中，可在4℃存放数月。

8.10% SDS溶液。

9.电极缓冲溶液：SDS 1g，Tris 6g，甘氨酸28.8g，加蒸馏水至1000mL，pH=8.3。

10.染色液：1.25g考马斯亮蓝R-250，加454mL 50%甲醇溶液和46mL冰醋酸，混匀。

11.脱色液：取冰醋酸75mL，甲醇50mL，加蒸馏水875mL。

二、器材

1.垂直板型电泳装置

2.直流稳压电源(电压300～600V，电流50～100mA)

3.50或100μL的微量注射器

4.TS-1型脱色摇床

5.小烧杯

【操作步骤】

一、安装垂直板型电泳装置

1.将玻璃板用蒸馏水洗净晾干。

2.把玻璃板在灌胶支架上固定好。固定玻璃板时，两边用力一定要均匀，防止夹坏玻璃板。

二、凝胶的制备

1.分离胶的制备：在一个干净的小烧杯中，按表8-2-3所列的试剂用量配制。由于凝胶聚合时间受温度的影响，应根据室温来调节TEMED的加入量。

表8-2-3 12% SDS-聚丙烯酰胺凝胶分离胶配制用量表(10mL)

1.30% stock acrylamide(凝胶贮液)	4.0mL
2.3mol/L Tris-HCl缓冲液，pH8.8(分离胶缓冲液)	1.25mL
3.10% SDS	0.1mL
4.ddH$_2$O	4.0mL
5.10% Ammonium persulfate(过硫酸铵)	0.05mL
6.2% TEMED	0.6mL

将所配制的凝胶液沿着长玻璃片的内侧面用1mL的移液器加至长、短玻璃片的窄缝内，加胶高度距样品槽模板上缘约1cm。用滴管沿玻璃片内壁加一层蒸馏水(用于隔绝空气，使胶面平整)。约30～60min后凝胶完全聚合，用滴管吸去分离胶胶面的水封层，并用无毛边的滤纸条吸去残留的液体。凝胶配制过程要迅速，加速剂TEMED要在注胶前再加入，否则会提前凝结无法注胶。注胶过程中要避免产生气泡。

2.浓缩胶的制备：在另一个干净的小烧杯中，按表8-2-4配制浓缩胶，应根据室温来调节TEMED的加入量。混匀后将凝胶溶液加到已聚合的分离胶上方，直至距短玻璃片上缘0.5cm处，轻轻将“梳子”插入浓缩胶内(插入“梳子”的目的是使胶液聚合后，在凝胶顶部形成数个相互隔开的凹槽)。约30min后凝胶聚合，小心拔去“梳子”，用窄条滤纸吸去样品凹槽内多余的水分。

表 8-2-4 4.5% SDS-聚丙烯酰胺凝胶浓缩胶配制用量表(5mL)

1. 30% stock acrylamide(凝胶贮液)	0.75mL
2. 0.75mol/L Tris-HCl 缓冲液,pH6.8(浓缩胶缓冲液)	0.83mL
3. 10% SDS	0.1mL
4. ddH_2O	3.0mL
5. 10% Ammonium persulfate(过硫酸铵)	0.02mL
6. 2% TEMED	0.3mL

三、蛋白质样品的处理

1. 标准蛋白质样品的处理:称标准蛋白质混合样品 1mg 左右,转移至带塞的小试管中,按 1.0～1.5g/L 溶液比例,向样品中加入“样品溶解液”,溶解后轻轻盖上盖子(不要盖紧,以免加热时迸出),在 100℃沸水浴中保温 2～3min,取出冷至室温。如处理好的样品暂时不用,可放在－20℃冰箱保存较长时间。使用前在 100℃水中加热 3min,以除去可能出现的亚稳态聚合物。

2. 小鼠肝脏提取蛋白质样品的处理:待测样品溶液浓度控制在 16～50mg/mL,取 0.1mL 与“2×样品溶解液”等体积混匀,然后同上沸水浴加热。如待测液太稀可事先浓缩,若含盐量太高则需先透析。

四、加样

将 pH8.3 的电极缓冲溶液倒入上、下贮槽中,应没过短玻璃片。在同一块凝胶上两组分别用微量注射器在样品凹槽内加入 2～3 个提取的蛋白质样本和混合标准蛋白质样本,两组之间间隔 1～2 个泳道,一般加样体积为 10～20μL。由于样品溶解液中含有比重较大的甘油,故样品溶液会自动沉降在凝胶表面形成样品层。

五、电泳

将上槽接负极,下槽接正极,打开电源,开始时将电流控制在 15～20mA(或 60～80V),待样品进入分离胶后,改为 30～50mA(或 150V 左右)。待蓝色染料迁移至下端约 1～1.5cm 时,停止电泳,约需 1～2h。

六、剥胶和染色

将一个电泳槽中的两块凝胶板取出,其中一块凝胶板中的凝胶用于染色,将凝胶放入一大培养皿内,加入染色液,染色 1h。另一块凝胶板中的凝胶用于转膜(Western blotting)。

七、脱色

染色完毕,倾出染色液,加入脱色液。20～30min 换一次脱色液,2～3 次后可初步观察电泳条带,然后脱色过夜,直至背景清晰。

八、M_r 的计算

通常以相对迁移率(m_r)来表示迁移率。相对迁移率的计算方法如下:

相对迁移率(m_r)＝样品迁移距离(cm)/染料迁移距离(cm)

以标准蛋白质相对分子质量的对数对相对迁移率作图,得到标准曲线。根据待测样品的相对迁移率,从标准曲线上查出其相对分子质量(见图 8-2-3)。

【讨论】

1. SDS 与蛋白质的结合按质量成比例(SDS∶蛋白质＝1.4g∶1g),如果比例不当,就不能得到准确的数据。

2.用 SDS-聚丙烯酰胺凝胶电泳法测定蛋白质相对分子质量时，必须同时作标准曲线，不能利用这次的标准曲线供下次用。

3.有些由亚基或两条以上肽链组成的蛋白质，它们在巯基乙醇和 SDS 的作用下解离成亚基或单条肽链。因此，对于这一类蛋白质，SDS-聚丙烯酰胺凝胶电泳法测定的只是它们的亚基或者单条肽链的相对分子质量。须用其他方法测定其总的 M_r 及分子中肽链的数目。

4.电荷异常或结构异常的蛋白质（如组蛋白）以及带有较大辅基的蛋白质（如糖蛋白）等测出的相对分子质量不太可靠。因此要确定某种蛋白质的相对分子质量，最好用两种测定方法互相验证。

5.凝胶浓度的选择：根据待测样品估计的相对分子质量，选择凝胶浓度。M_r 在 25000～200000 的蛋白质选用终浓度为 5%的凝胶；M_r 在 10000～70000 的蛋白质选用 15%的凝胶；在此范围内样品的相对分子质量的对数与迁移率呈直线关系。

6.氧气会与被激活的单体自由基作用，从而抑制聚合过程，因此在加激活剂前对单体溶液最好用真空泵或水泵抽气。

7.灌入凝胶时不能有气泡，以免影响电泳时电流的通过。

8.凝胶聚合时间与温度有关，温度过低则聚合时间延长，聚胶的最佳温度为 20～25℃。凝胶聚合后，最好放置 30min 至 1h，使其充分“老化”后才能轻轻取出样品槽模板，切勿破坏加样凹槽底部的平整，以免电泳后区带扭曲。

【注意事项】

丙烯酰胺（Acr）和亚甲基双丙烯酰胺（Bis）是中枢神经毒物，应注意避免直接接触，操作时应戴手套，大剂量配制时需在通风柜中操作。

（赵鲁杭）

实验四　蛋白质印迹技术

【基本原理】

视频 2

蛋白质印迹技术又称免疫印迹技术和 Western 印迹技术（Western blot），是鉴别蛋白质的分子杂交技术。Western blot 的原理是将经过 SDS-PAGE 分离的蛋白质样品转移到固相载体（例如硝酸纤维素薄膜、尼龙膜或 PVDF 膜）上，固相载体以非共价键形式吸附蛋白质，且能保持电泳分离的蛋白质的相对位置不变（转膜装置和预染的标准相对分子质量蛋白的转膜结果见图 8-2-5～图 8-2-7）。以固相载体上的蛋白质或多肽作为抗原，与对应的未标记的一抗起免疫反应，再与酶或同位素标记的二抗反应，经过底物显色、化学发光或放射自显影，可以检测电泳分离的某种特定蛋白成分的存在和含量。该技术也广泛应用于检测某种蛋白的表达水平。

Western blot 实验过程主要有以下几个步骤：

1.SDS-PAGE 分离待检测的蛋白质；

2.转膜：将 SDS-PAGE 分离的蛋白质转移到膜上；

3.封闭：即利用非反应活性物质分子封闭固相载体膜上未吸附结合蛋白质的区域；

4.抗体结合：即利用相应蛋白质的抗体（一抗）与待测蛋白质进行免疫结合，再与酶或同位素标记的第二抗体起反应；

5. 底物显色或放射自显影检测电泳分离的特异性目的蛋白的存在与否和含量。

Western blot 的转膜方式以电转移最为常用，固相载体主要有：硝酸纤维素薄膜、尼龙膜和聚偏二氟乙烯膜（PVDF 膜）。硝酸纤维素薄膜结合蛋白的能力为 100μg/cm²，综合性能较好，以往使用的人较多；尼龙膜结合蛋白质的能力较强（480μg/cm²），有很高的灵敏度，但结合背景较高；PVDF 膜具有较好的结合蛋白质的能力（200μg/cm²），且能较牢固地结合蛋白质，该膜的机械性能和化学特性强，不易卷曲或撕裂，在 90% 甲醇的脱色条件下也不会影响膜的结构，结合在膜上的蛋白质可以直接进行序列分析，具有较好的染色和检测的兼容性。

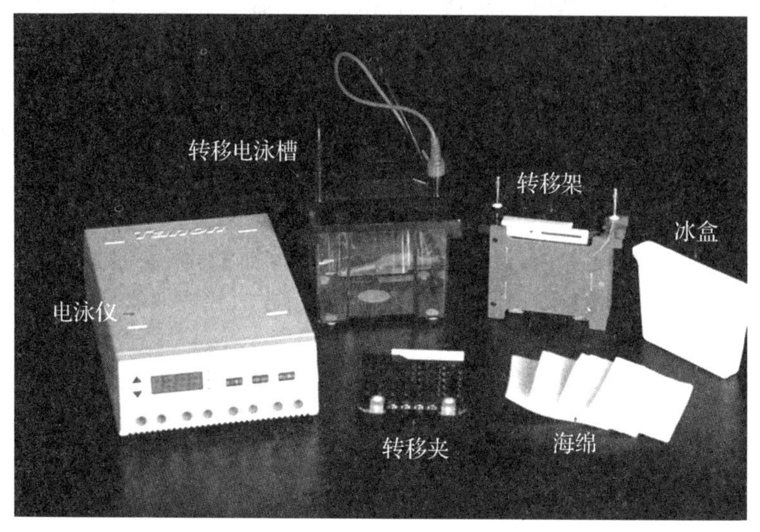

图 8-2-5　Western blot 电转移装置图

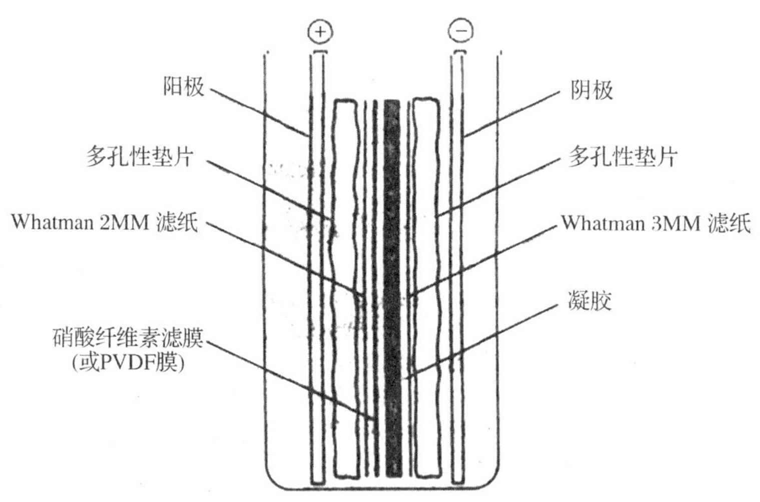

图 8-2-6　电转移结构图

常用的二抗标记物有辣根过氧化物酶（HRP）、碱性磷酸酶（AP）等，辣根过氧化物酶最敏感的底物是 3,3′-二氨基联苯胺，它在过氧化物酶所在部位被反应转变成棕色沉淀。在钴或镍离子存在下进行反应可以加深沉淀的颜色并提高反应的灵敏度。但是，使用辣根过氧化物酶不可能完全排除背景颜色，因此须十分小心地观察生色反应，一旦特异性染色蛋白带清晰可见，就应尽快终止生色反应。碱性磷酸酶可催化底物 5-溴-4-氯-3-引哚磷酸/氮蓝四唑(BCIP/NBT)在原位转变为深蓝色化合物。这是利用二抗标记物进行的显色反应，是最早的 Western blot 检测方法，现在主要用于免疫组化，在显微镜下观察。该方法的灵敏度相对较低，可以检测 ng 水平的目标蛋白。

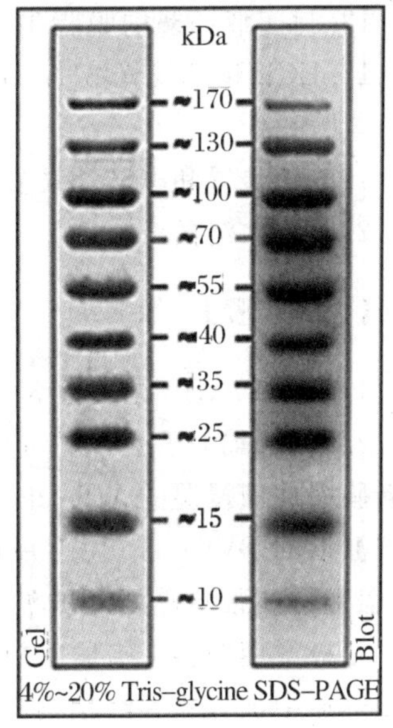

图 8-2-7　预染的标准相对分子质量蛋白的转膜结果

ECL 化学发光检测试剂是基于 Luminol 的新一代增强型化学发光底物试剂，它由辣根过氧化物酶(HRP)催化发生化学反应，发出荧光，结果可以通过 X 光片压片和其他显影技术展现，或使用 Luminometer 检测。溶液 A 主要成分为 Luminol 及特制发光增强剂，溶液 B 主要成分为 H_2O_2 及特殊稳定剂。

发光液 A 和 B 在 HRP 的催化作用下 Luminol 与 H_2O_2 反应生成一种过氧化物，过氧化物不稳定随即分解，形成一种能发光的电子激发中间体，当后者由激发态返回至基态，就会产生荧光。在激发过程中不需要消耗 HRP，HRP 只是起催化作用，所以只要 HRP 没有降解失活，是可以重复加发光液进行观察的。ECL 化学发光检测灵敏度较高，可以检测 pg 水平的目标蛋白。

【试剂与器材】

一、试剂

1. 凝胶贮液：29% Acr+1% Bis。

2. 10% SDS 溶液。

3. 10%过硫酸铵溶液

4. 四甲基乙二胺(TEMED)。

5. 分离胶缓冲液：1.5mol/L Tris，pH8.8。

6. 浓缩胶缓冲液：1.0mol/L Tris，pH6.8。

7. 5×电极缓冲液：Tris 15.1g，Glycine 94g，SDS 5.0g，加水定容至 1000mL。

8. 样品缓冲液。5×样品缓冲液 5mL 的配制过程：

(1)量取 1mol/L Tris-HCl(pH6.8)1.25mL，甘油 2.5mL；称取 SDS 固体粉末 0.5g；溴酚蓝 25mg；

(2)加入去离子水溶解后定容至 5mL；

(3)500μL 小份包装后于室温保存；

(4)在使用前加入 25μL 的 β-巯基乙醇到小份中去；

(5)加入 β-巯基乙醇的上样缓冲液可以在室温保存 1 个月左右。

9. 转膜缓冲液：3.03g Tris，14.42g Gly，用 800mL 去离子水溶解，用前加 200mL 甲醇配成 1L(需要现用现配)。

10. 1×TBST 溶液：NaCl 8g，KCl 0.2g，Tris base 3g，1mL 吐温 20 加纯水 800mL，用浓盐酸调 pH 至 7.5，然后加水至 1000mL。

11. 标准相对分子质量蛋白。

12. 封闭液:5%的脱脂牛奶,可用 TBST 配制。

13. ECL 化学发光液 A、B。

二、器材

1. 电泳装置和电转移装置

2. 恒温水浴摇床

【操作步骤】

1. SDS-PAGE(见实验 3-2)

2. 转膜:戴上手套,取下电泳好的凝胶转移到一盘去离子水中略为漂洗一下,立即放在 3 张转膜缓冲液浸湿的 Whatman 3MM 滤纸上,将电泳完毕的凝胶放在滤纸上面,盖上 1 张经甲醛激活的 PVDF 膜(用刀片切除多余的滤纸和滤膜,使其大小均与凝胶完全吻合)排除气泡后,盖上另 3 张同样处理的滤纸,排除气泡。按照顺序:负极—3 层滤纸—凝胶—膜—3 层滤纸—正极。用塑料夹夹紧后放入转移电泳装置,将电泳槽搁置冰上。90V 恒压 1h。取下膜放入培养皿中加入立春红预染 1min,初步观察转膜结果,TBST 淋洗保存。(转膜后的 PVDF 膜晾干后可在 4℃冰箱中保存 1 周。)

3. 封闭:电泳结束后取下 PVDF 膜,用 TBST 淋洗后加入封闭液,室温摇床轻摇 1~3h。

4. 一抗反应:取出 PVDF 膜,用 TBST 淋洗,放入含 1∶10000 稀释的一抗溶液中(用 TBST 稀释)室温至少 1h 或者 4℃过夜。

5. 洗涤:回收一抗放置 4°保存(必要时加入叠氮钠防霉),用 1×TBST 漂洗 PVDF 膜 3 次,每次 10min。

6. 二抗反应:PVDF 膜放入 1∶3000 倍稀释的 HRP 标记的第二抗体溶液中(用 TBST 稀释),置室温摇床 1h。

7. 洗膜:1×TBST 洗涤 3 次,每次 10min。

8. 将 PVDF 膜上加 ECL 化学发光液(A、B 液各 0.5mL 等量混合,可直接加在 PVDF 膜上),反应 5min 后,在化学发光检测仪上观察并记录实验结果。

(赵鲁杭)

实验五　等电聚焦电泳法测定蛋白质等电点

【基本原理】

视频 3

等电聚焦电泳(IEF)是 1966 年瑞典科学家 Rible 和 Vesterberg 建立的一种高分辨率的蛋白质分离分析技术,克服了一般电泳易扩散的缺点。由于它具有分辨率高(0.001pH 单位)、重复性好、样品容量大、操作简便等优点,在生物化学、分子生物学、遗传学及临床医学研究等诸方面有广泛应用。

蛋白质及多肽是两性电解质,当溶液的 pH 处于该蛋白质的等电点时,蛋白质分子解离成正、负离子的趋势相等,成为兼性离子,处于等电状态,此时该蛋白质分子在电场中的迁移率为零。

如果在一个 pH 梯度的环境中将含有各种不同等电点的蛋白质混合样品进行电泳,那么在电场作用下各蛋白质分子将按照它们各自的等电点大小在 pH 梯度中相应位置进行“聚焦”,不再泳动，因而能使各种等电点不同的蛋白质分离开来，形成彼此分开的蛋白质区带（图 8-2-8）。

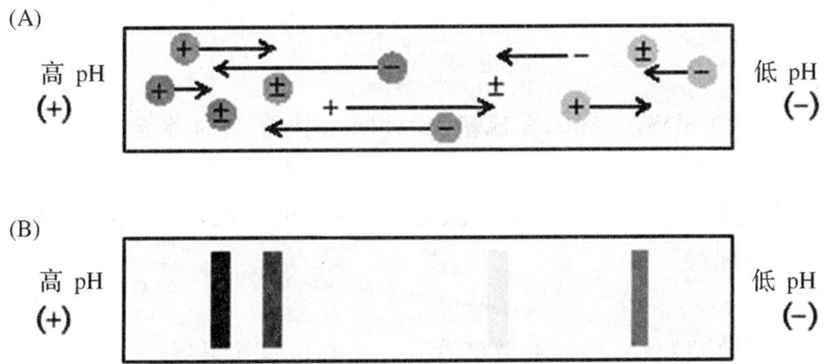

图 8-2-8　等电聚焦电泳示意图

等电聚焦电泳就是利用在凝胶中加入人工合成的两性电解质，这种两性电解质在电场中可以形成由阳极到阴极逐渐递增的 pH 梯度，待分离的两性物质在电泳过程中被集中在与其等电点相同的 pH 区域内，不同等电点的待分离物质依据其等电点的不同而进行了分离。所以说 IEF 是根据待分离两性物质等电点（pI）的不同而进行分离的一种电泳技术，具有极高的分辨率，可以分辨出等电点相差 0.01 的蛋白质，是分离蛋白质等两性物质的一种理想方法。常用的两性电解质为 Ampholine，它是一种人工合成的含有多氨基和多羧基的脂肪族混合物，具有导电性好，在电场中分布均匀；水溶性好，缓冲能力强；紫外吸收低，易从聚焦蛋白质中洗脱等特点。

不同的两性电解质具有不同的 pH 梯度范围，既可有较宽 pH 梯度范围的（pH3～10），也可有较窄 pH 梯度范围的（pH7～8）。因此，要根据待分离样品的具体情况选择适当的两性电解质，使待分离样品中各个组分都介于两性电解质的 pH 范围之内。两性电解质的 pH 范围越小，分辨率越高。

等电聚焦具有极高的灵敏度和分辨率，可将人血清分出 40～50 条清晰的区带，而一般的 PAGE 只能分离出 20～30 条区带，特别适合于研究蛋白质微观不均一性，例如一种蛋白质在 SDS-聚丙烯酰胺凝胶电泳中表现单一区带，而在等电聚焦中表现三条带，这可能是由于蛋白质存在单磷酸化、双磷酸化和三磷酸化形式。由于几个磷酸基团不会对蛋白质的相对分子质量产生明显影响，因此在 SDS-聚丙烯酰胺凝胶电泳中表现单一区带，但由于它们所带的电荷有差异，所以在等电聚焦中可以被分离检测到。

等电聚焦主要用于蛋白质的分离分析，但也可以用于纯化制备，虽然成本较高，但操作简单、纯化效率极高。等电聚焦还可以用于测定未知蛋白质的等电点，将一系列已知等电点的标准蛋白及待测蛋白同时进行等电聚焦。测定各个标准蛋白电泳区带到凝胶某一侧的距离对各自的 pI 作图，即得到标准曲线。而后测定待测蛋白的距离，通过标准曲线即可求出其等电点。

等电聚焦多采用水平平板电泳，由于两性电解质价格昂贵，同时聚焦过程需要蛋白质根据其电荷性质在电场中自由迁移，所以等电聚焦通常使用低浓度聚丙烯酰胺凝胶（如 4%）薄层电泳，以降低成本和防止分子筛作用。

【试剂与器材】

一、试剂

1. 电极缓冲溶液：上槽（负极）0.02mol/L NaOH 溶液；下槽（正极）0.01mol/L H_3PO_4 溶液。

2. 20% Ampholine。

3. 尿素。

4. 30%(W/V)凝胶贮液:23.36%丙烯酰胺,1.64% *N*,*N'*-亚甲基双丙烯酰胺。

5. 10%过硫酸铵溶液。

6. TEMED。

7. 样品稀释液:0.2g SDS,0.5mL β-巯基乙醇,1mL 甘油,并加水至 10mL,混匀备用。

8. 10% Triton X-100。

9. 染色液:1g 考马斯亮蓝 R-250,40mL 醋酸,180mL 95%乙醇,再加水 180mL,混匀。

10. 漂洗液:7%冰醋酸。

二、器材

1. 电泳槽　　2. 电泳仪　　3. 玻璃管　　4. 微量注射器

【操作步骤】

1. 取 0.1mL 样品加 0.6mL 样品稀释液,混匀后,试管上用玻璃纸覆盖,置于沸水浴中加热 2~3min,冷却备用。

2. 按下列配方配制凝胶:

尿素	5g
30%凝胶贮液	1.4mL
10% Triton X-100	2.0mL
20% Ampholine	1.0mL
水	2.2mL

混匀,待尿素溶解后加水至 10mL,用水泵抽气驱出溶于混合液中的 O_2。

TEMED	10μL
10%过硫酸铵溶液(现配)	70μL

混匀,用细长滴管分别加到预先插在橡皮塞孔中的玻管内,上端覆盖一层含 4mol/L 尿素,20% Ampholine 的覆盖液,静置,等聚合后用滴管移出上端覆盖液,即可上样。

3. 用微量加样器移取上述处理过的样品液 10μL(含蛋白质约 100μg)加在凝胶上端,小心沿管壁缓慢加入 0.2mol/L NaOH 溶液,勿留有气泡。

4. 电泳:上端(负极)加 0.02mol/L NaOH 溶液作为电极缓冲溶液,下端(正极)加 0.01mol/L H_3PO_4 作为电极缓冲溶液。接通电源,恒压 150~200V,电泳时间约 4h,当电流基本为零时停止电泳(电流为零说明聚焦完毕)。

5. 剥胶:取下凝胶管,迅速用蒸馏水将凝胶管两端洗 3 次,再用带有长针头的注射器内装蒸馏水进行剥胶。以凝胶柱的负极端为"头",正极端为"尾"作标记。

6. 量出染色前凝胶柱长度,并记录。

7. 将凝胶放入染色液中,染色 6h,再于漂洗液中漂洗至背景清晰。

8. 量出染色后凝胶柱长度以及凝胶柱的负极端至蛋白质色带中心位置的距离,记录。

9. 测定 pH 梯度:取一支同时聚焦电泳的空白凝胶,平放在玻璃板上,按照从负极端(碱性端)到正极端(酸性端)的顺序用刀片依次切成 5mm 长的小段,按次序分别置于有 1mL 蒸馏水的试管中,浸泡过夜,次日用 pH 试纸测出每一支试管内浸泡液的 pH 值,记录。

10. pH 梯度曲线的制作:以凝胶柱长度(mm)为横坐标,pH 值为纵坐标作图,可得到一条 pH 梯度曲线。由于所测得的每管 pH 值是以 5mm 长为一小段的 pH 混合平均值,因此在作图时可以把这个 pH 值看作 5mm 小段中心区的 pH 值，于是第一小段的 pH 值所对应的凝胶柱长度应为 2.5mm，第二小段的 pH 值所对应的凝胶柱长度应为(5×2－2.5)mm，依此类推，第 n 小段的 pH 值所对应的凝胶柱长度应为(5n－2.5)mm。

11. 蛋白质样品等电点的求算：首先，按下列公式计算蛋白质聚焦部位距凝胶柱负极端(碱性端)的实际长度(以 L_p 表示)：

$$L_p = l_p \times (l_1 / l_2)$$

式中，l_p 表示所量出的蛋白质色带中心距凝胶柱负极端的长度；l_1 表示凝胶柱固定前的长度；l_2 表示凝胶柱固定后的长度。然后，根据蛋白质聚焦部位距凝胶柱负极端的实际长度 L_p，从 pH 梯度曲线上查得某一 pH 值就是该蛋白质的等电点。

【讨论】

1. 制胶时尽可能使各凝胶条长度一致，以减少测量误差。

2. 电泳停止，取出凝胶条前，务必将两端电极液冲洗干净，并用滤纸吸干，否则将造成很大的测定误差。

3. 许多蛋白质在等电点附近会产生沉淀，可在凝胶介质中或样品溶液中加尿素、Triton X-100 或其他一些非离子型表面活性剂。

4. IEF 蛋白质样品最好均匀溶解于不含盐或低盐的溶液中，因盐离子干扰 pH 梯度的形成。在水中和低盐缓冲溶液中难溶的蛋白质样品，可通过在样品中(包括凝胶中)加入两性电解质(如甘氨酸、Ampholytes)来解决。

5. 载体两性电解质相对分子质量小，不会与蛋白质反应和使之变性，因此只需硫酸铵沉淀，通过透析和分子筛、电泳等方法很容易与蛋白质分开。

(丁倩、赵鲁杭)

实验六　层析技术(凝胶过滤、离子交换、亲和层析、HPLC)

实验 6-1　凝胶层析法分离血红蛋白和 DNP-鱼精蛋白

【基本原理】

凝胶层析法(gel chromatography)是利用凝胶把分子大小不同的物质分离开的一种方法。血红蛋白的相对分子质量为 67000；鱼精蛋白的相对分子质量为 1000～5000，利用凝胶层析法可以将它们从混合物中分离开。根据被分离物质相对分子质量，我们选择的凝胶是 Sephadex G-50，它的相对分子质量适用范围为 1500～30000。所以，血红蛋白不能进入凝胶内部，随洗脱液直接流出，鱼精蛋白相对分子质量较小，可以进入凝胶内部，它的流经途径较长，较后流出层析柱。血红蛋白本身有红色，鱼精蛋白无色，故将黄色的 2,4-二硝基氟苯(DNP)偶联于鱼精蛋白，使其着色，便于观察。偶联的化学反应如下：

O_2N–C₆H₃(NO₂)–F ＋ H_2N–鱼精蛋白 ⟶ O_2N–C₆H₃(NO₂)–NH–鱼精蛋白＋HF

【试剂与器材】

一、试剂

1. 葡聚糖凝胶 G-25(Sephadex G-25)。

2. 血红蛋白溶液:取抗凝血 5mL,离心除去血浆,用 0.9% NaCl 洗涤血球 3 次,每次用 5mL,要把血球搅起,离心后尽量倒去上清液。加水 5mL,混匀,放冰箱过夜使充分溶血,再 2000r/min 离心 10～15min,使血球膜残骸沉淀,取上清透明液放冰箱备用。

3. DNP-鱼精蛋白溶液:鱼精蛋白 20mg 溶于 10% $NaHCO_3$ 1mL 中,另取 2,4 -二硝基氟苯(1-fluro-2,4-dinitrobenzene)0.05mg 溶于微热的 9.5%乙醇 1mL 中,充分溶解后,立即倾入上述蛋白质溶液。然后,将此液置于沸水浴中,煮沸 5min,冷后加 2 倍体积的无水乙醇,使黄色 DNP-鱼精蛋白沉淀,离心 5min,弃去上清液。再用 95%乙醇洗沉淀 2 次,所得沉淀用 0.5mL 蒸馏水溶解,备用。

4. 洗脱液:蒸馏水。

二、器材

1. 层析柱(∅0.8～1.2cm×25～30cm)
2. 乳胶管或尼龙管
3. "再"形夹
4. 玻璃纤维
5. 橡皮塞

【操作步骤】

(一)凝胶溶胀

葡聚糖凝胶是以干粉保存的,因此使用前必须将干凝胶浸泡于将要用作洗脱剂的相同液体中充分溶胀,然后才能使用。根据层析柱的体积和所选用的凝胶膨胀后床体积,计算所需凝胶干粉的质量,将称好的干粉倾入过量的洗脱液中,一般多为水、盐溶液或缓冲溶液,放置在室温,使之充分吸水溶胀。注意不要过分搅拌,以防颗粒破碎。浸泡时间根据凝胶交联度的不同而异。为了缩短溶胀时间,可在沸水浴上加热至将近 100℃,这样可大大缩短溶胀时间至几小时,而且还可杀死细菌和霉菌,并且可排除凝胶内部的气泡。

凝胶颗粒最好大小均匀,这样流速稳定,结果较好。如果颗粒大小不匀,可以在浸时用倾泻法将不易沉下的较细的颗粒倾去。装柱前最好将处理好的凝胶置真空干燥器中抽真空,以除尽凝胶中的空气。

在本实验中,称取 Sephadex G-50 1g,置于锥形瓶中,加蒸馏水 30mL,沸水浴中放置 1h,冷至室温备用。

(二)装柱

层析柱必须粗细均匀,柱管大小可根据实际需要选择,一般柱直径(内径)为 1cm,如果样品量比较多,最好用直径为 2～3cm 的柱。但要注意直径太小时会发生"管壁效应",即在柱管中心部分组分移动较慢,而在管壁周围移动较快,因而影响分离效果。一般说来,柱愈长,分离效果愈好,但柱过长,实验时间长而且样品稀释度大,易扩散,反而分离效果不好。一般用作脱盐时,柱高度为 10cm 比较合适;在进行分级分离时,100cm 高度就够了。

装柱方法与一般柱层析法相似,柱管可用一般柱层析管,底部目前常用多孔的聚乙烯片做底板。如用烧结玻璃砂板做底,尽量用细孔的(3 号),粗孔的则要在其上铺一层滤纸或尼龙滤布。将层析柱垂直固定在铁架上,打开柱下口开关。将溶胀好的凝胶放在烧杯中,使凝胶表面的水层与凝胶体积相等，用玻璃棒搅匀凝胶液，顺玻璃棒灌入柱内。此时柱下口一边排水，上口一边加入搅匀的凝胶，可见凝胶连续均匀地沉降，逐步形成凝胶柱。当到达所需凝胶柱高度时，立即关闭下口，使凝胶完全沉降。凝胶面离柱上口 5cm 左右，并覆盖一层溶液。装柱时要求将均匀的凝胶一直加到所需柱床高度，不能时断时续，否则会出现分层（图 8-2-9）。

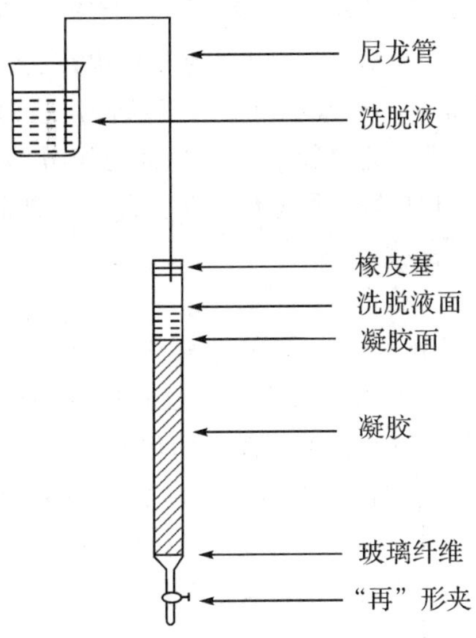

图 8-2-9　凝胶柱层析装置示意图

（三）平衡

凝胶沉集后，将溶剂放出，并且再通过 2～3 倍柱床体积的溶剂使柱床稳定，然后在凝胶表面放一片滤纸或尼龙滤布，以防将来在加样时凝胶被冲起。调节流速为 0.4mL/min。

（四）检验

新装好的柱要检验其均一性，可用带色的高分子物质如蓝色葡聚糖-2000（又称蓝色右旋糖酐，商品名为 Blue dextran-2000）、红色葡聚糖或细胞色素 c 等配成 2g/L 的溶液过柱，看色带是否均匀下降；或将柱管向光照方向用眼睛观察，看是否均匀，有否“纹路”或气泡。若层析柱床不均一，必须重新装柱。

要注意在任何时候不要使液面低于凝胶表面，否则水分挥发，凝胶变干，分离效果变差，并有可能混入气泡，影响液体在柱内的流动。

（五）样品制备

临上样前，将 0.3mL 血红蛋白溶液和 0.5mL DNP-鱼精蛋白溶液混匀即可。

（六）加样与洗脱

切断洗脱液，当层析柱中液面下降与凝胶表层平齐时，即用滴管将样品液缓缓沿柱壁加入，不使凝胶表层扰动，待样品液面与凝胶表层平齐时，再加少许蒸馏水，并连通洗脱液，开始洗脱。注意观察层析柱中红色的血红蛋白与黄色的 DNP-鱼精蛋白分离的情况，记录现象，并用试管分别收集之。

（于晓虹）

实验 6-2 分子筛层析测定蛋白质相对分子质量

【基本原理】

凝胶过滤层析法操作方便、设备简单、周期短、重复性能好，而且条件温和，一般不引起生物活性物质的变化，已广泛应用于脱盐、生化物质的分离提纯、去除热原物质以及测定高分子物质的相对分子质量。本实验是利用葡聚糖凝胶层析法测定蛋白质的相对分子质量。

根据凝胶层析的原理，同一类型化合物的洗脱特征与组分的相对分子质量有关。流过凝胶柱时，按分子大小顺序流出，相对分子质量大的走在前面。洗脱容积 V_e 是该物质相对分子质量对数的线性函数，可用下式表示：

$$V_e = K_1 - K_2 \lg M_r$$

式中，K_1 与 K_2 为常数；M_r 为相对分子质量；V_e 也可用 $V_e - V_o$（分离体积）、V_e/V_o（相对保留体积）、V_e/V_t（简化的洗脱体积，它受柱的填充情况的影响较小）或 K_{av} 代替。通常多以 K_{av} 对相对分子质量的对数作图，得一曲线，称为“选择曲线”，如图 8-2-10 所示。曲线的斜率说明凝胶性质的一个很重要的特征。在允许的工作范围内，曲线愈陡，则分级愈好，而工作范围愈窄。凝胶层析主要决定于溶质分子的大小，每一类型的化合物，如球蛋白类、右旋糖酐类等，都有它自己特殊的选择曲线，可用于测定未知物的相对分子质量，测定时使用曲线的直线部位为宜。

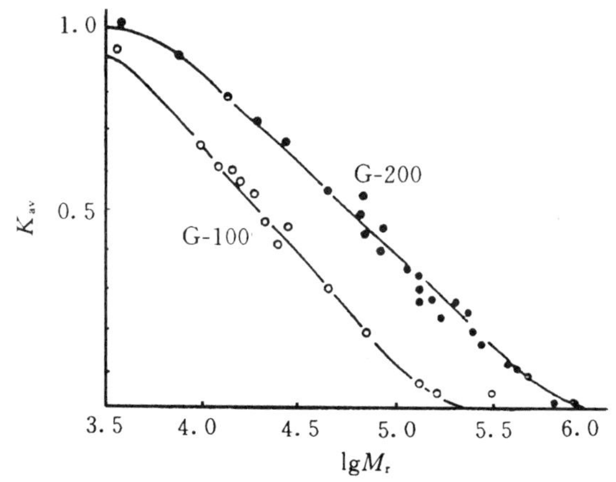

图 8-2-10 蛋白质相对分子质量标准曲线

—·—·—葡聚糖凝胶 G-200，—◦—◦—葡聚糖凝胶 G-100

为了测定相对分子质量，就必须知道一根特定柱的 V_t、V_o 和 V_i，从而计算出 K_d、K_{av}、V_e/V_o、V_e/V_t、$V_e - V_o$。

一、V_o 的测定

V_o 可用不被凝胶滞留的大分子物质的溶液（通常用血红蛋白、印度黑墨水、M_r 约 200 万的蓝色葡聚糖-2000 等有颜色的溶液，便于观察），通过实际测量求出，即测定它的洗脱曲线，洗脱峰峰顶洗出的体积就是该柱的 V_o 值。这时蛋白质的检查一般用紫外吸收，也可用显色方法等。

在凝胶颗粒相当均匀时，V_o 大体上是柱床体积（V_t）的 30%，这一参数可用来检查测出的 V_o 值是否合理。

二、V_i的测定

V_i可选一种M_r小于凝胶工作范围下限的化合物，测出其洗脱体积，减去V_o就是V_i。常用硫酸铵来测定，可简单地用硝酸银检出洗脱峰，也可用D_2O、铬酸钾(黄色)或有UV吸收的物质(如N-乙酰酪氨酸乙酯)来测定。

V_i也可以用计算法求出：

$$V_i = gW_R$$

式中，g为干凝胶重，单位为g，W_R为凝胶的"吸水量"，以mL/g干胶表示。V_i一般都用实测值，上述计算方法只用来核对V_i数据的可靠性。

在测定V_o与V_i的时候，由于是从洗脱峰的顶点来决定洗脱体积的，因此实验条件的选择关键是要得到尖而窄的洗脱峰。这就要求上柱体积要小，为了适应检测灵敏度的需要，上柱时样品的浓度相应提高。

三、V_t的测定

V_t的计算公式为

$$V_t = \pi(D/2)^2 h$$

式中，π为常数3.14；D为柱直径；h为凝胶床的高度。

用凝胶层析法测定蛋白质的相对分子质量，方法简单，技术易掌握，样品用量少，而且有时不需要纯物质，用一粗制品即可。凝胶层析法测定相对分子质量也有一定的局限性，它在pH=6～8的范围内，线性关系比较好，但在极端pH时，一般蛋白质有可能因变性而引起偏离。糖蛋白在含糖量大于5%时，测得的相对分子质量比真实值大；铁蛋白则与此相反，测出的相对分子质量比真实值要小。有一些酶，它的底物是糖，如淀粉酶、溶菌酶等会与交联葡聚糖形成络合物，这种络合物与酶-底物络合物相似，因此在葡聚糖凝胶上层析时，表现异常。用凝胶层析法所测得的蛋白质相对分子质量的结果，要与其他方法的测定结果相对照，才能作出较可靠的结论。

【试剂与器材】

一、试剂

1. 标准蛋白混合液。
2. 牛血清清蛋白(M_r=67000)。
3. 0.025mol/L氯化钾-0.2mol/L醋酸溶液。
4. 蓝色葡聚糖-2000：配成质量浓度为2g/L。
5. N-乙酰酪氨酸乙酯(或硫酸铵)：配成质量浓度为1～2g/L。
6. Sephadex G-75(或G-100)。
7. 5% $Ba(Ac)_2$溶液。

二、器材

1. 层析柱：直径1.5cm，管长90cm
2. 核酸蛋白检测仪
3. 自动部分收集器
4. 试剂瓶

【操作步骤】

一、凝胶处理、装柱、平衡详见实验6-1。

二、测定 V_o 和 V_i

1. 将0.5mL蓝色葡聚糖-2000(质量浓度为2g/L)和硫酸铵(质量浓度为2g/L)混合,上样。

2. 0.025mol/L 氯化钾-0.2mol/L 醋酸溶液洗脱,流速为4mL/min。

3. 从上样洗脱开始收集流出液,至流出的蓝色葡聚糖的体积为 V_o,用 $Ba(Ac)_2$ 溶液检测 $Ba(Ac)_2$ 峰的位置,此时的洗脱体积为 V_e,$V_e - V_o = V_i$。

三、标准曲线的制作

1. 将1mL标准蛋白质混合液上柱,然后用0.025mol/L 氯化钾-0.2mol/L 醋酸溶液洗脱,流速为0.4mL/min,4mL/管。用部分收集器收集,核酸蛋白质检测仪于280nm处检测,记录洗脱曲线,或收集后用紫外分光光度计于280nm处测定每管光吸收值。以管号(或洗脱体积)为横坐标,光吸收值为纵坐标作出洗脱曲线。

2. 根据洗脱峰位置,量出每种蛋白质的洗脱体积(V_e)。然后,以蛋白质相对分子质量的对数 $\lg M_r$ 为纵坐标,V_e 为横坐标,作出标准曲线(图8-2-11)。为了结果可靠,应以同样条件重复1~2次,取 V_e 的平均值作图。

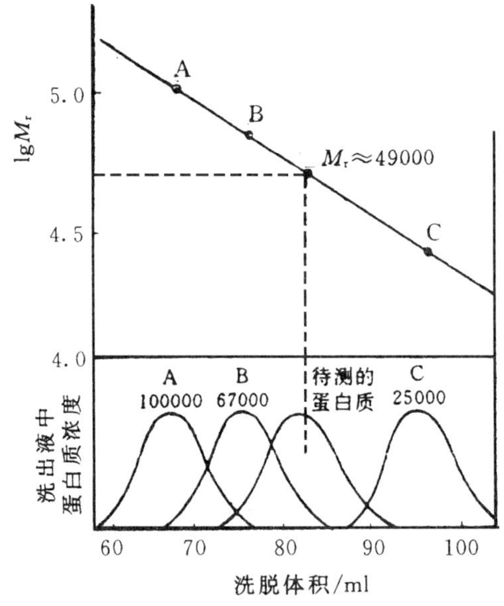

图8-2-11 洗脱体积与相对分子质量(M_r)的关系

3. 同时根据已测出的 V_o 和 V_i 以及通过测量柱的直径和凝胶柱床高度计算出的 V_t,分别求出 K_d 和 K_{av},

$$K_d = V_e - V_o / V_i$$

$$K_{av} = V_e - V_o / V_t - V_o$$

也可以 K_d 或 K_{av} 为横坐标,$\lg M_r$ 为纵坐标作出标准曲线。

四、样品蛋白相对分子质量的测定

取牛血清清蛋白溶液(质量浓度为1g/L),上样,完全按照标准曲线的条件操作。根据紫外检测的洗脱峰位置，量出洗脱体积，重复测定 1～2 次，取其平均值。也可以计算出 K_{av}，分别由标准曲线查得样品的相对分子质量。

【讨论】

1. 利用凝胶层析法测定相对分子质量时，层析柱连续工作时间较长，注意保持操作压，流速不宜过快，避免因此而压紧凝胶。

2. 用此方法测蛋白质的相对分子质量，受蛋白质分子形状的影响，并且测出的结果可能是聚合体的相对分子质量，因而还需用电泳等方法配合验证相对分子质量测定结果。

（于晓虹）

实验 6-3　离子交换层析分离混合氨基酸

【基本原理】

离子交换层析(ion exchange chromatography)是利用离子交换剂上的可交换离子与周围介质中被分离的各种离子间的亲和力的不同，经过交换平衡达到分离目的的一种柱层析法。氨基酸是两性电解质，每一种氨基酸都有它特定的等电点，各种氨基酸在 pH 小于其等电点的溶液中以阳离子的形式存在，可以与阳离子交换剂进行交换，再慢慢增大洗脱液的 pH，氨基酸将依照其等电点由小到大的顺序逐渐洗脱，此时分部收集各洗脱组分，即可将各种氨基酸一一分离。

本实验以天冬氨酸和精氨酸为例，利用磺酸型阳离子交换树脂（国产 732 树脂）将其从混合物中分离。天冬氨酸是酸性氨基酸，pI＝2.98；精氨酸是碱性氨基酸，pI＝10.76。根据其等电点，我们选择 0.1mol/L 柠檬酸缓冲液（pH2.2），将它们都吸附在阳离子交换剂上，再用 0.1mol/L 柠檬酸缓冲液（pH5.0）洗脱天冬氨酸，用 0.1mol/L NaOH 溶液洗脱精氨酸。

【试剂与器材】

一、试剂

1. 磺酸型阳离子树脂（国产 732 树脂，粒度 200 目；国产 132 树脂，粒度 20～50 目）。

2. 0.1mol/L 柠檬酸缓冲液（pH2.2）：称取柠檬酸 21.01g 加水至 1L。

3. 混合氨基酸溶液（用 pH2.2，0.1mol/L 柠檬酸缓冲液配制，3％天冬氨酸，6％精氨酸）。

4. 0.5mol/L 柠檬酸缓冲液（pH5.0）：称取柠檬酸 105.07g 加水至 1L（A 液），称取柠檬酸三钠 147.05g 加水至 1L（B 液），然后将 A 液和 B 液按 350mL：650mL 的比例混合即得 0.5mol/L 柠檬酸缓冲液（pH5.0）。

5. 0.1mol/L 柠檬酸缓冲液（pH5.0）：将 0.5mol/L 柠檬酸缓冲液（pH5.0）稀释 5 倍即得。

6. 0.1mol/L NaOH 溶液。

7. 2mol/L NaOH 溶液。

8. 2mol/L HCl 溶液。

9. 0.2％茚三酮溶液：称取茚三酮 2g，加适量水加热搅拌，待茚三酮溶解后再加水至 1L。

10. 0.2％酸性茚三酮溶液：将 0.2％茚三酮溶液按每 100mL 加浓盐酸 4mL 即得。

二、器材

1. 层析柱(∅0.8cm×20cm)
2. 乳胶管或尼龙管
3. “再”形夹
4. 玻璃纤维
5. 橡皮塞
6. pH 试纸
7. 沸水浴
8. 烧杯、试管等

【操作步骤】

1. 填料的预处理：在一只 100mL 烧杯中，置约 10g 树脂，加 2mol/L HCl 溶液 25mL，搅匀，放置 2h，倾弃上层酸液，用蒸馏水洗 3 次，再加 2mol/L NaOH 溶液 25mL，搅匀，放置 2h，倾弃上层碱液，用蒸馏水洗至中性(用 pH 试纸检查)。将树脂悬浮于大约 50mL pH2.2 的 0.1mol/L 柠檬酸缓冲液中备用。

2. 装柱：取内径 0.8cm、长 20cm 层析柱一支，如图 8-2-12 安装，夹好“再”形夹，将上述备用的树脂悬液倒入层析柱，使树脂自由沉降，并打开“再”形夹，缓慢放出液体，沉积后树脂床高应为 7～8cm，当液面慢慢降至树脂面时，关闭下端“再”形夹。(注意：在整个操作过程中，应防止液面低于树脂面，当液面低于树脂面时，空气进入树脂内形成气泡，妨碍层析效果。)

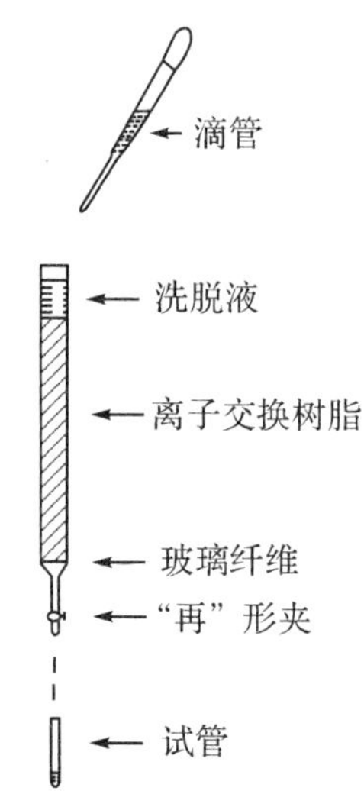

图 8-2-12　离子交换层析操作示意图

3. 加样：将混合氨基酸溶液 0.2mL 沿层析柱内壁缓缓加入，打开“再”形夹，使样品液缓缓流进柱床，流速为 5 滴/min。样品全部进入柱床后，用 0.1mol/L，pH2.2 柠檬酸缓冲液 2mL，分两次先后加入洗柱。

4. 洗脱及分段收集：用 0.1mol/L，pH5.0 柠檬酸缓冲液洗脱，边加洗脱液边收集，并调节流速至 10 滴/min，每管收集 1mL。所有收集管分次用茚三酮反应检测氨基酸。

5. 待第一个氨基酸被洗脱后(茚三酮反应检测连续两管呈阴性)，立即改用 0.1mol/L NaOH 溶液以同样流速及收集体积洗脱，并对各管收集液进行氨基酸检测。

6. 茚三酮反应检测氨基酸：

(1)用 0.1mol/L，pH5.0 柠檬酸缓冲液洗脱：在收集管中(含收集液 1mL)加入 0.2%茚三酮溶液 1mL；0.5mol/L，pH5.0 柠檬酸缓冲液 1mL 混匀，置沸水浴中 10min，溶液显蓝紫色者为氨基酸阳性反应。

(2)用 0.1mol/L NaOH 洗脱：在收集管(含收集液 1mL)中加入酸性茚三酮溶液 1mL；0.5mol/L pH5.0 柠檬酸缓冲液 1mL 混匀，置沸水浴 10min，观察颜色反应。

(于晓虹)

实验 6-4　薄层层析分离脂类

【基本原理】

薄层层析法是将固定相支持物均匀地铺在玻璃板上成为薄层，然后将要分析的样品点加到薄层上，用合适的溶剂展开而达到分离的目的。常用的固相支持物有硅胶、氧化铝、硅藻土、氢氧化钙、磷酸钙、硫酸钙、聚酰胺、纤维素粉等；本实验以硅胶 G 作固定相。脂类硅胶薄层层析的基本原理是硅胶对不同的脂类物质具有不同的吸附能力(亦存在两相溶剂中的分溶分配作用)。在展开剂(移动相)展层过程中脂类物质在两相之间重复进行吸附—解吸—再吸附—再解吸，使各种脂类物质随展开剂移行，结果，与固定相(硅胶)吸附能力弱的和/或在移动相中溶解度大的脂类物质随展开剂移行到较远的距离，而与固定相吸附能力强的和/或在移动相中溶解度小的脂类物质，在展开过程中移行慢，落在后面，这样展开一段时间后就可以将各种脂类物质彼此分离开来。薄层层析的优点是设备简单易行、展开时间短、分离迅速、样品用量小、灵敏度高、分离时几乎不受温度的影响，甚至不受腐蚀性显色剂影响，可以在高温下显色，分离效率高。薄层层析是一项常用的分离、鉴定脂类的技术。

在脂类薄层层析中通常用硅胶 G 作为支持剂，可选用石油醚、四氯化碳、氯仿等作为展开剂。本实验用石油醚-丁酮-乙酸混合溶剂作为展开剂，观察脂类薄层层析分离结果。

【试剂与器材】

一、试剂

1. 硅胶 G。

2. 展开剂：按体积比 95∶4∶1 混合的石油醚(沸程 60～90℃)-丁酮-乙酸。

3. 胆固醇标准液(1g/L 氯仿溶液)：称取胆固醇 0.1g，加氯仿定容到 100mL。

4. 三油酸甘油酯标准液(1g/L 氯仿溶液)：称取三油酸甘油酯 0.1g，加氯仿定容到 100mL。

5. 卵磷脂标准液(1g/L 氯仿溶液)：称取卵磷脂 0.1g，加氯仿定容到 100mL。

6. 试样：菜油氯仿提取液(每 100mL 氯仿加 12 滴菜油)；卵黄氯仿提取液。

7. 显色剂：磷钼酸 5g 溶于 70mL 水与 25mL 95%乙醇中，再加 70%过氯酸溶液 5mL，混匀，室温下保存。

8. 0.3%羧甲基纤维素：称取羧甲基纤维素 3g，加适量水加热搅拌，待羧甲基纤维素溶解后再加水至 1L。

二、器材

1. 8cm×12cm 玻片　　2. 研钵及杵

3. 烘箱　　4. 层析用标本缸

5. 喷雾器

【操作步骤】

1. 层析薄板的制作：称取硅胶 G 2g 置研钵中，加入 0.3%羧甲基纤维素 8mL，研匀后迅速倒在 8cm×12cm 玻片上，水平放置，使分布均匀，待其凝固后，置 100℃烘箱中烘干备用。

2. 分别用毛细玻管吸取各种脂质的标准液及试样，在薄板的一端 2.5cm 高度处取间距为 1cm 点样，待溶剂蒸发后置于盛有展开剂的标本缸中，点样一端起点以下，浸入展开剂中。注意：点样处切勿浸入展开剂中。

3. 约半小时后，当展开剂上升至适当高度(接近薄板上端)时将薄板取出烘干，喷以磷钼酸显色剂。比较各种脂质和试样所显斑点位置，作图记录之，计算 R_f 值，即斑点中心至原点的距离(cm)/展开剂扩展前沿至原点的距离(cm)。

【讨论】

1. 薄层层析技术特别适用于分离样品中含量很低的物质，其原理主要是吸附层析(亦包含分配作用)。用硅胶 G 作吸附剂的特点之一是含有一种黏合剂(本实验用石膏作黏合剂)，以便将硅胶更好地黏着在玻璃板上，可用于上行或下行展层。

2. 以硅胶 G 为固定相的薄层层析可用于各种小分子化合物(如脂类、氨基酸、多肽、维生素、核苷酸、糖类、生物碱、酚类等)的分析、分离，而且几乎都以脂溶剂作移动相。这一技术对同分异构体的分离具有独到的用处。

【注意事项】

制板后放入 80～100℃烘箱烘烤约 30min，目的是除去水分，这一过程称为活化。在活化时要尽量避免温度突然升高或降低，时间不宜过长，否则薄层容易脱落。从烘箱取板前必须关掉电源，待稍冷后小心取出，不要碰破薄层，还要防止灼伤。

(于晓虹)

实验 6-5　纸层析法验证转氨基作用

【基本原理】

体内 α-氨基酸的 α-氨基在氨基转移酶的作用下，移换至 α-酮酸的过程，称氨基移换作用。此类酶各有一定的特异性，普遍存在于动物各组织中。

本实验是将谷氨酸与丙酮酸在肝匀浆中的谷氨酸-丙酮酸氨基转移酶(简称谷-丙转氨酶)的作用下进行氨基移换反应，然后用纸层析法检查反应体系中丙氨酸的生成。其反应过程如下：

$$
\begin{array}{c} \mathrm{COOH} \\ | \\ \mathrm{CHNH_2} \\ | \\ \mathrm{CH_2} \\ | \\ \mathrm{CH_2} \\ | \\ \mathrm{COOH} \\ \text{L-谷氨酸} \end{array}
+
\begin{array}{c} \mathrm{COOH} \\ | \\ \mathrm{C{=}O} \\ | \\ \mathrm{CH_3} \\ \text{丙酮酸} \end{array}
\underset{}{\overset{\text{谷丙转氨酶}}{\rightleftharpoons}}
\begin{array}{c} \mathrm{COOH} \\ | \\ \mathrm{C{=}O} \\ | \\ \mathrm{CH_2} \\ | \\ \mathrm{CH_2} \\ | \\ \mathrm{COOH} \\ \alpha\text{-酮戊二酸} \end{array}
+
\begin{array}{c} \mathrm{COOH} \\ | \\ \mathrm{CHNH_2} \\ | \\ \mathrm{CH_3} \\ \text{L-丙氨酸} \end{array}
$$

由于谷氨酸、丙酮酸在肝匀浆中可循其他代谢途径分解和转化，影响氨基移换过程的观察，因此在反应体系中添加一碘醋酸（或一溴醋酸）以抑制谷氨酸和丙酮酸的其他代谢过程。

【试剂与器材】

一、试剂

1.1%谷氨酸钾溶液：取谷氨酸 1g，加水 20mL，用 5% KOH 溶液调到中性，然后用 0.01mol/L，pH7.4磷酸缓冲溶液稀释至 100mL。

2.1%丙酮酸钠溶液：取丙酮酸钠 1g，加 0.01mol/L，pH7.4磷酸缓冲溶液溶解成 100mL。

3.0.25%一碘醋酸钾溶液：取一碘醋酸 0.25g，加水 1mL，用 5% KOH 溶液调到中性，然后加 0.01mol/L，pH=7.4 磷酸缓冲溶液成 100mL（一碘醋酸可用一溴醋酸代替）。

4.5% HAc 溶液。

5.0.01mol/L，pH7.4 磷酸缓冲溶液：称取磷酸氢二钠 71.628g，加水至 1L（A 液），称取磷酸二氢钠 31.20g 加水至 1L（B 液），然后将 A 液和 B 液按 81mL∶19mL 的比例混合后稀释 20 倍即得。

6.展开剂：用 V（正丁醇）∶V（12%氨水）=13∶3 的混合溶液或以水饱和的酚。本实验室选用水饱和酚。

7.0.1%丙氨酸溶液：取 1%丙氨酸，用 0.01mol/L，pH7.4 磷酸缓冲溶液配制。

8.0.1%谷氨酸钾溶液：取 1%谷氨酸钾溶液，用 0.01mol/L，pH7.4 磷酸缓冲溶液 10 倍稀释。

9.0.1%茚三酮乙醇溶液：称取 1g 茚三酮，加无水乙醇至 1L。

二、器材

1.烘箱

2.剪刀、镊子

3.天平

4.研钵（或玻璃匀浆器）

5.滴管

6.烧杯

7.恒温水浴箱

8.10cm×20cm 层析滤纸

9.层析缸

10.喷雾器

11.电吹风机

12.15mm×100mm 试管及试管架

【实验材料】

小白鼠。

【操作步骤】

一、肝匀浆的制备

取小白鼠 1 只，用颈椎脱臼法处死后，立即剪颈放血，剖腹取出肝脏，经 0.9% NaCl 溶液洗去血污后，称取肝脏约 1g，置研钵中加入玻璃砂少许（或用玻璃匀浆器研磨），然后加 0.01mol/L，pH=7.4 磷酸缓冲溶液 5mL 磨成匀浆。

二、转氨酶反应

1.取离心管 2 支，编号 1、2，各加肝匀浆 10 滴，先将 2 号管置沸水浴中 5min。

2. 两管各加1%谷氨酸钾溶液 10 滴，1%丙酮酸钠溶液 10 滴，0.25%一碘醋酸钾溶液 5 滴，摇匀，同置 40℃水浴中保温 30min。

3. 取出，向两管各加 5% HAc 溶液 2 滴，再同置沸水浴中 5min，冷却后离心(2000r/min，5min)，将上清液移入另外同样编号的 1.5mL 小塑料离心管中备用。

三、层析验证

1. 在 10cm×20cm 滤纸上，距短边 2.5cm 处用铅笔轻轻画一线(原线)，在原线上，每隔 1.5cm 处用铅笔作记号，并在线下底边注明 1、2、谷氨酸、丙氨酸记号。

2. 用毛细管分别吸取 1 号液、2 号液在层析滤纸上点样，注意斑点不可太大，一般直径以约 0.3cm 为宜，约 5min 等干后，在 1、2 号原点上，再重复点一次(注意，不可调错)，然后分别点上谷氨酸、丙氨酸，各点 2 次，作为对照，干后置层析缸中展开 1.5～2h。

3. 取出滤纸，用电吹风吹干，喷以 0.1%茚三酮乙醇溶液，置 80℃烘箱中 3～5min 烘干，观察层析出现的斑点，并解释之。

【讨论】

1. 纸层析法是以纸为载体的分配层析法。一般以滤纸纤维上吸附的水分为固定相(静止相)，由水饱和的相对于固定相流动的有机溶剂为流动相。因此，纸层析也可以看作是溶质在固定相和流动相之间连续萃取的过程。如果混合物中的各种成分在溶剂之间的分配系数差别足够大，它们就得到分离。样品经层析后，常用比移值 R_f(ratio of fronts)来表示各组分在层析谱中的位置。R_f值与待分离物质的性质存在一定的关系，在一定条件下是常数。

2. 纸的选择与溶剂的选择：Whatman 1 号滤纸最常用于分析性的工作；较厚的 Whatman 3 MM 滤纸，最好用于大量物质的分离，但其分离效果较 1 号纸差；Whatman 4 号和 5 号滤纸用于快速分离，但斑点边缘不清。选择溶剂与选择滤纸一样主要凭借经验，取决于要研究的对象，所选的溶剂最好能使样品中混合物的 R_f值介于 0～1 之间。另外，在一些特殊的分离过程中，pH 值也是需要考虑的重要因素，许多溶剂因含有醋酸或氨水而具有强酸性或强碱性环境。

3. 茚三酮(茚三酮水化物)是一种强氧化剂，pH 值在 4～8 之间，与所有 α-氨基酸反应呈紫色。该反应很灵敏，所以常用来检测层析谱上的氨基酸。此外，茚三酮与许多非氨基酸的含氮成分亦可以发生反应，这些化合物包括一级和二级脂肪族胺类，以及某些非芳香族的含氮杂环化合物。亚氨基酸如脯氨酸和羟脯氨酸与茚三酮反应呈黄色。

4. 计算公式：

分配系数＝溶剂 1 中的溶质浓度/溶剂 2 中的溶剂浓度

比移值 R_f＝原点至斑点中心的距离/原点至溶剂前沿的距离

(应李强)

实验 6-6　高效液相色谱分离蛋白质

【基本原理】

高效凝胶色谱又称为高效凝胶过滤色谱、高效体积排阻色谱、高效分子筛色谱等。其分离样品的原理与经典凝胶色谱的原理一致，即样品的分离只取决于样品中各组分相对分子质量的大小。高效凝胶色谱的填料为凝胶，凝胶是一种表面惰性、含有许多不同尺寸的孔穴或立体网状物质，凝胶的孔穴仅允许直径小于凝胶孔径的组分分子进入。样品中相对分子质量大的组分，由于其分子直径大于凝胶孔径而不能进入凝胶的孔穴，只能通过凝胶珠之间的缝隙随着洗脱液流动，因此流程短，流动速度快，最快被洗脱下来。而分子直径小于凝胶孔径的不同大小的样品组分分子，能进入凝胶孔穴中并可分别渗入凝胶孔内的不同深度，其中相对分子质量较大的组分分子可以渗入凝胶的大孔内，但进不了小孔甚至于完全被排斥，因此其流程较短，流动速度较快，能较快被洗脱下来；对于相对分子质量小的组分分子，凝胶大孔和小孔都可以渗入，因此其流程最长，流动速度最慢，洗脱的时间最长，最后才被洗脱下来。最终样品中的各组分按相对分子质量的大小依次被洗脱下来。高效凝胶色谱与经典的凝胶色谱相比，由于其在高压的情况下分离样品，因此色谱柱采用的填料一般为刚性的硅胶或半刚性的聚苯乙烯，且填料颗粒较小，因此高效凝胶色谱的柱效要高于经典凝胶色谱。此外，相较于经典凝胶色谱，高效凝胶色谱还有分析的样品用量少、检测灵敏度高、分析速度快、重现性好等一系列优点。

【试剂与器材】

一、试剂

1. 流动相：0.1mol/L P.B. +0.1mol/L Na_2SO_4，pH=6.7。

2. 色谱柱保存液：0.1mol/L P.B. +0.1mol/L Na_2SO_4+0.05% NaN_3，pH=6.7。

3. 上样样品液：用流动相配制浓度为 1mg/mL 的 RNA 酶和 1mg/mL 的牛血清白蛋白混合液。

4. 色谱级甲醇。

5. 超纯水。

二、器材

1. Aglient 1200 series HPLC 系统（包括贮液瓶、试剂架、真空脱气机、四元恒流泵、自动进样器、柱温箱、紫外检测器、荧光检测器、示差折光检测器，如图 8-2-13 所示）

2. 色谱柱：TSK G2000 SW（7.5mm×600mm）

3. 超声波清洗器

4. 减压过滤系统

5. 带滤膜的一次性滤器（0.45μm 的滤膜）

6. 1mL 无菌注射器

【操作步骤】

一、试剂配制和处理

1. 流动相的配制

（1）0.1mol/L 磷酸氢二钠溶液：称取无水磷酸氢二钠 14.20g，加超纯水溶解并定容至 1L。

（2）0.1mol/L 磷酸二氢钠溶液：称取无水磷酸二氢钠 12.00g，加超纯水溶解并定容至 1L。

（3）将 0.1mol/L 磷酸氢二钠溶液和 0.1mol/L 磷酸二氢钠溶液按 435mL∶565mL 的比

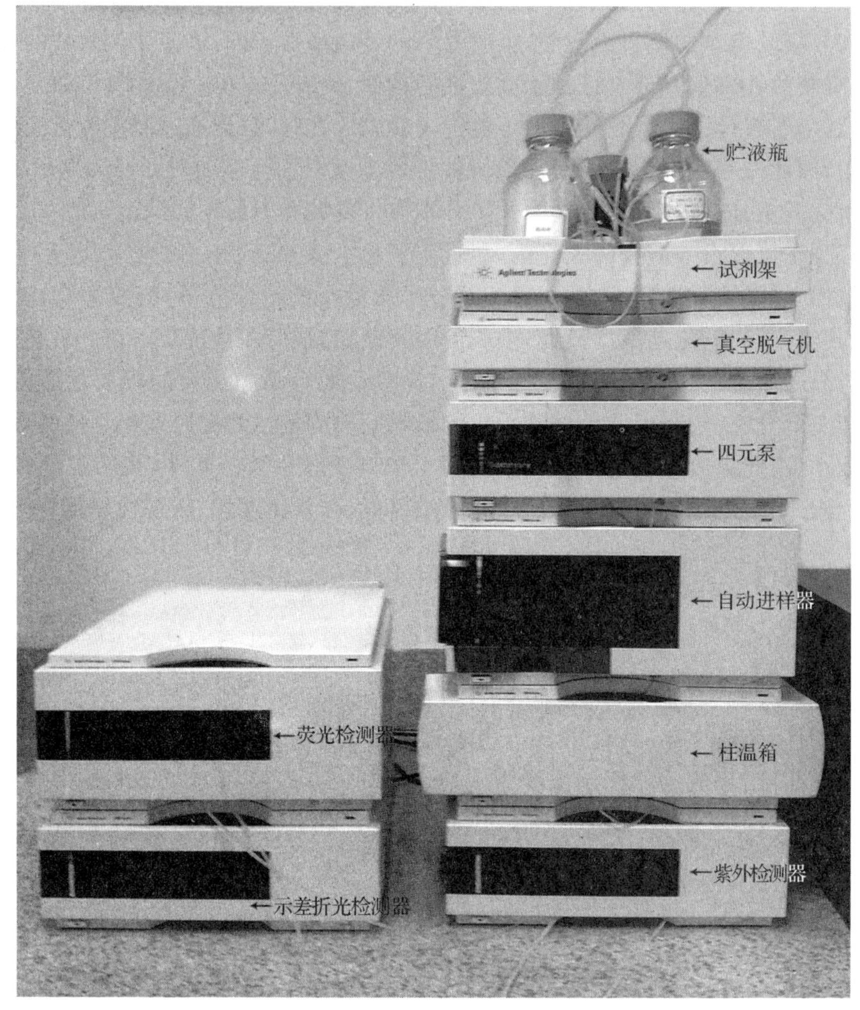

图 8-2-13　HPLC 装置图

例混合，调 pH 至 6.7，即得 0.1mol/L(pH=6.7)的磷酸缓冲液。

(4)称取无水硫酸钠 14.20g，用 0.1mol/L(pH=6.7)磷酸缓冲液溶解并定容至 1L 即得所需的流动相。

(5)将配好的流动相用减压过滤系统过滤。

(6)过滤好的流动相倒入 HPLC 系统配套的 1L 试剂瓶中，放入超声波清洗器中脱气 15min。脱气完毕后将该试剂瓶放入 HPLC 系统的试剂架上，连通到 HPLC 系统的试剂 A 通道。

2. 色谱柱保存液的配制

(1)0.1mol/L(pH=6.7)磷酸缓冲液的配制：与流动相配制中(1)～(3)的步骤相同。

(2)称取无水硫酸钠 14.20g，NaN_3 0.5g，用 0.1mol/L(pH=6.7)磷酸缓冲液溶解并定容至 1L 即得所需的色谱柱保存液。

(3)将配好的色谱柱保存液用减压过滤系统过滤。

(4)过滤好的色谱柱保存液倒入 HPLC 系统配套的 1L 试剂瓶中，放入超声波清洗器中脱气 15min。脱气完毕后将该试剂瓶放入 HPLC 系统的试剂架上，连通到 HPLC 系统的试剂 C

通道。

3. 超纯水：接取1L超纯水倒入HPLC系统配套的1L试剂瓶（专用的棕色瓶）中，放入超声波清洗器中脱气15min。脱气完毕后将该试剂瓶放入HPLC系统的试剂架上，连通到HPLC系统的试剂D通道。

4. 甲醇：将1瓶色谱级甲醇直接倒入HPLC系统配套的1L试剂瓶中，然后将该试剂瓶放入HPLC系统的试剂架上，连通到HPLC系统的试剂B通道。

5. 上样样品液的配制：

(1)2mg/mL RNA酶溶液：精密称取10mg RNA酶，用过滤后的流动相溶解并定容至5mL。

(2)2mg/mL牛血清白蛋白溶液：精密称取10mg牛血清白蛋白，用过滤后的流动相溶解并定容至5mL。

(3)将2mg/mL RNA酶溶液和2mg/mL牛血清白蛋白溶液按1：1的比例混合，即得1mg/mL RNA酶和1mg/mL牛血清白蛋白混合液（上样液）。

(4)用1mL无菌注射器吸取上样液注入到一次性滤器中进行样品过滤。过滤好的样品分装到进样瓶中，每瓶1mL。分装好的样品放入20℃冰箱保存，当天使用的可以先放在4℃冰箱保存，留待取用。

二、HPLC系统的使用

1. 开机

(1)打开计算机，进入中文Windows XP画面，并运行CAG Bootp Server程序。

(2)打开主机各模块电源，再双击INSTRUMENT 1 ONLINE图标，进入化学工作站。

(3)进入化学工作站后，打开泵上的排气阀（逆时针旋2圈），将工作站中的泵流量设到5mL/min，溶剂A设到100%。

(4)在工作站中打开泵，排出通道A（流动相）管线中的气体数分钟。

(5)依此切换到B、C、D通道分别排气。排完气将泵的流量设置为1mL/min，然后关闭排气阀（顺时针旋紧），检查柱前压力。

(6)用双通阀将色谱柱柱前和柱后的管路连接起来，选择100%甲醇（B通道）冲洗整个系统管路半个小时，流速为1mL/min。然后再换成100%超纯水（D通道）冲洗整个系统管路半个小时，流速为1mL/min。

(7)冲洗完毕后，卸下双通阀，接上色谱柱，开启柱温箱，选择100%流动相（A通道），流速为1mL/min，对色谱柱进行平衡。

(8)待压力基本稳定后，打开检测器灯，观察基线情况。

2. 数据采集方法编辑

(1)由运行控制选项进入样品信息界面，设定操作者姓名、样品数据文件名、样品名、待检测样品所放的位置等等一系列信息。

(2)泵参数设定：

1)在流量处输入流量为1mL/min，在溶剂A处输入100（A=100－B－C－D）。在最大压力极限处输入柱子的最大耐高压为40MPa，以保护柱子。

2)单击确定进入下一画面。

(3)自动进样器参数设定：

1)设置进样量为20μL，选定进样方式为标准进样。

2)单击确定进入下一画面。

(4)柱温箱参数设定:

1)在柱温下面的方框内输入所需温度为25℃,并选中它,设定点击更多>>键,选中与左侧一致,使柱温箱的温度左右一致。

2)点击确定进入下一画面。

(5)DAD检测器参数设定:

1)在波长下方的空白处输入所需的检测波长为280nm。

2)点击确定进入下一画面。

(6)单击方法菜单,选中保存方法,输入一方法名,单击确定。

3.测试

等仪器各部件都准备就绪,压力、基线平稳,就可以进样了。将装有样品的进样瓶放入样品室的指定位置,从方法菜单中选择刚刚建立的运行方法,进样。

4.打印分析报告

当分析测试完成后,系统会自动生成分析测试报告,可直接点击报告页面上的打印按钮进行打印。分析测试结果如图8-2-14所示。图中的A峰为牛血清白蛋白,B峰为RNA酶,分析测试结果显示牛血清白蛋白和RNA酶基本达到了基线分离。

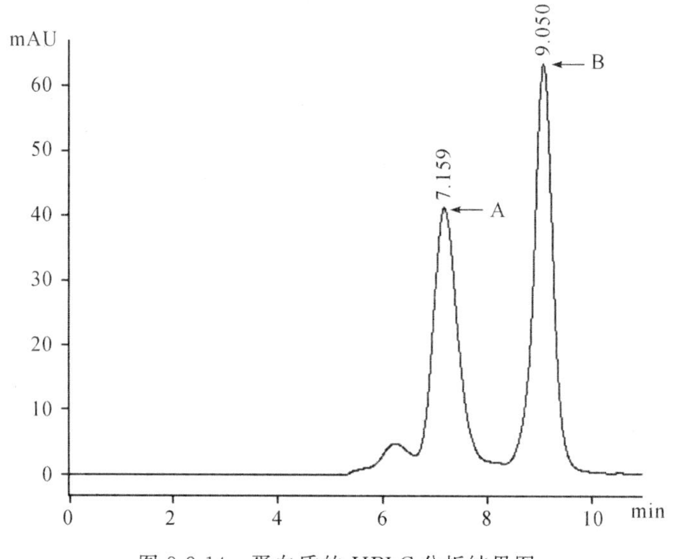

图8-2-14 蛋白质的HPLC分析结果图

5.关机

(1)分析测试结束后等基线跑平时将溶剂由流动相换成色谱柱保存液,再运行10min,把色谱柱内的流动相替换成色谱柱保存液,然后卸下色谱柱,两端用堵头封死。

(2)关机前,用超纯水冲洗柱子和系统0.5～1h,流量1mL/min,再用100%甲醇冲洗0.5h,最后关泵。

(3)退出化学工作站及其他窗口,关闭计算机。

(4)关掉Agilent 1200各模块电源开关。

三、HPLC系统的保养和使用注意事项

1.色谱柱长时间不用,存放时,柱内应充满溶剂,两端封死(如乙腈/甲醇适于反相色谱柱,正相色谱柱用相应的有机相)。

2.装色谱柱时,色谱柱标有流向,切勿装反。

3. 氘灯是易耗品，应最后开灯，不分析样品即关灯。

4. 开机时，打开排气阀，100%水，泵流量 5mL/min，若此时显示压强>10bar，则应更换排气阀内玻璃料。

5. 流动相和样品使用前必须过滤，以防止系统管路堵塞。

6. 不要使用多日存放的超纯水（易长菌），并且应将超纯水放在专门的棕色试剂瓶中。

7. 流动相和超纯水使用前必须进行脱气处理，可用超声波振荡 10～15min。

8. 配制 90%水+10%异丙醇，以每分钟 2～3 滴的速度虹吸排出，进行 seal-wash，溶剂不能干涸。

9. 长时间不用系统和色谱柱时，应 2 个月开机一次，更换系统内有机溶剂和色谱柱的保存液。

（翁登坡）

实验 6-7　亲和层析纯化植物凝集素及凝集素活性鉴定

【概述】

视频 4

亲和层析(affinity chromatography)是利用生物分子间专一的亲和力而进行分离的一种层析技术。生物分子间存在很多特异性的相互作用，如抗原-抗体、酶-底物或抑制剂、激素-受体等等，它们之间都能够专一而可逆地结合，这种结合力就称为亲和力。

选择并制备合适的亲和吸附剂是亲和层析的关键步骤之一，它包括基质和配体的选择、基质的活化、活化的基质与配体的偶联等等。①基质的选择：纤维素、葡聚糖凝胶、聚丙烯酰胺凝胶、多孔玻璃珠、琼脂糖凝胶等都可以作为亲和层析的基质，其中以琼脂糖凝胶应用最为广泛。纤维素价格低，可利用的活性基团较多，但它对蛋白质等生物分子可能有明显的非特异性吸附作用，另外它的稳定性和均一性也较差。葡聚糖凝胶（如 Sephadex G-50）和聚丙烯酰胺凝胶的物理化学稳定性较好，但它们的孔径相对比较小，而且孔径的稳定性不好，可能会在与配体偶联时有较大的降低，不利于待分离物与配体充分结合，只有大孔径型号凝胶可以用于亲和层析。多孔玻璃珠的特点是机械强度好，化学稳定性好，但它可利用的活性基团较少，对蛋白质等生物分子也有较强的吸附作用。琼脂糖凝胶具有非特异性吸附低、稳定性好、孔径均匀适当、易于活化等优点，因此得到了广泛的应用，如 Pharmacia 公司的 Sepharose-4B、Sepharose-6B 是目前应用较多的基质。②配体的选择：被固定在基质上的分子称为配体，配体和基质是共价结合的，构成亲和层析的固定相，称为亲和吸附剂。亲和层析时选择与待分离的生物大分子有亲和力的物质作为配体，例如，分离酶可以选择其底物类似物或竞争性抑制剂为配体，分离抗体可以选择抗原作为配体等等。③基质的活化：基质的活化是指通过对基质进行一定的化学处理，使基质表面上的一些化学基团转变为易于和特定配体结合的活性基团。配体和基质的偶联，通常首先要进行基质的活化。最常使用的基质活化方法是溴化氰法。用溴化氰活化多糖类基质具有简单、效果好的特点。许多活化好的、稳定的基质已商品化，在仅仅需要少量基质时可以购买。如果基质的需要量大，自己进行活化更为经济。④配体与基质的偶联：基质活化后的活性基团可以在较温和的条件下与含氨基、羧基醛基、酮基、羟基、硫醇基等多种配体反应，使配体偶联在基质上。配体和基质偶联完毕后，必须反复洗涤，以去除未偶联的配体。

另外要用适当的方法封闭基质中未偶联上配体的活性基团，也就是使基质失活，以免影响后面的亲和层析分离。

亲和层析的洗脱方法可以分为两种：特异性洗脱和非特异性洗脱。①特异性洗脱是指利用洗脱液中的物质与待分离物质或与配体的亲和特性而将待分离物质从亲和吸附剂上洗脱下来。特异性洗脱方法的优点是特异性强，可以进一步消除非特异性吸附的影响，从而得到较高的分辨率。特异性洗脱又可以分为两种：一种是选择与配体有亲和力的物质进行洗脱，这种物质与待分离物质竞争对配体的结合，在适当的条件下，如这种物质与配体的亲和力强或浓度较大，配体就会基本被这种物质占据，原来与配体结合的待分离物质被取代而脱离配体，从而被洗脱下来。另一种是选择与待分离物质有亲和力的物质进行洗脱。这种物质与配体竞争对待分离物质的结合，在适当的条件下，如这种物质与待分离物质的亲和力强或浓度较大，待分离物质就会基本被这种物质结合而脱离配体，从而被洗脱下来。由于亲和吸附达到平衡比较慢，所以特异性洗脱往往需要较长的时间和较大的洗脱条件，可以通过适当改变其他条件，如选择亲和力强的物质洗脱、加大洗脱液浓度等等，来缩小洗脱时间和洗脱体积。②非特异性洗脱是指通过改变洗脱缓冲液 pH、离子强度、温度等条件，降低待分离物质与配体的亲和力而将待分离物质洗脱下来。

凝集素(lectin)：是一类动物细胞或植物细胞能够合成和分泌的、能可逆地与特异单糖或多糖结合的糖蛋白或糖结合蛋白(除酶和抗体以外)。因其能凝集红细胞，故名凝集素。凝集素包括微生物凝集素、植物凝集素、动物凝集素。常用的为植物凝集素(phytoagglutinin，PHA)，通常以其被提取的植物命名，如伴刀豆凝集素 A(concanavalin A，ConA)、麦胚素(wheat germ agglutinin，WGA)、花生凝集素(peanut agglutinin，PNA)和大豆凝集素(soybean agglutinin，SBA)等。能和糖类结合是凝集素的最主要特征；一种凝集素能够专一结合某一种特异性糖基，如伴刀豆凝集素 A 与 α-D-吡喃糖基甘露糖结合，麦芽素与 *N*-乙酰糖胺结合，菜豆凝集素与 *N*-乙酰乳糖胺结合。因此，凝集素可以作为一种探针来研究细胞膜上特定的糖基。

本实验首先从豆科植物种子中粗提植物血球凝集素，然后用亲和层析法纯化植物凝集素，最后用兔红细胞凝血实验进行鉴定。

【基本原理】

亲和层析是利用生物分子所具有的特异的生物学性质——亲和力来进行分离纯化的。由于亲和力具有高度的专一性，使得亲和层析的分辨率很高，是分离生物大分子的一种理想的层析方法。通过将具有亲和力的两个分子中的一个固定在不溶性基质上，利用分子间亲和力的特异性和可逆性，对另一个分子进行分离纯化。将制备的亲和吸附剂装柱平衡，当样品溶液通过亲和层析柱的时候，待分离的生物分子就与配体发生特异性结合，从而留在固定相上；而其他杂质不能与配体结合，仍在流动相中，并随洗脱液流出，这样层析柱中就只有待分离的生物分子。通过适当的洗脱液将其从配体上洗脱下来，就得到了纯化的待分离物质。

凝集素使红血球凝集的机理是由于它能跟红细胞膜表面的糖分子连接，在细胞之间形成特殊的“桥”的缘故。不同种类的豆提取的凝集素效价有一定差异，经试验，广东鸡子豆、四川大白豆的效果较好；马铃薯的效价较低。

【试剂与器材】

一、试剂

1. 0.85%氯化钠溶液。

2. 1mol/L NaCl(1mmol/L 氯化钙,1mmol/L 氯化锰)溶液:称取 58.5g NaCl、0.111g 氯化钙、0.126g 氯化锰,溶于蒸馏水,定容至 1000mL。

3. 1mol/L 葡萄糖溶液(使用 1mol/L NaCl 溶液配制):称取 18.0g 葡萄糖,溶于 1mol/L NaCl 溶液中,定容至 1000mL。

4. Sephadex G-50。

5. 红细胞缓冲液:0.075mol/L 磷酸缓冲液-0.075mol/L NaCl,pH7.2。

6. 红细胞悬液:用红细胞缓冲液配制 3%(V/V)红细胞悬液。

二、器材

1. 核酸蛋白检测仪	2. 自动收集器	3. 记录仪	4. 恒流泵
5. 凝血板	6. 移液器	7. 研钵	8. 剪刀
9. 离心机	10. 离心管	11. 纱布	12. 层析柱
13. 乳胶管	14. "再"形夹	15. 玻璃纤维	16. 橡皮塞

【实验材料】

兔血,青豆。

【操作步骤】

一、植物凝集素的粗提

1. 称取 4g 颗粒饱满的豆子,用蒸馏水洗净,纱布吸干,晾干。

2. 用剪刀把豆子剪碎,放在研钵中研细,越细越好。

3. 向上述豆粉加入 7.5mL 0.85%氯化钠溶液浸泡,中间摇动几次。

4. 上述浸液经纱布过滤,去除粗渣后,移至 2 支 2mL 离心管里,离心机以 8500r/min 运转 20min,弃去沉淀,上清液就是凝集素提取液。

二、凝集素的纯化

1. 装柱:称取 Sephadex G-50 适量(一般为床体积的 1/10),沸水溶胀 2h,冷却后灌柱。

2. 平衡:用 1mol/L NaCl 溶液平衡过夜,平衡速度:0.4~1mL/min。

3. 加样:取凝集素的初提液 2mL,缓慢加入已平衡过夜的 Sephedex G-50 柱。

4. 杂蛋白的洗脱:用 1mol/L NaCl 缓冲液洗脱杂蛋白至自动记录仪的记录曲线恢复至基线,杂蛋白洗脱完毕约需 40min。

5. 凝集素的洗脱:杂蛋白洗脱完毕后,用 0.1mol/L 葡萄糖缓冲液洗脱凝集素,约 15min 后凝集素开始被洗脱下来,至自动记录仪的记录曲线恢复至基线,约 30min 洗脱完毕。

6. 平衡:用 1mol/L NaCl 缓冲液洗脱层析柱,平衡后待用。

三、兔红细胞凝血实验

1. 在"V"型血凝板的孔中加入 50μL 3%红细胞悬液。

2. 再取凝集素提取液 50μL 加入血凝板孔中。

3. 将血凝板置于摇床上振摇 1min。

4. 室温静止 20～30min，用肉眼观察血细胞的沉积结果。

【讨论】

1. 亲和层析纯化生物大分子通常采用柱层析的方法。亲和层析柱一般很短，通常 10cm 左右。上样时应注意选择适当的条件，包括上样流速、缓冲液种类、pH、离子强度、温度等，以使待分离的物质能够充分结合在亲和吸附剂上。

2. 一般生物大分子和配体之间达到平衡的速度很慢，所以样品液的浓度不易过高，上样时流速应比较慢，以保证样品和亲和吸附剂有充分的接触时间进行吸附。特别是当配体和待分离的生物大分子的亲和力比较小或样品浓度较高、杂质较多时，可以在上样后停止流动，让样品在层析柱中反应一段时间，或者将上样后流出液进行二次上样，以增加吸附量。

3. 样品缓冲液的选择也是要使待分离的生物大分子与配体有较强的亲和力。另外，样品缓冲液中一般有一定的的离子强度，以减小基质、配体与样品其他组分之间的非特异性吸附。

4. 生物分子间的亲和力是受温度影响的，通常亲和力随温度的升高而下降。所以在上样时可以选择适当较低的温度，使待分离的物质与配体有较大的亲和力，能够充分地结合；而在后面的洗脱过程可以选择适当较高的温度，使待分离的物质与配体的亲和力下降，以便于将待分离的物质从配体上洗脱下来。

5. 凝集素质量的好坏可经红血球凝集试验测定，根据凝集素经一定稀释后，仍使红细胞凝集的强弱程度来检验。

【注意事项】

亲和吸附剂的保存一般是加入 0.01％叠氮化钠，4℃下保存。也可以加入 0.5％醋酸洗必泰或 0.05％苯甲酸。应注意不要使亲和吸附剂冰冻。

（于晓虹）

实验七 底物浓度对酶促反应速度的影响
——酸性磷酸酶 K_m 及 V_m 值测定

【概述】

酶促反应速度与底物浓度的关系可用米氏方程来表示：

$$v=\frac{V[\mathrm{S}]}{K_m+[\mathrm{S}]}$$

式中，v 为反应初速度（微摩尔浓度变化/min）；V_{max} 为最大反应速度（微摩尔浓度变化/min）；[S]为底物浓度（mol/L）；K_m 为米氏常数（mol/L）。这个方程表明当已知 K_m 及 V_{max} 时，酶反应速度与底物浓度之间的定量关系。

K_m 值等于酶促反应速度达到最大反应速度一半时所对应的底物浓度，是酶的特征常数之一。不同的酶 K_m 值不同，同一种酶与不同底物反应 K_m 值也不同，K_m 值可近似地反映酶与底物的亲和力大小：K_m 值大，表明亲和力小；K_m 值小，表明亲合力大。测 K_m 值是酶学研究的一个重要方法。大多数纯酶的 K_m 值在 0.01～100mmol/L。

Lineweaver-Burk 作图法（双倒数作图法）是用实验方法测 K_m 值的最常用的简便方法：

$$\frac{1}{v}=\frac{K_m}{v}\cdot\frac{1}{[S]}+\frac{1}{V}$$

于是实验时可选择不同的[S]，测对应的 v；以 $1/v$ 对 $1/[S]$ 作图，得到一个斜率为 K_m/v 的直线，其横截距为 $-1/K_m$，由此可求出 K_m 值。与纵坐标的截距为 $1/V_{max}$，由此可求出 V_{max} 值(图 8-2-15)。

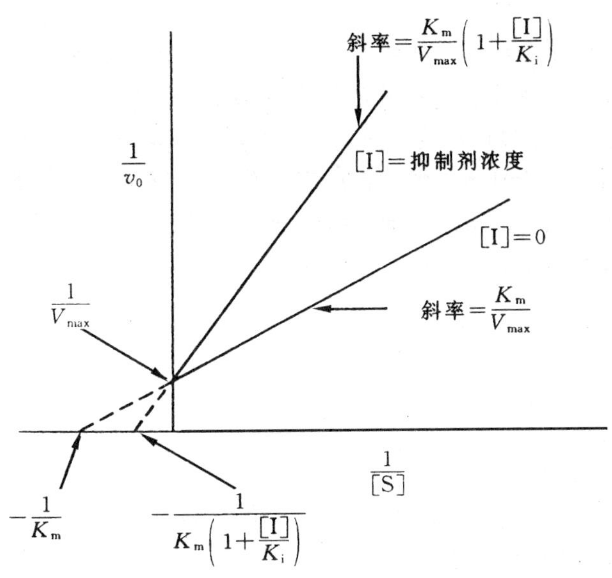

图 8-2-15　Lineweaver-Burk 双倒数图

本实验以酸性磷酸酶水解磷酸苯二钠为例。磷酸酶是一类催化磷酸单酯水解，释放无机磷酸的酶，它们广泛分布于自然界中。

$$R—O—\underset{\displaystyle OH}{\overset{\displaystyle O}{\overset{\|}{P}}}—OH + H_2O \xrightarrow{\text{磷酸酶}} ROH + P_i$$

这类磷酸酶，有的只催化专一性的底物，例如果糖二磷酸酶催化 1,6-二磷酸果糖水解，生成 6-磷酸果糖和磷酸，有的则可催化多种磷酸单酯化合物水解，它们广泛地存在于各种组织细胞中。对后者，通常根据它们发挥催化效率的最适 pH，分为酸性磷酸酶和碱性磷酸酶。酸性磷酸酶存在于人体的肝脏、前列腺等组织中，也存在于某些细菌及植物种子中，其中以植物种子，尤其是种子处在发芽阶段含量最为丰富。本实验为了取材的方便，选用绿豆芽或小麦胚芽为材料制备酸性磷酸酶，并以磷酸苯二钠为底物，进行酶反应动力学的实验分析。磷酸苯二钠经酸性磷酸酶的作用，水解生成酚和无机磷酸盐，其反应式如下：

$$C_6H_5—O—\underset{\displaystyle ONa}{\overset{\displaystyle O}{\overset{\|}{P}}}—ONa + H_2O \rightleftharpoons C_6H_5—OH + Na_2HPO_4$$

有足够浓度的底物磷酸苯二钠存在时，反应产物酚和无机磷酸盐浓度随着酸性磷酸酶的活性而增加。分别用 Folin-酚法测定酚或用定磷法测定无机磷浓度，并以此产物生成量来表示酶的活性。根据酶活性单位的定义，酸性磷酸酶一个活性单位等于在反应的最适条件下，每分钟生成 1μmol 产物所需的酶量。

本实验首先制作酶反应时间与产物生成量之间的关系曲线，从中确定酶活性测定所需的合适的反应时间，然后在酶反应的最适条件下(pH5.6，反应温度35℃)，以不同的底物浓度与固定量的酶进行反应，测得反应初速率(V_0)，最后通过1/[S]与$1/V_0$作图，即Lineweaver-Burk双倒数作图法，求得酸性磷酸酶的K_m值和V_{max}值。

【实验原理】

K_m是酶的一个特征性常数，K_m值的大小反映酶与底物亲和力的强弱。K_m值和V_{max}值的测定，一般都通过作图法求得。本实验酸性磷酸酶K_m值及V_{max}值采用Lineweaver-Burk作图法，以定量的酶与不同浓度的底物——磷酸苯二钠经一定时间反应后，测定反应体系中产物——酚的生成量。由于酚与Folin-酚试剂反应的产物在680nm波长处有特征性吸收峰，因此，实验时测得各管A_{680nm}后，可从酚标准曲线上查得酚的浓度，然后计算各种底物浓度下的反应初速率(μmol/min)，最后以1/[S]为横坐标，以$1/V_0$为纵坐标作图，求出该酶的K_m值和V_{max}值。

【试剂与器材】

一、试剂

1. 醋酸(HAc)缓冲溶液(0.2mol/L，pH5.6)：首先配制A液和B液。A液(0.2mol/L醋酸钠溶液)：取$CH_3COONa \cdot 3H_2O$ 27.22g，加水溶解定容至1000mL。B液(0.2mol/L醋酸溶液)：冰醋酸11.7mL，加水至1000mL。然后取A液91.0mL，加B液9.0mL，混匀，校准pH后即为0.2mol/L pH5.6醋酸缓冲溶液。待用。

2. 磷酸苯二钠溶液

(1)100mmol/L磷酸苯二钠溶液：精确称取磷酸苯二钠($C_6H_5Na_2PO_4 \cdot 2H_2O$，相对分子质量为254.10)2.54g，加蒸馏水溶解，定容至100mL。

(2)5mmol/L磷酸苯二钠溶液(pH5.6)：取浓度为100mmol/L磷酸苯二钠溶液5mL，加0.2mol/L pH5.6醋酸缓冲溶液至100mL。

3. 1mol/L碳酸钠溶液。

4. Folin-酚试剂

(1)贮存液：于2000mL圆底烧瓶内，加入钨酸钠($Na_2WO_4 \cdot 2H_2O$)100g，钼酸钠($Na_2MoO_4 \cdot 2H_2O$)25g，水700mL，85%磷酸50mL及浓盐酸100mL，接上回流冷凝管，以小火回流10h。回流结束后，加入硫酸锂($Li_2SO_4 \cdot H_2O$)150g，水50mL及溴水数滴，敞开瓶口继续沸腾15min，以除去过量的溴。冷却后溶液呈黄色，加水定容至1000mL。过滤，滤液置于棕色瓶中保存于暗处，此为酚试剂贮存液。

(2)应用液：将贮存液用蒸馏水以1∶3稀释即可，用于检测酚含量。

5. 酚标准液

(1)贮存液：精确称取重蒸馏酚0.94g，溶于0.1mol/L HCl溶液中，并定容至1000mL。贮存于冰箱中，可永久保存备用。此时的酚浓度约为0.01mol/L，其实际浓度待标定，标定方法见[讨论]3。

(2)应用液：将已标定的贮存液用蒸馏水稀释至浓度为0.4mmol/L。

二、器材

1. 恒温水浴槽　　2. 可见分光光度计

【实验材料】

绿豆芽。

【操作步骤】

一、酸性磷酸酶原酶液制备

1. 将绿豆芽去头尾，中间茎部分备用；

2. 取 5g 豆芽，加入 pH5.6 醋酸缓冲液（HAc）1mL，研磨成浆，静置 30min；

3. 纱布榨滤，滤液 6000r/min 离心 20min，上清即原酶液；

4. 将原酶液用 pH5.6 HAc 缓冲液稀释 10～40 倍，待用。

二、制作酶反应时间与产物生成量的关系曲线

1. 取试管 12 支，按 1 至 11 编号，另设 0 号为空白。

2. 各管加入 5mmol/L 磷酸苯二钠溶液 0.5mL，在 35℃水浴预热 2min。

3. 在 1～11 号管内各加入预热酶液 0.5mL，立即计时并摇匀，按时间间隔 3、5、7、10、12、15、20、25、30、40 及 50min，在 35℃进行酶反应。

4. 当反应进行到上述相应的时间，先后加入 1mol/L 碳酸钠溶液 2mL，混匀。

5. 0 号管在加入 1mol/L 碳酸钠溶液 2mL 后，再加酶液 0.5mL，混匀。

6. 向 0～11 号管各加入 Folin-酚应用液 0.5mL，继续保温 10min。

7. 冷却后，以 0 号管作空白，用可见分光光度计于 680nm 波长处读取各管吸光度（A_{680nm}）。

8. 以反应时间为横坐标，A_{680nm} 为纵坐标，绘制反应进程曲线，并从该曲线上求出酸性磷酸酶反应初速率的时间范围。

三、制作酚标准曲线

1. 取试管 9 支，按 1～8 编号，并设 0 号管为空白管。

2. 在 1～8 号管分别加 0.1～0.8mL 酚标准应用液，并用蒸馏水将各管体积补充至 1.0mL，0 号管单加蒸馏水 1mL。

3. 所有实验管各加 1mol/L Na_2CO_3 溶液 2mL 及 Folin-酚试剂应用液 0.5mL，摇匀后于 35℃保温 10min。整个操作程序按表 8-2-5 所示加入试剂。

表 8-2-5　酚标准曲线制作加液程序

	0	1	2	3	4	5	6	7	8
0.4mmol/L 酚标准应用液（mL）	0	0.1	0.2	0.3	0.4	0.5	0.6	0.7	0.8
蒸馏水（mL）	1	0.9	0.8	0.7	0.6	0.5	0.4	0.3	0.2
1mol/L Na_2CO_3（mL）	2	2	2	2	2	2	2	2	2
Folin-酚试剂应用液（mL）	0.5	0.5	0.5	0.5	0.5	0.5	0.5	0.5	0.5

4. 以 0 号管作空白，在可见分光光度计 680nm 波长处读取各管的吸光度（A_{680nm}），填入表 8-2-6 中。

表 8-2-6　酚标准曲线实验数据

	0	1	2	3	4	5	6	7	8
酚含量（μmol）	0	0.04	0.08	0.12	0.16	0.20	0.24	0.28	0.32
吸光度 A_{680nm}									

5. 以酚含量(μmol)为横坐标，A_{680nm}为纵坐标，绘制标准曲线。

四、测定酶的 K_m 值及 V_{max} 值

1. 取试管 7 支，按 1～6 编号，另设 0 号管为空白管。

2. 按表 8-2-7 加入不同体积 5mmol/L 磷酸苯二钠溶液，并分别补充 0.2mol/L pH5.6 醋酸缓冲溶液至各管体积达 0.5mL。

3. 35℃预热 2min 后，按序逐管加入酸性磷酸酶液（稀释液）0.5mL，立即摇匀，每管精确计时，继续保温 15min。

4. 反应时间到达后，立即逐管加入 1mol/L Na_2CO_3 溶液 2mL，摇匀，再加入 Folin-酚稀溶液 0.5mL，0 号管最后加入酶液 0.5mL。35℃保温 10min。整个操作程序按表 8-2-7 所示加入试剂。

表 8-2-7 [S]与 V_0 关系实验加液程序表

管号	1	2	3	4	5	6	0
磷酸苯二钠(mL)	0.10	0.15	0.20	0.25	0.30	0.50	0.50
醋酸缓冲液(mL)	0.40	0.35	0.30	0.25	0.20	—	—
酶液(mL)	0.50	0.50	0.50	0.50	0.50	0.50	—
35℃，精确反应 15min							
碳酸钠溶液(mL)	2	2	2	2	2	2	2
Folin-酚应用液(mL)	0.5	0.5	0.5	0.5	0.5	0.5	0.5
酶液(mL)	—	—	—	—	—	—	0.5
35℃保温 10min							

5. 各管冷却后，以 0 号管作空白，用可见分光光度计在 680nm 波长处读取各管的 A_{680nm} 值。从酚标准曲线上查出各管 A_{680nm} 所对应的酚含量，进而计算各种底物浓度下的反应初速率(V_0)（表 8-2-8）。

表 8-2-8 [S]与 V_0 关系实验结果

管号	1	2	3	4	5	6
[S](mmol/L)	0.5	0.75	1	1.25	1.5	2.5
1/[S]						
A_{680nm}						
酚含量						
V_0(μmole phenol per min)						
$1/V_0$						

6. 以 1/[S]为横坐标，$1/V_0$ 为纵坐标作图，求得 K_m 值和 V_{max} 值。

【讨论】

1. 制备的酸性磷酸酶原液，不能直接用于实验。在测定 K_m 及 V_{max} 值时，如同酶进程曲线制作时一样，需用 0.2mol/L pH5.6 醋酸缓冲溶液作适当稀释，稀释倍数要求双倒数作图中第 6 管的 A_{680nm} 达 0.7～0.8。

2. 要进行酶活性测定，首先要确定酶反应时间。酶的反应时间应在反应初速率范围内选择。要测得代表酶反应初速率的时间范围，就必须制作酶反应的进程曲线，即酶反应时间与产物生成量或底物减少量之间的关系曲线。该曲线表明酶反应随反应时间变化的情况。本实验的进程曲线是在酶反应的最适条件下，采用每间隔一定的时间测定产物生成量的方法。从进

程曲线可以看出，曲线的起始部分在某一段时间范围内呈直线，随着反应时间的延长，两者之间即不呈直线。因此要真实反映酶活性的大小，就应该在产物生成量与酶反应时间成正比的这一段时间内作初速率的测定。

3.酚标准贮存液的标定可按如下方法进行：取酚标准贮存液（0.01mol/L）25mL，置于带塞三角烧瓶内，加入0.1mol/L NaOH溶液50mL，加热至65℃。在此溶液中加入25mL 0.1mol/L碘溶液（实际浓度需事先标定），盖紧瓶塞，置室温30min。再加浓盐酸5mL，并以浓度为0.1mol/L的硫代硫酸钠溶液（实际浓度需标定）进行滴定。滴定时，加入2～3mL 1%淀粉液作指示剂，蓝色消失为滴定终点。根据酚与游离碘的氧化还原反应：

$$C_6H_5OH + 3I_2 = C_6H_2I_3OH + 3HI$$

0.1mol/L碘溶液1mL需要0.001567g酚相作用，25mL 0.1mol/L碘液与25mL酚标准贮存液中的酚相作用外还有剩余，进一步可用硫代硫酸钠溶液滴定剩余的游离碘。每毫升0.1mol/L硫代硫酸钠溶液相当于每毫升0.1mol/L碘液，相当于0.001567g酚，依此换算出25mL酚标准贮存液中酚的实际含量，进而推算出贮存液中酚的实际浓度。

附：溶液配制和标定

1.0.1mol/L碘溶液的配制和标定：取KI 20g，加少量水溶解，再缓慢加入碘12.7g，振摇至碘完全溶解后加水至1000mL。量取20mL上述碘液，以1%淀粉液作指示剂，用已标定的约0.1mol/L硫代硫酸钠溶液滴定，蓝色消退为终点。根据当量定律，从所消耗的硫代硫酸钠溶液的体积（mL）即可算得碘溶液的实际浓度。

2.0.1mol/L硫代硫酸钠溶液的配制和标定：取硫代硫酸钠（$Na_2S_2O_3 \cdot 5H_2O$）25g及无水碳酸钠2g，加煮沸后冷却的蒸馏水溶解，定容至1000mL。溶液置暗处1周，再进行标定，标定方法如下：取重铬酸钾（$K_2Cr_2O_7$，事先于120℃烘干）29.4g，用水定容至1000mL，此为0.1mol/L重铬酸钾溶液。取此液25mL于三角烧瓶中，加水30mL、20%KI溶液10mL及2mol/L HCl溶液15mL，混合后加盖，于暗处放置片刻后加水50mL。标定时，在该混合液中加1%淀粉2.5mL，用待标定的硫代硫酸钠进行滴定，蓝色消失为终点。按照反应：

$$Cr_2O_7^{2-} + 6I^- + 14H^+ \longrightarrow 3I_2 + 2Cr^{3+} + 7H_2O$$

$$2S_2O_3^{2-} + I_2 \longrightarrow S_4O_6^{2-} + 2I^-$$

根据已知的重铬酸钾溶液的浓度（0.1mol/L）、体积（25mL）以及滴定用去硫代硫酸钠的体积数，即可求得硫代硫酸钠溶液的实际浓度。

（赵鲁杭）

第九章　蛋白质组学研究实验技术

第一节　概　述

蛋白质组学(proteomics)研究是人类后基因组时代的重要研究内容之一，是一种研究细胞、组织乃至整个生物体中所表达的全部蛋白质的组成及其变化规律的科学。“蛋白质组学”这个新名词最早是由 Marc Wikins 于 1994 年首次提出的。

“蛋白质组(proteome)”一词，源于蛋白质(protein)与基因组(genome)两个词的组合，意指“一种基因组所表达的全套蛋白质”，即包括一种细胞乃至一种生物所表达的全部蛋白质。蛋白质组学本质上指的是通过对细胞、组织或整个生物体蛋白质的表达、修饰，以及相互作用等情况进行全方位、大规模的定性和定量分析，从而了解在各种环境因素变化或生理、病理情况下，组织或细胞内的蛋白质表达质和量的变化，由此获得蛋白质水平上关于疾病发生、细胞代谢等过程的整体而全面的认识，为研究生命活动的规律提供物质基础。

蛋白质作为生物体中最为重要的一类生物大分子，几乎参与了生命活动的所有过程，是生命功能的体现者。基因的表达受多种环境因素的影响，同时也存在着可变剪辑及 RNA 编辑等调控过程，在基因组序列不变的情况下组织细胞所表达的蛋白质组是在不断变化的。通过比较不同环境或不同生理、病理条件下各种组织细胞中蛋白质表达的差异，找到差异表达的蛋白质分子，对于揭示组织细胞蛋白质表达调控的规律、寻找药物设计的分子靶点或者疾病早期诊断的分子标志物具有重要的意义。

蛋白质组学研究的主要技术和方法包括二维凝胶电泳结合质谱技术及蛋白质信息学分析和同位素标记相对和绝对定量结合质谱技术及蛋白质信息学分析。

一、二维凝胶电泳结合质谱技术及蛋白质信息学分析

二维凝胶电泳(two-dimensional gel electrophoresis，2-DE)也称双向凝胶电泳，是一种结合了等点聚焦电泳(IFE)技术和 SDS-聚丙烯酰胺凝胶电泳(SDS-PAGE)技术的实验技术和方法，两种电泳技术结合形成的二维凝胶电泳可以实现混合蛋白质样品中各种蛋白质之间更为有效的分离。

二维凝胶电泳第一向进行等电聚焦电泳，即先将提取的蛋白质样品在预制的带有 pH 梯度的胶条上进行等电聚焦电泳(根据蛋白质等电点不同进行分离)，样品中的各种蛋白质根据各自等电点的不同进行分离，分别移动到 pH 梯度胶上蛋白质各自的等电点位置停止；电泳结束后将胶条转移到垂直的 SDS-PAGE 胶板上进行电泳(根据蛋白质相对分子质量的不同进行分离)，电泳结束后经染色得到的电泳图谱即为蛋白质表达的二维电泳图谱(图 9-1-1)。其中每个独立的斑点对应于样品中的一种蛋白质，通过二维凝胶电泳可以将上千种不同的蛋白质进行分离。

二维凝胶电泳结合质谱技术进行蛋白质组学研究的基本过程如下(图 9-1-2)：二维电泳结束后挖取电泳图谱中的蛋白质斑点并酶解成肽段，然后通过质谱检测每个肽段的相对分子质

量，经搜库和蛋白质信息学分析，即可知道该蛋白质斑点的基本信息（如名称、相对分子质量、等电点、表达丰度以及已知的功能等）。

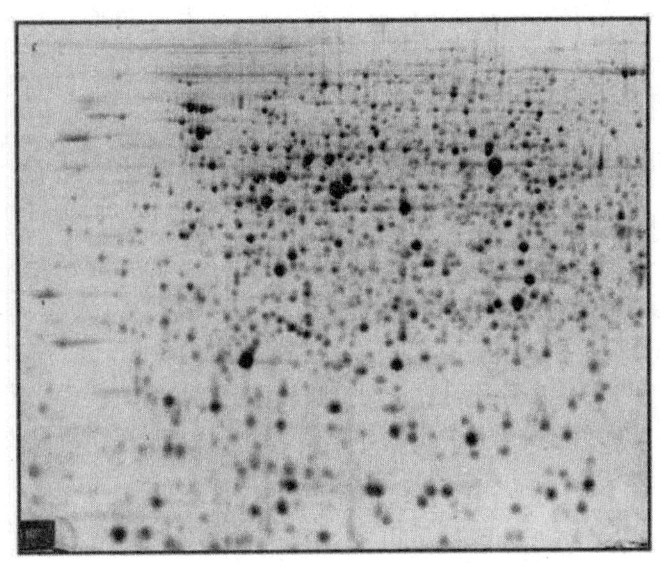

图 9-1-1　组织细胞蛋白质二维电泳图谱

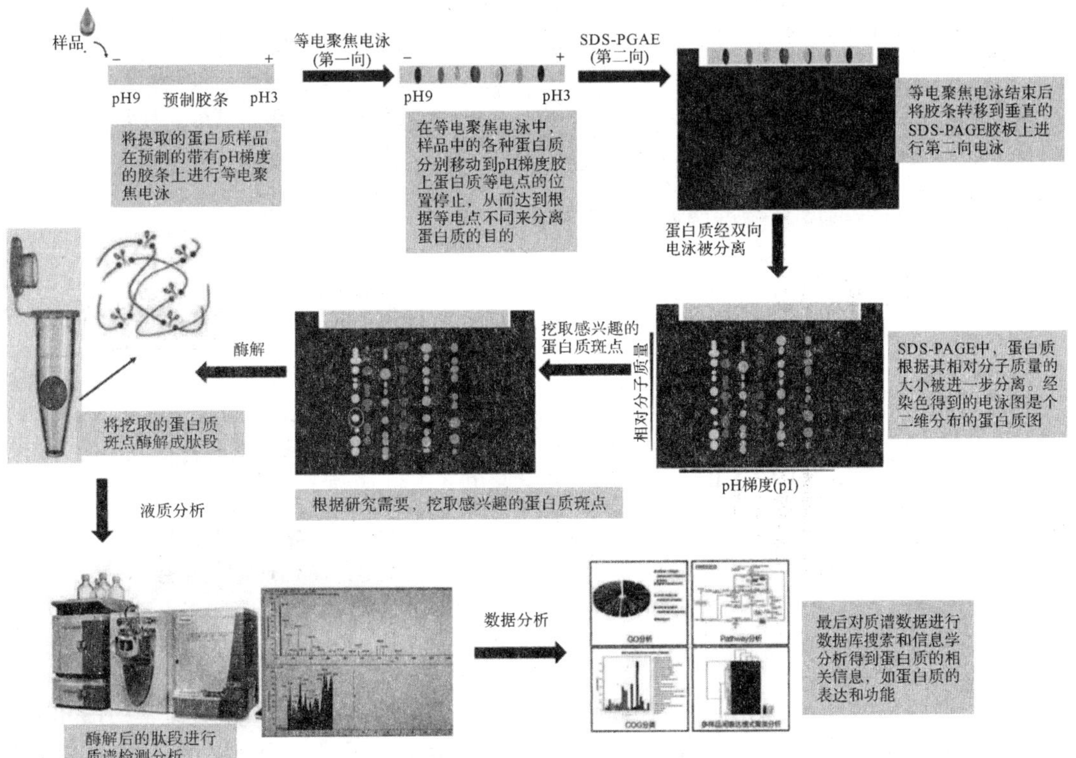

图 9-1-2　二维凝胶电泳结合质谱技术蛋白质组学实验基本过程

1. 二维凝胶电泳(2-DE)的优点

可比较直观地提供蛋白质样品的相对分子质量、等电点、表达丰度等信息，是蛋白质组学研究较为经典的方法。

2. 二维凝胶电泳(2-DE)的缺陷

(1)难以检测疏水性蛋白质、膜蛋白、低丰度表达蛋白质、极酸性和极碱性蛋白质、相对分子质量偏大或偏小的蛋白质(相对分子质量小于 10000 或大于 200000 的蛋白质)等;

(2)操作相对烦琐,实验周期较长,实验重复性欠佳;

(3)自动化程度低,难以实现高通量检测。

二、同位素标记相对和绝对定量技术及蛋白质信息学分析

1. iTRAQ 技术原理

同位素标记相对和绝对定量(isobaric tags for relative and absolute quantitation,iTRAQ)技术是一种体外同位素标记多肽的相对和绝对定量技术,该技术利用 4 种或 8 种稳定同位素标签,通过分别标记不同样品中多肽链上的氨基,然后经高精度的串联质谱分析,可同时比较 4 种或 8 种不同样品中蛋白质的绝对量和相对量的变化和差异,并且几乎可以对任何蛋白质样品进行定性、定量分析,是近年来应用最为广泛的高通量定量蛋白质组学研究技术。

iTRAQ 试剂主要由以下 3 部分组成(图 9-1-3):

(1)报告基团(report group):有 4 种或 8 种稳定同位素标签,4 种同位素标签的相对分子质量分别为 114~117,8 种同位素标签的相对分子质量分别为 113~121,因此 iTRAQ 试剂最多可以同时标记 8 组样品。

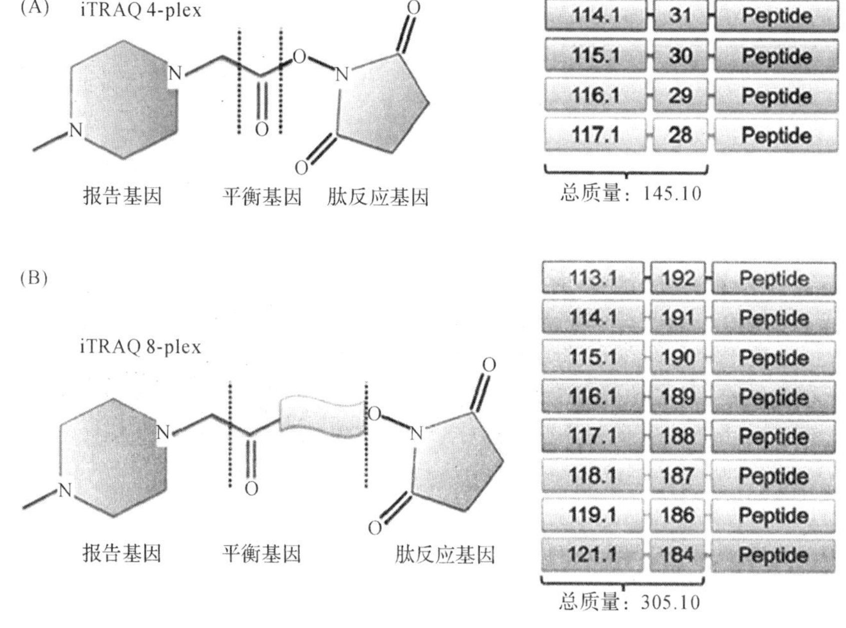

图 9-1-3 iTRAQ 试剂的组成

(2)平衡基团(balance group):平衡报告基团的相对分子质量,如 4 标平衡基团的相对分子质量分别为 31、30、29 和 28,与报告基团结合组成相对分子质量皆为 145 的基团,从而保证 iTRAQ 试剂标记的不同样品的同一肽段具有相同的荷质比。

(3)肽反应基团(amine-specific reactive group):与肽段上赖氨酸残基上的氨基以及肽段 *N*-端氨基酸残基上的氨基共价结合。报告基团通过平衡基团与反应基团相连,就形成了 4 种相对分子质量均为 145 的异位标签。

2. iTRAQ 技术蛋白质组学研究实验的内容和实验基本过程

iTRAQ 蛋白质组学研究实验包括 8 个部分的内容(图 9-1-4)。

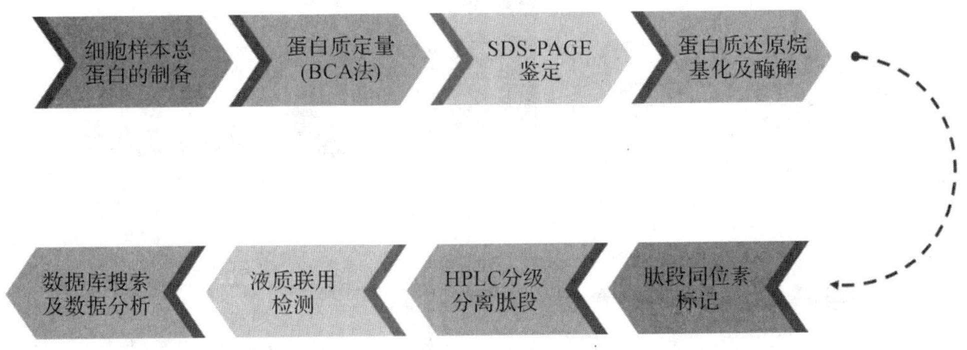

图 9-1-4　iTRAQ 蛋白质组学研究实验内容和过程

实验基本过程如下:

提取待进行蛋白质组学研究的目标组织或细胞的总蛋白并进行蛋白质含量测定,通过 SDS-PAGE 鉴定提取的蛋白质是否符合后续实验的要求。将符合要求的提取蛋白质用尿素变性;二巯基苏糖醇(DTT)还原,打开二硫键;碘乙酰胺(IAA)烷基化修饰巯基,防止游离的巯基再生成二硫键;用胰蛋白酶在特定的条件下酶解蛋白质成肽段,并用带有不同稳定同位素的 iTRAQ 试剂进行标记。标记后的肽段通过凝胶过滤高效液相层析(HPLC)进行分级分离,分别将分级分离后的组分进行液质联用质谱检测,并将检测的数据导入数据库进行搜库分析,从而获得目标组织或细胞蛋白质组学研究的实验结果(图 9-1-5、图 9-1-6)。

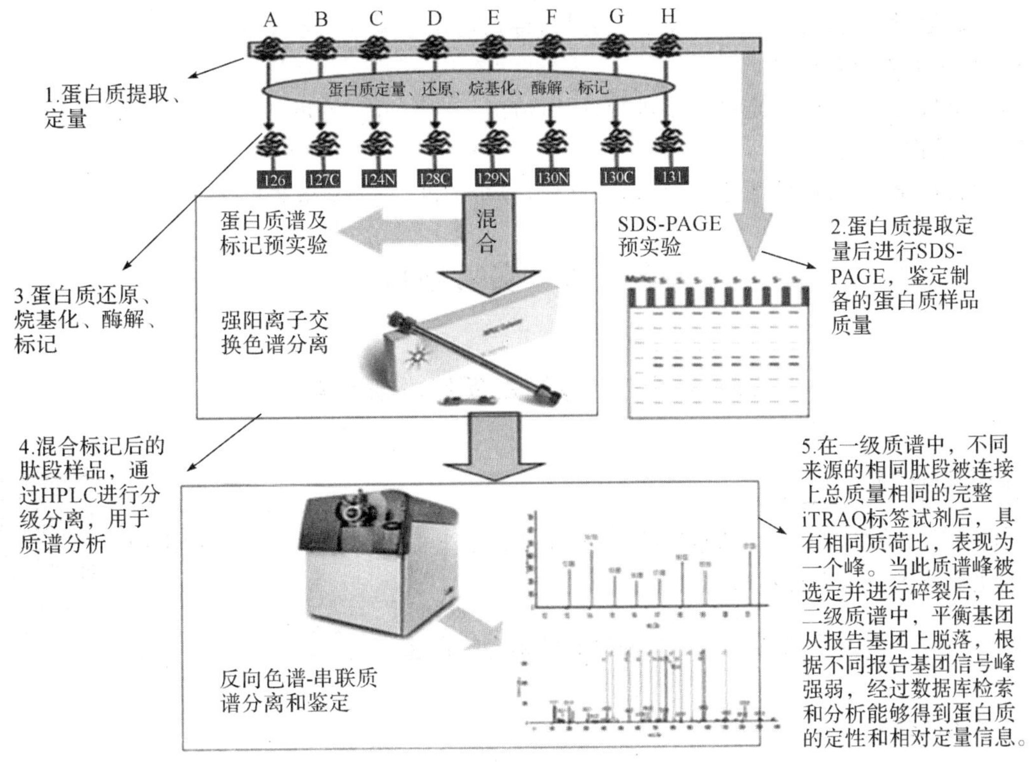

图 9-1-5　iTRAQ 蛋白质组学研究实验过程

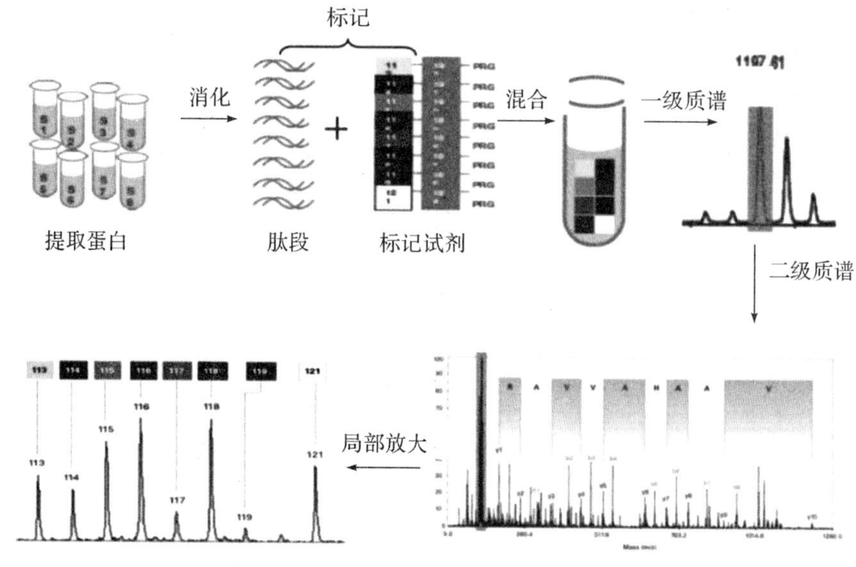

图 9-1-6 iTRAQ 蛋白质组学研究一、二级质谱示意图

3. iTRAQ 技术的优点

(1)灵敏度高:可检测出低丰度表达的蛋白。

(2)分离能力强:可检测酸/碱性蛋白,相对分子质量小于 10000 或大于 200000 的蛋白、难溶性蛋白的表达情况。

(3)适用范围广:可以对任何类型的蛋白质进行鉴定,包括膜蛋白、核蛋白和胞外蛋白等。

(4)高通量:可同时对 8 个样本进行分析,特别适用于采用多种处理方式或来自多个处理时间的样本的差异蛋白分析。

(5)结果可靠:定性与定量同步进行,同时给出每一个组分的相对表达水平、相对分子质量和丰富的结构信息。

(6)自动化程度高:液质连用,自动化操作,分析速度快,分离效果好。

第二节 实验项目

实验八 iTRAQ 蛋白质组学研究实验

【实验目的】

视频 5

了解蛋白质组学研究的基本思路,掌握 iTRAQ 蛋白质组学研究实验技术的原理、主要技术方法和实验过程。

实验 8-1 生物样本总蛋白的制备

【基本原理】

利用组织匀浆、细胞匀浆或超声破碎等方法破碎组织细胞提取细胞总蛋白,具体方法详见

第二章第三节和第八章第二节。

【试剂与器材】

一、试剂

1. SDS 细胞裂解液：商品化购买。

2. 蛋白酶抑制剂 PMSF(100mmol/L)。

二、器材

1. 超声波细胞破碎仪　　2. 低温高速离心机　　3. －70℃冰箱

【实验材料】

组织细胞样本或培养细胞样本。

【操作步骤】

1. 取两种需要进行蛋白质组学研究的组织或细胞样本，分别进行标记，可以设立重复样本以减少误差。

2. 每个样本中分别加入适量 SDS 细胞裂解液(裂解液的量依细胞样本的量而定)，再加入蛋白酶抑制剂 PMSF，使其终浓度为 1mmol/L。

3. 超声破碎，功率 80W，超声 1.0s，关闭 1.0s，反复 20～40 次，注意控制低温。

4. 超声破碎后的细胞匀浆液，4℃，12000×g 离心 20min，取上清，上清液即为样本的总蛋白提取液。

5. 每管取部分蛋白质样品，用 BCA 法测定蛋白质浓度，剩余部分储存于－70℃冰箱中备用。

实验 8-2　BCA 法测定蛋白质含量

【基本原理】

在碱性条件下，蛋白质将 BCA(二喹啉甲酸)工作液中的 Cu^{2+} 还原为 Cu^{+}，2 个分子的 BCA 与 Cu^{+} 螯合形成稳定的蓝紫色复合物，该复合物在 562nm 处显示最大的吸光度值，此吸光值与蛋白质浓度在一定范围内成正比关系，因此根据吸光度值可以推算出蛋白质浓度，详见实验 2-5。

【试剂与器材】

一、试剂

1. 0.5mg/mL 牛血清白蛋白溶液：4℃保存。

2. BCA 试剂：商品化试剂，试剂 A 和试剂 B 临用前依照商品说明书按比例混合。

3. PBS 溶液。

二、器材

1. 酶标仪　　2. 96 孔酶标板　　3. 恒温箱

【操作步骤】

1. 实验前准备：提前半小时打开酶标仪；提前打开恒温箱，调温至37℃；按比例配制好所需的BCA工作液(按50体积BCA试剂A+1体积BCA试剂B配制)。

2. 取0.5mg/mL蛋白质标准溶液0,1,2,4,8,12,16,20μL分别加入96孔酶标板的1～8孔中，9～10孔分别加入提取的两种蛋白质溶液；每孔用PBS溶液补足至20μL，并设2个平行对照组。

3. 每孔加入200μL BCA工作液，37℃恒温箱放置30min。

4. 取出酶标板，用酶标仪测定562nm吸光度值。

5. 根据标准品孔中的蛋白质浓度和吸光度值制作标准曲线。

6. 根据标准曲线计算出提取的组织细胞蛋白质样品的蛋白质浓度。

实验8-3 SDS-PAGE胶图分析

【基本原理】

参见实验3-2。

鉴定制备的蛋白质样品质量，通过观察电泳区带的均一性判定提取的蛋白质样本是否符合后续质谱分析实验的要求。

【试剂与器材】

一、试剂

1. 分离胶缓冲溶液(3mol/L Tris-HCl缓冲液，pH8.8)：Tris 36.3g，加50mL去离子水，缓慢地加浓盐酸至pH8.8；加去离子水定容至100mL。可在4℃存放数月。

2. 浓缩胶缓冲溶液(0.75mol/L Tris-HCl缓冲液，pH6.8)：称取Tris 9.08g，加50mL去离子水，缓慢地加浓盐酸至pH6.8；加去离子水定容至100mL。可在4℃存放数月。

3. 凝胶贮液：丙烯酰胺(Acr)和甲叉双丙烯酰胺(Bis)是中枢神经毒物，应注意避免直接接触，操作时应戴手套，大剂量配制时需在通风柜中操作。取29.0g丙烯酰胺，1.0g甲叉双丙烯酰胺，加去离子水至100mL，缓慢搅拌直至丙烯酰胺粉末完全溶解，过滤后装在棕色瓶中，可在4℃存放数月。

4. 2×样品稀释液(内含SDS和巯基乙醇)：首先配制样品缓冲液(0.05mol/L，pH8.0 Tris-HCl)：称取Tris 0.61g，加入50mL蒸馏水使之溶解，再加入3mL 1mol/L HCl溶液，混匀后在pH计上调pH至8.0，最后加蒸馏水定容至100mL。然后取样品缓冲液(0.05mol/L，pH8.0 Tris-HCl)2mL，SDS 100mg，巯基乙醇0.1mL，甘油1.0mL，溴酚蓝2mg，加蒸馏水至总体积10mL。

5. 2%(V/V)TEMED溶液：取2mL TEMED，加蒸馏水至100mL，置于棕色瓶中，在4℃冰箱中保存。

6. 10%(W/V)过硫酸铵溶液：取过硫酸铵1g，溶解于10mL蒸馏水中。最好当天配制。

7. 电泳缓冲液：取SDS 1g，Tris 6g，甘氨酸28.8g，加蒸馏水至1000mL，pH=8.3。

8. 考马斯亮蓝染色液：取1.25g考马斯亮蓝R-250，加454mL 50%甲醇溶液和46mL冰醋酸，混匀。

9. 脱色液：取冰醋酸 75mL，甲醇 50mL，加蒸馏水至 1000mL。

二、器材

1. 凝胶扫描仪　　2. 电泳仪　　3. 垂直板状电泳槽　　4. 脱色摇床

【操作步骤】

1. 每个样本取 30μg 蛋白质，与等体积 2×样品稀释液混匀，短暂离心。

2. 沸水浴 5min，使蛋白质变性，取出样品管，短暂离心。

3. 将制备好的 SDS-PAGE 胶放置到电泳槽中（12%的分离胶＋5%的浓缩胶，凝胶配制方法参见表 8-2-3），加入适量的电泳缓冲液（详见实验 3-2）。

4. 取 15μL 提取的蛋白质样品，加入 SDS-PAGE 胶的泳道中进行电泳。

5. 首先设置恒压 80 V 电泳，待溴酚蓝进入分离胶后改为恒压 120 V 至电泳结束。

6. 切除浓缩胶，分离胶用去离子水清洗 3 次。

7. 加入考马斯亮蓝染色液进行染色 1～2h。

8. 染色结束后，回收染色液，用去离子水清洗分离胶 3 次。

9. 加入脱色液进行脱色，经多次更换脱色液至蛋白质条带和背景清晰。

10. 电泳凝胶用凝胶扫描仪进行全彩模式扫描。

11. 胶图分析（图 9-2-1、图 9-2-2）。

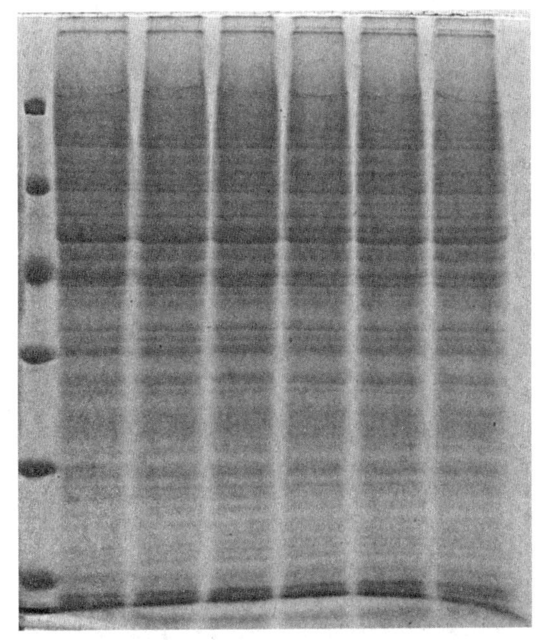

图 9-2-1　条带分布均匀的电泳图谱

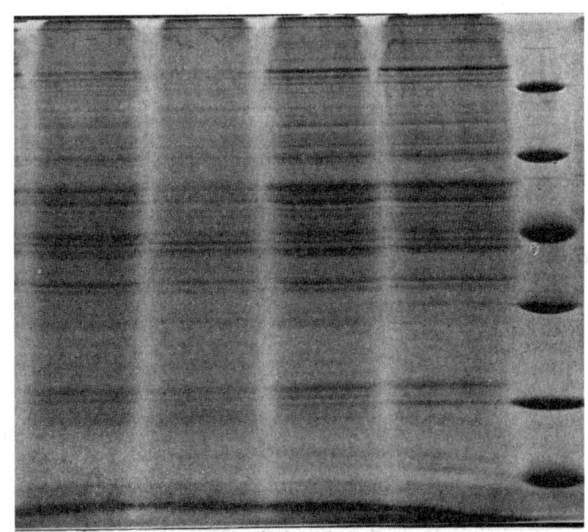

图 9-2-2　条带分布不均匀的电泳图谱

说明：在上样量相同的情况下，各泳道重复性和颜色深浅都一致，条带分布均匀，表明提取的蛋白质样品符合要求，可以继续实验。

如果条带分布不均匀，出现拖尾等现象，不可用于下一步操作，需重新提取蛋白质样品。

实验 8-4 蛋白还原烷基化及酶解

【基本原理】

将蛋白质用尿素变性、二巯基苏糖醇(DTT)还原,打开二硫键,用碘乙酰胺(IAA)烷基化修饰巯基,防止游离的巯基再生成二硫键。胰蛋白酶酶解蛋白质成肽段,用于后续标记实验。

【试剂与器材】

一、试剂

1. TEAB1:300mmol/L 溴化四乙铵溶液。
2. TEAB2:200mmol/L 溴化四乙铵溶液。
3. 胰蛋白酶溶液:胰蛋白酶溶于 TEAB1 中,酶浓度一般为 5%~10%。
4. Buffer1:0.1mol/L Tris-HCl 缓冲液,含 8mol/L 尿素,pH8.5。
5. 变性还原剂:Buffer1,含 10mmol/L 二巯基苏糖醇。
6. 烷基化试剂:Buffer1,含 50mmol/L 碘乙酰胺。
7. Buffer2:0.1mol/L Tris-HCl 缓冲液,含 8mol/L 尿素,pH8.0。

二、器材

1. 旋涡振荡器　2. 恒温水浴箱　3. 冷冻干燥仪　4. 低温冰箱
5. 离心机　6. 超滤管

【操作步骤】

1. 取 100μg 不同蛋白质样品,加入不同的 1.5mL 离心管中,做好相应标记。
2. 向每管样品中加入 4 倍体积的变性还原剂,旋涡振荡混匀,短暂离心,37℃水浴箱温浴 1h。
3. 水浴结束后,每管加入与变性还原剂等体积的烷基化试剂,旋涡振荡混匀,室温避光放置 10~15min。
4. 取超滤管并做好标记,将还原烷基化后的样品转移至对应的超滤管中,4℃,12000×g 离心 40min,弃滤过液。
5. 向每个超滤管中加入 50μL TEAB1,4℃,12000×g 离心 30min。
6. 取出超滤管,弃滤过液,然后向每管中加入 150μL Buffer2,4℃,12000×g 离心 40min。
7. 向每个超滤管中加入 150μL TEAB1,4℃,12000×g 离心 30min,取出超滤管,弃滤过液。重复上述步骤一次。
8. 取出超滤管中的滤柱,转移到新的离心管中,做好相应的标记。向每管中加入 100μL 胰蛋白酶溶液,封口,37℃水浴放置 14~16h 或过夜。
9. 取出酶切好的蛋白质样品,室温下 12000×g 离心 10min,将酶解消化后的肽段溶液离心于收集管内,留管内溶液。
10. 在超滤管中加入 50μL TEAB2,室温下 12000×g 离心 20min。重复该步骤 1 次。
11. 将超滤得到的肽段样品转移至新离心管中,做好标记,短暂离心,封口,扎孔,置于−70℃冰箱中冷冻 1h,转移至冷冻干燥仪中冻干。

实验 8-5　同位素标记肽段

【基本原理】

将不同组织细胞蛋白质的酶解肽段样品分别用不同的 iTRAQ 试剂进行标记，标记完成后，将所有样品混合，同时进行差异定量分析，有效消除色谱和质谱分离分析过程中可能产生的误差。

【试剂与器材】

一、试剂

1. iTRAQ 试剂。
2. TEAB2：200mmol/L 溴化四乙铵溶液。
3. 异丙醇。
4. 色谱纯水。

二、器材

1. 冷冻干燥仪	2. 离心机	3. 旋涡振荡器
4. －70℃冰箱	5. 普通冰箱	6. 恒温箱或恒温水浴

【操作步骤】

1. 取出冻干的样品，加入 30μL TEAB2，旋涡振荡混匀，短暂离心。
2. 从冰箱中取出 iTRAQ 试剂，平衡到室温，短暂离心。
3. 向每管 iTRAQ 试剂中加入 70μL 异丙醇，旋涡振荡混匀，短暂离心。
4. 将 70μL iTRAQ 试剂加入 30μL 肽段样品中，旋涡振荡混匀，短暂离心，室温下放置 2h（注：冬天室内温度较低，可以放置到 24℃温箱或者水浴中）。
5. 反应结束后向每管中加入 100μL 色谱纯水终止反应 30min。
6. 将所有样品混匀到一个 1.5mL 离心管中，旋涡振荡混匀，短暂离心，标记、封口、扎孔后置于－70℃冰箱中冷冻，然后转移至冷冻干燥仪中冻干。

实验 8-6　HPLC 分级分离肽段

【基本原理】

通过 HPLC 的分级分离将肽段样品分成 10 个组分，以此降低每个组分中肽段样品的复杂程度，以便后续液质联用检测分析效果更好。

【试剂与器材】

一、试剂

1. 流动相 A：98％水，2％乙腈。
2. 流动相 B：90％乙腈，10％水。

二、器材

1. 涡旋振荡器　　2. 进样瓶　　3. 高效液相色谱仪

4. 冷冻干燥仪　　5. 离心机

【操作步骤】

1. 取出冻干的 iTRAQ 标记肽段样品，将样品溶于 120μL 流动相 A 中，旋涡振荡混匀，短暂离心，取上清液加入进样瓶中。

2. 打开电脑主机、色谱仪及电脑联机控制系统，待仪器初始化完成后启动输液泵。

3. 打开 Purge 阀，设置流速 2mL/min 进行系统排气(为单流动相排气)。

4. 打开色谱软件，建立 HPLC 的检测方法。点开进样器，设置样品的进样体积；点击泵控制界面，设置流速、流动相比、压力和收集样品间隔时间等参数(表 9-2-1)，点击 DAD 图标设置检测波长。建立检测方法并保存。

表 9-2-1　HPLC 参数设置

编号	时间(min)	%B	流速(mL/min)	压力(bar)
1	0.00	2.0	0.300	200
2	8.00	2.0	0.300	200
3	8.01	5.0	0.300	200
4	38.00	25.0	0.300	200
5	50.00	40.0	0.300	200
6	50.01	90.0	0.300	200
7	60.00	90.0	0.300	200
8	60.01	2.0	0.300	200
9	65.00	2.0	0.300	200

5. 参数设置完毕，肽段样品准备就绪，开始进样。

6. 当肽段样品开始出峰时开始收集(大约 8min，并标注蛋白峰出现的位置)。每分钟收集 1 管，共收集 10 管，然后循环往复以上收集过程，各离心管依次重复收集，直到结束。

7. 将分级的肽段样品组分做好标记，封口、扎孔，置－70℃冰箱冷冻 1h，转移至冷冻干燥仪中冻干。

实验 8-7　质谱检测

【基本原理】

在一级质谱中，不同来源的相同肽段被连接上总质量相同的完整 iTRAQ 标签试剂后，具有相同质荷比，表现为一个峰。当此质谱峰被选定并进行碎裂后，在二级质谱中，平衡基团从报告基团上脱落，根据不同报告基团信号峰强弱，经过数据库检索和分析能够得到蛋白质的定性和相对定量信息。

【试剂与器材】

一、试剂

1. 流动相 A：含 0.1%甲酸的水。

2. 流动相 B：含 0.1%甲酸、80%乙腈的水。

二、器材

1. 液质联用仪　　2. 旋涡振荡器　　3. 离心机

【实验材料】

HPLC 分级分离的 iTRAQ 标记肽段样品。

【操作步骤】

1. 取出 100μg 冻干的肽段样品，将样品溶于不少于 80μL 的流动相 A 中，旋涡振荡，4℃，12000×g 离心 10min。

2. 取 10 个进样瓶并标记，将离心后的样品转移至进样瓶中备用。

3. 打开液质进样器，将样品放入自动进样器相应位置，关上样品舱门。

4. 打开液质联用检测软件，设置液相检测相关参数，如进样体积和速度、流动相的速度和梯度等(图 9-2-3、图 9-2-4)。

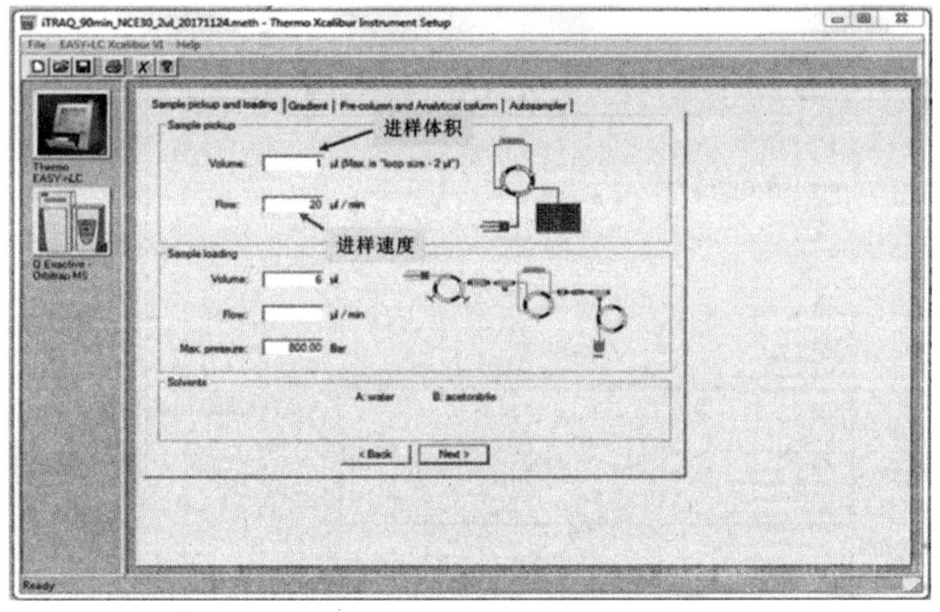

图 9-2-3　进样体积和速度设置

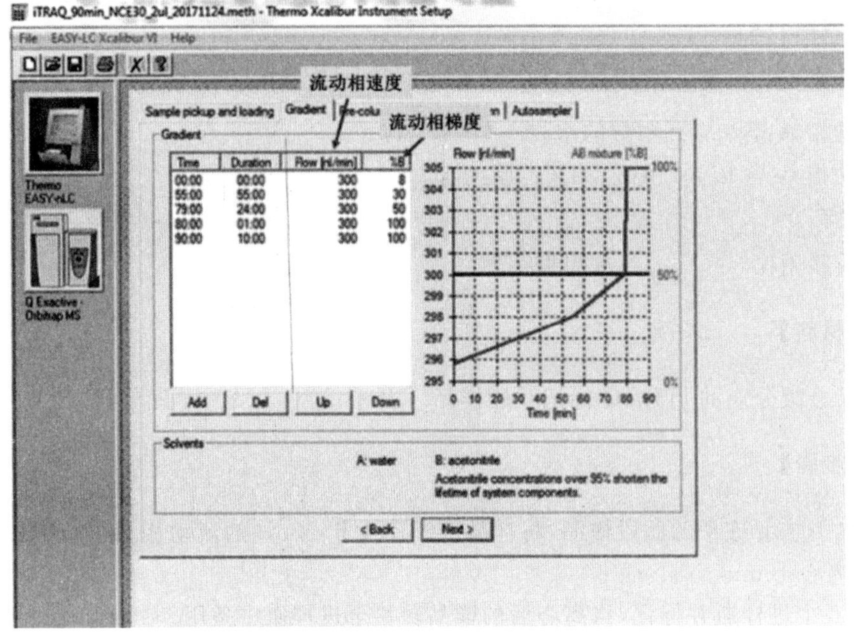

图 9-2-4　流动相速度和梯度设置

5. 点击质谱仪图标设置质谱检测参数，如一级质谱扫描参数和二级质谱扫描参数(图 9-2-5)。

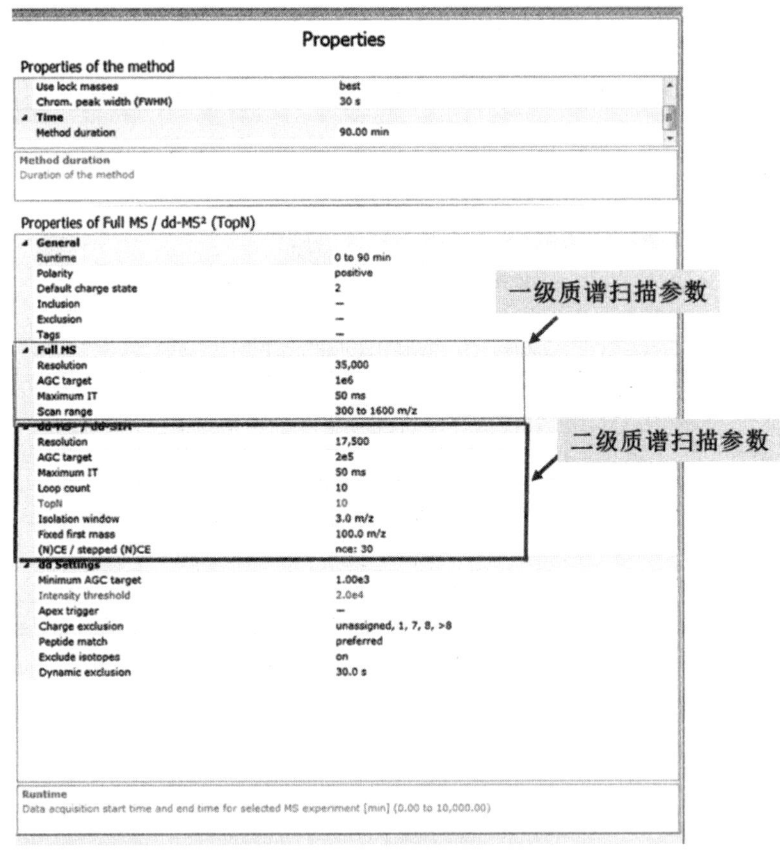

图 9-2-5　一级和二级质谱扫描参数设置

6. 所有参数设置完成后，开始进行样品检测。样品质谱图的峰高和色谱图的峰面积能够反映不同样品中肽段的相对丰度(图 9-2-6)。

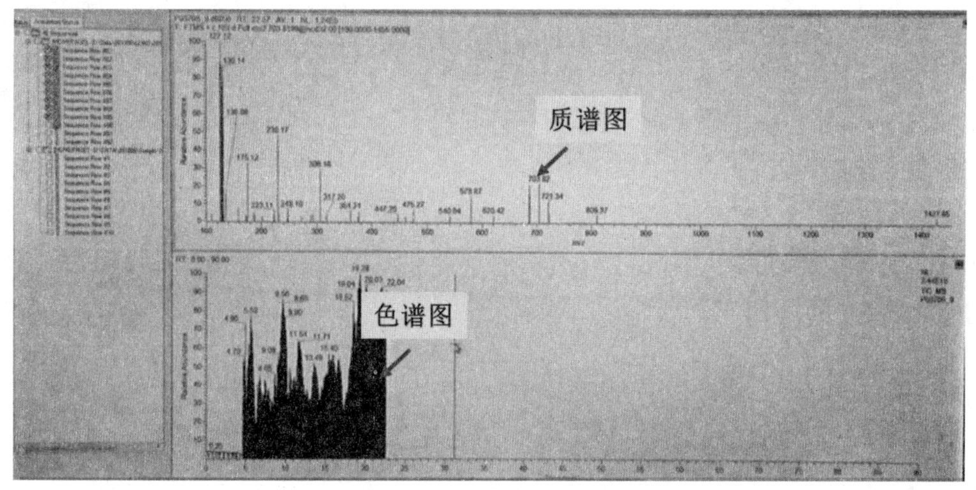

图 9-2-6　色谱图和质谱图

实验 8-8　数据库搜索及数据分析

【基本原理】

搜库是将相应的数据库中所有蛋白质序列进行理论酶切，所产生的理论肽段图谱与质谱检测得到的肽段图谱进行匹配，经过特定的肽段质量控制方法获得高度可信的肽段鉴定结果，再根据肽段与蛋白质氨基酸序列的对应关系推导出蛋白质的过程。

用搜索软件对质谱数据进行分析，得到肽段及蛋白质序列信息。

【实验器材】

电脑及数据库

【操作步骤】

1. 打开搜库软件，进行样品中蛋白质的检索和鉴定。

2. 输入样品搜索相关信息，如添加数据库、采集谱图的质谱条件、数据库与修饰信息(图 9-2-7)。

3. 信息输入完成后，进入程序运行模块，开始搜索。

4. 搜库完成后将结果以 Excel 表格形式输出，得到蛋白质的基本信息，如蛋白质的序列号、名称、相对分子质量、等电点以及丰度值(图 9-2-8)。

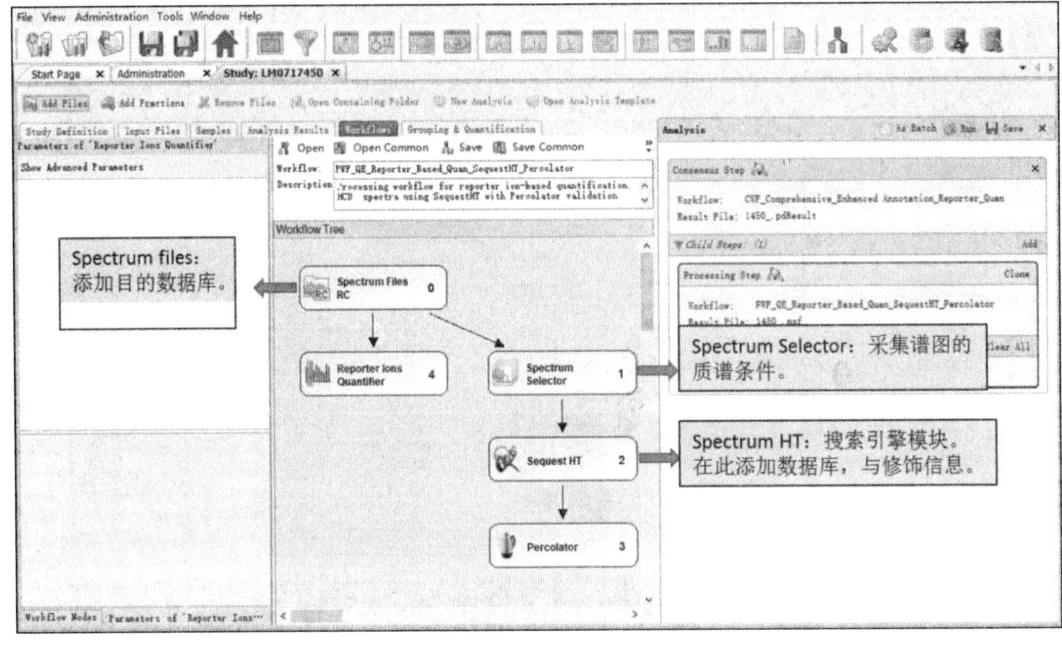

图 9-2-7　搜库分析

序列号　名称　相对分子质量　等电点　丰度值

Accession	Description	Exp. q-val	Sum PEP S	Coverage	# Peptide	# PSMs	# Unique I	# Protein	# AAs	MW [kDa]	calc. pI	Score Seq	# Peptide	Entrez Ge	# Razor Pe	Abundanc	Abundanc	Abundanc	Abundanc	Abundanc	Abundanc	Abundanc	Abundanc	Abundanc	Abundanc	Abundanc	Found in
LOC_Os10	ribulose bisphosphat	0	558.978	47	31	2378	21	1	484	53.7	7.03	7133.64	31		12	1.293	1.156	1.168	1.072	1.063	97.9	126.5	113.2	114.3	104.9	104	High
LOC_Os10	ATP synthase subunit	0	514.45	71	27	439	8	1	498	54	5.5	1484.05	27		26	1.04	1.005	0.951	0.891	0.92	112	116.4	112.5	106.5	99.7	103	High
LOC_Os12	ATP synthase subunit	0	410.652	66	21	348	2	1	410	44.1	5.8	1057.66	21		0	0.972	0.988	0.877	0.93	0.862	77.7	75.5	76.7	68.1	72.3	66.9	High
LOC_Os04	ATP synthase subunit	0	406.798	57	27	508	24	1	507	55.6	6.25	1599.25	27		3	1.071	1.03	0.944	0.908	0.925	118.5	126.9	122	111.9	107.6	109.6	High
LOC_Os02	elongation factor Tu,	0	355.938	63	23	217	23	1	467	50.4	6.64	698.04	23		0	1.056	1.068	1.234	1.202	1.163	90.3	95.4	96.5	111.4	108.6	105.1	High
LOC_Os11	AAA-type ATPase fam	0	352.665	47	21	324	21	1	466	52.1	5.78	968.65	21		0	1.115	1.037	1.079	1.013	1.03	102.2	114	106	110.4	103.5	105.3	High
LOC_Os07	ferredoxin-dependen	0	336.836	28	38	147	38	1	1615	174.9	6.84	434.81	38		0	1.152	1.255	1.088	1.061	1.036	93.9	108.1	117.9	102.1	99.6	97.3	High
LOC_Os05	ATP synthase, putativ	0	302.518	53	19	215	18	1	552	58.9	6.37	809.76	19		0	0.932	1.032	1.039	1.083	1.106	55.8	52	57.6	58	60.4	61.7	High
LOC_Os06	glycine dehydrogenas	0	296.105	35	30	135	4	1	1031	111.4	6.81	454.92	30		25	1.109	1.248	1.153	1.131	1.095	101.5	112.5	126.6	117	114.7	111.1	High
LOC_Os05	phosphoglycerate kin	0	289.41	54	22	242	19	1	484	50.1	6.73	717.41	22		3	1.09	1.001	0.934	0.905	0.896	119.1	129.8	119.2	111.3	107.7	106.7	High
LOC_Os01	glycine dehydrogenas	0	289.038	33	29	127	3	1	1033	111.4	6.98	426.87	29		0	1.052	1.179	1.103	1.062	1.059	103.8	109.2	122.4	114.4	110.2	109.9	High
LOC_Os12	T-complex protein, pu	0	260.639	55	27	200	20	1	578	61.1	5.21	709.89	27		7	0.942	0.878	1.129	1.169	1.083	109.9	103.6	96.6	124.1	128.6	119.1	High
LOC_Os06	OsFtsH1 FtsH protease	0	255.387	38	19	78	19	1	686	72.7	5.69	282.4	19		0	1.023	1.028	0.984	0.957	0.939	80.9	82.7	83.2	79.6	77.4	75.9	High
LOC_Os03	glyceraldehyde-3-phc	0	254.101	58	24	270	19	1	444	47.1	6.68	809.86	24		6	1.161	1.108	1.041	0.964	0.965	104.4	121.2	115.8	108.7	100.6	100.8	High
LOC_Os04	glyceraldehyde-3-phc	0	247.197	54	20	305	15	1	409	43.6	8.21	921.6	20		0	1.222	1.113	1.125	1.029	1.057	95.5	116.8	106.3	107.5	98.3	100.9	High
LOC_Os06	T-complex protein, pu	0	236.731	47	31	128	29	1	601	64	5.67	365.23	31		2	0.963	0.908	1.202	1.239	1.159	104.1	100.2	94.6	125.2	129	120.6	High
LOC_Os06	OsFtsH2 FtsH protease	0	228.437	40	24	86	24	1	676	72.5	5.72	296.79	24		0	0.982	0.974	0.959	0.928	0.921	119.7	117.5	116.6	114.9	111.1	110.3	High
LOC_Os04	ATP-dependent Clp p	0	226.283	34	31	104	10	1	918	101.7	6.51	329.07	31		22	0.994	1.032	1.097	1.049	1.031	110.1	109.4	113.6	120.7	115.5	113.5	High
LOC_Os06	transketolase, chlorop	0	223.031	39	20	143	20	1	743	80	6.58	431.47	20		0	1.251	1.241	1.137	1.09	1.095	100.2	125.4	124.4	113.9	109.3	109.8	High
LOC_Os06	photosystem II P680 c	0	220.94	24	9	193	9	1	508	56.2	6.64	705.38	9		0	1.096	1.126	0.969	0.982	0.979	98.7	108.2	111.1	95.6	96.9	96.7	High
LOC_Os12	ATP-dependent Clp p	0	218.422	34	29	100	8	1	919	102	7.06	316.55	29		0	1.077	1.102	1.094	1.034	1.029	109.9	118.4	121.1	120.1	113.6	113	High
LOC_Os12	ribulose bisphosphat	0	207.374	30	14	611	4	1	491	56	8.9	1941.37	14		0	1.441	1.205	1.31	1.161	1.179	93.6	135	112.8	122.7	108.7	110.4	High
LOC_Os07	aminotransferase, cla	0	201.518	39	17	101	17	1	485	53.6	7.9	307.39	17		0	1.087	1.096	0.985	0.963	0.947	77.1	83.7	84.4	75.9	74.2	73	High
LOC_Os11	fructose-bisphospate	0	196.967	49	17	158	16	1	388	42	6.8	458.98	17		1	1.135	1.043	0.993	0.926	0.932	114.5	129.9	119.4	113.7	106	106.7	High
LOC_Os02	erythronate-4-phosph	0	191.266	46	17	91	17	1	386	42	7.02	282.46	17		0	1.134	1.132	1.104	1.024	1.019	82.9	94.1	93.9	91.6	85	84.5	High
LOC_Os05	DnaK family protein, p	0	185.385	34	25	127	13	1	689	73.5	5.26	337.56	25		12	0.978	1	1.016	1	0.978	114.2	111.7	114.2	116.1	114.2	111.7	High
LOC_Os03	hydroxyacid oxidase 1	0	180.154	52	15	112	10	1	369	40.4	8.47	305.45	15		0	0.954	0.986	0.947	0.922	0.917	68.7	65.5	67.7	65	63.3	63	High
LOC_Os01	oxygen-evolving enh	0	180.03	59	17	116	17	1	333	34.8	6.32	314.45	17		0	1.076	0.928	0.948	0.952	0.963	116.4	125.3	108	110.4	110.9	112.2	High
LOC_Os03	lactate/malate dehyd	0	176.958	52	13	76	13	1	354	37	7.96	295.49	13		0	1.044	1.06	0.896	0.823	0.822	124.1	129.5	131.6	111.2	102.1	102	High
LOC_Os12	5-methyltetrahydropt	0	174.719	25	17	77	17	1	766	84.5	6.3	260.71	17		0	0.934	1.125	1.202	1.443	1.336	96	89.7	107.9	115.3	138.5	128.2	High
LOC_Os02	ATP synthase F1, delt	0	162.303	49	10	84	10	1	243	26.2	5.06	259.55	10		0	0.885	0.81	0.888	0.818	0.853	132.7	117.4	107.6	117.8	108.6	113.2	High
LOC_Os11	DnaK family protein, p	0	161.632	30	17	71	1	1	649	71.1	5.21	211.22	17		4	0.89	1.085	1.011	1.093	1.119	110.3	98.2	119.7	111.5	120.6	123.5	High
LOC_Os04	fructose-1,6-bisphosp	0	157.025	47	15	121	15	1	397	42.2	6.09	324.24	15		0	1.106	1.094	1.048	0.979	0.998	86.2	95.3	94.3	90.4	84.4	86	High
LOC_Os07	ATP synthase gamma	0	155.491	38	12	102	12	1	358	39.7	8.32	286.07	12		0	0.991	0.973	0.88	0.832	0.86	78.1	77.4	76	68.7	65	67.2	High
LOC_Os08	aminotransferase, pu	0	152.419	32	10	60	10	1	402	44.2	8.12	210.11	10		0	1.179	1.117	1.202	1.074	1.105	103.3	121.8	115.3	124.1	110.9	114.1	High
LOC_Os10	IAP100, putative, expr	0	150.996	31	11	86	11	1	442	47.2	5.95	314.82	11		0	1.041	1.014	0.984	0.934	0.928	117	121.7	118.6	115.2	109.3	108.5	High
LOC_Os01	apocytochrome f prec	0	149.949	37	10	57	10	1	320	35.4	8.91	215.03	10		0	1.017	0.993	0.982	0.94	0.949	117.4	119.4	116.6	115.4	110.3	111.4	High
LOC_Os07	hydroxyacid oxidase 1	0	149.666	55	17	118	12	1	369	40.2	8.48	311.53	17		7	1.015	1.037	0.995	0.95	0.94	116.5	118.2	120.8	115.9	110.6	109.5	High
LOC_Os12	3-beta hydroxysteroic	0	147.758	39	16	77	16	1	376	41.5	8.53	208.54	16		0	1.065	1.033	0.982	0.939	0.939	114.2	121.7	118	112.2	107.2	107.3	High
LOC_Os03	DnaK family protein, p	0	146.251	28	17	62	4	1	650	71.1	5.21	181.54	17		16	0.946	1.041	1.052	1.156	1.206	103.7	98	107.9	109.1	119.8	125	High
LOC_Os12	elongation factor TS f	0	146.219	26	22	46	11	1	1123	121	4.7	151.87	22		10	0.913	0.922	0.993	1.004	0.964	117.4	107.1	108.2	116.5	117.8	113.1	High
LOC_Os03	serine hydroxymethy	0	144.75	36	14	126	14	1	513	56.4	8.34	302.42	14		0	1.096	1.13	0.948	0.93	0.931	94.8	103.9	107.1	89.8	88.2	88.2	High
LOC_Os05	PTAC16, putative, exp	0	143.067	40	18	65	18	1	495	52.3	6.47	204.78	18		0	0.88	0.866	0.835	0.835	0.823	100.7	88.6	87.2	84.1	84	82.9	High
LOC_Os01	carbonic anhydrase, c	0	142.772	46	10	106	10	1	262	28	7.34	372.46	10		0	1.083	1.003	1.039	1.064	0.983	112.5	121.8	112.9	116.9	119.7	110.6	High
LOC_Os06	ferredoxin--NADP red	0	141.378	33	11	51	8	1	362	40	8.51	177.45	11		0	1.042	0.98	1.04	0.942	0.923	116.2	121	113.8	120.7	109.4	107.2	High
LOC_Os03	DnaK family protein, p	0	138.864	27	15	58	1	1	649	71.3	5.21	171.83	15		0	0.785	0.898	0.921	1.014	0.966	122.4	96	109.9	112.7	124	118.2	High

图 9-2-8　质谱数据搜库结果(例图)

5. 对搜库结果进行统计分析。本实验中将蛋白质表达倍数变化大于 1.2 或小于 5/6，且 P value小于 0.05 定为表达显著差异的蛋白质。图中标黄的数据表示表达上调的蛋白质，标绿的数据表示表达下调的蛋白质(图 9-2-9)。

Accession	Descriptio	# PSMs	# Unique	# AAs	MW [kDa]	calc. pI	Score Seq	116	117	118	113	114	115	FC	p value
1096552	ribosomal	8	1	149	16.9	10.67	24.01	114.5	127.3	132.2	106.4	92.7	98.8	1.255455	0.018395
4239821	germin-lik	23	3	213	21.8	6.51	85.94	125.5	127.6	122.2	103.7	97.3	95.3	1.266622	0.000907
11761654	peroxiredc	12	3	162	17.3	5.88	39.12	122.4	117.5	127.4	107.4	103.1	93.5	1.208224	0.013522
17066588	calmodulir	8	3	149	16.8	4.27	22.29	107	120.9	135.7	101.8	89.2	96.2	1.266017	0.048159
19387283	putative ar	4	2	433	47.3	6.27	11.73	122.6	128.7	134.2	104.9	101.7	114.1	1.202058	0.012479
29367431	3-ketoacyl	7	3	448	46.8	8.15	23.8	119.2	129	126.5	105.9	99.6	103.3	1.213407	0.00316
29893586	unknown c	1	1	1143	123.6	5.99	3.34	125.3	138.5	137.4	110.4	95.7	106.6	1.283019	0.008455
32400871	ribosomal	1	1	147	15.7	10.48	3.8	119.9	120.9	123	86.9	95.6	99.2	1.291445	0.0019
32526661	putative w	2	1	290	30.3	8.95	7.83	101.1	90.7	101.9	160	146.8	121.9	[illegible]	0.01856
48716232	putative rik	8	3	171	19.5	10.33	19.52	115.9	133.1	132.8	105.3	92.7	91.1	1.32065	0.012994
51038230	putative is	1	1	293	32.6	5.83	2.8	125.6	134.8	126.2	99.2	86.6	95.2	1.375801	0.001782
51535181	putative fn	6	3	409	43.4	6.46	18.82	99.8	103.9	102.8	129.3	122	133.8	[illegible]	0.001995
55295833	putative di	2	1	550	59.7	6.8	5.1	144	154.9	161.9	99.6	125.3	114.3	1.358491	0.011149
77555961	Phenylalan	32	12	690	74.5	6.21	88.58	121.7	125.1	122.6	97.6	94.5	106.3	1.237936	0.002993
108706429	Alanine-gl	3	2	486	52.7	8.28	7.9	88.3	99.4	95	133.8	105.6	127.8	[illegible]	0.037159
108706482	Elongation	50	5	449	49.5	9.11	155.6	121.5	132.2	133.6	94.5	95.1	98.7	1.343392	0.001223
108706878	Superoxide	2	1	164	16.5	7.36	5.35	98.6	101.5	103.6	130.3	126.1	128.5	[illegible]	0.000139
108707741	prolyl oligo	3	2	938	103.8	5.95	7.78	94.4	103.7	101.1	128.2	129.8	142.4	[illegible]	0.003073
108711780	expressed	16	6	233	23.9	5.27	52.16	119.2	132	125	111.1	92.7	104.4	1.220636	0.025519
113533583	Os01g071	1	1	338	35.8	7.37	4.99	117.6	142.6	140.9	98.5	99.8	110.3	1.299741	0.025605
113533629	Os01g072	3	2	380	40.4	6.71	8.69	113	124.3	130.3	109	99.5	89.5	1.233557	0.037593
113533870	Os01g076	4	3	215	24	6.13	15.97	112.8	130.1	131.6	106.2	87.2	105	1.255027	0.042123
113535132	Os02g010	46	1	598	63.8	5.91	135.52	135	153	160	124.6	105	122.3	1.273089	0.029678
113537012	Os02g062	41	12	701	75.5	6.49	130.71	116	155.1	130.8	89.8	65.1	102.5	1.561383	0.038272
113548970	Os03g056	36	10	320	33.7	8.07	108.08	106.2	100.8	102	126.7	133.8	131.4	[illegible]	0.000478
113550426	Os03g085	3	1	324	36	5.07	8.78	106.5	104.3	105.5	143.4	134	144.8	[illegible]	0.000514
113565642	Os04g064	1	1	529	57.1	6.11	3.3	117.6	129.1	136.6	101.3	97.7	112	1.232476	0.026199
113595549	Os06g032	3	1	139	15.2	5.11	7.02	114.4	123	124.7	112.5	89.1	91.3	1.236258	0.046718
113610475	Os07g016	2	1	188	20.3	9.13	5.45	107	94.3	102.3	142.3	127.5	117.7	[illegible]	0.025528
113611872	Os07g062	1	1	270	31.2	9.41	2.22	130.4	109.6	113	158.8	135.6	152.5	[illegible]	0.029681
113624060	Os08g048	3	1	324	34.8	6.96	9.15	109.4	97.7	102.1	117.3	136.4	131.4	[illegible]	0.019114
113631779	Os09g049	2	1	225	24.1	6.64	6.22	136.5	137.6	129.7	98	89.5	85.6	1.478579	0.000592
113645231	Os11g053	10	5	398	43.2	6.25	30.16	143.5	143.7	117.5	96.7	81.8	108.7	1.409123	0.028418
115444801	Os02g019	15	9	926	103.5	6.09	34.56	103.4	110.7	100.8	146.5	117.5	142.2	[illegible]	0.032868
115447245	Os02g061	2	2	392	42.7	5.02	5.2	136.8	133.8	116.6	110.9	101.5	104.2	1.222994	0.026836
115462185	Os05g015	7	2	534	58.5	5.31	12.35	109.5	126.4	128	98.8	92.3	100.9	1.246233	0.020648
115464801	Os05g050	4	2	274	30	7.37	12.41	123.3	122.9	131.1	96.4	105.9	110.3	1.206974	0.011627
115466028	Os06g011	7	4	208	24	10.99	18.04	108.4	128.4	124	101.2	93.2	98	1.233926	0.024698
115471741	Os07g041	4	3	269	30.5	4.88	8.59	101.5	105	103.3	153.7	128.5	134.3	[illegible]	0.009827
115477837	Os08g056	29	5	211	21.3	6.25	120.51	96.6	109.2	104.3	133.1	139.2	127.2	[illegible]	0.00411
115480799	Os09g057	6	3	179	19.2	7.78	15.49	116	120.6	127.4	89.8	91.3	96.9	1.309353	0.001921
119395216	elongation	63	2	843	94	6.16	181.57	115.8	127.6	126.7	90.9	94.2	102.4	1.287304	0.00572
122203087	RecName:	72	16	766	84.6	6.3	251.35	114.7	138.5	127.9	95.7	90.4	108.7	1.292741	0.030517
125524768	hypothetic	1	1	199	21.3	6.71	3.28	106.5	129.4	124.3	99.9	95	91.5	1.257682	0.028727
125524860	hypothetic	18	5	1069	119.8	6.13	50.64	105.9	105.1	101	123.8	117.7	135.2	[illegible]	0.015702
125525753	hypothetic	5	2	193	22	7.53	12.33	111.7	134.1	145.3	99.7	93.2	97.6	1.346299	0.029028
125526269	hypothetic	4	2	282	30.5	6.8	15.79	115.9	124.7	132.7	99.4	88	102	1.28991	0.012504
125527617	hypothetic	2	1	525	57.8	5.91	5.2	115.6	94.9	102.7	130.1	124.7	146.7	[illegible]	0.030339
125536877	hypothetic	1	1	149	16.1	6.14	4.68	118.7	123.9	121.7	97.4	95.9	92.3	1.27656	0.000252
125542092	hypothetic	3	2	616	66.8	4.81	10.5	114.2	122.7	126	107.4	94.4	93.4	1.229336	0.016859
125543709	hypothetic	5	2	373	41.7	6.74	17.5	108.3	119.4	138	95.5	82.6	93.9	1.344485	0.030956
125544272	hypothetic	4	3	146	16	11.02	8.74	111.4	130.7	127.4	97.7	93.4	102.3	1.259373	0.017418
125548641	hypothetic	1	1	157	17.3	4.88	2.3	118.4	125	165.2	99.4	73.1	71.3	1.675964	0.033184
125548785	hypothetic	55	4	385	42	6.87	173.53	116.5	127.6	131.4	100	91.9	97.1	1.299308	0.004684
125549897	hypothetic	2	2	624	68.1	5.19	4.46	125.4	122.4	111.2	151.5	146.4	143.1	[illegible]	0.005306
125552442	hypothetic	4	1	541	58.1	7.25	11.47	107.7	114.1	92.4	135.5	118.3	132.9	[illegible]	0.044719
125552613	hypothetic	2	1	536	57.3	5.53	4.19	115.1	112.7	108.6	135	134.7	140.4	[illegible]	0.000755
125552767	hypothetic	10	3	206	23.6	8.54	20.53	119.7	123.1	117.1	106.3	101.1	88.9	1.214647	0.0176
125553102	hypothetic	1	1	204	22.1	9.44	2.68	116.2	122.1	131.4	97.2	102	107.1	1.206987	0.015968
125559639	hypothetic	2	1	348	39.1	7.58	6.07	136.3	147	146.2	93.9	91.4	96.7	1.52305	0.000199
125561721	hypothetic	4	1	621	64.5	6.98	11.77	116.8	139.3	145	107.9	91.6	110.1	1.295543	0.042695
125562325	hypothetic	2	1	180	18.4	6.71	5.6	114.5	117	130.9	108.4	89.2	90.8	1.256588	0.036687
125595738	hypothetic	13	2	165	16.9	7.44	44.06	91.8	106.4	104.9	140	138.7	112	[illegible]	0.046258
125595983	hypothetic	3	1	209	23.5	5.15	7.48	140.5	131.1	120.8	114.2	104.8	98.6	1.235516	0.026604
125599267	hypothetic	13	5	335	37.5	7.09	36.4	56.4	53.7	56.5	69.7	67.2	64.7	[illegible]	0.002414
125601074	hypothetic	1	1	251	27.5	4.65	3.62	114.1	130.2	135.4	105.3	98.7	104	1.232792	0.023679
125601192	hypothetic	5	2	264	28.1	4.83	14.16	142	153.2	128.2	82.4	72.2	71.7	1.870968	0.001213
125605682	hypothetic	4	1	119	13.7	11.39	11.12	116	133	138.2	98.3	93.8	92.3	1.361463	0.007837
158513666	RecName:	7	4	266	29.6	9.33	20.17	101.8	101.6	101	145.2	124.1	121.5	[illegible]	0.018525
190689248	plastidial s	1	1	978	109.1	5.83	2.11	83.3	83.8	95	132.3	145.1	137.8	[illegible]	0.000661
215687335	unnamed	5	4	617	67.1	7.11	7.13	25.6	29.9	29.3	21.3	19.4	22.6	1.339652	0.011829
215694309	unnamed	67	12	354	37	7.96	265.05	111	101.2	100.5	126.9	129.9	131.9	[illegible]	0.002352
215694338	unnamed	19	4	968	109.9	6.23	48.22	121	128.3	129	99.1	100.8	108	1.228646	0.003292
215694364	unnamed	30	10	492	56.7	7.01	99.98	118.1	130.8	120	103.8	94.4	99.4	1.239583	0.007738
215694371	unnamed	6	4	497	52.2	7.55	16.1	96.2	105.6	104	131.3	124.6	129.1	[illegible]	0.001672
215694994	unnamed	3	1	767	80	5.78	6.61	111.4	118.2	134.5	101.7	90.9	104.5	1.225513	0.04941
215701309	unnamed	2	2	279	31	8.7	7.4	99.4	108.8	109.4	135.8	117.9	132.1	[illegible]	0.023098
215701471	unnamed	2	2	288	31.6	6.42	5.04	105.6	128.6	114	158.2	139	154.7	[illegible]	0.018077
215704302	unnamed	9	5	219	24.2	10.11	24.37	114.2	127.7	132.1	104.1	96.2	94.7	1.267797	0.012645
215708742	unnamed	61	11	409	44.1	8.31	192.69	110.2	102.6	103.2	115.6	134.6	135.8	[illegible]	0.028791
215765630	unnamed	2	1	260	27.5	9.79	4.13	105.4	101.8	101.8	127.1	142.7	127.6	[illegible]	0.004977
215768499	unnamed	4	2	224	23.8	4.77	12.47	117.2	125.9	128.8	98.2	94.1	95	1.294466	0.001592
218191114	hypothetic	42	3	356	38.5	7.17	134.87	111.9	118.1	132.2	91	90	94.1	1.316612	0.009071
218191472	hypothetic	17	2	382	41.5	9.77	45.2	119.2	121	121.5	92.2	102.6	105.5	1.204462	0.007519
218193786	hypothetic	2	1	517	56.7	6.57	6.19	104.4	138.5	130.8	89.2	88.9	97.9	1.353986	0.038682
218194707	hypothetic	9	2	124	14.3	11.28	24.1	121.5	133	135.6	105.1	94.7	91.6	1.33871	0.005235
218195338	hypothetic	2	2	545	59.2	6.21	5.99	142.5	156.8	185	99.2	113.2	103.2	1.534537	0.012923
218196746	hypothetic	7	2	612	66.3	5.22	24.75	111.8	109.1	108.8	135	121	141.1	[illegible]	0.020326
218196991	hypothetic	11	1	577	62.9	5.53	32.23	117.9	130.5	147.9	87.2	92	104.9	1.394931	0.021298
218202510	hypothetic	1	1	741	82	7.06	3.41	102.2	95.2	92.7	119.3	117.7	114.3	[illegible]	0.003115
218647570	unnamed	14	8	464	49.8	8.41	39.98	131.9	122.6	122.7	97.9	101	103.5	1.247354	0.002015
222617646	hypothetic	2	1	1257	139.8	6.6	4.28	107.8	112.5	102.8	136.2	128	144.9	[illegible]	0.007005
222622095	hypothetic	1	1	310	34.3	7.3	2.97	105.9	120.1	129.5	91	88.7	93.2	1.302675	0.016906
222622266	hypothetic	10	3	364	38.9	6.95	34.87	108.5	109.5	102	126.7	125.4	132.9	[illegible]	0.00278
222623784	hypothetic	2	2	394	42.2	8.62	7.54	124	135.2	110	102.5	86.2	97.1	1.291812	0.033331
222625972	hypothetic	2	2	435	47.4	9.99	7.44	116.3	129.5	123.1	106.4	106	92.3	1.210699	0.023451
222636159	hypothetic	1	1	1248	141.4	6.99	3.79	106.7	113.1	110.5	125.4	178.1	166.2	[illegible]	0.044457
222641863	hypothetic	1	1	208	23.5	10.89	3.88	111.5	130.3	124.8	99	99.3	98.8	1.233928	0.014262
255670962	Os02g053	4	2	252	26.7	5.25	13.57	118.4	115.7	127.7	102.5	79.9	93.5	1.311345	0.018875
255672934	Os01g017	3	2	487	51.6	6.13	8.6	147	109.9	125.2	100.5	84	98.1	1.352088	0.049833
255677908	Os07g057	1	1	706	75.7	7.72	2.32	103.6	108.7	112.5	183.7	129	162.6	[illegible]	0.035898
255678415	Os08g038	1	1	486	53.8	9.04	3.53	108.7	128.1	118.1	160.7	134.3	150.1	[illegible]	0.033997
255680068	Os11g045	58	15	515	56.6	7.01	164.86	95.4	110.2	106.4	79.8	72.8	83.5	1.321474	0.009624
257718545	unnamed	109	18	601	64	5.67	319.56	125.2	129.3	120.8	105.5	100.1	95.1	1.248088	0.00304
257741500	unnamed	17	8	368	39.7	5.66	57.89	68.8	92.9	78.7	57.5	43.8	60.1	1.489467	0.037978
258644607	putative th	1	1	749	85.4	7.97	3.02	109.1	119.6	122.8	93.3	86.7	97	1.268953	0.008327
259455592	unnamed	3	3	475	50.6	8.15	6.48	111.6	103.3	105.8	125.1	132.5	127.5	[illegible]	0.002835
288558971	RecName:	2	1	510	56.9	5.36	4.8	100	90.1	90.6	111	124.1	126.3	[illegible]	0.009516
295414398	unnamed	44	9	377	39.8	6.7	153.85	109.5	100.4	102.6	145.2	126	116.7	[illegible]	0.046529
297599729	Os02g066	7	2	349	36.6	6.24	19.69	128.4	133.1	124.2	109.3	101	96.8	1.255943	0.004274
306415933	fructose-b	28	3	358	38.8	8.16	97.38	113.1	125.3	128.3	93.6	97.6	97.6	1.269737	0.005807
428698042	Chain B, Cr	42	2	337	36.4	7.11	135.8	112.9	128.4	128.7	90.8	87.1	94.7	1.3573	0.004575

图 9-2-9　表达显著差异的蛋白质(例图)

6. 将上述差异结果以火山图的方式显示，红色为上调的蛋白质，绿色为下调的蛋白质，黑色为无显著差异变化的蛋白质(图 9-2-10)。

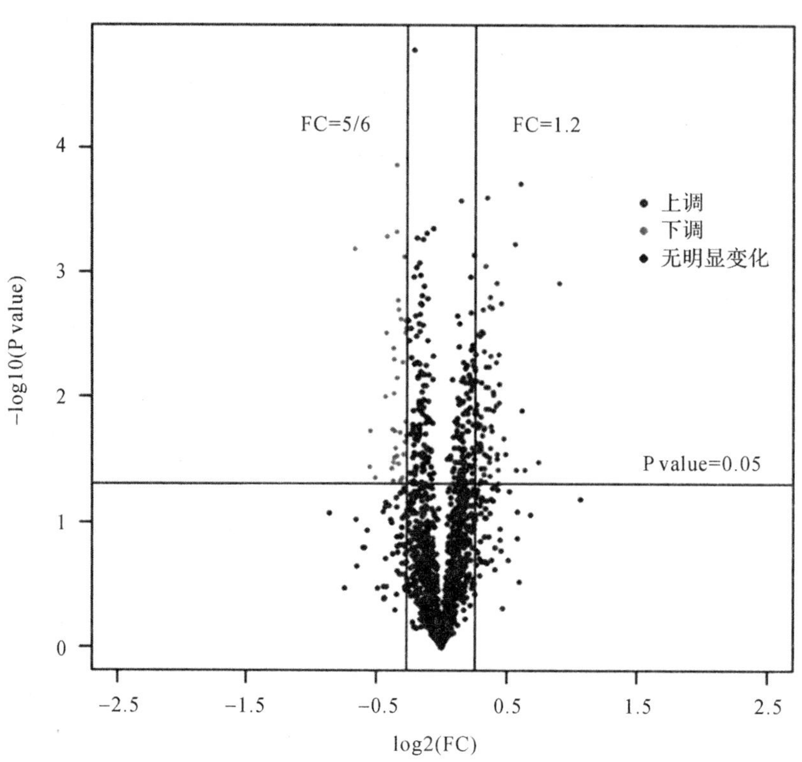

图 9-2-10　差异蛋白质的火山图

（赵鲁杭、霍朝霞、邹玲）

第十章　流式细胞技术

第一节　概　述

流式细胞术(flow cytometry,FCM)是20世纪70年代快速发展起来的一种对悬浮的细胞或微粒(生物粒子)等进行快速、多参数理化及生物学特性进行分析的方法。它集单克隆抗体技术、激光技术、计算机技术、细胞化学和免疫化学技术于一体,能同时检测单个细胞的多项指标,对细胞进行自动分析和分选。它可以快速测量、存贮、显示悬浮在液体中的分散细胞的一系列重要的生物物理、生物化学方面的特征参量,并可以根据预选的参量范围把指定的细胞亚群从中分选出来。其特点是:①测量速度快,最快可在1s内计测数万个细胞;②可进行多参数测量:可以对同一个细胞做有关物理、化学特性的多参数测量,并具有明显的统计学意义;③是一种高科技、综合性的实验技术和方法,它综合了激光技术、计算机技术、流体力学、细胞化学、图像技术等多领域的知识和成果;④既是细胞分析技术,又是精确的分选技术。因此,流式细胞术已广泛应用于生命科学的各个领域中,不仅应用于细胞生物学、免疫学、遗传学、微生物学、生理学和分子生物学等基础研究,更广泛应用于血液学、病理学、检验学和肿瘤学等临床诊断和治疗方面,同时也向药物开发、食品安全和环境监测等越来越多的相关领域延伸。

在本章中分别介绍流式细胞术的原理、基本操作以及应用等基础知识,重点介绍流式细胞术在基础医学中的应用,并且选择三个代表性的应用实例,系统地介绍实验的相关操作与结果分析方法。

一、流式细胞术基本原理

流式细胞仪安装有一根或多根激光管,用于激发特异荧光染色的细胞或微粒发出荧光供收集检测。

首先待测细胞或微粒被制备成单细胞悬液,经特异性荧光染料染色后置于专用样品管中,在恒定的气体压力推动下被压入流动室,流动室内充满鞘液(不含细胞或微粒的缓冲液),在高压作用下从鞘液管喷出包裹细胞,使细胞排成单列形成细胞液柱,依次通过检测区。液柱与高度聚焦的激光束垂直相交,被荧光染料染色的细胞受到激光激发产生荧光信号和散射光信号,这些光信号通过波长选择的滤光片,由相应的光电管和电子检测器接收并转换成电信号。这两种信号同时被前向光电二极管和90°方向的光电倍增管(PMT)接收。散射光信号在前向小角度进行检测,称为前向散射(forward scatter,FSC),这种信号基本上反映细胞体积的大小;90°散射光又称侧向散射(side scatter,SSC),是指与激光束-液流平面垂直的散射光,其信号强度可反映细胞部分结构的信息。荧光信号的接收方向与激光束垂直,经过一系列双色性反射镜和带通滤光片的分离,形成多个不同波长的荧光信号。这些荧光信号的强度代表所测细胞膜表面抗原的强度或其细胞内、核内物质的浓度,经光电倍增管接收后可转换为电信号,再通过模/数转换器,将连续的电信号转换为可被计算机识别的数字信号,经放大器放大后送入计算机并进行分析处理和结果输出。

(一)流式细胞仪的基本结构

流式细胞仪是集现代物理电子技术、激光技术、光电测量技术、计算机技术以及细胞荧光化学技术、单克隆抗体技术于一体的先进设备。

流式细胞仪主要由四部分组成,即流动室和液流系统、激光源和光学系统、光电管和检测系统、计算机分析系统,其中流动室是仪器的核心部件(图 10-1-1)。这四大部件共同完成了信号的产生、转换和传输任务。此外,分选型流式细胞仪比分析型流式细胞仪多了一个分选系统。接下来主要介绍分析型流式细胞仪的四个主要组成部分。

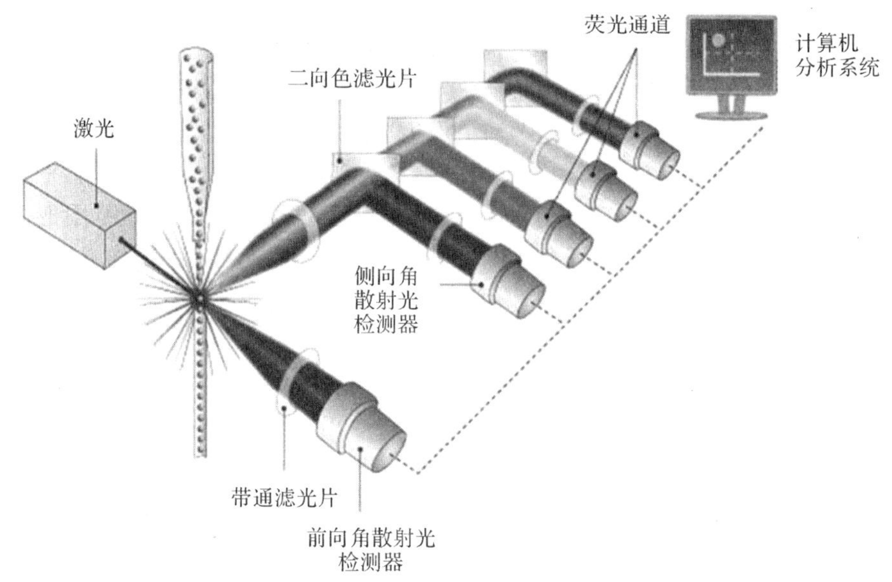

图 10-1-1 流式细胞仪的结构组成

(二)流式细胞仪的工作原理

1. 液流系统

液流系统包括流动室、泵组、电磁阀、调压阀、压力传感器、过滤器等。待测样品在流动室与激光相交。流动室也是流式细胞仪的核心部件,由样品管、鞘液管和喷嘴等组成,常用光学玻璃、石英等透明、稳定的材料制作。流动室中央开一个微孔,供细胞单个流过,检测区在该孔的中心,流动室内充满了鞘液,鞘液的作用是将样品流环包(图 10-1-2)。流式细胞仪的液流主要由鞘液和样品悬液两部分组成,鞘液通常是一种等渗缓冲溶液。鞘液在系统压力的作用下进入流动室,而待测样品则以大于鞘液的压力进入流动室的鞘液流中并且一直保持在中心位

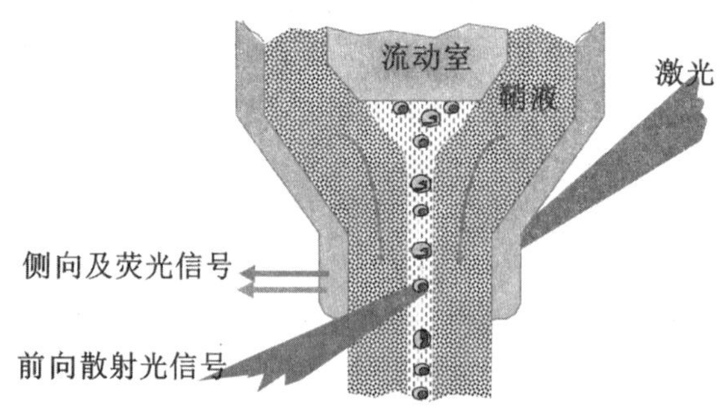

图 10-1-2 流式细胞仪的流动室

置。因为两种液流压力的不同，上样分析时，样品流在中间，鞘液流在外围，样品流在鞘液流的中心形成单个细胞束，这个现象又称流体动力学聚焦。流体力学聚焦作用能够使细胞限制并且保持在液流的中心，激光光束经光学系统聚焦直接照在样品流的中心，从而完成对细胞或生物颗粒的检测。

2. 光路系统

光路系统主要由激光光源、分色反光镜、光束形成器、透镜组、滤光片和光电倍增管组成。由于激光具有高亮度、单色性、方向性好、高相干性和能量集中等优点，因此流式细胞仪一般都是采用激光器作为光源。流式细胞仪是基于激光照射细胞后所接受的光信号来对细胞进行检测分析的一门技术。样品流中的细胞或颗粒被激光激发后产生两种光信号：散射光信号和荧光信号。其中，散射光信号又包括前向散射光和侧向散射光。前向散射光检测的是激光同轴方向（前向）的大部分衍射光，与细胞的表面积或大小成比例。侧向散射光检测的是与激光垂直角度的折射光与反射光，与细胞的颗粒性及内部复杂程度成比例。流式检测的荧光信号来源于细胞内部荧光分子的自发荧光和经荧光染料标记后的细胞特征荧光。当细胞或者颗粒被激光激发后，流式细胞仪在侧面 90°角接收到的侧向散射光和荧光信号是混在一起的，需要通过光路系统根据波长的不同将侧向散射光和荧光信号分开，不同的接收通道接收到的信号可以间接反映细胞或颗粒的物理化学特性。

3. 检测系统

流式细胞仪的检测系统包括光电二极管和光电倍增管（PMT），这些光电管的作用就是把接收的光学信号转换成电信号。光电二极管是常用的光敏器件，可以将光信号转换成电流信号输出，但是灵敏度较低，主要用于检测较强的前向散射光信号。而实际上，细胞产生的光学信号大多数比较弱，因此还需要将信号放大。光电倍增管除了具有光电信号转换功能以外具有信号放大器件，因此能识别较弱的光信号，流式细胞仪中用于检测侧向散射光和荧光信号。

4. 分析系统

分析系统主要由计算机及其软件组成，主要作用就是将检测系统输出的电信号进行采集转换，转变成计算机可以识别的数字信号，最后通过分析软件转换成比较直观的图像供进一步分析。

二、流式细胞术的应用

流式细胞术的应用十分广泛，凡是能被荧光分子标记的细胞或微粒均能用流式细胞仪检测。流式细胞仪是通过测量细胞的多种参量来获取信息的。细胞参量分为结构参量和功能参量两大类。结构参量主要用于描述细胞的化学组分和形态特征（如 DNA 和 RNA 的含量、蛋白总含量、胞内 pH 值和细胞大小等）；功能参量主要是描述细胞整体的理化和生物特性（如细胞周期动力学、特殊配体的鉴定、特殊细胞的生物活性等）。下面对研究中常用的几种方法举例介绍。

1. 细胞内 DNA 的检测和分析

先把单细胞悬液经过透性处理，加入 DNA 荧光染料，通过流式细胞仪检测出的荧光强度代表细胞中 DNA 的含量。对细胞内 DNA 含量的测定可用于细胞生物学方面的研究和临床肿瘤学的诊断、区别细胞周期中的 G_0 和 G_1 期。常用的荧光探针有吖啶橙（acridineorange，AO）、派洛宁 Y（pyronine Y，PY）、HO（Hoechst）系列和色霉素 A_3（CA3）等。利用 HO/CA3 双染色可分析 DNA 的碱基组成。还可以结合溴脱氧尿嘧啶核苷（bromodeoxyuridine，Brdu）单克隆抗体免疫荧光来测定细胞内 DNA 的合成。

2. 蛋白质检测和分析

流式细胞仪可以通过测定细胞中蛋白的总含量,以检测一个细胞群体生长和代谢的状态,或区别具有不同蛋白含量的细胞亚群,如血液中的白细胞分类。检测总蛋白的常用荧光探针为异硫氰基荧光素(fluorescein isothiocyanate,FITC),FITC 以共价键方式与蛋白上带正电的残基结合。另外,可以将可溶性蛋白固化在细胞样微粒上,再加入相应的荧光抗体就可以通过流式细胞仪进行定性和定量分析。

3. 特殊配体的测定

配体是与不同的细胞结构特异结合很强的各种大分子和小分子。通过对特异性荧光标记的配体的测定可以获得不少有关结构参量和功能参量的信息。例如,用标记的外源凝集素可检测细胞表面糖,用标记抗体可测表面抗原,用标记多聚阳离子可检测细胞表面电荷,用标记的激素、生长因子、神经递质和病毒等可检测细胞受体,用标记的大分子、微生物等可检测细胞的内吞性,用荧光素标记的亲和素以及带有 DUTP 的生物素衍生物的 DNA 探针跟靶细胞的 DNA 杂交能够检测原位的特殊基因等。这方面的应用范围广、有前途,已经成为研究细胞和组织中的抗原、基因和各种生化过程的强有力的新技术。用于这方面工作的荧光探针主要有 FITC、若丹明系列[如四甲基异硫氰基若丹明(TRITC)、异硫氰基若丹明(X-RITc)和美国德州红等]、藻胆蛋白系列等。由于各种荧光探针具有不同的光谱特性,在使用中要注意正确地使用激光光源和滤片。

4. 生物活性的测定

主要包括两方面工作:①细胞本身的死活;②活细胞生物功能发挥的强弱。流式细胞仪用来判断细胞死活的常用荧光探针有两大类:一类是能透过活的细胞膜进入细胞内而发出荧光的物质,例如双醋酸酯荧光素(flourescein diacetate,FDA),它可被活细胞持留而发出黄绿色荧光,若细胞有损伤,则会从细胞中流失而观察不到荧光。另一类是不能透过活细胞膜,但能对固定的细胞及膜有破损的细胞的核进行染色,例如碘化丙啶(propidium iodide,PI)和溴乙锭(ethidium bromide,EB)就是常用的第二类荧光探针。

目前,流式细胞技术已经得到广泛的应用,如在临床医学中用于淋巴细胞亚群分析、血小板分析、网织红细胞分析、白血病和淋巴瘤免疫分析、HLA-B27 表型分析、PNH 诊断、人类同种异体器官移植、艾滋病的诊断和治疗、临床肿瘤学分析、临床微生物学分析等,在基础研究中用于 DNA 分析、细胞凋亡分析、树突状细胞研究、造血干/祖细胞研究、细胞膜电位测定、胞内钙离子测定、胞内 pH 测定、细胞内活性氧检测、蛋白磷酸化检测、染色体分析等。

三、流式细胞仪操作规程

【试剂与器材】

一、试剂

1. 鞘液。
2. 双蒸水。
3. 漂白水。
4. 70%酒精。

二、器材

1. 流式细胞仪　　　　　　　　2. 试管

【实验材料】

实验样本。

【操作步骤】

一、开机前之准备

补充鞘液至 8～9 分满，倒去废液瓶中的液体。

二、开机

1. 打开电源箱前门，按 ON 按钮。

2. 开启计算机进入操作软件界面，计算机将自动进入开机程序，启动流式细胞仪。仪器预热 10min。

三、仪器光路和流路的检测

1. 将装有 Flow check 微球的试剂瓶颠倒混匀，滴 5 滴入测试管，再加入 500μL 鞘液后充分混匀，待上机检测。

2. 在操作界面下，选择 Flow check 方案，将准备好的 Flow check 微球上机检测，收集 5000 个，点击 Stop 键停止上样。

3. FS、SS 及 FL1-FL4 各通道的 HP-CV 小于 2%，说明仪器的流路和光路很好，可以进行下一步试验；如果其中有某个参数 HP-CV 大于 2%，可能是流路有堵塞或有气泡形成，按主机上的 PRIME 键，排气泡，然后重新上样检测；如果排气泡后还是无法达到标准，可能是管道堵塞造成，可执行关机的清洗程序（参见关机步骤）；如果还是达不到标准，请联系厂家工程师。

四、检测样本

选择所需方案，上机检测，可自动上机，也可手动上机。收集 5000～10000 个细胞即可停止。

五、结果分析

在数据采集后，可按如下步骤对所需要的数据进行分析：

1. 不同检测项目，分析图形和方法大同小异；

2. 记录机器自动生成编号，并记录阳性结果；

3. 白细胞免疫分型结果需绘制图形与文字向临床科室报告，而其他报告可通过网络直接传输。

六、清洗，关机

1. 日常清洗操作步骤如下：

(1)将漂白水与双蒸水 1∶1 稀释，放入 12mm×75mm 的试管内；

(2)准备 3mL 双蒸水放入 12mm×75mm 试管内；

(3)在 Acquisition 状态栏下选择 PANEL-Cleaning Panel；

(4)按照提示，分别将装有稀释的漂白液和双蒸水的试管依次放入样本台，上机。

2. 真空管路清洗操作步骤如下：

(1)按 Cytometer 主机上的 RUN 键，使其处于闪烁状态；

(2)将真空管洗器内加满双蒸水，放在样本台上，如此反复 3 次；

(3)按下 Cytometer 主机的 CLEANSE 键，进行清洗循环，结束后整个管道内充满清洁液。

3. 先用 50%漂白液，之后用 70%酒精清洗样本台周围，特别要注意样本台和样本针探头。

4. 将装有 2mL 双蒸水的试管放在样本台上。

5. 退出 SYSTEM Ⅱ软件，按 F2，按 Y。在 C:\XL>状态下键入“XLOFF ”。

6. 依次关闭计算机主机、打印机、电源箱开关。

注意：①即使每天工作 24h，也至少要关机一次。

②重新启动激光必须在仪器关闭 30min 之后。

③每 2～4 周清洗一次空气滤膜。

④每月清洗鞘液盒一次。

⑤每 60 天清洗清洁液盒一次。

第二节　实验项目

实验九　流式细胞术细胞分型实验

【基本原理】

视频 6

白血病免疫分型是利用单抗检测白血病细胞的细胞膜和细胞浆抗原，分析其表现型，以了解被测白血病细胞所属细胞系列及其分化程度。近年来白血病的免疫分型已成为诊断血液恶性肿瘤不可缺少的重要标准之一，国际上公认的通用白血病免疫分型检测方法是流式细胞术(FCM)，流式细胞术可根据细胞表面标记的不同，使用相应的抗体将细胞分类，判定属于哪种类型的白血病，此种白血病的分型即为免疫分型。骨髓血细胞是形态学分型的基础，利用流式细胞术进行白血病免疫分型是对形态学分型的重要补充和深化，特别是用形态学、细胞化学染色不能肯定细胞来源的白血病。另外，还可根据抗原的表达情况预测病情的预后，如白血病患者有 $CD7^+$ 与 $CD34^+$ 共表达，则预后较差。白血病免疫分型还对疾病监测起着重要作用，可监测病程的发展、疗效，并可进行微小残留白血病的检测。

流式细胞术白血病免疫分型是利用荧光素标记的单克隆抗体去鉴定细胞膜或细胞浆抗原，由此了解被测白血病细胞所属细胞系列及其分化程度。当经荧光抗体标记的细胞通过流动室被激光束照射时，结合在细胞上的荧光就会被相应的激光束激活并发出对应的荧光，通过敏感的光电倍增管即可检测到从细胞表面发出的荧光，荧光信号能够反映该细胞相应分子的表达情况(Nalm6 表现型为 $CD19^+$，$CD22^+$，而 $CD33^-$，$CD13^-$；Kasumi 表现型为 $CD19^-$，$CD22^-$，而 $CD33^+$，$CD13^+$)。

【试剂与器材】

一、试剂

1. 鞘液。

2. 双蒸水。

3. 漂白水。

4. 70%酒精。

5. 细胞培养液(含 10%小牛血清的 RPMI-1640)。

6. PBS。

7. 四种荧光标记流式抗体(CD13-PE、CD19-PC7、CD22-APC、CD33-APC-A750)。

二、器材

1. 细胞培养瓶	2. 15mL 离心管	3. 1.5mL 离心管	4. 巴氏滴管
5. 吸头	6. 300 目滤网	7. 超净工作台	8. 离心机
9. 旋涡振荡仪	10. 移液器	11. 流式细胞仪	

【实验材料】

1. Nalm6 细胞(急性淋巴细胞白血病 ALL 的细胞株)。

2. Ksaumi 细胞(急性髓系白血病 AML 的细胞株)。

【操作步骤】

1. 将两种细胞株复苏,隔天更换培养液,培养 2~3 天,至对数生长期,镜检细胞状态良好备用;分别收集培养瓶中的 Nalm6 细胞和 Kasumi 细胞于 15mL 离心管中,500×g 离心 5min,弃上清液(注:若细胞状态不好容易发生非特异性荧光染色)。

2. 用预冷的 PBS 离心洗涤细胞两次(2000r/min,5min),弃上清液(注:离心洗涤细胞,去除杂质)。

3. 500μL PBS 重悬细胞,取 100μL 细胞悬液用流式细胞仪进行细胞计数,调整细胞密度为 1.0×10^6/mL(注:调整细胞至合适的密度,以备后续抗体标记)。

4. 取 1.5mL 离心管,加入 100μL Nalm6 细胞,标记为 N;取 1.5mL 离心管,加入 100μL Kasumi 细胞,标记为 K。

5. 两支 1.5mL 离心管中分别加入 100μL Nalm6 细胞,标记为 N1 和 N2;另取两支 1.5mL 离心管,分别加入 100μL Kasumi 细胞,标记为 K1 和 K2(注:K1 和 N1 管细胞加入第一组抗体,K2 和 N2 管细胞加入第二组抗体)。

6. K1 和 N1 细胞中分别加入一组抗体组合,每种抗体各 5μL;K2 和 N2 细胞中分别加入另一组抗体组合,每种抗体各 5μL,室温避光孵育 15~20min。

7. 用预冷 PBS 离心洗涤细胞 3 次(2000r/min,5min),弃上清液(注:去除未结合的抗体)。

8. 用 300μL 的 PBS 重悬细胞(注:重悬细胞至适合的浓度)。

9. 取上述细胞悬液过 300 目滤网,滤过液上机检测(注:300 目滤网过滤去除细胞团块)。

10. 选择所需方案,上机检测。

11. 导出实验数据,给出相应的分析结果,确定两种白血病细胞株相应的表型。

如图 10-2-1 所示,图 A 和 C 为散射光散点图,横坐标为前向散射光,此参数与细胞大小呈正相关,纵坐标为细胞侧向散射光,此参数与细胞粒度呈正相关。所以圈出状态良好均一的细胞 P1 进行分析,大约占总细胞量的 83.54%。图 B 和图 D 分别是来自图 A 和图 B 中 P1 所圈定的细胞的双参数散点图,其中图 B 横坐标显示 CD19-PC 荧光强度,纵坐标显示 CD33-APC-A750 荧光强度。结果显示 Kasumi 细胞 CD33-APC-A750 阳性而 CD19-PC 阴性,图 A 和 B 的实验结果表明 CD33 抗原是 Kasumi 细胞表面标记物。图 D 横坐标显示 CD13-PE 荧光强度，纵坐标显示 CD22-APC 荧光强度。结果显示 Kasumi 细胞 CD13-PE 阳性而 CD22-APC 阴性，图 C 和 D 的实验结果表明 CD13 抗原是 Kasumi 细胞表面标记物。综上得出 Kasumi 细胞表现型为 $CD19^-$，$CD22^-$，而 $CD33^+$，$CD13^+$。

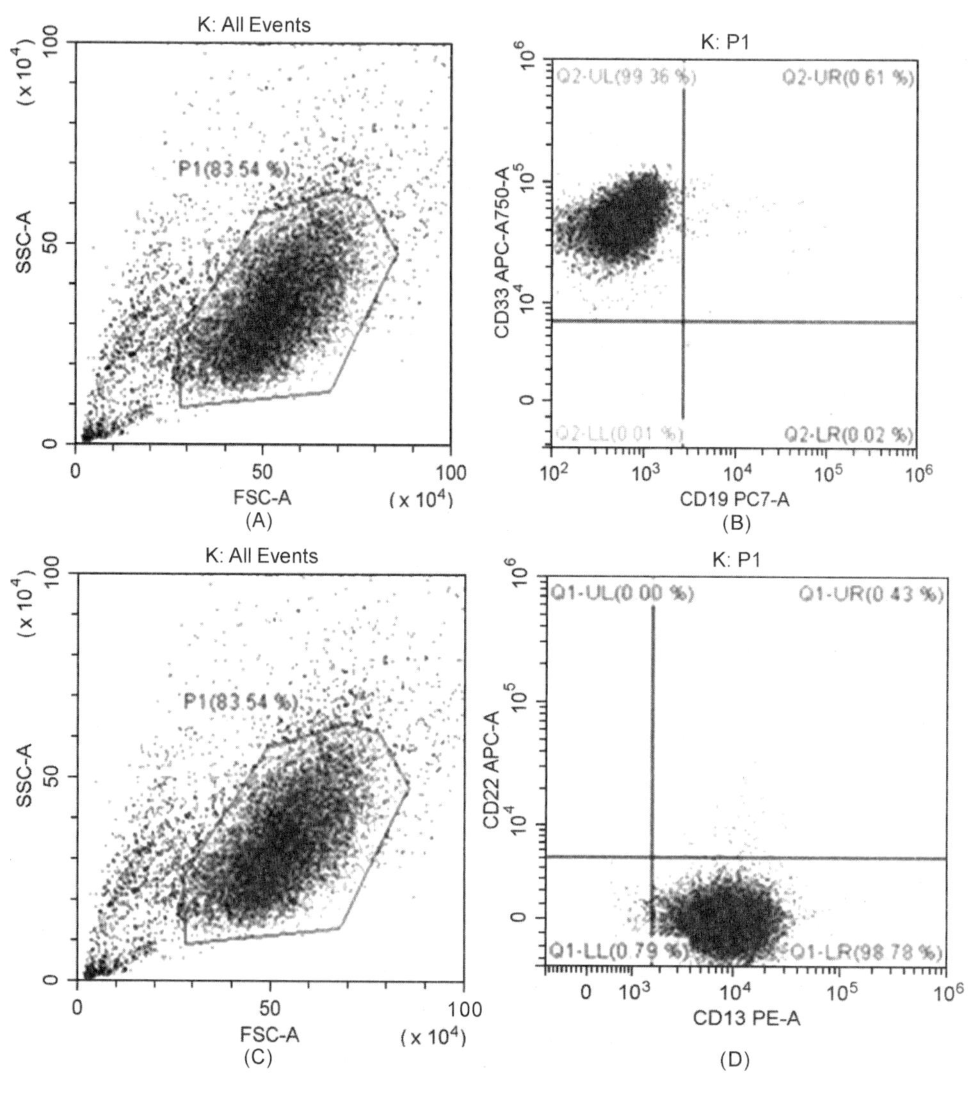

图 10-2-1 Kasumi 细胞流式结果

如图 10-2-2 所示，图 A 和 C 为散射光散点图，横坐标为前向散射光，此参数与细胞大小呈正相关，纵坐标为细胞侧向散射光，此参数与细胞粒度呈正相关。所以圈出状态良好均一的细胞 P1 进行分析，大约占总细胞量的 80.73%。图 B 和图 D 分别是来自图 A 和图 B 中 P1 所圈定的细胞的双参数散点图，其中图 B 横坐标显示 CD19-PC7 荧光强度，纵坐标显示 CD33-APC-A750 荧光强度。结果显示 Nalm6 细胞 CD19-PC7 阳性而 CD33-APC-A750 阴性，图 A 和 B 的实验结果表明 CD19 抗原是 Nalm6 细胞表面标记物。图 D 横坐标显示 CD13-PE 荧光强度，纵坐标显示 CD22-APC 荧光强度。结果显示 Nalm6 细胞 CD22-APC 阳性而 CD13-PE 阴性，图 C 和 D 的实验结果表明 CD22 抗原是 Nalm6 细胞表面标记物。综上得出 Nalm6 细胞表现型为 $CD19^+$，$CD22^+$，而 $CD33^-$，$CD13^-$。

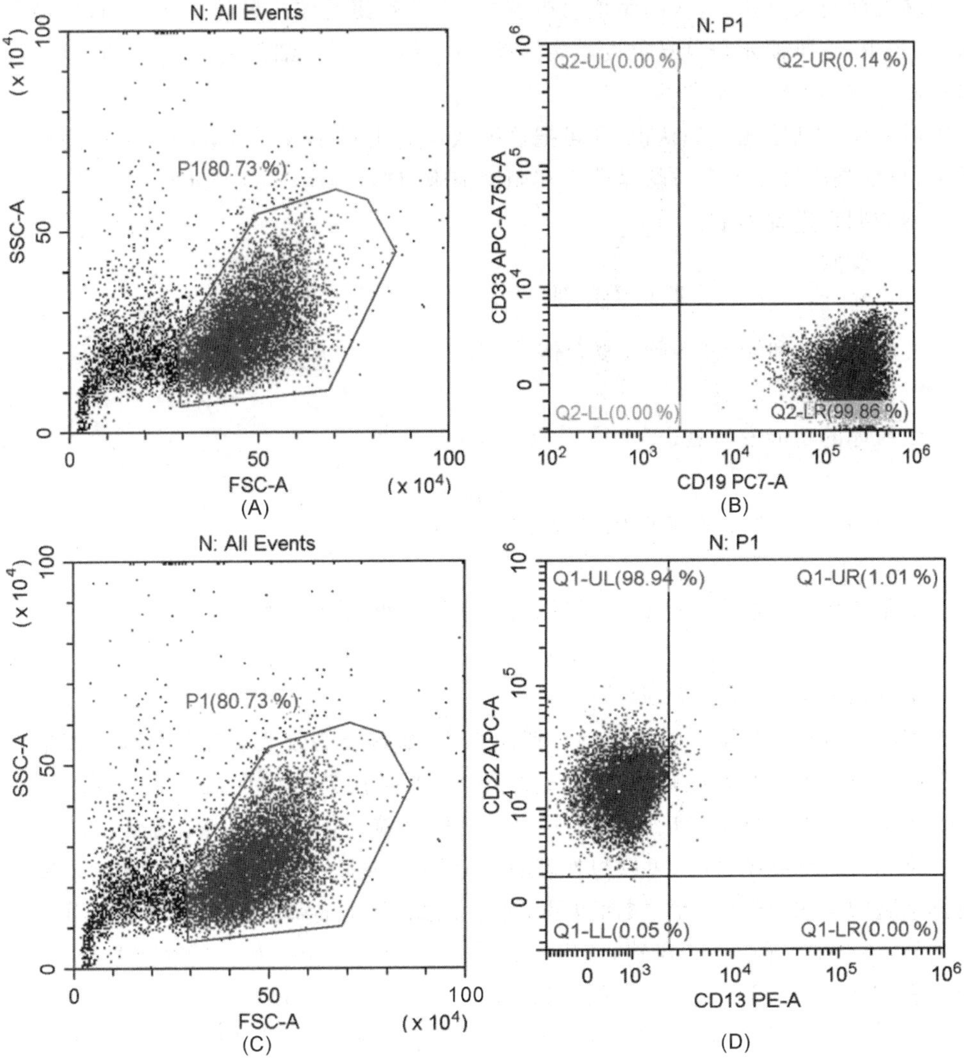

图 10-2-2 Nalm6 细胞流式结果

【讨论】

为保证细胞免疫荧光的稳定，荧光抗体染色后注意避光。如果荧光标记的抗体浓度过高，背景会因为非特异性相互作用的增加而增加。

实验十 流式细胞术细胞凋亡检测实验

【基本原理】

视频 7

细胞凋亡是指为维持内环境稳定，由基因控制的细胞自主的有序的死亡。细胞凋亡涉及一系列基因的激活、表达以及调控等，是为更好地适应生存环境而主动争取的一种死亡过程。细胞发生凋亡，就像树叶或花的自然凋落一样。

在健康的机体中，细胞的生与死总是处在一种良性的动态平衡中，如果这种平衡被破坏，人就会患病。比如，癌症就是该死亡的细胞没有死亡而造成的。而在艾滋病病毒的攻击下，不该死亡的淋巴细胞大量死亡，人的免疫力遭破坏，艾滋病便发作。另外一些疾病，如神经变性性疾病、脑卒中、心肌梗死和自身免疫疾病等都是由于很多正常细胞被不正确地启动了程序性死亡过程而造成细胞过量死亡。

有了对程序性细胞死亡的认识，还可把这种认识应用到一些严重威胁人类疾病（如癌症）的防治上，目前临床许多治疗方法是建立在刺激细胞“自杀程序”的基础上的。

细胞凋亡进程如下：

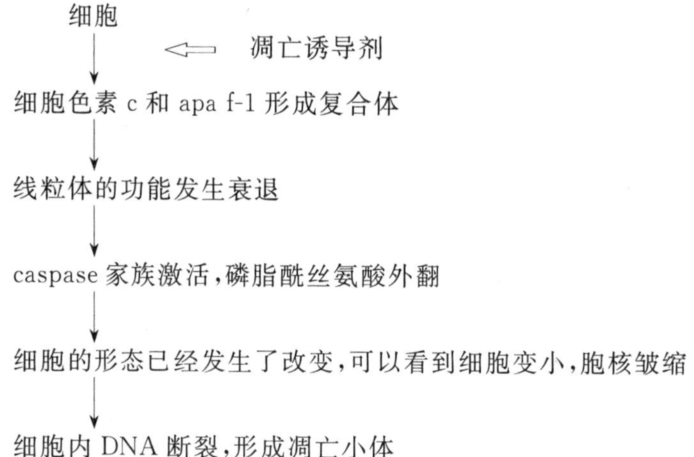

在细胞凋亡过程中伴随着一系列形态特征改变，细胞膜的改变是这些特征中较早出现的一种。在凋亡细胞中，细胞膜磷脂酰丝氨酸（PS）从细胞膜的内侧翻转到细胞膜的外侧。Annexin-V 是一种相对分子质量为 35000～36000 的钙粒子依赖的磷脂结合蛋白，它对 PS 具有较高的亲和力。细胞凋亡时，可以与外翻的 PS 结合，从而可以检测凋亡的细胞。发生死亡的细胞其细胞膜上的 PS 也外翻，因而也呈阳性。因此，常用的凋亡试剂盒除了采用 Annexin-V 标记之外，还会加一种 DNA 染料，常用的有 PI 和 7-AAD，由于死亡的细胞膜通透性增高，染料可以进入细胞内与 DNA 结合，从而可以发荧光，区分出死细胞。

图 10-2-3 给出的是在使用 FAS 单抗诱导前后的检测结果，横坐标是 Annexin-V FITC，纵坐标是 PI，左上、右上、左下、右下四个象限中右上象限代表死亡的细胞，左下象限是存活的细胞，右下象限是凋亡的细胞。

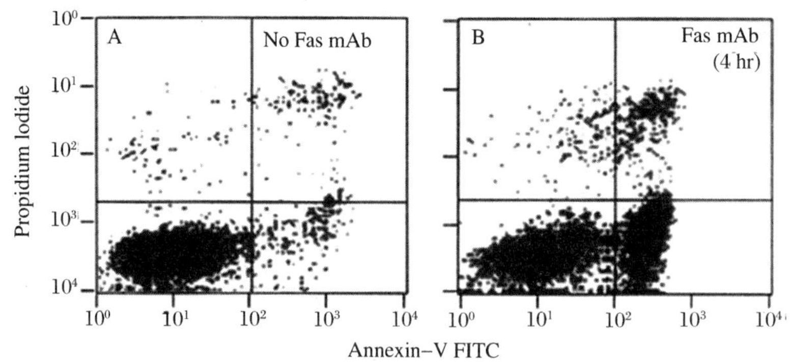

图 10-2-3　细胞凋亡流式细胞检测结果示意图

Annexin-V－/ PI －　为：活细胞　（左下象限）

Annexin-V＋/ PI ＋　为：坏死细胞　（右上象限）

Annexin-V＋/ PI －　为：凋亡细胞　（右下象限）

【试剂与器材】

一、试剂

1. 鞘液、双蒸水、漂白水、70%酒精。

2. 凋亡检测试剂盒(内含 Annexin V-FITC、PI、5×Binding Buffer)。

3. PBS 液。

二、器材

流式细胞仪

【实验材料】

Nalm6 细胞株。

【操作步骤】

一、细胞凋亡处理

1. 在 12 孔细胞培养板盖上标注 C 和 Dau(柔红霉素),分别代表对照组和实验组。

2. 取生长状态良好的 Nalm6 细胞悬液各 1mL(细胞密度为 1×10^6/mL),分别加入细胞培养板中。

3. 对照组加入 5μL 细胞培养液,实验组加入 5μL 白血病治疗药物柔红霉素,37℃二氧化碳培养箱培养 24h。

二、细胞收集

1. 取 2 支 1.5mL 离心管,分别收集对照组和实验组细胞。

2. 2000r/min 离心 5min 后弃上清液。

3. 加预冷的 PBS 液离心洗涤细胞 1 次,2000r/min 离心 5min,弃上清液。

4. 加 1mL PBS 液重悬细胞,调整细胞浓度至 1.0×10^6/mL。

三、染色及孵育

1. 取 100μL 细胞悬液于 1.5mL 离心管中,2000r/min 离心 5min,弃上清液。

2. 分别加入 500μL 结合缓冲液,轻轻重悬细胞。

3. 两支离心管中分别加入 Annexin V-FITC 和 PI 试剂各 5μL,轻轻混匀,室温避光孵育 15min。

四、上机检测

1. 选择所需方案,上机检测。

2. 根据空白管及单染管调整电压和补偿。

3. 收集 5000～10000 个细胞即可停止。

五、实验结果及分析

1. 根据空白管及单染管细胞群的位置设门。

2. Annexin V-FITC 及 PI 双阴性为正常活细胞,Annexin V-FITC 单阳性为早期凋亡细胞,Annexin V-FITC 及 PI 双阳性为晚期凋亡细胞,PI 单阳性为死亡细胞。

六、清洗,关机

【讨论】

在采用 Annixin V 方法检测凋亡细胞时,要特别强调一点:该方法适用于悬浮生长的细胞，如淋巴细胞等的检测。对于贴壁生长的细胞，由于在胰酶等消化处理过程中会造成细胞膜的损伤，导致较高的假阳性，从而影响检测结果。

实验十一　流式细胞术细胞周期检测实验

【基本原理】

视频 8

细胞周期是指细胞从前一次分裂结束到下一次分裂结束为止的活动过程，通常由 G_0 期、G_1 期、S 期、G_2 期和 M 期组成，DNA 的含量随各时相呈现周期性变化（图 10-2-4）。G_0 期细胞属于休眠细胞，暂不分裂。G_1 期细胞开始 RNA 和蛋白质的合成，但 DNA 含量仍保持二倍体，从 DNA 含量上无法与 G_0 期区分；S 期 DNA 开始合成，细胞核内 DNA 的含量介于 G_1 期和 G_2 期之间。当 DNA 复制成为 4 倍体时，细胞进入 G_2 期。G_2 期细胞继续合成 RNA 及蛋白质，直到进入 M 期，G_2 期和 M 期的 DNA 含量都是四倍体。流式细胞术检测细胞周期是利用特殊的荧光染料与细胞内的 DNA 分子结合，这些染料经激发光激发后会发出荧光，荧光强度与 DNA 含量成正相关，从而得出细胞周期不同时期的细胞分布情况。根据 DNA 含量的不同，可以得到细胞周期各个时相的分布状态，从而反映了细胞增殖的状态。DNA 含量是判断细胞增殖状态的一个重要指标。目前检测细胞增殖的方法很多，但是能对细胞周期进行细分并进行量化的研究方法，目前来说流式细胞术还是不可替代的。

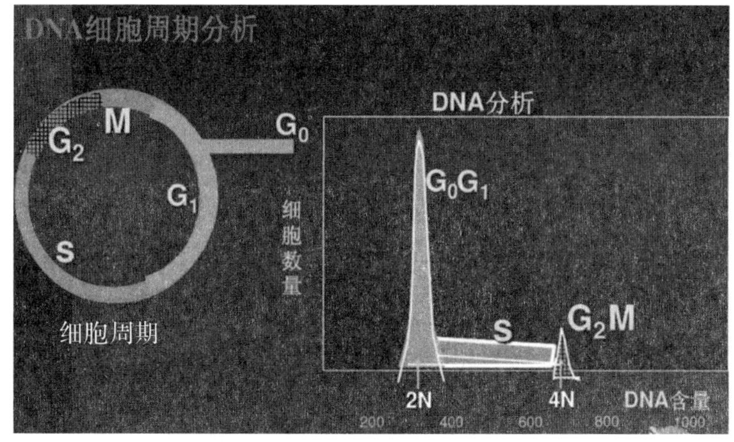

图 10-2-4　细胞周期及 DNA 含量示意

检测细胞内 DNA 含量时必须保证样本处于单细胞悬液状态，否则在流式细胞仪可能会将粘连在一起的两个二倍体细胞当成四倍体细胞，这样检测到的 G_2/M 期细胞比例将高于实际情况，影响实验结果。可以通过以下几种措施来排除粘连细胞的影响：①样本处理过程中，根据实际情况加入适量的 EDTA 来减少细胞间的粘连；②乙醇固定时，需要边振荡边逐滴加入乙醇，防止乙醇将细胞固定成团；③细胞上样前，需要用细胞筛过滤，去除细胞团块；④上样速度不要过快，避免两个相邻的细胞太近被当作一个细胞分析；⑤分析时，通过积分信号和峰值信号将粘连细胞与单个细胞区分开，排除粘连细胞对结果的干扰。

正常的细胞具有比较恒定的 DNA 含量，但是当受到某些致癌因素的影响时，DNA 受损，导致基因突变和染色体畸变或断裂后，细胞的周期调控失调后会产生 DNA 含量异常的肿瘤细胞。在肿瘤临床应用中，使用流式细胞仪检测处于不同时期的肿瘤细胞比例，能够反映肿瘤细胞的增殖能力，对肿瘤的治疗和评估有很好的指导意义，例如，根据流式细胞仪检测到的细胞周期变化，可以帮助了解抗癌药物的抗癌效果和作用机制。

【试剂与器材】

一、试剂

1. 鞘液。

2. 双蒸水。

3. 75％乙醇。

4. DNA 染色试剂。

5. PBS 液。

二、器材

1. 流式细胞仪　　2. 离心机　　3. 移液器

4. 300 目滤网　　5. 旋涡振荡仪

【实验材料】

实验样本：Nalm6(急性淋巴细胞白血病的细胞株)。

【操作步骤】

一、细胞收集

1. 将对照组和实验组两组待检测细胞分别离心收集并重悬，收集 $1\times10^5\sim5\times10^5$ 个细胞至流式检测管内；除样品管外，还需收集 2 管与样品管相同处理方法的同种细胞，作为空白及单染对照。

2. 用 1mL PBS 液重悬细胞，$500\times g$ 离心 5min，洗涤细胞两次。

二、固定及染色

1. 逐滴加入 1mL 预冷的 75％乙醇，于 4℃固定 4h 以上(注：乙醇固定能够增加细胞膜的通透性)。

2. 将固定好的细胞 2000r/min 离心 5min，弃上清液，用 PBS 液离心洗涤细胞 1 次，弃上清液(注：离心洗涤细胞，去除杂质)。

3. 加入 500μL DNA 染色试剂，室温避光孵育 15min；空白管不加染液。

4. 将细胞悬液用 300 目滤网过滤后待测。

三、上机检测

1. 选择所需方案，上机检测。

2. 根据空白管及单染管调整电压和补偿。

3. 收集 5000～10000 个细胞即可停止。

四、实验结果及分析

1. 根据空白管及单染管细胞群的位置设门；

2. 对选中的细胞进行 DNA 含量分析，根据细胞周期中 DNA 含量的不同可以将细胞分成明显的三个区，结果直方图上从左到右依次为 G_0/G_1 期、S 期和 G_2/M 期三个峰。直方图的横坐标为细胞的荧光强度，纵坐标为细胞数目。

从图 10-2-5 可发现，经过抗癌药物处理后，与对照物相比，实验组 G_2M 期占比大幅增加，表明经抗肿瘤药物柔红霉素处理的 Nalm6 细胞被阻断在 G_2M 期，抑制了肿瘤细胞的分裂。

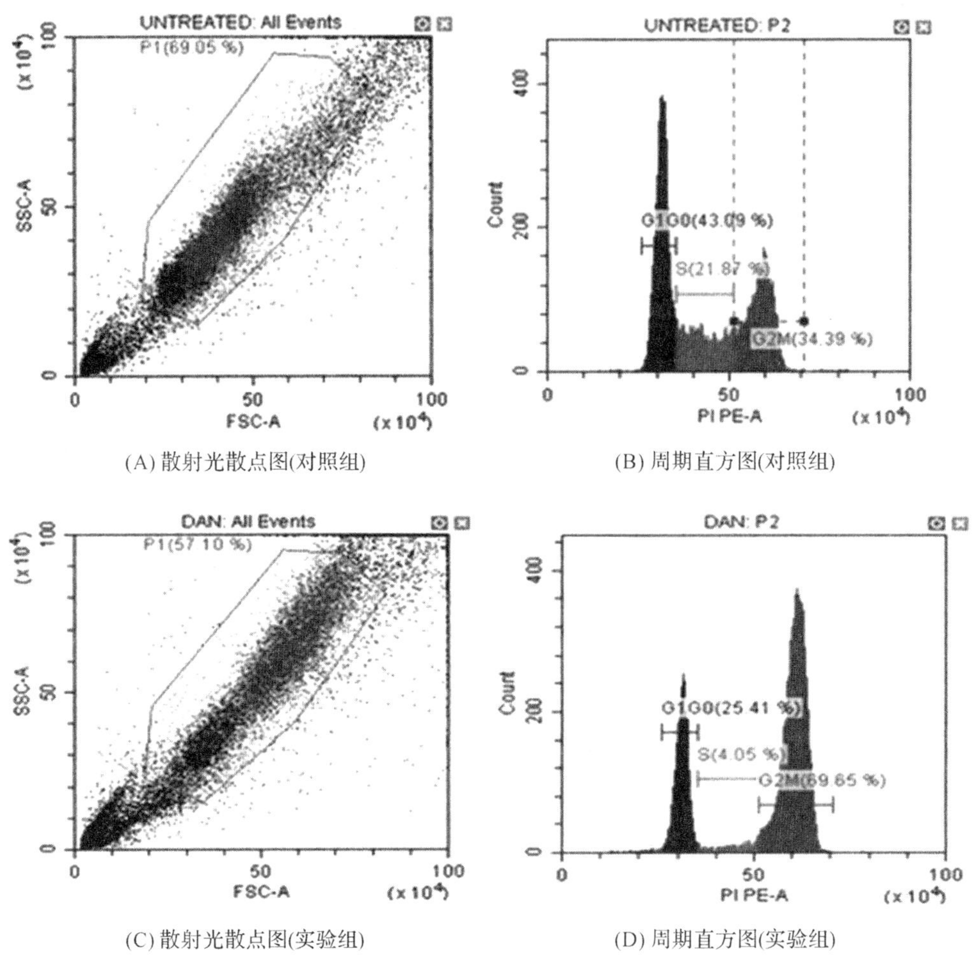

(A) 散射光散点图(对照组)　(B) 周期直方图(对照组)

(C) 散射光散点图(实验组)　(D) 周期直方图(实验组)

图 10-2-5　使用抗癌药物处理后细胞周期流式细胞检测结果示意图

五、清洗，关机

【讨论】

在制备样本的时候，要尽量获得单细胞悬液，避免过度吹打引起细胞碎片。分析前应该 4℃避光保存样本，尽量 1h 之内上流式细胞仪检测，以免荧光淬灭及细胞活力丧失。进样前需要使用细胞滤网去除细胞团块，进样速度设置为低速，进样速度太快会导致峰形变宽，从而影响检测结果。

（于晓虹、邹玲）

第十一章 核酸和染色体实验

第一节 概 述

核酸是生物体中最重要的组成成分之一，是生物遗传信息的载体，它和蛋白质一起构成了生命的主要物质基础，所有的生物包括病毒、细菌、动物和植物都含有核酸。核酸在生物的遗传变异、生长繁殖和分化发育以及疾病的发生和治疗等方面都起着重要的作用。核酸已成为生物化学和分子生物学研究领域中一个非常重要的内容。

一、核酸的分子组成与结构

核酸分为两大类：脱氧核糖核酸（DNA）和核糖核酸（RNA）。DNA 和 RNA 在化学组成、分子结构、细胞内分布以及生物学功能等方面存在着一些异同点。所有的核酸都是由核苷酸通过磷酸二酯键连接成的多聚核苷酸，核苷酸是由碱基、戊糖和磷酸组成的。

从核酸在细胞内的分布状况来看，DNA 主要集中在细胞核内，线粒体、叶绿体中也含有少量的 DNA；RNA 主要分布于细胞质中。但对于病毒来说，要么只含有 DNA，要么只含有 RNA，故可将病毒分为 DNA 病毒和 RNA 病毒。

在研究 DNA 的化学组成、结构和功能的历史上，有三个具有重要意义的研究成果。1944 年，Avery 等通过肺炎双球菌的转化作用实验，证明了转化因子是 DNA 而不是蛋白质；1951 年，Chargaff 等在大量测定各种生物 DNA 的碱基组成后，发现不同生物 DNA 的碱基组成不同，DNA 的碱基组成具有种的特异性，但没有组织和器官的特异性，不同生物的 DNA 的碱基组成总是 A—T，G—C 配对。这一极其重要的发现为 1953 年 Watson、Crick 两人提出 DNA 分子的双螺旋结构模型提供了重要依据。

DNA 双螺旋结构模型的提出，被认为是 20 世纪自然科学的重大突破之一，它真正拉开了分子生物学研究的序幕，为分子遗传学的发展奠定了基础。双螺旋模型认为：结晶的 B-型 DNA 钠盐是由两条反向平行的多核苷酸链围绕同一中心轴构成的双螺旋结构，嘌呤碱和嘧啶碱层叠于螺旋的内侧，一条链上的嘌呤碱必须与另一条链上的嘧啶碱相配对，其间的距离才正好与双螺旋的直径相吻合。A—T 配对，其间形成两个氢键；G—C 配对，其间形成三个氢键，这种碱基之间的互补配对原则具有重要的生物学意义。当一条核苷酸链上的碱基序列确定后，即可推知另一条核苷酸链的碱基序列，DNA 的复制、转录、反转录、PCR 扩增的分子基础都是碱基互补。

维持 DNA 双螺旋结构稳定的力主要有三种：一种是互补碱基对之间的氢键，它在使四种碱基形成特异性的配对上是十分重要的，但并不是维持 DNA 结构稳定最主要的力，而且氢键的断裂具有协同效应；第二种力是碱基堆积力，其是由芳香族碱基的 π 电子之间相互作用而形成的，是维持 DNA 稳定的主要力量；第三种力是 DNA 骨架磷酸残基上的负电荷与介质中的阳离子之间形成的离子键。DNA 在生理 pH 条件下带有大量的负电荷，要是没有阳离子（或是带正电荷的多聚胺、组蛋白等）与它形成离子键，DNA 链由于自身不同部位之间的排斥力的作用也是不稳定的。原核细胞的DNA常与精胺、亚精胺结合，真核生物细胞的DNA则在核内与组蛋白结合。

DNA的二级结构是双螺旋结构，并可进一步折叠形成三级结构。RNA为单链的核酸分子，但可在局部进行碱基配对形成局部的双螺旋结构，并进一步形成三级结构，每段螺旋区至少需要4～6对碱基，才能保持螺旋结构的稳定。无论动物、植物还是微生物细胞内都含有三种主要的RNA：tRNA、rRNA和mRNA，它们都是DNA的转录产物。其中由于mRNA能传递DNA的遗传信息指导蛋白质的生物合成，故格外受到重视。任何基因的表达都可以通过mRNA表现出来，所以通过研究mRNA的表达与否以及表达量的多少来研究基因的表达，也可以通过mRNA逆转录生成cDNA，并进行克隆，从而完成基因的克隆。真核生物的mRNA在3′-末端有一段长约200个碱基的多聚腺苷酸(Poly A)的尾巴，5′-末端有一个mGpppNm的“帽子”结构。

二、核酸的理化性质

(一)DNA的分子大小

用苯酚及中性盐法制备的DNA往往都是部分降解的产物，所以测得的DNA的相对分子质量(10^6～10^7)往往偏低。电子显微镜成像及放射自显影等技术是测定DNA相对分子质量常用的方法。常见的几种生物来源的DNA相对分子质量见表11-1-1所示。

表11-1-1　不同生物来源的DNA的相对分子质量

DNA来源	相对分子质量	长度	核苷酸对数目	构象
多瘤病毒	3×10^6	1.1μm	4.6×10^3	环状、双链
λ噬菌体	3.3×10^7	13μm	0.5×10^5	线状、双链
噬菌体ΦX174	1.6×10^6	0.6μm	2.4×10^3	环状、双链
T_2噬菌体	1.3×10^8	50μm	2.0×10^5	线状、双链
大肠杆菌染色体	2.2×10^9	1.3mm	3.0×10^6	环状、双链
小白鼠线粒体	9.5×10^6	5.0μm	1.4×10^4	线状、双链
小鼠染色体	1.5×10^{12}	80cm	2.3×10^9	线状、双链
果蝇巨染色体	8×10^{10}	4.0cm	1.2×10^8	线状、双链
人染色体	1.8×10^{12}	94cm	2.8×10^9	线状、双链

(二)核酸的紫外吸收

由于碱基共轭双键的作用，嘌呤碱和嘧啶碱都具有强烈的紫外吸收，核酸也是如此，最大吸收值在260nm处，蛋白质的最大吸收值在280nm处。利用这一特性，可以测定核酸的含量，以及核酸样品中蛋白质的含量。还可以根据核酸溶液在260nm处吸光度(OD_{260nm})的变化来监测DNA的变性情况，因为在核苷酸的量相同的情况下，OD_{260nm}值的大小有如下关系：单核苷酸>单链DNA>双链DNA。当过量的酸、碱或加热使DNA变性时，可出现OD_{260nm}值升高的现象称为增色效应。这是因为DNA变性后，双螺旋结构被破坏，碱基充分地暴露，导致紫外吸收值增加。

(三)核酸的变性、复性及杂交

在一些理化因素的作用下，核酸分子可发生变性作用，即核酸的双螺旋结构被破坏，氢键断裂，但不涉及核苷酸间共价键的断裂。DNA变性可导致一系列理化性质的改变，如260nm处紫外吸收值升高、黏度降低、比旋下降、浮力密度升高、酸碱滴定曲线改变，同时失去部分或全部生物活性。引起核酸变性的因素有很多：由温度升高而引起的变性称热变性，它是最常见也是应用最为广泛的一种变性因素。由于DNA的双螺旋结构中G—C之间有三对氢键，故核酸分子中(主要是DNA)G—C配对越多,核酸解链所需的温度越高。当溶液的温度一定时,解链先从A—T配对较多的区域开始,迅速蔓延至全链解开,所以DNA的变性过程是爆发式的,从变性开始至完全变性,是在一个很窄的温度范围内进行的,这个温度范围的中点即称为DNA的熔点(Tm),或称为解链温度。Tm值的大小与DNA中(G+C)的含量成正比,20个核苷酸以下的寡核苷酸分子的解链温度可按下列经验公式推算:Tm=4(G+C)%+2(A+T)%,式中,(G+C)%代表DNA中(G+C)的含量,(A+T)%代表DNA中(A+T)的含量。酸碱因素引起核酸变性的原因是:过量的酸使A、G、C上的氮原子质子化,过量的碱使G、T上的氮原子去质子化,这都不利于氢键的形成;乙醇、丙酮等有机溶剂是因为改变了核酸溶液中介质的介电常数,从而引起核酸的变性;尿素、酰胺等试剂因破坏氢键的形成而引起核酸的变性。

变性的DNA在适当的条件下,可以使两条彼此分开的链重新缔合成双螺旋结构,这一过程称为复性(renaturation)。复性后DNA的一系列理化性质得到恢复。复性的快慢以及是否完全复性与以下因素有关:DNA片段的大小、DNA的浓度、DNA的均一性等。一般来说,均质DNA较异质DNA易复性,变性DNA的片段越大复性越慢,而DNA的浓度越大复性越快。另外如热变性,热变性的DNA若快速冷却则不易复性,只有缓慢地冷却,才可以较完全地复性。但热变性的DNA在复性过程中往往发生不同DNA片段或同一DNA的不同区域之间的杂交(hybridization),因为各片段之间只要有一定数量的碱基彼此配对,就可以形成局部的双螺旋结构,不配对的部分可形成突环。DNA-DNA的同源序列之间可以杂交,DNA-RNA的同源序列之间也可以进行杂交。杂交技术现已成为分子生物学领域研究核酸的结构、功能以及检测、鉴定等方面一项极其重要的技术。

三、核酸的制备和含量测定

核酸的制备(包括分离、纯化、鉴定)和定量是研究核酸的基础。制备具有生物活性的大分子核酸,必须采取温和的制备条件,避免过酸、过碱的反应环境和剧烈的搅拌,防止核酸酶的作用,并要求在低温下进行操作。由于体内核酸都是与蛋白质结合以核蛋白体的形式存在,所以在制备核酸时要去除蛋白质。一般在提取DNA、RNA的过程中,首先是利用DNP和RNP在不同浓度的盐溶液中的溶解度不同而将DNP和RNP分开,如DNP、RNP都溶于1~2mol/L的NaCl溶液中,而DNP在0.14mol/L的NaCl溶液中几乎不溶(RNP溶解),从而将DNP与RNP分开。提取核酸的方法较多,有苯酚法、氯仿-异戊醇法、SDS法等,它们都是蛋白质的变性剂,能将核酸与蛋白质分开。一般可根据不同的目的和要求采用不同的方法。

核酸的纯化和鉴定也是核酸制备过程中一个重要的步骤。蔗糖密度梯度离心法可按核酸分子的大小和形状将不同的核酸分子分开;羟基磷灰石柱、甲基白蛋白硅藻土柱和各种纤维素柱也可用来分离各种核酸;通过聚丙烯酰胺凝胶电泳和琼脂糖凝胶电泳可以分离并制备少量高纯度的核酸,并可利用转膜技术、杂交技术和标准相对分子质量DNA等对核酸分子进行鉴定。利用寡聚dT-纤维素柱是提取mRNA的一种有效方法。

核酸的含量可以用定磷法、定糖法和紫外分光光度法来测定。定磷法是利用核酸分子中磷的含量相对恒定这一性质来测定核酸的含量,该法测定的结果较准确(RNA、DNA中磷的质量分数的平均值分别为9.5%、9.9%);定糖法中的二苯胺法测定DNA的含量,地衣酚法测定RNA的含量,但两种方法的精确度较小;紫外分光光度法测定核酸较为方便,但误差较大。

(赵鲁杭)

第二节 实验项目

实验十二 DNA 的提取

制备具有生物活性的大分子核酸,必须采取温和的制备条件,避免过酸、过碱的反应环境和剧烈的搅拌,防止核酸酶的作用,并要求在低温下进行操作。

无论从什么材料中提取 DNA,都包括以下基本过程:①破碎细胞。②加入蛋白酶消化液(含有蛋白酶 K、SDS 和 EDTA)。SDS 可以破坏细胞膜和核膜,并可使 DNA 上结合的蛋白质与 DNA 分离,在不产生机械剪切力的前提下尽可能保持 DNA 的完整性,EDTA 可以抑制 Dnase 的活性,蛋白酶 K 可以将蛋白质水解成小肽或氨基酸,蛋白酶 K 在 SDS 和 EDTA 存在的情况下仍可保持很高的酶活性。③加 RNase 以去除 RNA。④用苯酚-氯仿抽提法等反复抽提,使 DNA 进入水相与蛋白质组分分开。⑤收集上清液后用乙醇沉淀 DNA,最后用 TE 缓冲液溶解 DNA,可用于 DNA 的含量及纯度的测定、PCR 扩增、分子克隆操作等。

实验 12-1 真核生物组织细胞基因组 DNA 的提取

【基本原理】

苯酚-氯仿抽提法:酚、氯仿是有机溶剂,能有效地使蛋白质变性。纯酚的比重为 1.07,因此在与水混合时应处于下层。然而有机相和水相会难于分开,甚至当从溶质浓度较高的水相中抽提蛋白时会发生两相颠倒的情况。若使用酚:氯仿混合物抽提,由于氯仿的比重较大(1.47),可在很大程度上解决这个问题,促进两相的分离。异戊醇则可减少操作过程中产生的气泡。变性蛋白一般集中在两相之间的界面层,而脂类则有效地分配在有机相中,核酸则被留于上层水相。该法具有操作条件比较温和,能迅速使蛋白质变性并同时抑制核酸酶的活性,可得到具有生物活性的高聚合度的核酸等优点。但其操作步骤较为烦琐,去除蛋白质需要反复进行多次,费时,所得到的核酸仍有部分降解。砷盐、氟化物、柠檬酸、EDTA 等可抑制 DNase 的活性;皂土等可抑制 RNase 的活性。

【试剂与器材】

一、试剂

1. 生理盐水。

2. 分离缓冲液:含 10mmol/L NaCl,25mmol/L EDTA 的 10mmol/L Tris-HCl 缓冲液,pH7.8。

3. 蛋白酶消化液:

(1)蛋白酶 K 储液:浓度为 20mg/mL,用蒸馏水配制,−20℃保存。

(2)反应缓冲液 A:含 5mmol/L EDTA,0.5% SDS 的 10mmol/L Tris-HCl 缓冲液,pH7.8。

(3)蛋白酶消化液:临用前用反应缓冲液 A 稀释蛋白酶 K 储液,使蛋白酶 K 浓度为 100μg/mL。

4. RNA 酶 A(RNase):

(1)反应缓冲液 B:含有 15mmol/L NaCl 的 10mmol/L Tris-HCl(pH7.8)缓冲液。

(2)RNA 酶 A(RNase)应用液:将胰 RNA 酶 A 溶于反应缓冲液 B,配成 10mg/mL 的浓度,于 100℃加热 15min,缓慢冷却至室温,分装成小份,保存于-20℃冰箱中。

5. 酚-氯仿-异戊醇(25∶24∶1)。

6. 氯仿-异戊醇(24∶1)。

7. 3mol/L NaAc 溶液。

8. 无水乙醇。

9. 70%乙醇。

10. TE 缓冲液(10mmol/L Tris-HCl,1mmol/L EDTA,pH=8.0)

二、器材

1. 台式离心机　2. 水浴锅　3. 高速冷冻离心机
4. 十字柄玻璃匀浆管　5. 塑料盒(置冰块)　6. 解剖剪刀
7. 镊子　8. 离心管　9. 移液器及移液器吸头
10. 烧杯

【实验材料】

小鼠肝脏。

【操作步骤】

一、组织细胞的裂解

1. 切取 0.2g 鼠肝,用冰冷生理盐水洗 3 次。当组织离开机体,DNA 酶就会表现出活性。在冰冷的生理盐水中,可以降低 DNA 酶的活性,防止基因组 DNA 被降解。

2. 碎鼠肝转入玻璃匀浆器中,加入 2mL 分离缓冲液,匀浆(冰上操作)。

3. 匀浆液转入 2mL 离心管,4℃,5000r/min 离心 5min;沉淀加 0.4mL 无菌水,吹散后再加 0.4mL 蛋白酶消化液(含 100μg/mL 的蛋白酶 K),慢慢颠倒混匀,50℃保温 90min。

4. 加 10mg/mL 的 RNase 16μL(终浓度 200μg/mL),37℃保温 40min。

二、裂解物中蛋白质的去除

1. 加等体积酚-氯仿-异戊醇(25∶24∶1),慢慢颠倒混匀,冰上静置 5min。待分层后,于 4℃,10000r/min 离心 10min。离心后可见分层,上层为水相含 DNA,下层为有机溶剂层,变性蛋白质介于两层之间。

2. 小心吸出上面的水层并转移到新的小离心管中,根据吸出的量再加入等体积的酚-氯仿-异戊醇(25∶24∶1),重复上述操作以去除蛋白质,直至界面不再出现明显的变性蛋白质为止。

3. 小心吸出上面的水层并转移到另一新的小离心管中,根据吸出的量再加入等体积氯仿-异戊醇,慢慢颠倒混匀。4℃,10000r/min 离心 10min。本步骤可去除微量的酚。

三、DNA 的沉淀

1. 上清加 1/10 体积的 3mol/L NaAc(pH5.2)和 2 倍体积的无水乙醇,颠倒混合沉淀 DNA。室温下静止 10min,DNA 沉淀形成白色絮状物。10000r/min 离心 10min,弃上清。

2. 沉淀用 70%乙醇漂洗后,10000r/min 离心 10min,弃上清。

3. DNA 沉淀溶解于 3mL TE 中,在 260nm/280nm 处紫外检测。

【讨论】

1. 提取过程中，应尽量保持低温，要温和，防止机械剪切，使用 RNA 酶时，利用该酶耐热的特性，应对酶液进行热处理（80℃，1h），以灭活混入其中的脱氧核糖核酸酶，避免脱氧核糖核酸酶对 DNA 的酶解。

2. 酚是一种有机溶剂，酸性条件下 DNA 分配于有机相。因此预先要对酚进行平衡，使其 pH 值在 7.8 以上，使 DNA 分配于水相。

3. 酚通常是透明无色的结晶，但酚易氧化，如果酚结晶呈现粉红色或黄色，表明其中含有酚的氧化产物。变色的酚不能用于核酸抽提实验，因为氧化物可破坏核酸的磷酸二酯键，引起核酸链中磷酸二酯键断裂或使核酸链交联，故在制备酚饱和液时要加入 8-羟基喹啉，以防止酚氧化。

4. 采用酚-氯仿去蛋白的效果较单独用酚或氯仿好，要将蛋白去除干净，需多次抽提。

【注意事项】

酚腐蚀性很强，并可引起严重的灼伤，操作时应戴手套。

实验 12-2　真核生物血液标本中 DNA 的提取

【基本原理】

血液标本中 DNA 主要存在于白细胞中。本法首先用 TKM1 和表面活性剂 Igepal CA-630 裂解白细胞，离心收集细胞核；再用 TKM2 和 SDS 裂解细胞核并溶解 DNA；最后用 6mol/L NaCl 溶液沉淀蛋白质，取上清液，加无水乙醇使 DNA 丝状物逐渐析出。

【试剂与器材】

一、试剂

1. 5% EDTA 溶液。

2. TKM1：10mmol/L Tris-HCl（pH=7.6），10mmol/L KCl，10mmol/L $MgCl_2$，2mmol/L EDTA。

3. Igepal CA-630。

4. TKM2：10mmol/L Tris-HCl（pH=7.6），10mmol/L KCl，10mmol/L $MgCl_2$，2mmol/L EDTA，0.4mol/L NaCl。

5. 10% SDS 溶液。

6. 6mol/L NaCl 溶液。

7. 无水乙醇。

8. 70%乙醇。

9. DNA 储存液：10mmol/L Tris-HCl，1mmol/L EDTA（pH=8.0）。

10. 琼脂糖凝胶。

11. TBE 缓冲液。

12. DNA 相对分子质量标准物（DNA Marker）。

二、器材

1. 水浴　2. 冰浴　3. 离心机　4. 紫外分光光度计
5. 移液器及吸头　6. 离心管　7. 电泳仪　8. 水平电泳槽

【操作步骤】

1. 在放有 0.06mL 5% EDTA 溶液的试管中收集 3mL 血样，摇匀（血样在 −30℃下至少可以保存 1 星期）。
2. 取 2mL 血样于 5mL 离心管中，加 2mL TKM1。
3. 加 0.05mL Igepal CA-630 (Sigma)，振摇，直至 Igepal CA-630 全部溶解。
4. 在 4℃转速为 2200r/min 离心 10min。
5. 倒去上清液，留下的沉淀用 2mL TKM1 清洗，继续上述条件的离心。
6. 去上清液，沉淀中加 0.32mL TKM2。
7. 加 10% SDS 溶液 0.02mL，充分摇匀，放在 55℃水浴约 10min 至沉淀全部溶解。
8. 用冰冷却 10min，然后加 0.12mL 6mol/L NaCl 溶液来沉淀蛋白质，再放冰浴 10min。
9. 在 4℃下 5000r/min 离心 10min。
10. 取上清液，加两倍体积无水乙醇，在室温条件下摇晃试管，直至 DNA 析出。
11. 10000r/min 离心 10min，弃上清，加 0.2mL 70%乙醇清洗，再同样条件离心，去上清。
12. 把 DNA 悬浮于 0.1mL DNA 储存液，4℃保存备用。

【讨论】

1. 通过测定 A_{260nm} 和 A_{280nm} 的比值，可以估计 DNA 的纯度，一般 A_{260nm}/A_{280nm} 大于 1.6 为比较纯。
2. DNA 的浓度可由 A_{260nm} 计算：

   DNA 的质量浓度(mg/L)$=50\times A_{260nm}$
3. DNA 分子大小可以通过琼脂糖凝胶电泳检查。
4. DNA 可在 DNA 储存液中 4℃长期保存，无需冰冻。
5. 血标本应尽量新鲜；若无法立即提取，可−30℃冰冻保存。

实验 12-3　质粒 DNA 的提取

【基本原理】

质粒(plasmid)是一种染色体外的稳定遗传因子，具有双链闭环结构的 DNA 分子。质粒具有自主复制能力，能使子代细胞保持它们恒定的拷贝数，可表达它携带的遗传信息。质粒广泛地用于基因工程中目的基因的运载工具——载体。从大肠杆菌中提取质粒 DNA，是一种分子生物学中最基本的方法。质粒 DNA 的提取是依据质粒 DNA 分子较染色体 DNA 为小，且具有超螺旋共价闭合环状的特点，从而将质粒 DNA 与大肠杆菌染色体 DNA 分离。提取和纯化质粒 DNA 的方法很多，主要有碱变性法、溴乙锭-氯化铯密度梯度离心法、煮沸法、羟基磷灰石柱层析法及酸酚法等。其中碱变性法具有操作简便、快速、得率高的优点，是最为常用的和经典的 DNA 提取方法。溴乙锭-氯化铯密度梯度离心法主要适用于相对分子质量与染色体 DNA 相近的质粒，具有提取产物纯度高、实验步骤少、方法稳定，且得到的质粒 DNA 多为超螺旋构象等优点，但提取成本高，需要有超速离心机。少量的质粒 DNA 的提取可以用煮沸法，但常伴有 RNA 的污染。

碱变性法提取质粒 DNA 的主要原理是，利用染色体 DNA 与质粒 DNA 的变性与复性的差异而达到分离目的。在碱变性条件下（pH=12.6），染色体 DNA 的氢键断裂，双螺旋结构解开而变性，质粒 DNA 的氢键也大部分断裂，双螺旋也有部分解开，但共价闭合环状结构的两条互补链不会完全分离，当以 pH=4.8 的醋酸钾将 pH 从碱性调到中性时，变性的质粒 DNA 可恢复原来的共价闭合环状超螺旋结构而溶于溶液中，而变性的染色体 DNA 不能复性，与其他的大分子如 RNA、蛋白质-SDS 复合物等相互缠绕结合形成致密网状结构。由于浮力密度不同，离心后，染色体 DNA 与大分子 RNA、蛋白质-SDS 复合物等一起沉淀下来而被除去，而质粒 DNA 仍处于溶液中。碱变性法提取质粒 DNA 一般包括以下三个步骤：细菌培养扩增质粒；收集和裂解细菌细胞；分离和纯化质粒 DNA。

【试剂与器材】

一、试剂

1. 培养菌体的试剂

(1)LB(Luria-Bertani)液体培养基：胰蛋白胨 10g，酵母提取物 5g，NaCl 10g，溶解于 1000mL 蒸馏水中，用 NaOH 调 pH 至 7.5。高压灭菌（1.03×10^5 Pa，20min）。

(2)LB 平板培养基：在每 1000mL LB 液体培养基中加入 15g 琼脂，高压灭菌（1.03×10^5 Pa，20min）。

(3)含抗生素的 LB 培养基：将无抗生素的培养基高压灭菌后冷却至 65℃，根据不同需要，加入不同抗生素溶液。筛选含质粒 pBR322 的大肠杆菌时使用含氨苄青霉素的质量浓度为 20mg/L，四环素为 25mg/L 的培养基，扩增质粒 pBR322 时可用含氯霉素为 170mg/L 的培养基。

2. 分离和纯化质粒 DNA 的试剂

(1)pH=8.0 的 GET 缓冲溶液（溶液Ⅰ）：50mmol/L 葡萄糖，10mmol/L EDTA，25mmol/L Tris-HCl；用前加溶菌酶 4.0g/L。

(2)SDS 溶液（溶液Ⅱ）：0.2mol/L NaOH，1% SDS（必须新鲜配制）。

(3)pH=4.8 的醋酸钾溶液（溶液Ⅲ）：60mL 5mol/L 醋酸钾溶液，11.5mL 冰醋酸，28.5mL H_2O；该溶液钾离子浓度为 3mol/L，醋酸根离子浓度为 5mol/L。

(4)氯仿-异戊醇混合液：按氯仿：异戊醇为 24：1 的体积比在氯仿中加入异戊醇。

(5)酚-氯仿-异戊醇(PCI)混合液（体积比为 25：24：1）：分析纯的酚经 160℃重蒸，然后加入 0.1%(V/V)抗氧化剂 8-羟基喹啉，再加入等体积的 0.1mol/L 的 Tris-HCl(pH8.0)反复抽提，使之饱和，并使其 pH 为 8.0。最后将重蒸酚与氯仿-异戊醇混合液等体积混合，即可得酚-氯仿-异戊醇(PCI)混合液（体积比为 25：24：1）。

(6)pH=8.0 的 TE 缓冲溶液：10mmol/L Tris-HCl，1mmol/L EDTA，其中含 RNA 酶(RNase A)的质量浓度为 20mg/L。

(7)无水乙醇及 70%乙醇。

二、器材

1. 1.5mL 塑料离心管（又称 Eppendorf 小离心管）30 个

2. 塑料离心管架（30 孔）1 个

3. 10、100、1000μL 移液器各 1 支

4. 培养皿

5. 台式高速离心机(20000r/min)1 台

6. 电热恒温培养箱

7. 高压灭菌锅

8. 大肠杆菌 DH52

【操作步骤】

一、培养细菌

将带有质粒 pBR322 的大肠杆菌接种在 LB 平板培养基上,37℃培养 24～48h。也可将菌种接种于预先准备好的 2～5mL 含氯霉素的 LB 培养液中,37℃摇床培养 24h。

二、收集和裂解细菌

1. 用 3～5 根牙签挑取平板培养基上的菌落,放入 1.5mL Eppendorf 小离心管中,或取液体培养菌液 1.5mL 置 Eppendorf 管中,10000r/min 离心 5min,去掉上清液。

2. 用 1.0mL TE 缓冲溶液洗涤 2 次,同样条件离心,收集细菌沉淀。

3. 加入 150μL GET 缓冲溶液(溶液Ⅰ),充分混匀,在室温下放置 10min。溶菌酶在碱性条件下不稳定,必须在使用时新配制溶液。加入 200μL 新配制的 SDS 溶液(溶液Ⅱ)。加盖,颠倒 2～3 次使之混匀。不要振荡,冰浴放置 5min。

4. 加入 150μL 冷却的 pH=4.8 醋酸钾溶液(溶液Ⅲ)。加盖后颠倒数次使之混匀,冰浴放置 15min。

5. 10000r/min 离心 5min,上清液倒入另一干净的 Eppendorf 管中,醋酸能沉淀 SDS、SDS-蛋白质的复合物和染色体 DNA,在冰浴放置 15min 是为了使沉淀完全。如果上清液经离心后仍混浊,应混匀后再冷却至 0℃并重新离心。

三、分离和纯化质粒 DNA

1. 向上清液加入等体积酚-氯仿,振荡混匀,用转速为 10000r/min 的离心机离心 2min,将上清液转移至新的离心管中。用酚与氯仿的混合液除去蛋白,效果较单独使用酚或氯仿要好。

2. 向上清液加入 2 倍体积无水乙醇,混匀,室温放置 2min;4℃,用转速为 10000r/min 离心 5min,倒去上清乙醇溶液,把离心管倒扣在吸水纸上,吸干液体。

3. 加入 1mL 70%乙醇,振荡并 4℃用转速为 10000r/min 离心 2min,倒去上清液。

4. 将管倒置于滤纸上,使乙醇流尽,于室温蒸发痕量的乙醇或真空抽干乙醇使沉淀干燥。

5. 取适量 TE 缓冲液溶解沉淀(质粒 DNA),混匀后－20℃保存备用。

6. 琼脂糖凝胶电泳检测质粒 DNA。

【讨论】

1. 从大肠杆菌中提取的 pBR322 质粒 DNA,是一种松弛型复制的质粒,拷贝数多。氯霉素存在下,染色体 DNA 被抑制而质粒 DNA 不断扩增,可通过加入氯霉素的培养基来扩增质粒。

2. 分离质粒 DNA 时,从平板上挑用的菌体不能太多,因菌量多,杂酶也相应增加,给提取、纯化增加困难,电泳后得到 DNA 带不整齐。

3. 将细菌先悬于 TE 缓冲溶液中,要比直接处理菌体沉淀更易溶菌。

4. 加用 GET 缓冲溶液的作用:用碱-SDS 处理前用溶菌酶处理效果较好,但即使不进行该

步骤，仍可使大部分细菌溶解。50mmol/L 葡萄糖可使 pH 调整变得很容易。使用 EDTA 是为了去除细胞上的 Ca^{2+}，使溶菌酶易与细胞壁接触。

5. SDS 溶液必须新鲜配制；SDS 能使细胞膜裂解，并使蛋白质变性。

6. 在提取过程中，应尽量保持低温，操作要温和，防止机械剪切；使用 RNA 酶时，利用该酶耐热的特性，应对酶液进行热处理（80℃，1h），使混入其中的脱氧核糖核酸酶失活，以避免脱氧核糖核酸酶对质粒 DNA 的酶解。

7. 采用酚-氯仿去蛋白的效果较单独用酚或氯仿好。要将蛋白去除干净，需多次抽提，但本实验只抽提一次，以防止质粒 DNA 断裂成碎片。

（赵鲁杭）

实验十三　DNA 含量和纯度的测定

实验 13-1　二苯胺显色法测定 DNA 含量

【基本原理】

DNA 在酸性条件下加热，酸解释出脱氧核糖。脱氧核糖在酸性环境中脱水生成 ω-羟基-γ-酮基戊醛，后者与二苯胺试剂一起加热产生蓝色反应，在 595nm 处有最大吸收。DNA 在 40～400μg范围内，光吸收值与 DNA 的含量成正比。在反应液中加入少量乙醛，可以提高反应灵敏度。除脱氧核糖外，脱氧木糖、阿拉伯糖也有同样反应。其他多数糖类，包括核糖在内，一般无此反应。脱氧核糖与二苯胺反应过程可表示如下：

$$\begin{array}{c}CHO\\|\\H-C-H\\|\\H-C-OH\\|\\H-C-OH\\|\\CH_2OH\end{array}\xrightarrow[-H_2O]{H^+}\begin{array}{c}CHO\\|\\H-C-H\\|\\H-C-H\\|\\C=O\\|\\CH_2OH\end{array}\xrightarrow{C_6H_5-HN-C_6H_5}\text{蓝色物质}$$

【试剂与器材】

一、试剂

1. DNA 标准溶液（须经定磷确定其纯度）：取小牛胸腺 DNA 钠盐，以 0.01mol/L 氢氧化钠溶液配成 200mg/L 的溶液。

2. DNA 待测样品：将提取的 DNA 样品稀释到 50～200μg/ml。

3. 二苯胺试剂：使用前称取 1g 重结晶二苯胺，溶于 100mL 分析纯的冰醋酸中，再加入 10mL 硫酸溶液（60%以上），混匀待用。临用前加入 1mL 1.6%乙醛溶液。所配得试剂应为无色。

二、器材

1. 分析天平　　2. 恒温水浴　　3. 试管

4. 移液器及移液器吸头　　5. 分光光度计

【操作步骤】

一、DNA标准曲线的制作

取10支试管，分成5组，依次加入0.4、0.8、1.2、1.6和2.0mL DNA标准溶液。添加蒸馏水，使每管体积为2mL。另取2支试管，各加2mL蒸馏水作为对照。然后各加入4mL二苯胺试剂，混匀。于100℃恒温水浴中保温20min，冷却后于595nm处进行比色测定。取两管平均值，以DNA含量为横坐标，光吸收值为纵坐标，绘制标准曲线。

二、样品的测定

取2支试管，各加2mL待测液(内含DNA应在标准曲线的可测范围之内)和4mL二苯胺试剂，摇匀。其余操作同标准曲线的制作。

三、DNA含量的计算

根据测得的光吸收值，从标准曲线上查出相当该光吸收值的DNA的含量。

$$\text{DNA 浓度(mg/L)}=\frac{\text{DNA 含量(mg)}}{2(\text{ml})\times10^{-3}}$$

【讨论】

1. 二苯胺法测定DNA含量灵敏度不高，待测样品中DNA含量低于50mg/L即难以测定。乙醛可增加二苯胺法测定DNA的发色量，又可减少脱氧木糖和阿拉伯糖的干扰，能显著提高测定的灵敏度。

2. 样品中含有少量RNA并不影响测定，但因蛋白质、多种糖类及其衍生物、芳香醛、羟基醛等能与二苯胺反应形成有色化合物，故能干扰DNA定量。

实验13-2 紫外吸收法测定基因组DNA的含量及纯度

【基本原理】

1. 紫外分光光度法测定核酸含量：由于DNA在260nm处有最大吸收峰，因此可以用260nm波长进行分光测定DNA浓度，吸光度A值为1相当于大约50μg/mL双链DNA。

2. 紫外分光光度法测定DNA纯度：由于DNA在260nm处有最大吸收峰，而蛋白质在280nm处有最大的吸收峰，DNA纯品的A_{260nm}/A_{280nm}为1.8(1.7～1.9)，故根据A_{260nm}/A_{280nm}的值可以估计DNA的纯度。若比值较高说明含有RNA，比值较低说明有残余蛋白质存在。

【试剂与器材】

1. TE缓冲液：10mmol/L Tris-HCl，含1mmol/L EDTA，pH8.0。

2. 紫外分光光度计。

3. 石英比色杯。

【操作步骤】

1. 用TE缓冲液稀释样品(5～20倍)。

2. 用TE缓冲液调零点，样品稀释液转入紫外分光光度计的石英比色杯中，分别测定其在260nm和280nm的吸光度。吸光度在0.2～1.2OD范围内较为理想。

3. 计算浓度：

双链 DNA 样品浓度(μg/μL)＝A_{260nm}×核酸稀释倍数×50/1000

4. 计算 A_{260nm}/A_{280nm} 比值，分析纯度。

【讨论】

DNA 纯品的 A_{260nm}/A_{280nm} 为 1.7～1.9，故根据 A_{260nm}/A_{280nm} 的值可以估计 DNA 的纯度。若比值较高说明 DNA 有降解或含有 RNA，比值较低说明有残余蛋白质存在。

（赵鲁杭）

实验十四　RNA 的制备

【基本原理】

原核生物有三种 RNA：mRNA、tRNA、rRNA；真核生物除了具有以上三种 RNA 外，还有各种各样的小相对分子质量 RNA。细胞内大部分 RNA 均与蛋白质结合在一起，以核蛋白的形式存在。因此分离 RNA 时必须使 RNA 与蛋白质解离，并除去蛋白质。在以上各种 RNA 中，mRNA 种类繁多，相对含量却只有总 RNA 的 1%～5%，各种不同的 mRNA 代表了各种基因的表达水平，所以往往也是我们最为关心或是需要提取进行研究的部分，mRNA 的提取是基因表达的检测(RT-PCR、Northern blot)、cDNA 克隆、探针制备等的基础。

由于当前还没有一种方法能够直接扩增 RNA，所以 RNA 的提取和制备是最为关键的一步。成功提取细胞的 RNA 意味着既要得到一定数量的 RNA，又要获得高质量的 RNA(全长的 RNA 序列和高纯度)，实验的关键在于尽可能完全抑制或是去除 RNA 酶(RNAase)。由于 RNAase 存在着链内二硫键，使得其可以抵抗长时间的煮沸和温和变性剂的变性作用，而且变性的 RNAase 可迅速重新折叠成有活性的构象。另外和大多数 DNAase 不同的是，RNAase 不需要二价阳离子激活，因此也无法用 EDTA 的金属螯合剂使其失活。因此，RNA 提取过程中要尽可能地避免 RNAase 的污染。

在被变性溶液等破坏的细胞体系中加入相当体积的水饱和酚等溶液，通过剧烈振荡、离心形成上层水相和下层酚相。RNA 主要位于上层水相中，被酚变性的蛋白质或溶于酚相，或在两相界面处形成一变性蛋白层。在上层水相的 RNA 中混杂 DNA 的量极低。RNA 制品继续用变性溶液、氯仿、异戊醇等处理，最后用乙醇洗涤 RNA 沉淀，DEPC 水溶解 RNA 沉淀。

由于 RNA 酶存在于所有的生物体内，并且能够抵抗高温这样的物理破坏措施，所以在 RNA 的制备过程中既要控制外源性的 RNAase 的污染，又要最大限度地抑制内源性的 RNAase，建立无 RNAase 的环境，尽量减少 RNA 的降解，尤其是在 mRNA 的制备过程中。

RNA 提取的几个关键步骤：①组织或细胞的有效破碎；②有效地使核蛋白体变性；③对内源性 RNAase 的有效抑制；④将 RNA 从 DNA 和蛋白质混合物中分离出来。其中最关键的还是抑制 RNAase 的活性。分离提取 RNA 的第一步往往是在能使 RNAase 变性的化学环境(异硫氰酸胍、饱和酚、盐酸胍等)中裂解细胞，然后将 RNA 从各种其他大分子中分离出来。酸性的水饱和酚的环境有利于 DNA、蛋白质进入有机相，RNA 进入水相。在裂解细胞的同时，内源性的 RNAase 被释放出来了，所以原则上应尽快去除蛋白质，加入 RNAase 抑制剂，尽可能在 RNA 提取的初始阶段有效地抑制 RNAase 的活性。

目前常用的制备 RNA 的方法主要有：一步法提取 RNA 和 Trozol 法。

实验 14-1　一步法提取 RNA

该方法是在 Chomcynski 一步法的基础上建立起来的，主要用于提取细胞的总 RNA。其简便、经济和高效，广泛地用于分子克隆、RT-PCR、Southern 杂交和 Northern 杂交等。

【试剂与器材】

一、试剂

1. 2mol/L 乙酸钠，pH4。
2. 水饱和酚。
3. 氯仿或氯仿-异戊醇(49∶1)。
4. 100%异戊醇。
5. 75%乙醇。(用 DEPC 水配制)
6. 变性溶液：

4mol/L 异硫氰酸胍	23.63g
25mmol/L 柠檬酸钠(pH7)	0.38g
0.5%十二烷基磺酸钠	0.25g
0.1mol/L β-巯基乙醇	0.35mL

加无 RNA 酶的水(DEPC 水)至 50mL。

7. 无 RNA 酶的水(DEPC 水)：加 0.2mL 焦碳酸二乙酯(DEPC)至 100mL H_2O 中，剧烈振荡摇晃，将液体高压灭菌使 DEPC 失活。

二、器材

1. 台式低温高速离心机　　2. DEPC 水处理过的枪头、匀浆器、微量离心管等

【操作步骤】

1. 10^5～10^6 个细胞或相当量的组织细胞(最好是液氮冰冻后的组织细胞粉末)，依次加入：

①500μL 变性溶液以溶解细胞；

②50μL 乙酸钠；

③500μL 水饱和酚；

④100μL 氯仿。

混匀后冰上放置 15min，将样品转移至 1.5mL 的微量离心管中。

2. 4℃ 12000×g 离心 15min。
3. 将上层水相转移至另一 1.5mL 微量离心管中。加入 500μL 异丙醇，置于－70℃ 5min 或－20℃ 30min 沉淀。
4. 12000×g 离心 10min，用 200μL 变性溶液溶解沉淀。加入 200μL 异丙醇和 60μL 乙酸钠(2mol/L，pH4)，－70℃ 5min 或－20℃ 30min 沉淀。
5. 12000×g 离心 20min，75%乙醇淋洗 RNA 沉淀后离心 5min。
6. 晾干或真空干燥 RNA 沉淀，用 50μL DEPC 处理过的 H_2O 溶解沉淀。

7. 可用 A_{260nm}/A_{280nm} 检测制备的 RNA 的纯度(1.8～2.0 为纯度可以)。

注意:在制备过程中,酸性 pH 十分重要。所有溶液中所用的水均需不含 RNA 酶(DEPC 水)。

实验 14-2 Trizol Reagent 一步法提取 RNA

Trizol Reagent 是最初由美国分子研究中心有限公司生产的 RNA 提取试剂盒,该方法源于 Chomczynski 的 RNA 提取方法,但使用更方便,实验结果也更为可靠,特别是对于少量、稀有样本的 RNA 提取更为适用。

【试剂与器材】

一、试剂

1. Trizol Reagent。

   TR-118:用于组织或细胞;

   TS-120:用于液体样本如血液。

2. 氯仿。
3. 异丙醇。
4. 75%乙醇。
5. DEPC 水。

二、器材

1. 台式低温高速离心机
2. DEPC 水处理过的枪头、匀浆器、微量离心管等

【操作步骤】

1. 每 10^6 细胞或 50～100mg 组织用 1mL Trizol Reagent 于 1.5mL 微量离心管中溶解。
2. 室温下放置 5min。每 1mL Trizol Reagent 加入 0.2mL 氯仿并振摇 15s,置于室温 2～15min。
3. 4℃ 12000×g 离心 15min。
4. 将上层水相转移至另一微量离心管中。每 1mL Trizol Reagent 加入 0.5mL 异丙醇沉淀 RNA。室温下静置 5～10min。
5. 4℃ 12000×g 离心 15min。凝胶样沉淀物为 RNA。
6. 吸出上清并用 1mL 75%乙醇在涡旋振荡器上洗涤 RNA 片刻,随后于 4℃ 12000×g 离心 5min。
7. 晾干 RNA 沉淀,然后用无 RNA 酶的 H_2O(DEPC 水)或 0.5% SDS 溶液溶解沉淀。

附:防止 RNA 酶污染所采取的措施

1. RNA 提取工作区应与细菌培养、动物 DNA 制备等区域分开,通常认为这些区域富含 RNA 酶。

2. 焦碳酸二乙酯(diethylpyrocarbonate,DEPC)是一种强烈但不彻底的 RNAase 抑制剂,它通过和 RNAase 的活性基团组氨酸的咪唑环结合使酶蛋白变性,从而抑制 RNAase 的活性。DEPC 有致癌的嫌疑,需戴手套进行实验操作,煮沸或高压 15min 以上可使 DEPC 分解失去活

性和毒性。

3. 所有实验器具(枪头、试管、玻璃器皿等)必须用 DEPC 水浸泡过夜,然后高压灭菌 15min。

4. 汗液中含有 RNA 酶,故实验时应戴手套进行操作。

5. 空气环境中大量的微生物和呼出的气体都有可能造成 RNA 酶的污染,故应戴口罩进行实验操作,尽量减少在外部空间操作的时间。动物的脾脏、细菌等细胞中含有更多的 RNA 酶,所以从这些材料中制备 RNA 需要更加注意防范。

6. 制备的 RNA 可通过琼脂糖凝胶电泳、溴乙锭染色后检查其是否完整。如 rRNA(18S,28S)条带模糊一般表明是由 RNA 酶引起的 RNA 降解的缘故。

(赵鲁杭)

实验十五　地衣酚法测定 RNA 含量

【基本原理】

核酸是由戊糖(核糖或脱氧核糖)、磷酸、碱基(嘌呤碱或嘧啶碱)所组成的多核苷酸。无论是 DNA 还是 RNA,其分子中戊糖、磷酸、碱基的组成比均为 1∶1∶1。因此在一定条件下,可通过测定核酸中的戊糖或磷酸或碱基含量而对核酸进行定量。

核糖核酸与浓盐酸共热时,即发生降解,形成的核糖继而脱水环化转变为糠醛,后者与 3,5-二羟基甲苯(地衣酚)反应呈鲜绿色,该反应需用三氯化铁或氯化铜作催化剂,反应产物在 670nm 处有最大吸收。RNA 在 20～250μg 范围内,光密度与 RNA 的含量成正比。地衣酚反应特异性较差,凡戊糖均有此反应,DNA 和其他杂质也能给出类似的颜色。因此测定 RNA 时可先测定 DNA 含量,再计算出 RNA 含量。反应过程可表示为:

核糖 $\xrightarrow[-3H_2O]{\text{浓盐酸}}$ 糠醛 $\xrightarrow[Fe^{3+}]{\text{地衣酚}}$ 产物

【试剂与器材】

一、试剂

1. RNA 标准溶液(须经定磷确定其纯度):取酵母 RNA 配成 100mg/L 的溶液。

2. 样品待测液:稀释样品,使 RNA 样品浓度在 50～100μg/ml 的范围内。

3. 地衣酚试剂:先配制含 0.1%三氯化铁的浓盐酸(分析纯)溶液,实验前用此溶液作为溶剂配成 0.1%地衣酚溶液。

二、器材

1. 分析天平　　2. 沸水浴　　3. 试管　　4. 移液器及吸头

5. 721 型分光光度计

【操作步骤】

一、RNA 标准曲线的制作

取 10 支试管，分成 5 组，依次加入 0.5、1.0、1.5、2.0 和 2.5mL RNA 标准溶液。分别加入蒸馏水使最终体积为 2.5mL。另取 2 支试管，各加入 2.5mL 水作为对照。然后各加入 2.5mL 地衣酚试剂。混匀后，于沸水浴内加热 20min。取出冷却(自来水中)。于 680nm 波长处测定光吸收值。取两管平均值，以 RNA 的含量为横坐标，光密度为纵坐标作图，绘制标准曲线。

二、样品的测定

取 2 支试管，各加入 2.5mL 待测液(样品量应在标准曲线的可测范围之内)，再加 2.5mL 地衣酚试剂。如前所述进行测定。

三、RNA 含量的计算

根据测得的光吸收值，从标准曲线上查出相当于该光吸收值的 RNA 含量。按下式计算出样品中 RNA 的质量分数：

RNA 的质量分数/%＝待测液中测得的 RNA 的质量(μg)/待测液中制品的质量(μg)×100

【讨论】

地衣酚法只能测定 RNA 中与嘌呤连接的核糖，不同来源的 RNA 所含嘌呤与嘧啶的比例各不相同，因此，用所测得的核糖量来换算各种 RNA 的含量存在误差。最好用与被测样品相同来源的纯化 RNA 作 RNA-核糖标准曲线，然后从曲线求得被测样品的 RNA 含量。

(赵鲁杭)

实验十六　逆转录-聚合酶链反应(RT-PCR)

【基本原理】

逆转录-聚合酶链反应(reverse transcription coupled polymerase chain reaction，RT-PCR)是一种广泛地应用于基因表达检测和真核基因克隆的实验技术，其是将 RNA 的逆转录(RT)和 cDNA 的聚合酶链反应(PCR)相结合的一种实验技术。

真核生物的结构基因由外显子和内含子组成，转录生成的 mRNA 前体经过剪接等转录后的加工过程生成成熟的 mRNA，成熟的 mRNA 可以作为蛋白质生物合成的模板。人们目前尚不能完全确定真核基因组中每个基因的内含子位置，也无法在 DNA 水平上对结构基因进行准确的拼接。因此获取成熟的 mRNA 是真核生物结构基因研究的一种重要方式，但是目前还没有一种方法能够直接扩增 RNA，所以将 RNA 的逆转录(RT)技术和 DNA 的聚合酶链反应(PCR)技术相结合，建立了 RT-PCR 技术。RT-PCR 技术的主要技术路线是：首先提取组织或细胞中的总 RNA，然后以 RNA(主要是 mRNA)为模板，以与 RNA 3′端互补序列为引物或 Oligo-dT 为引物，在逆转录酶的作用下进行逆转录，生成与 RNA 互补的 DNA 链(complementary DNA，cDNA)，然后以 cDNA 3′端互补序列以及 RNA 3′端互补序列为引物组成引物对，对 mRNA-DNA 杂合分子进行 PCR 扩增，通过电泳检测是否产生 PCR 的扩增区带来判别 RT-PCR 是否成功。为了避免由于 RNA 的降解而导致阴性的实验结果，所以在进行 RT-PCR 时往往要设立一个内参照(管家基因的表达产物)，以避免由于假阴性结果而造成对实验结果的误判，同时内参照可以对基因表达的变化起到半定量的作用。RT-PCR 的特点是检测灵敏度高，且用途广泛，常用于基因表达检测、真核基因 cDNA 文库的构建和直接克隆特定基因。

用于逆转录的引物有三种：随机引物、oligo-(dT)以及基因特异引物，用途分别见表 11-2-1 所示。

表 11-2-1 三种引物的作用

引物种类	用　　途
随机引物	适用于 rRNA、mRNA、tRNA 等所有 RNA 的逆转录反应，尤其是长的或具有发夹状结构的 RNA
oligo-(dT)	适用于真核生物的 mRNA，结合真核 mRNA 的 poly-(A)尾巴
基因特异引物	适用于模板序列已知的 RNA

在实际操作中，可以将逆转录反应和 PCR 分成两个独立的阶段分别进行，称为两步法 RT-PCR；也可以把所有的 RT-PCR 必需组分混合在一个反应体系中，RT 结束后马上就进行 PCR 扩增，称为一步法 RT-PCR。

实验 16-1 一步法 RT-PCR

此法采用单一反应体系，通过调整反应的缓冲体系，使 RT 和 PCR 两个反应过程在同一个管子中进行，也就是说在这个反应体系中既能够从 RNA 合成 cDNA，又能以 cDNA 为模板进行 PCR 扩增。此方法大大简化了操作程序，用时也比较短。

【试剂与器材】

一、试剂

1. 逆转录酶/Taq 酶混合物。
2. 2×反应混合液：0.4mmol/L dNTP，2.4mmol/L $MgSO_4$。
3. 10μmol/L 正、反义引物。
4. DEPC 水。

二、器材

1. PCR 仪　　2. 微量移液器
3. 电泳仪和电泳槽　　4. 无 RNase 污染的枪头、0.2mL 的 PCR 管

【操作步骤】

1. 在冰浴上 50μL 的 RT-PCR 反应体系中依次加入：

2×反应混合液	25μL
RNA 模板	X(含量为 0.1～1μg)
10μmol/L 正义引物	1μL
10μmol/L 反义引物	1μL

逆转录酶/*Taq* 酶混合物　　　1μL

DEPC 水　　　补足 50μL

轻轻混匀,可根据 PCR 仪的功能情况决定是否加矿物油。

2. 在 PCR 仪上设置以下热循环方案:

40℃	30min	cDNA 合成
95℃	5min	预变性

接着进行 30 个循环的 PCR 扩增:

94℃变性	1min
55～60℃退火	1min
72℃延伸	1min

终延伸 72℃ 10min。

3. 根据扩增的片段长度选择 1%～2%琼脂糖凝胶进行电泳,DNA green 或溴乙锭染色检测 RT-PCR 的结果。紫外灯下观察,根据 PCR 产物的电泳迁移率与标准相对分子质量 DNA Marker 的迁移率相比较,计算出产物的相对分子质量大小。进一步的鉴定,则需用核酸探针进行分子杂交或测定产物的核苷酸序列。在 RT-PCR 时也可以将 β-actin 或 GAPDH 的相关引物作为内参同时进行扩增,检测是否存在假阴性的情况。

实验 16-2　两步法 RT-PCR

【试剂与器材】

一、试剂

1. RNA 模板(多聚 A mRNA 或总 RNA,制备方法见实验十二)。

2. cDNA 引物(25mg/L)。

3. 10×反转录缓冲溶液(500mmol/L,pH=8.3 Tris-HCl,400mmol/L KCl,50mmol/L $MgCl_2$,10mmol/L DTT,1g/L BSA)。

4. 10mmol/L 4 种 dNTP。

5. AMV 逆转录酶。

6. RNA 酶抑制剂。

7. *Taq* DNA 聚合酶。

8. 10×PCR 缓冲溶液:100mmol/L,pH=8.4 Tris-Cl,400mmol/L KCl,20mmol/L $MgCl_2$,10mmol/L DTT,1g/L BSA)。

9. 扩增引物(150mg/L 于水中)10μmol/L。

10. 矿物油。

二、器材

1. 恒温水浴	2. PCR 仪
3. 电泳仪及电泳槽	4. 紫外灯检测仪
5. Eppendorf 管	6. 自动微量移液器
7. PCR 管	

【操作步骤】

一、RNA 的逆转录

1. 在一个无菌的 0.5mL Eppendorf 管中，加入：

5μg RNA 模板

25μg(3pmol) cDNA 引物

再加入适量无菌重蒸水，使其总体积为 10μL。将 Eppendorf 管置于 70℃水浴，保温 5min，冷至室温(破坏 mRNA 二级结构)。

2. cDNA 的合成：在室温下再加入下列溶液：

2μL 10×AMV 逆转录反应缓冲溶液

2μL 4 种 dNTP 混合液(各 10mmol/L)

20 单位 RNA 酶抑制剂

15 单位 AMV 逆转录酶

加 DEPC 水至总体积为 20μL(含细胞总 RNA 及 3′端引物的体积)。轻轻混匀，将 Eppendorf 管于 42℃保温 1h。

3. 反应结束后，用 95℃加热 5min，使逆转录酶失活。

二、PCR 扩增 DNA

在灭菌的 PCR 管中，依次加入：

20μL 上述逆转录产物

10μL 10×PCR 缓冲溶液

5μL 扩增引物

2μL dNTP 混合液(各 10mmol/L，pH=7.0)

2.5U *Taq* DNA 聚合酶

加无菌重蒸水至总体积为 100μL，混匀。加入 100μL 灭菌的石蜡油以覆盖反应液。PCR 条件为：变性温度为 94℃，时间为 1min；退火温度为 50～60℃，时间为 1min；延伸温度为 72℃，时间为 1min，共进行 35 个循环，最后一次循环 72℃延伸 10min。反应结束，将反应管置于－20℃保存。

三、PCR 产物的鉴定

10μL PCR 产物(视产物量之多少适量增减)，用 1%琼脂糖凝胶或 5%聚丙烯酰胺凝胶电泳，2μL 的 1mg/L 溴乙锭(EB)或 DNA green 染色，紫外灯下观察产物条带。

【讨论】

1. cDNA 合成时，可以选择下游区的 PCR 引物、随机六聚体引物或寡(dT12～18)，应用 dT 的质量为 0.1μg，应用六聚体的量为 100pmol。

2. 设计引物时最好是分散在不同的外显子上，以免基因组 DNA 的污染导致实验结果的误判。

(赵鲁杭)

实验十七　电泳法分离 RNA 和 DNA

DNA 和 RNA 分子中核苷酸残基之间的磷酸基团的解离具有较低的 pK 值(pK=1.5)，所以当溶液的 pH 高于 4 时，核苷酸残基之间的磷酸基团全部解离，呈多价阴离子状态。核酸的等电点较低，如酵母 RNA 的等电点为 2.0～2.8。在保存核酸稳定的储存液中，其溶液的 pH 值都要大于核酸的等电点，所以通常情况下核酸分子带负电荷。凝胶电泳分离核酸是当今生物化学和分子生物学研究领域中一种非常有用的技术和方法。不同大小核酸分子的质量与电荷之比通常比较接近，故很难用一般的电泳方法将它们分开。凝胶电泳具有多种分离效应，可以获得较好的分级分离效果。根据制备凝胶材料的不同，常用的凝胶电泳有聚丙烯酰胺凝胶电泳和琼脂糖凝胶电泳。通过电泳可以分离、纯化和分析鉴别核酸分子。

所谓“凝胶”是指在一定形状的制胶容器中所形成的包含电解质的多孔支持介质。当核酸分子位于凝胶的某个部位，在电场中核酸分子将向正极移动。DNA 分子由于两条链相互配对形成双螺旋结构，随着 DNA 链长度的增加，来自电场的驱动力和来自凝胶的阻力之间的比率就会降低，这样，不同长度的 DNA 片段表现出不同的迁移率，因而可依据 DNA 分子的大小将它们分开。通过染色和与标准相对分子质量的 DNA 的对照来进行检测。RNA 分子由于是单链，并可形成局部的双螺旋结构，所以 RNA 分子的电泳迁移率不仅取决于分子的大小，更主要的是与 RNA 分子的空间构象有关。因此，电泳后不同的 RNA 分子并不是按照其相对分子质量的大小进行排列的。如在变性条件(8mol/L 尿素或甲酰胺)下进行电泳，此时 RNA 的二级结构已被破坏，其迁移率与相对分子质量的对数呈严格的反比关系。琼脂糖凝胶电泳的分辨率较聚丙烯酰胺凝胶电泳差一些，但在分离范围上优于聚丙烯酰胺凝胶电泳，并有便于制备和操作的优点。一般琼脂糖凝胶适用于分离大小在 0.2～50kb 范围内的 DNA 片段。而聚丙烯酰胺凝胶电泳一般适用于分离小片段的 DNA(5～500bp)，在这个范围内相差仅一个碱基的 DNA 分子都能获得较满意的分离效果，如在 DNA 序列测定时常用含变性剂的聚丙烯酰胺凝胶进行电泳分离。

实验 17-1　琼脂糖凝胶电泳分离 DNA

【基本原理】

用琼脂糖凝胶电泳分离 DNA 是分子生物学研究中经常使用的方法，这主要是因为琼脂糖凝胶具有操作方便、制备容易快速、凝胶机械性能好、分离 DNA 片段范围广等特点。DNA 样本的分离、纯化、鉴定以及相对分子质量测定常用琼脂糖凝胶电泳。

DNA 分子在 pH 高于其等电点的溶液中带负电荷，在电场中向正极移动。DNA 分子或片段泳动速率的大小除与 DNA 分子的带电量有关外(电荷效应)，还与 DNA 分子的大小和空间构象有关(分子筛效应)。DNA 的相对分子质量越大，其电泳的迁移率就越小；超螺旋的 DNA 与同一相对分子质量的开环或线状 DNA 的电泳迁移率也明显不同。

琼脂糖凝胶电泳所需 DNA 样品量仅 0.5～1μg，超薄平板型琼脂糖凝胶所需样品 DNA 量可以更低。凝胶浓度与被分离 DNA 样品的相对分子质量成反比关系(表 11-2-2)，一般常用的凝胶浓度为 1%～2%。在电泳的形式上常用平板型电泳，因为平板型电泳可将多个样品和标准相对分子质量 DNA 放在同一块胶上进行电泳，使各样品在相同的条件下进行电泳，便于相互间的比较。聚丙烯酰胺凝胶浓度与线状 DNA 的分辨范围见表 11-2-3 所示。

表 11-2-2　琼脂糖凝胶的浓度与线性 DNA 的分辨范围

琼脂糖凝胶的浓度(%)	线性 DNA 的分辨范围(bp)
0.5	1000～30000
0.7	800～12000
1.0	500～10000
1.2	400～7000
1.5	200～3000
2.0	50～2000

表 11-2-3　聚丙烯酰胺凝胶的浓度与 DNA 的分辨范围

聚丙烯酰胺凝胶的浓度(%)*	DNA 的分辨范围(bp)
03.5	100～2000
5.0	80～500
8.0	60～400
12.0	40～200
15.0	25～150
20.0	6～100

* 其中含有 N,N'-亚甲基双丙烯酰胺，浓度为丙烯酰胺的 1/30

电泳时，用溴酚蓝示踪 DNA 样品在凝胶中所处的大致位置，但每种 DNA 样品所处的确切位置需要用溴乙锭(ethidium bromide，EB)对 DNA 分子进行染色才能确定。溴乙锭可插入 DNA 双螺旋结构的两个碱基之间，与 DNA 分子形成一种荧光络合物，在紫外光的激发下发出橙黄色的荧光。溴乙锭可加入凝胶中，也可以在电泳后，将凝胶放在含 EB 的溶液中浸泡，但小分子 DNA 浸泡时间过长容易引起扩散，故可根据被分离 DNA 分子的大小选择不同的染色方法。溴乙锭检测 DNA 的灵敏度很高，可检出 10ng 甚至更少的 DNA。琼脂糖凝胶电泳的装置见图 11-2-1 所示。

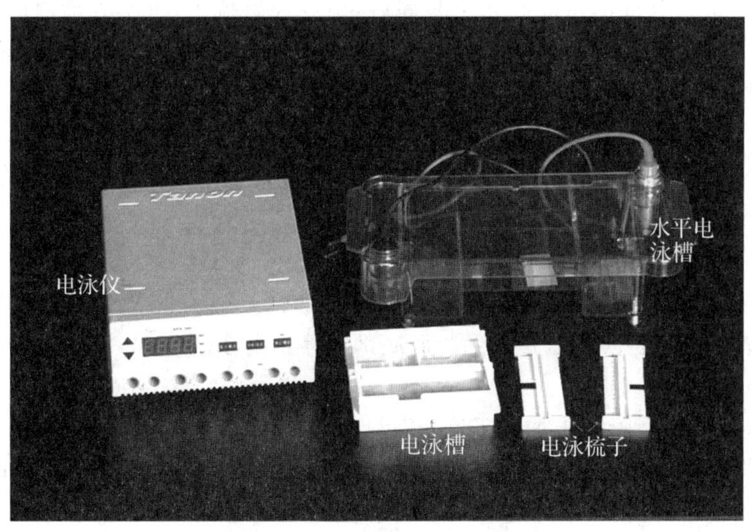

图 11-2-1　琼脂糖凝胶电泳装置图

【试剂与器材】

一、试剂

1. TBE×10 缓冲溶液(0.89mol/L Tris-0.89mol/L 硼酸-0.025mol/L EDTA 缓冲溶液):取 108.0g Tris,55.0g 硼酸和 9.3g EDTA(EDTANa$_2$ · 2H$_2$O)溶于水,定容至 1000mL,pH=8.3。作为电泳缓冲溶液时应稀释 10 倍。

2. 溴酚蓝-甘油指示剂:0.05g 溴酚蓝溶于 100mL 50%甘油中。

3. 50%甘油。

4. 0.5mg/L 溴乙锭染色液:取 5mg 溴乙锭,用少量去离子水溶解,定容至 10mL。取 1mL 稀释至 1000mL。

5. 琼脂糖。

6. 样品 DNA。

7. 标准相对分子质量 DNA。

二、器材

1. 水平电泳装置　　2. 电泳仪　　3. 各种规格移液器

4. 微波炉(或沸水浴)　　5. 紫外透射仪

【操作步骤】

一、制胶

1. 称取适量琼脂糖(琼脂糖凝胶的浓度和分离 DNA 的大小参考表 11-2-2),加 100mL 1×TBE 电泳缓冲液,于微波炉或沸水浴中熔化,待凝胶冷却至 60℃,加入溴乙锭(EB),使其终浓度为 0.5mg/L。

2. 将合适的制胶梳子放置在水平制胶槽中,将温热的凝胶溶液缓慢倒入制胶槽的水平板中,倒入过程中应避免产生气泡。

3. 室温静置 30~45min,待凝胶完全凝固后,小心拔出梳子,将制胶槽内的水平板和凝固的凝胶一起放入水平电泳槽中,加入 1×TBE 电泳缓冲液,使液面高出凝胶表面,注意加样孔内不能产生气泡。

二、加样

取待测 DNA 样品,按比例加入上样缓冲液(溴酚蓝),混匀,用微量移液器加到样品孔中,每孔上样约 10~20μL,记录加样顺序及加样量。

三、电泳

安装电源导线,正确接入正负极,打开电源,控制电压至 5~10V/cm 范围内,直至溴酚蓝移动到合适位置(一般地,溴酚蓝移动到凝胶底部),停止电泳。

四、染色和观察

取出凝胶,若配制凝胶时未加入 DNA 染料(DNA green、Gel-green、Gel-Red 或 EB 等任一种染料),可将凝胶放置于染色液中染色 30min,即可放入紫外透射仪中观察 DNA 条带。若凝胶中已加入染料,可直接在紫外透射仪中观察。

【讨论】

1. 天然双链 DNA 电泳所采用的缓冲溶液有:Tris-醋酸-EDTA(TAE)、Tris-硼酸-EDTA

(TBE)或 Tris-磷酸-EDTA(TPE)等。TAE 缓冲容量较 TBE 和 TPE 低，长时间电泳易导致其缓冲能力丧失。在电泳分辨率上三者差不多，只是超螺旋 DNA 在 TAE 缓冲体系中分辨率更好一些。

2. 电泳中，溴酚蓝和 500bp 大小的 DNA 一起移动，这可给泳动最快的 DNA 片段提供一个指征。但在不同浓度的凝胶中，溴酚蓝相对应的 DNA 片段的大小是不同的。

3. 如电泳后 DNA 条带不是尖锐清晰而是形状模糊，可能是由于以下几种原因：①DNA 加样量太大；②电压太高；③加样孔破裂；④凝胶中有气泡。

4. 溴乙锭是一种强致突变剂，在操作和配制试剂时应戴手套。含溴乙锭的溶液不能直接倒入下水道，应进行如下处理：

方法Ⅰ：

(1)每 100mL 溶液中加非离子型多聚吸附剂 Amberlite XAD-16 29g；

(2)室温下放置 12h，不时摇动；

(3)用新华 1 号滤纸过滤，弃滤液；

(4)用塑料袋封装滤纸和 Amberlite 树脂，作为有害废物丢弃。

方法Ⅱ：

(1)每 100mL 溶液中加入 100mg 粉状活性炭；

(2)室温条件下放置 1h，不时摇动；

(3)用新华 1 号滤纸过滤，弃滤液；

(4)用塑料袋封装滤纸和活性炭，作为有害废物丢弃。

注意：1. 溴乙锭在 260℃分解，在标准条件下进行焚化后不会有危险性；

2. Amberlite XAD-16 或活性炭可用于净化被 EB 污染的物体表面。

(赵鲁杭、霍朝霞)

实验 17-2　聚丙烯酰胺凝胶电泳(PAGE)分离 RNA

【基本原理】

与琼脂糖凝胶相比，聚丙烯酰胺凝胶具有难以制备和处理、凝胶的机械性能差、分辨范围窄等缺点。但是，其也具有一些突出的优点：

(1)电泳分辨率高尤其是对小片段核酸分子的分析和分离(5～500bp)，在这一范围内，相差仅 1 个 bp 的 DNA 分子或变性的 RNA 分子都能令人满意地分开。

(2)负载容量大，在较大加样量的情况下也不会影响电泳分辨率。

(3)分离纯度高，从聚丙烯酰胺凝胶中得到的 RNA 纯度很高，以至于回收的 RNA 不需任何处理即可进行下步操作。

通常分离 RNA 样品多采用 2.4%～5.0%聚丙烯酰胺凝胶进行电泳。如用 2.5%的凝胶进行电泳，可依次将 4S tRNA、5S rRNA、mRNA 及 16S、18S、23S、28S rRNA 分开。如需分析相对分子质量较小的 RNA，可用 8%甚至更高浓度的聚丙烯酰胺。聚丙烯酰胺凝胶的含量与 RNA 的分辨范围见表 11-2-4。

表 11-2-4 聚丙烯酰胺凝胶的含量与 RNA 的分辨范围

凝胶浓度(%)	RNA 的相对分子质量范围
15～20	<10000
5～10	10000～100000
2～5	100000～2000000

一般来说，当凝胶浓度大于 5%时，交联度可为 2.5%；凝胶浓度小于 5%时，交联度需增至 5%。当由于凝胶浓度太低致使凝胶太软时，可加入少量琼脂糖以增加凝胶的机械强度。

RNA 分子在电泳过程中的迁移率除与 RNA 分子的大小有关外，更主要的是与 RNA 分子的空间构象有关。这是因为单链 RNA 分子可形成局部的双螺旋结构进而形成一定的空间结构，这时分子筛效应成为影响 RNA 分子迁移率的主要因素，所以不能像 DNA 那样通过标准相对分子质量 DNA 来确定样品 DNA 的相对分子质量。但在变性条件(如 8mol/L 尿素或甲酰胺)下进行凝胶电泳，由于此时 RNA 的二级结构已被破坏，所以 RNA 分子的迁移率与相对分子质量的对数呈严格的反比关系。

RNA 分子通过聚丙烯酰胺凝胶电泳后，可用亚甲基蓝、溴乙锭或吡罗红等进行染色。亚甲基蓝染色的条带在脱色时较易褪色，吡罗红(Pyronine)Y 或 G 与核酸结合牢固，染色的条带可保持较长时间，灵敏度为 0.01μg，这点与亚甲基蓝差不多。经溴乙锭染色的 RNA 在紫外灯下也可发出荧光(这点与 DNA 电泳后的染色一样)，可拍照记录结果，还可将荧光条带切下来回收 RNA 样品。

【试剂与器材】

一、试剂

1. 20%丙烯酰胺储存液(交联度为 5%)：分别取经重结晶后的丙烯酰胺和 *N*,*N*′-亚甲基双丙烯酰胺(重结晶方法参见实验三)19.0g 和 1.0g，溶于水，定容至 100mL，置棕色瓶中于 4℃冰箱保存，保存期可达 1～2 个月。

2. TBE×10 缓冲溶液(0.89mol/L Tris-0.89mol/L 硼酸-0.025mol/L EDTA 缓冲溶液)：取 108.0g Tris，55.0g 硼酸和 9.3g EDTA($EDTANa_2 \cdot 2H_2O$)溶于水，定容至 1000mL，pH＝8.3。作为电泳缓冲溶液时应稀释 10 倍。

3. 四甲基乙二胺(TEMED)。

4. 10%过硫酸铵(W/V)溶液：需新鲜配制，冰箱中可保存数日。

5. 0.2%溴酚蓝(W/V)溶液。

6. 2%亚甲蓝-1mol/L 醋酸溶液。

7. 40%蔗糖溶液。

8. 样品 RNA。

二、器材

1. 垂直板状电泳装置　　2. 电泳仪　　3. 各种规格移液器
4. 微量加样枪头　　5. 紫外透射仪

【操作步骤】

一、凝胶的制备

1. 取 20%丙烯酰胺储存液 2.5mL，TBE×10 缓冲溶液 1mL，10μL TEMED 和 6.4mL 蒸

馏水，充分混匀，抽真空，加 0.1mL 10%过硫酸铵溶液，迅速混匀。用细滴管加到底部塞有橡皮塞的玻璃管内，胶面距玻璃管顶部 1cm 时，沿管壁在胶面上加少量蒸馏水，覆盖在胶面上，使胶面平整(注意：尽量避免水冲击胶面)。

2. 在不同温度条件下，凝胶的聚合速率不同。温度高时凝胶聚合得快，可用改变 TEMED 或过硫酸铵的用量来调节凝胶的聚合速率。一般要求在半小时内完成聚合。

二、加样

1. 待凝胶聚合完毕后，去水层，用滤纸将水吸干。

2. 将 20～30μg RNA 样品溶于 20μL 40%蔗糖溶液中，并加少量 0.2%溴酚蓝作电泳前沿指示剂。

三、电泳

1. 加样前可预电泳 1h，以去除凝胶中过硫酸铵等杂质对样品电泳的影响。预电泳电流为 3mA/管或 20mA/平板。

2. 加样后，开始电泳时电流应小一些(1～2mA/管)，待样品进入凝胶后电流可增至 5mA/管或 30mA/平板。待溴酚蓝指示剂区带移至管的下端时即可停止电泳。

四、染色

1. 将凝胶从玻璃管中取出。

2. 用 2%亚甲基蓝-1mol/L 醋酸溶液染色 1～4h，然后用水或 1mol/L 醋酸溶液脱色至背景清晰。也可以用含 1mg/L 溴乙锭的 0.04mol/L Tris-HCl 缓冲溶液(pH=7.6)染色，紫外透射仪中观察结果。

【讨论】

1. 电泳后形成的 RNA 区带并不是按照 RNA 分子的大小排列的。

2. 溴酚蓝指示剂在不同浓度的聚丙烯酰胺凝胶中所处的位置是不同的，凝胶浓度越大，其在凝胶中所处的位置越靠前。溴酚蓝在不同浓度聚丙烯酰胺凝胶中所处的位置相当于 DNA 片段的大小见表 11-2-5 所示。

表 11-2-5 溴酚蓝在非变性聚丙烯酰胺凝胶中的迁移速率所对应的 DNA 片断的大小

凝胶浓度(%)	DNA 片断的大小(bp)
3.5	100
5.0	65
8.0	45
12.0	20
15.0	15
20.0	12

(赵鲁杭)

实验十八　人类外周血染色体标本制备

【实验目的】

通过实验初步掌握人类染色体标本培养和制备的基本方法。

【基本原理】

在正常情况下，外周血中的小淋巴细胞几乎都处在 G_1 期或 G_0 期，外周血细胞中是没有分裂相的。1960 年，Nowell 和 Morhead 证实，外周血中的小淋巴细胞可以在植物血球凝素(phytohemagglutinin，PHA)和其他有丝分裂刺激剂的影响下，在形态上转变为淋巴母细胞，在培养中进行有丝分裂。这样经过短期培养，秋水仙素的处理，低渗和固定，就可以迅速而又简便地获得体外生长的细胞群体和有丝分裂相。本方法已在临床医学、病毒学、药理学、遗传毒理学等方面广泛应用。

【试剂与器材】

一、试剂

1. 培养液的配制

RPMI1640 培养基(含 *L*-谷氨酰胺和碳酸氢钠)	80%
小牛血清(56℃水浴灭活 30min，灭活可破坏补体及一些污染的病毒)	20%
植物血球凝集素 PHA(主要成分是黏多糖和蛋白质，可用培养基溶解)	4%
青霉素终浓度	100U/mL
链霉素终浓度	100U/mL

用 3.5% $NaHCO_3$ 溶液调 pH 至 7.0～7.2，用玻璃滤器抽滤灭菌。在超净工作台上分装到培养瓶中(每瓶含培养液 5mL)。培养液置于－20℃冰箱保存。使用前从冰箱中取出，温育至 37℃。

2. 肝素：浓度为 0.2%，作为抗凝剂使用。200mg 肝素粉末溶于 100mL 生理盐水中，高压灭菌，冰箱保存备用。

3. 0.075mol/L KCl 溶液：0.559g 氯化钾溶于 100mL 双蒸水中。氯化钾作为低渗液的优点是染色体轮廓清楚，可染性增强，时间缩短。

4. 10μg/mL 秋水仙素溶液：作为有丝分裂的阻止剂，抑制细胞分裂时纺锤体形成，使细胞分裂停止在中期。称 10mg 秋水仙素溶于 100mL 生理盐水中，配成 100g/mL 的原液，分装小瓶，高压灭菌，－20℃冰箱保存备用。临用时取上述原液用生理盐水稀释成 10μg/mL。

5. 甲醇。

6. 冰醋酸。

7. 吉姆沙(Giemsa)染液。吉姆沙原液配制：先将 0.5g 吉姆沙粉末干研磨，时间越长越好；加 33mL 60℃预热的纯甘油，在研钵中研磨，放在 60℃恒温水浴中保温 90min。冷却后，再加入 33mL 甲醇，充分搅拌，用滤纸过滤，收集在棕色瓶中保存，作为原液。原液要提前半年配制。原液中按比例加入磷酸缓冲液即可染染色体标本，1 份 Giemsa 原液＋9 份磷酸缓冲液。

8. 磷酸缓冲液(pH 6.8)。

溶液 A:磷酸二氢钾($KH_2PO_4 \cdot 2H_2O$)9.078g 溶于 1000mL 蒸馏水中。

溶液 B:磷酸氢二钠($Na_2HPO_4 \cdot 2H_2O$)11.876g 溶于 1000mL 蒸馏水中。

100mL 缓冲液:需溶液 A 50.8mL,溶液 B 49.2mL。

二、器材

1. 离心机　2. 恒温培养箱　3. 恒温水浴箱　4. 培养瓶
5. 刻度离心管　6. 注射器和针头($6_{1/2}$号)　7. 吸管　8. 量筒
9. 火柴　10. 酒精灯　11. pH 计　12. 研钵
13. 饭盒　14. 超净工作台　15. 镊子　16. 载玻片
17. 玻片盒　18. 烧杯　19. 染缸　20. 试管架
21. 玻璃铅笔或记号笔　22. 显微镜　23. 擦镜纸　24. 吸水纸

【实验材料】

人外周血(淋巴细胞)。

【操作步骤】

一、采血

先在供血者肘部用酒精棉球消毒,取 2mL 干燥灭菌注射器,配上针头($6_{1/2}$号)并吸取肝素液 0.2mL 湿润针筒,采静脉血 2mL,转动针筒使血与肝素混匀。

二、培养

采血完毕立即将针头插入 RPMI1640 培养瓶内(瓶盖预先用酒精消毒),每瓶滴入 20～30 滴血,摇匀。2mL 血可分装三至四瓶。置 37±0.5℃恒温水浴箱中培养 72h,其间可摇动 2～3 次。

三、秋水仙素(colchicine)处理

在终止培养前 2～3h,加入秋水仙素,$6_{1/2}$号针头 3 滴(每毫升约 60 滴),使细胞分裂终止在中期。秋水仙素的浓度不宜过高,作用时间不宜过长,否则虽可得到较多的分裂相,但导致染色体过分缩短,不宜用于显带分析。

四、离心

将培养物倒入刻度离心管内,以 1000r/min 离心 10min,弃去上清液,留底层沉淀物并用吸管打匀。

五、低渗处理

加 8mL 预温(37℃)的 0.075mol/L KCl 低渗液,用吸管打匀使细胞悬浮于低渗液中,37℃水浴箱静置 25～30min,使白细胞膨胀,染色体分散,红细胞解体。低渗处理的效果与低渗液的成分、处理的时间和温度有关。这是比较关键的一步,对任一组织和低渗液都要事先进行预实验,以确定最合适的处理时间。

六、预固定

在低渗 25～30min 后,加新配制的固定剂(甲醇∶冰醋酸,3∶1)1mL,打匀,这样有助于细胞均匀悬浮而不团聚凝块,防止细胞丢失。甲醇和冰醋酸要现配现用,如放置时间较长,即不宜再用,以免影响固定效果。

七、再离心

1000r/min 离心 10min,弃去上清液,留沉淀物。

八、固定

沿离心管壁加入新配制的固定液(甲醇∶冰醋酸,3∶1)至刻度5mL,将沉淀物打匀,固定15～25min。

九、再离心

1000r/min离心10min,弃去上清液,留沉淀物。

十、再固定

加入新配制的固定液(甲醇∶冰醋酸,3∶1)至刻度5mL,打匀,固定15～25min。

十一、再离心

1000r/min离心10min,弃去上清液,留沉淀物。

十二、再固定

加入新配制的固定液(甲醇∶冰醋酸,1∶1)至刻度5mL,打匀,固定15～25min,或冰箱中放置数小时,也可以放置过夜。

十三、制片

经上述固定后,1000r/min离心10min,留下约0.3mL沉淀物,打匀。用吸管吸取细胞悬液,滴在已用冰水浸泡的洁净载玻片上,立即用嘴吹散,在酒精灯焰上通过几次,使细胞平铺于载玻片上,空气干燥(或用电吹风吹干)。

十四、染色

用Giemsa染液染色8min,玻片用自来水冲洗,晾干。

十五、镜检

将染色后的玻片先用低倍镜全面检查,找到良好的分裂相,换用高倍镜、油镜观察分析。

【注意事项】

1.在采血接种培养时,注意不要加入太多的肝素。肝素过多可能会引起溶血和抑制淋巴细胞的转化和分裂;但肝素也不能过少,以免发生凝血现象。

2.培养基中不含*L*-谷氨酰胺和碳酸氢钠,则溶解有RPMI1640培养基的液体可先用浓盐酸调pH至4.0,然后高压灭菌(注意121℃,15磅,灭菌15min)。冷却后,再加入*L*-谷氨酰胺、碳酸氢钠、PHA、灭活小牛血清和双抗,再调pH至7.0,分装备用。*L*-谷氨酰胺和碳酸氢钠用微孔滤膜过滤灭菌,不能高压灭菌。

3.接种的血样愈新鲜愈好,最好在24h内培养,因为保存时间过久会影响细胞活力。如果不能立刻培养,应置于4℃冰箱。

4.温度和培养液的酸碱度十分重要。人的外周血中淋巴细胞培养最适温度为37±0.5℃,温度过高或过低都将影响细胞的生长,但细胞对低温比对高温耐受力强;若是中途停电,可相应延长培养时间。培养液的最适pH为7.2～7.4,偏酸,细胞发育不良,偏碱,细胞会出现轻度固缩。

5.PHA的质量和浓度是培养成败的关键问题。如果PHA保存时间太长,效价会降低,应在培养基中多加一些。

6.培养过程中,如发现血样凝集可轻轻振荡,使凝集块散开,继续培养。

7.最好使用水平式离心机,离心速度不宜过高,否则沉降在管底的细胞团不易打散;但离心速度也不能太低,否则细胞会丢失。

8.培养失败的可能原因如下:

(1)培养瓶等器材洗涤不合要求。

(2)配制培养基溶液的二或三蒸水不合要求。

(3)PHA 和培养基存放时间过长。

(4)无菌操作不符合要求,发生细菌污染。

9.标本质量不佳的原因如下:

(1)秋水仙素处理不当。秋水仙素的浓度、处理时间不够,结果分裂相少;若秋水仙素的浓度过高、处理时间过长,则使染色体过于缩短,难以进行分析。工作时,需要摸索处理时间和浓度。

(2)低渗处理不当。若低渗时间过长,则细胞膜往往过早破裂,导致分裂细胞丢失或染色体丢失;若低渗处理时间不足,则细胞膨胀不够,染色体分散不佳,难以进行染色体计数和分析。低渗时间的掌握与气温有关。

(3)离心速度不合适。如果从培养瓶收集细胞进行离心时的速度太低,细胞丢失;如低渗后离心速度过高,则往往分裂细胞过早破裂,分散良好的分裂相多被丢失。

(4)固定不充分。如固定液不新鲜,则染色体形象模糊,呈毛刷状,染色体周围有胞浆背景。因此,固定液纯度要高,临用时新鲜配制。

【作业】

选择观察 10 个较好的细胞分裂相,计数染色体数目。

附:染色体培养实验器材的准备

细胞培养和染色体制片过程中使用的培养瓶等玻璃器材和橡皮塞等在使用前都要经过严格的洗刷、浸泡、蒸馏水洗和灭菌等过程,以保证清洁无菌。

一、器材的清洗

1.清洗液的配制

重铬酸钾	120g
浓硫酸	160mL
蒸馏水	1000mL

先将重铬酸钾倒入蒸馏水中,然后慢慢加入浓硫酸,边加入边用玻璃棒搅拌。由于加入浓硫酸时会产生高温,所以不能用玻璃容器,而可用塑料桶或陶瓷缸。配制好的清洁液,应储存在有盖的容器内。如清洁液已呈绿黑色,表明已经失效,不能再用。硫酸的腐蚀性强,操作时要戴防护手套,不能用金属镊子去夹玻璃瓶等。

2.一般玻璃器皿的处理

玻璃器皿先用自来水洗去赃物,用肥皂液煮沸 30min 后,趁热刷洗干净,用自来水冲洗去掉肥皂残迹,空气干燥。放入清洁液中浸泡 1 天,然后取出,用自来水充分冲洗,在蒸馏水中浸泡一天,再换一次蒸馏水,浸泡一天,置 80℃ 烤箱中烘干。用牛皮纸包扎瓶口,150℃ 干热灭菌 2h。

3.玻璃细菌滤器的处理

新购滤器用自来水刷洗后,装上新配洗涤液(化学纯浓硫酸 6mL,化学纯硝酸钠 2g,蒸馏水 100mL),让其自然滤过,然后用自来水、蒸馏水反复滤过,接着用 1mol/L 的 NaOH 溶液过滤至液体呈中性。空气干燥,用牛皮纸或玻璃纸包好,高压灭菌。

用过的滤器必须立即进行清洗，先在清洁液中浸泡一天，然后用自来水冲洗，蒸馏水浸泡一天，蒸馏水抽滤多次，使堵塞滤孔的物质完全除去。

4. 橡胶类制品的处理

新橡胶类制品用水刷洗后，用 2% NaOH 溶液煮沸 20min，然后用自来水冲洗，用 2% HCl 溶液煮沸 20min，用自来水洗，蒸馏水中浸泡 24h，晾干，用牛皮纸包扎，高压灭菌。

用过的橡胶类制品立即泡于清水中，用肥皂液刷洗后，用自来水冲洗，蒸馏水中浸泡 24h，晾干，用牛皮纸或玻璃纸包扎，高压灭菌。

5. 载玻片的处理

将载玻片一片一片放入肥皂溶液煮沸 20min，刷洗干净后用自来水冲洗，蒸馏水中浸泡 24h，放入装有蒸馏水的饭盒中，置冰箱中冷冻待用。

二、灭菌

1. 干热灭菌(dry heat sterilization)

一般采用电热鼓风干燥箱进行干热灭菌。一般玻璃和金属器材都可使用干热灭菌，较为方便。布类、橡皮类、液体不能用干热灭菌。灭菌时的温度和时间是 150℃干烤 2h。必须注意以下事项：

(1)放置入烤箱的物品，要间隔一定距离，以免影响灭菌效果。特别不要将包扎的纸直接与烤箱箱壁或箱底接触，以免在高温下烤焦、起火。

(2)烤箱电源打开后，门上应挂一个标示牌，以免他人误开箱门，使冷空气突然进入烤箱，造成玻璃器皿破裂。

(3)先加热至 80℃左右，使箱内空气完全排空后再关闭气门，150℃烤 2h 后自然冷却。

(4)干热灭菌过程中，应有专人负责照看。

2. 高压灭菌(autoclaving sterilization)

一般用手提式电热高压蒸汽灭菌锅，既经济又省时，效果也好，是实验室经常采用的方法。一般玻璃器材、玻璃滤器、橡胶类制品、布类和一些溶液都可用高压灭菌。

灭菌时不要装得太满，液体不要装瓶过满，瓶塞上插上一个注射针头，以免高压过程中容器炸裂或瓶塞掉出。拧紧锅盖后，打开电源，打开排气孔，待升温至排气孔排出气流呈直线，冷空气已基本排出时关上排气孔。直至气压达 15 磅后，继续灭菌 20min。

灭菌完毕，关上电源，待压力自然下降，温度降低后再打开锅盖，取出物品。趁热放入 80℃烘箱内烘干待用。

3. 过滤除菌(filter sterilization)

细胞培养中常用的生物性物质，如培养液、血清、酶溶液等不能用高热或高压灭菌，只能用过滤法除菌。此外，$NaHCO_3$ 等物质遇高热时会发生分解，故需要用过滤法除菌。

4. 玻璃滤器

有六个型号，其中 G6 型滤器可以有效除菌。玻璃滤器在高压灭菌之后，板上将析出少量碱性物质，所以用它过滤后，液体的 pH 值将会有所增高，因此，在调配液体时应考虑这一情况。用玻璃滤器抽滤时，抽滤不要过快，以滤液分滴滤下较为合适。注意避免液体抽干后仍在继续抽滤。

5. 微孔滤器

滤膜常用醋酸纤维薄膜，具有灵敏度高、方便、经济、省时的优点。滤器的后方接一个

5mL 的注射器。滤膜可以耐高压灭菌，0.2μm 孔径的内膜的除菌效果即与 G6 型玻璃滤器相当。

（闫小毅）

实验十九　人类染色体 G 带标本制备及观察

【实验目的】

通过实验掌握 G 带标本制备的基本方法，学会在显微镜下直接观察 G 带分裂相。

【基本原理】

有许多显示 G 带的方法，最常用的是将已经过老化的染色体制片放到 37℃胰酶中进行处理，然后用 Giemsa 染色。通过胰酶处理使 G 带区的疏水蛋白被除去或使它们的构型变为更疏水状态，由此可见在 G 带区中抽取的蛋白往往是疏水蛋白。Giemsa 染料是由天青和伊红组成的，染色首先取决于两个天青分子同 DNA 结合，在此基础上它们结合一个伊红分子，其次取决于一个有助于染料沉淀物积累的疏水环境。关于显带机理有多种论点，总的来说，还不能完全解释显带的机理问题。

【试剂与器材】

一、试剂

1. Hanks 液

NaCl	2.0g
KCl	0.1g
$Na_2HPO_4 \cdot 12H_2O$	0.0375g
K_2HPO_4	0.015g
葡萄糖	0.25g

加双蒸水 250mL 及 1%酚红 0.5mL，成 Hanks 液。

2. 胰酶液

称取胰酶 0.2g 溶于 100mL Hanks 液中，搅拌半小时，用 1mol/L NaOH 溶液调 pH 至 7.0～7.2，冷冻保存。（最好现配现用）

3. 磷酸缓冲液（pH6.8）。

4. Giemsa 染液。

5. 生理盐水。

二、器材

1. 恒温水浴箱	2. 烧杯	3. 显微镜附油镜头
4. 恒温培养箱	5. 染缸	6. 香柏油
7. 擦镜纸	8. 镊子	9. 记号笔或铅笔等

【实验材料】

常规的人类体外周血染色体制片。

【操作步骤】

1.先将胰酶液水浴加热到37℃。

2.将染色体标本浸入胰酶液中，作用时间几秒到几十秒不等，依样本存放时间长短而定（标本需预先经60～70℃烤2h，或37℃恒温老化5～7天。标本太新鲜，染色体有些毛）。

3.取出玻片标本，在生理盐水中过一下，再经过蒸馏水洗。

4.用Giemsa染液染色8min。

5.用自来水洗，晾干。

6.镜检。选择分散及显带良好的分裂相，在油镜下观察。如观察到染色体变粗并显得毛糙边缘，有时甚至呈糊状，是处理过度了。观察细胞的标准：

(1)细胞完整，轮廓清晰，染色体在同一平面上均匀分布。

(2)染色体形态和分散良好，最好无重叠现象，即使染色体个别重叠，也要能明显辨别。

(3)所观察的染色体长短大致一样，处于同一有丝分裂时期。

(4)在所观察的染色体周围没有多个或单个散在的染色体。

【注意事项】

1.带效果的好坏，主要决定于染色体的标本质量。标本染色体要长，染色体分散合适，背景无胞浆，标本未老化即保存时间过长。

2.要注意胰酶处理的温度和时间，稳定显带的条件，才能保证显带效果。

3.磷酸缓冲液的pH值不要过大，偏酸为宜，否则着色不鲜明。

4.G带制备有许多种方法，各个实验室在细节处理上均不同，最好总结出适合自己实验室采用的方法。如果使用效果良好，不要轻易更换新方法。

【作业】

画出显微镜下你所观察到的分裂相，要求标明染色体号数。画好后请实验指导老师复核。

（闫小毅）

实验二十　人类染色体核型分析

实验20-1　传统核型分析方法

【实验目的】

通过实验掌握染色体核型分析的常用方法以及G带的带型特征，初步会识别G带人类染色体。

【基本原理】

将一个细胞内的染色体按照一定的顺序排列起来构成的图像称为该细胞的核型(karyotype)，这通常用显微摄影得到的染色体相片剪贴而成(图11-2-2)。在显带技术问世以前，人们主要根据染色体的大小、着丝粒的位置，将人类染色体顺次由1编到22号，并分为七组，但要想精确、有把握地鉴别每条染色体是比较困难的。20 世纪 70 年代初出现了染色体显带技术，不仅解决了染色体识别困难的问题，而且为深入研究染色体异常及基因定位创造了条件。将染色体标本用显带方法处理后，再用 Giemsa 染色，这类技术就称为 G 带，通过显微摄影，就可得到 G 带染色体的显微相片。

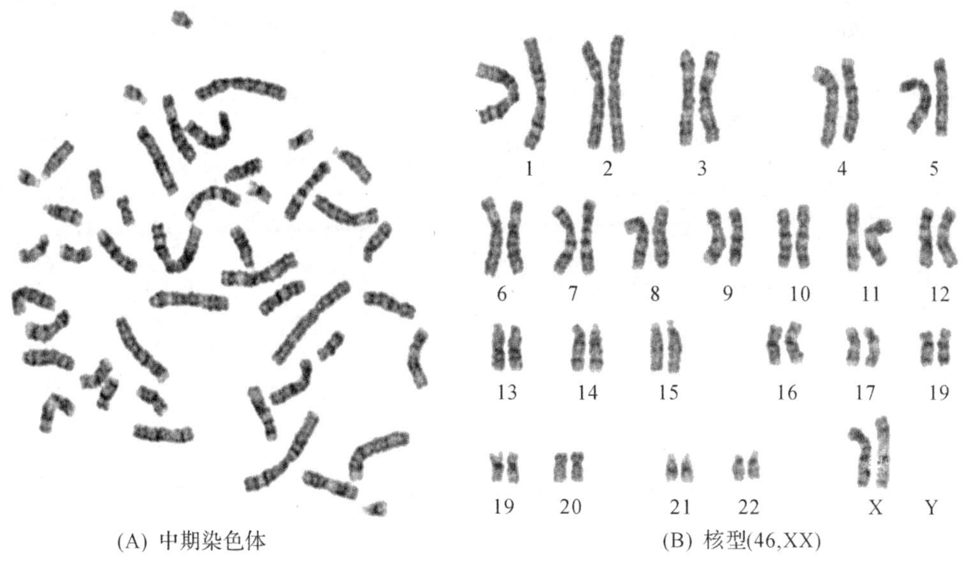

(A) 中期染色体　　(B) 核型(46,XX)

图 11-2-2　中期染色体与核型

【试剂与器材】

1. 镊子　　2. 剪刀　　3. 胶水　　4. 实验报告纸

【实验材料】

人类染色体 G 带照片。

【操作步骤】

1. 拿两张相同的中期染色体照片，先贴一张相片于报告纸上方。

2. 将另一张相同相片上的染色体逐个剪下，按丹佛和人类染色体遗传学命名的国际体制(ISCN)排列编号。粘贴时短臂向上，长臂向下。

3. 在分析结果中，写出该细胞的核型式，注明性染色体。

【作业】

剪贴正常男性或女性染色体显微相片一张。

人类染色体核型分析实验报告

班级 ______

姓名 ______

标本编号：

分析结果：

1 ______ 2 A ______ 3　　　　4 ______ B ______ 5

6 ______ 7 ______ 8 ______ 9 C ______ 10 ______ 11 ______ 12

13 ______ 14 D ______ 15　　16 ______ 17 E ______ 18　　19 ______ F ______ 20

21 ______ G ______ 22　　　　性染色体

附:人类染色体G带特征描述

1号染色体　最突出的特征是在长臂近着丝粒处有一块浓染的块状物质。长臂有5条深带,中央一条最宽最深。短臂近着丝粒端1/2处有2条宽阔的深带,远端有3～4条较窄的淡带。

2号染色体　与1号染色体相比为亚中着丝粒并缺乏明显的界标。长臂有4～5条分布均匀的深带,中央2个常融合为1个带。

3号染色体　中央着丝粒染色体,带型近乎对称。两臂的近端和远端染色甚深,而中心部位染色较浅。

4号染色体　与5号染色体相比着色均匀。长臂上有4～5条很均匀的深带,短臂中央有1～2条深带。

5号染色体　长臂中部有一宽的中央带,远端有2条深带。短臂可见1～2条深带,远端的深带宽且色浓。

6号染色体　长臂有4条均匀的带,短臂中部有一明显而宽阔的浅带,其近、远端各有一深带,近端深带紧贴着丝粒。

7号染色体　长臂有3条带,远端一条较浅。短臂上有3条深带,远端一条较宽且色深,有如"瓶盖"。

8号染色体　长臂中部有一宽带,短臂有2条分布均匀的深带,中部有一较明显的浅带。

9号染色体　长臂有2条均匀隔开的明显深带,短臂有特别的心形外貌,近端和中部各有一深带。

10号染色体　长臂有3条明显的深带,其中近端一条带最深,短臂近端和近中部有一宽带。

11号染色体　长臂紧贴着丝粒有一深带,远端可见一明显的较宽的深带,这条深带与近端的深带之间有1条宽阔的浅带。短臂近中部有一深带。

12号染色体　长臂紧贴着丝粒有一深带,中部有一宽的深带,这条深带与近端深带之间有一明显浅带。但与11号染色体比较,这条浅带较窄,是区别11、12号染色体的主要特征。

13号染色体　长臂可见4条深带。

14号染色体　长臂近端有一深带,其远端也有一明显的深带。

15号染色体　长臂近中部有一明显的深带,远端着色浅,有时可见2条浅带。

16号染色体　长臂中和远端各有一深带,有时远端不明显。短臂染色浅,可有1～2条带。

17号染色体　长臂远端有一深带,这条带与着丝粒之间为一明显而宽的浅带。短臂上的一条窄带紧贴着丝粒。

18号染色体　长臂有2条宽带,近端一条较远端的宽些,短臂上有一窄带。

19号染色体　着丝粒及周围为深带,其余均为浅带。

20号染色体　两臂的远端着色,短臂着色较长臂深些。

21号染色体　长臂近端有一宽阔深带,远端浅染。

22号染色体　长臂上有2条深带,近端的一条着色深,紧贴着丝粒。近中部的一条着色浅,有时不显现。

X染色体　长臂可见4～5条深带,近中央有一与短臂相似的深带,似"竹节"状。短臂中部有明显中央深带。

Y染色体　长臂有2条远端带，有时整个长臂被染成深带。

带型识别口诀：

一秃二蛇三蝶飘	四像鞭炮五黑腰	六号1、4小白脸
七上八下九苗条	十号q肩带好	十一低来十二高
十三、十四、十五号(3.2.1)	十六q缢痕大	十七q带脚镣
十八人小大肚泡	十九是黑腰	二十头重脚底浅
二十一像个葫芦瓢	二十二头小，身子大	X扁担，两头挑

（闫小毅）

实验20-2　染色体图像采集和核型自动化分析

【实验目的】

通过实验熟练运用软件进行染色体图像采集和核型自动化分析。

【基本原理】

传统的核型分析方法需要对染色体进行显微摄影，洗出相片，然后通过手工剪切、排列染色体，完成核型分析。这一方法较为烦琐，耗费大量时间和精力，效率低。随着科技的进步和数码技术的发展，这一烦琐过程逐渐被染色体图像处理软件和核型分析软件所取代，为研究人员和检测人员节省大量时间。目前市面上已有多家公司开发的染色体图像采集和核型分析软件，本实验以染色体图像采集软件EZ-MET和核型分析软件KARIO2000为例，介绍染色体图像采集和核型自动化分析方法。

【试剂与器材】

1. 显微镜（尼康，带数码相机）
2. 电脑、染色体图像采集软件EZ-MET
3. 核型分析软件KARIO2000
4. 香柏油
5. 擦镜纸
6. 吸水纸等

【实验材料】

人类外周血染色体G带标本。

【操作步骤】

一、染色体图像采集

1. 打开电脑和显微镜。
2. 将G带标本放在载物台上，调节焦距和光亮度。
3. 先在低倍镜下观察，眼睛看目镜，找到合适的染色体分裂相，将其移动至视野中央。
4. 鼠标双击电脑桌面EZ-MET分析软件图标，打开软件（图11-2-3）。

图 11-2-3

5. 当相机与电脑连接正常后，单击左侧栏相机列表对应的型号 A30，即可开启视频预览窗口（图 11-2-4）。在显微镜上调整焦距，采集到的图像实时显示在电脑屏幕上。

图 11-2-4

6. 点击“捕获”图标，即可拍摄静态图像。

7. 换高倍镜或油镜观察，找到合适的染色体分裂相。

8. 点击“另存为”，选择 tif 或其他格式保存图片。

二、使用染色体分析软件 KARIO2000 进行核型分析

1. 开启电脑，打开“KARIO2000”软件，在弹出的登录窗口的“User Id”输入用户名，如“zzz”，点击“√”（图 11-2-5）。

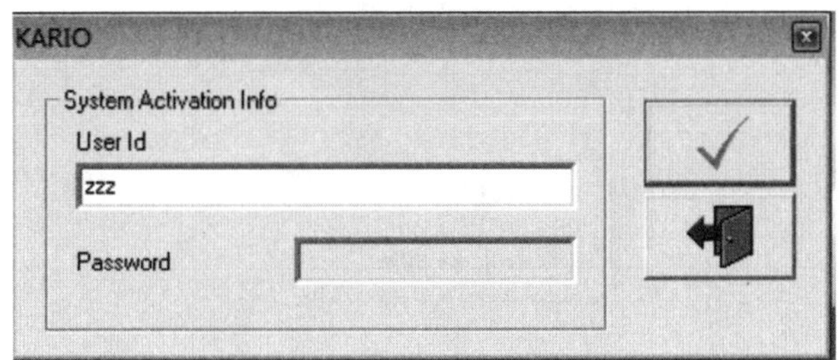

图 11-2-5

2. 点击左上角的“File”，选择“Load Metaphase…”，找到并打开需要分析的染色体图片(图 11-2-6)。

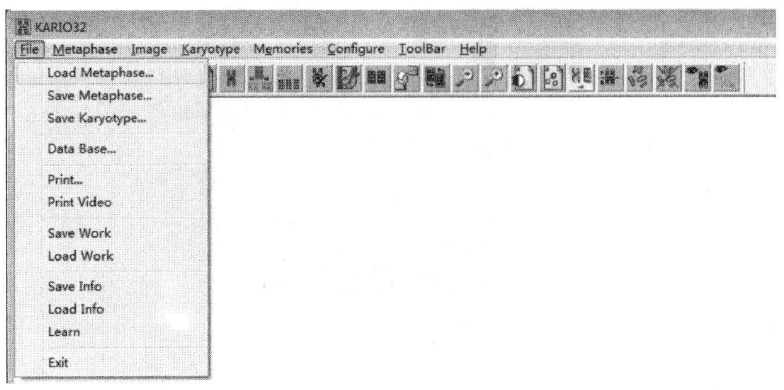

图 11-2-6

3. 点击快捷工具栏的“Automatic Karyotype”，在右下角弹出小窗口中点击“√”，软件进行初步分析(图 11-2-7、图 11-2-8)。在右上角小窗口显示分析好的染色体和需要切割的染色体，观察图片上是否将需要切割的染色体全标记出来(蓝线圈出的染色体)，若是没有，则点击鼠标左键选取，全部选中后点击“√”进入下一步(图 11-2-9、图 11-2-10)。

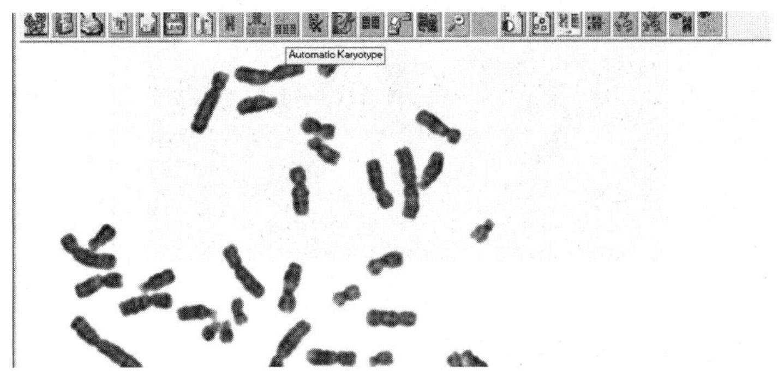

图 11-2-7

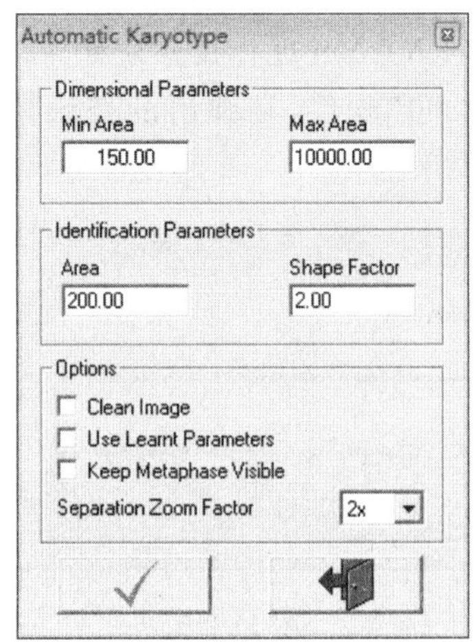

图 11-2-8

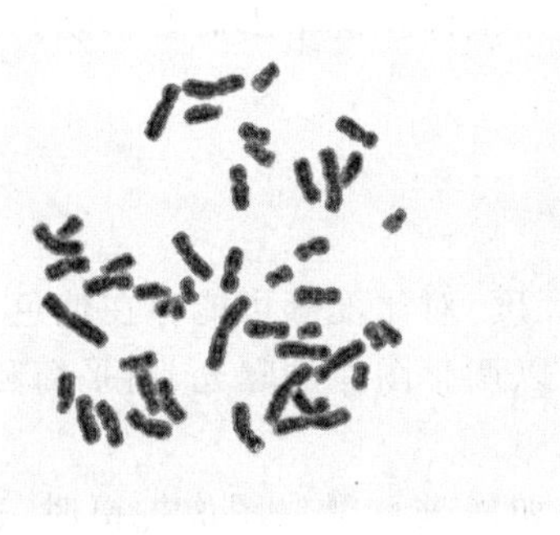

图 11-2-9

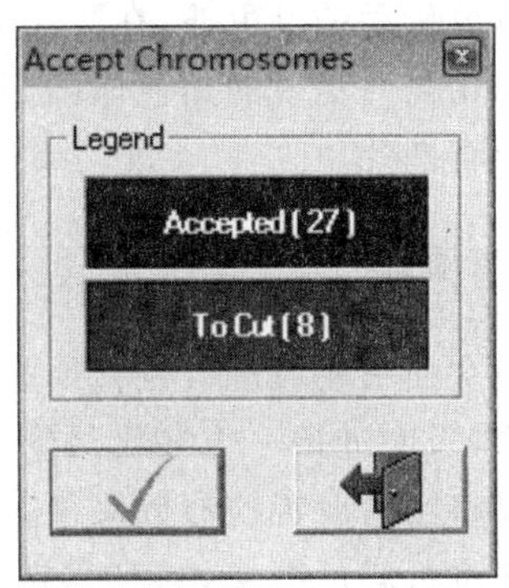

图 11-2-10

4. 小窗口显示需要切割的染色体，按住鼠标左键进行切割(图 11-2-11)。切割完毕在右边的窗口选择“Next”进行下一染色体的切割，直到将所有待切割的染色体切割结束(图 11-2-12)。

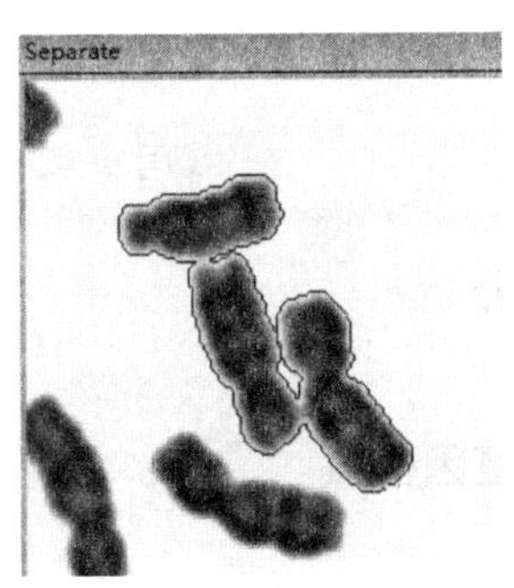

切割前

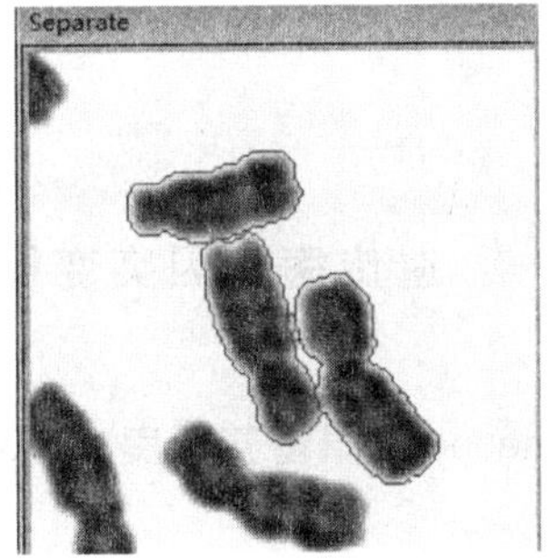

切割后

图 11-2-11

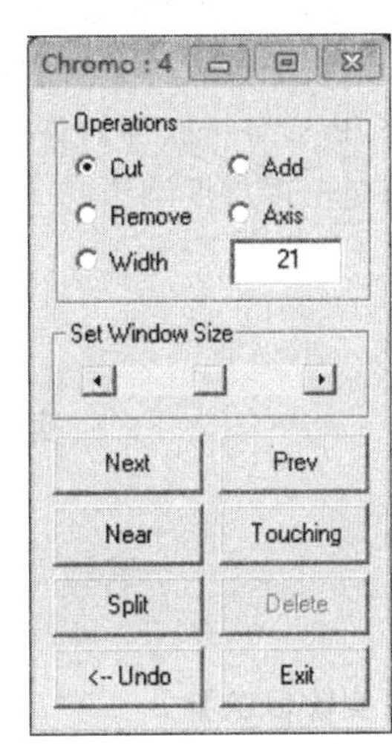

图 11-2-12

5. 操作界面与步骤 3 相同。检查染色体是否还有需要切割的(正常“Accepted”为 46)，若有，则按步骤 3 操作，否则点击“√”进入最后一步(“To Cut”为 0)(图 11-2-13)。

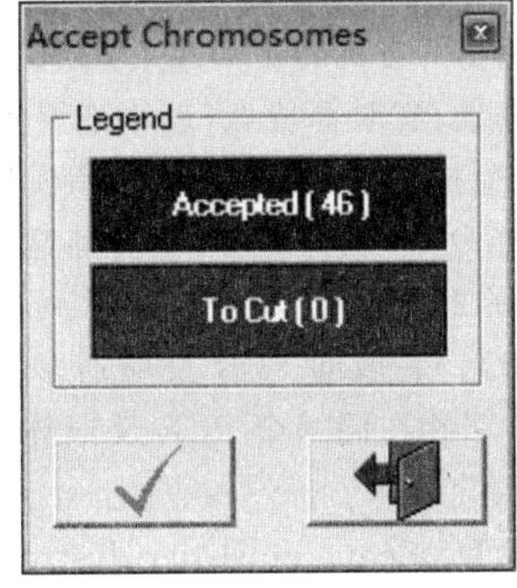

图 11-2-13

6.查看分析后的染色体，在图片的右边有个竖直的工具栏，选择“Move”、“Swap”等，再用鼠标左键单击需要更改的染色体(若是“Move”，则再用鼠标左键单击需要移动到的位置)，更改结束后保存图片。

【注意事项】

1.第一次使用相机进行视频预览时，图像色彩、亮度、对比度等可能存在偏色、失真、迟滞拖尾等现象，需要进行一些参数调整。在工具栏里可以调整图像的曝光、白平衡和颜色等，点击保存可以将当前设置的参数保存。

2.如需进行彩色图像拍摄时，选择“彩色”模式；如需进行黑白图像拍摄时，选择“灰度”模式。

3.采集图像时，低分辨率时的可选采样模式：“领域平均”可增加传感器对信号的响应灵敏度，“抽样提取”可提到较高的帧速率。

4.进行核型分析时，前期采集的染色体图片质量至关重要，如染色体分散不好，过于聚集或交叉，会增加软件分析的难度，甚至无法分析。

5.核型分析软件的分析结果并不一定完全正确，在软件分析完成后，仍需要人工核对、修正，以免出现错误结论。

(闫小毅)

实验二十一　遗传病基因突变检测分析

实验 21-1　Duchenne 型肌营养不良症 *DMD* 基因检测

【实验目的】

掌握 Duchenne 型肌营养不良症 *DMD* 基因检测的简便方法。

【基本原理】

1985 年，Kary Mullis 创建了聚合酶链反应(polymerase chain reaction，PCR)技术，简称 PCR 技术。PCR 是一种体外由引物介导的特定 DNA 序列的酶扩增方法，此方法具有特异性强、灵敏度高、样本用量少、操作简便、省时等特点，近年来得到广泛应用。全过程是基于一套“三步曲”的若干轮次的循环组合而成的，依次为：DNA 模板热变性，双链 DNA 解链成单链；在低温下与引物退火，引物与单链 DNA 互补配对；在适宜温度下 *Taq* DNA 聚合酶催化引物延伸。以上三步为一个循环，循环 25～35 次，模板 DNA 可扩增 100 万倍左右，整个反应在 2～3h内完成(反应原理见第七章)。一般的 PCR 反应通常只有一对寡核苷酸引物，而多重 PCR(multiplex PCR)则是用几对引物在同一个 PCR 反应体系中进行扩增，这样可以同时扩增出几个不同专一靶区域的片段。

Duchenne 型肌营养不良症(Duchenne muscular dystrophy，DMD)是一组原发于肌肉组织的遗传病，特点是进行性加重的肌肉萎缩和无力，临床表现腿的假性肥大，血清酶学明显升高。本病呈 X 连锁隐性遗传，一般男性儿童发病。*DMD* 基因定位于 Xq21.2-21.3，全长 2300kb 左右，有 79 个外显子，编码 1 个 3685 个氨基酸、相对分子质量为 427000 的蛋白质——抗肌营养不良蛋白（dystrophin），这种蛋白具有稳定细胞膜和细胞内钙调节的功能。抗肌营养不良蛋白的编码基因有多种突变形式，60%是外显子缺失突变，5%是重复突变，35%可能是很小的 DNA 片段缺失或点突变。通常选择 *DMD* 基因中 9 个缺失热点的外显子扩增，可检出缺失突变中的 90%。为节省经费，本实验设计为扩增 *DMD* 基因中 4 个外显子，其中外显子 45 和 48 在中国患者中的检出率分别为 26%和 48%。*DMD* 基因 4 个外显子的引物顺序见表 11-2-6。

表 11-2-6　DMD 基因 4 个外显子的引物序列

外显子	PCR 产物大小	引物 F	引物 R
8	360	gtcctttacacactttacctgttgag	ggcctcattctcatgttctaattag
19	459	ttctaccacatcccattttcttcca	gatggcaaaagtgttgagaaaaagtc
45	547	aaacatggaacatccttgtggggac	cattcctattagatctgtcgccctac
48	506	ttgaatacattggttaaatcccaacatg	cctgaataaagtcttccttaccacac

【试剂与器材】

一、试剂

1. PCR 试剂盒。
2. R+F 混合液。
3. dNTPs。
4. Primer（包括外显子 8、19、45 和 48，终浓度各 25pmol/μL）。
5. 6×载样缓冲液。
6. 溴乙锭。
7. pUC19/Msp Ⅰ。
8. 石蜡油。
9. 1×TBE 电泳缓冲液。
10. 琼脂糖。

二、实验器材

1. 微量加样器　　2. 枪头（10μL，100μL）　　3. Eppendorf 管
4. 台式高速离心机　　5. PCR 仪　　6. 电泳仪
7. 水平电泳槽　　8. 紫外透射反射仪

【实验材料】

正常对照 DNA 样本、DMD 患者 DNA 样本。基因组 DNA 稀释至 100ng/μL，备用。

【操作步骤】

1. 正常对照 DNA 样本、DMD 患者 DNA 样本，分别进行 PCR 扩增。PCR 操作如下：

每一个薄壁 PCR 管中加入（反应总体积为 25μL）：

双蒸水	17.8μL
10×Buffer	2.5μL
$MgCl_2$	2μL

dNTPs	0.5μL
Primer R+F（混合）	1.4μL
DNA 模板	0.5μL
Taq DNA 聚合酶	0.3μL
石蜡油	1 滴

放置在 PCR 循环仪上，循环参数设置为：

Step 1	1 个循环	94℃	5min
Step 2	30 个循环	94℃ 56℃ 72℃	30s 30s 30s
Step 3	1 个循环	72℃	7min

2. PCR 扩增结束后，进行琼脂糖凝胶电泳。

(1)配制 2%琼脂糖凝胶。

配制 1×TBE 电泳缓冲液 70mL 于三角烧瓶中，称取 1.4g 琼脂糖粉，放入后于沸水锅或微波炉内加热熔化，冷却至 60℃，加入溴乙锭至终浓度为 0.5μg/mL，混匀凝胶，倒入电泳槽中，插入梳子，待凝固。

(2)向电泳槽中倒入 1×TBE，其量以没过胶面 2mm 为宜，小心移去梳子。

(3)取 PCR 扩增样品 10μL，加入 2μL 的 6×载样缓冲液，混匀后加入样品孔内。

(4)接通电源，一般红色为正极，黑色为负极，切记 DNA 样品由负极往正极泳动(靠近加样孔的一端为负极)。电压为 1～5V/cm(长度以两个电极之间的距离计算)。140V，电泳 2h 左右。根据指示剂泳动的位置，判断是否终止电泳。

(5)卸下凝胶，于紫外仪上观察电泳条带，并与核酸相对分子质量标准 Marker pUC19/MspⅠ比较，判断扩增产物的有无及片段大小。

【实验结果】

可以观察到正常对照样本有 4 条带，从负极往正极分别为外显子 45、48、19 和 8。DMD 患者缺失不同的外显子，如有缺失，需 3 次以上重复实验来证实(图 11-2-14)。

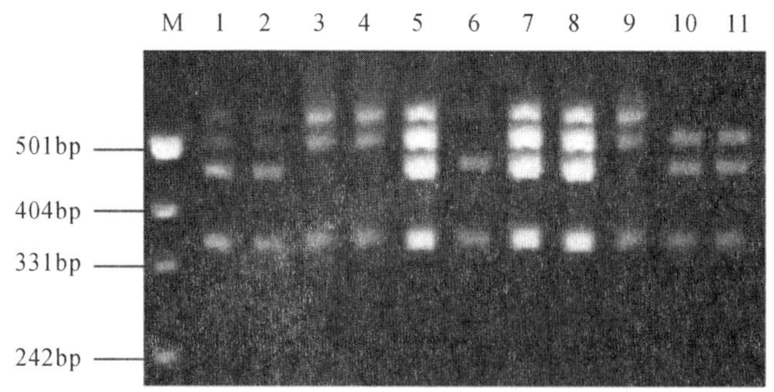

图 11-2-14　琼脂糖凝胶电泳结果

泳道 1、2、5、7 和 8 是正常对照；泳道 3、4 和 9 是第 19 外显子缺失的患者；泳道 6 是外显子 48 缺失的患者；泳道 10 和 11 是外显子 45 缺失的患者。M：pUC19/MspⅠ。

【注意事项】

1. 引物设计时长度以 15～30 个碱基为宜，G+C 含量一般为 40%～60%。

2. 退火温度决定 PCR 反应的特异性，退火温度高，PCR 反应的特异性好；温度低，有时会有非特异性条带。

3. Mg^{2+} 浓度对扩增产物的特异性及产量有显著影响，Mg^{2+} 浓度低，扩增产物的特异性好，但有时产量低；Mg^{2+} 浓度高，扩增产物的特异性差，有非特异性条带。

4. PCR 循环的次数主要取决于模板 DNA 的浓度，理论上 25～30 次循环后 PCR 产物积累即可达到最大值。在满足产物得率的前提下，应尽量减少循环次数。

（杨月红、闫小毅）

实验 21-2　遗传病基因突变分析

【实验目的】

通过实验掌握 DNA 的提取、聚合酶链反应（PCR）以及 DNA 单链构象多态性分析（SSCP）等几种分子生物学实验方法，并了解 SSCP 分析法是检测基因突变的一种基本方法。

【基本原理】

一、DNA 抽提

核基因组 DNA 可以从任何有核细胞中提出，人外周静脉血的淋巴细胞是抽提核基因组 DNA 最方便的材料。在抽取的外周静脉血中加入 EDTA 抗凝，经离心处理后可分离得到大量淋巴细胞的细胞核。由于 DNA 在细胞核内是与蛋白质形成复合物的形式存在的，因此提取过程中必须将其中的蛋白质除去，蛋白酶 K 可用于消化细胞核膜及核内蛋白质，消化的蛋白质用饱和 NaCl 沉淀，核 DNA 最后用酒精析出。

二、聚合酶链反应

原理详见第七章。

三、单链构象多态性分析

单链构象多态性（single strand conformation polymorphism，SSCP）分析法是一种 DNA 单链凝胶电泳技术，该法具有快速、简便、灵敏和适用于大样本筛查的特点，可有效检出碱基置换、缺失、插入等基因变异，目前已广泛用于癌基因、遗传病基因诊断等领域。SSCP 原理是在不含变性剂的中性聚丙烯酰胺凝胶中，单链 DNA 迁移率除与 DNA 长度有关外，更主要取决于 DNA 单链所形成的空间构象，相同长度的单链 DNA 因其顺序不同或单个碱基差异，所形成的构象就会不同。PCR 产物经变性后进行单链 DNA 凝胶电泳时，每条单链处于一定的位置，靶 DNA 中若发生碱基缺失、插入或单个碱基置换时，就会出现泳动变位，从而提示该片段有基因突变存在（图 11-2-15）。对于小于 300bp 的单链 DNA 片段，SSCP 分析的检测灵敏度可达 90%～99%。随着 DNA 长度的增加，其检测灵敏度相对减弱。

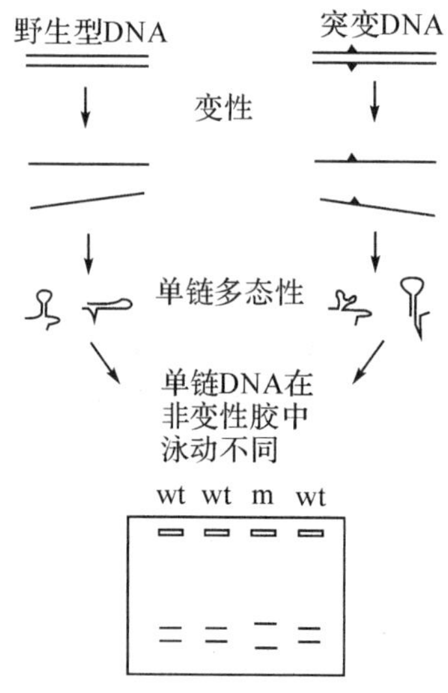

图 11-2-5 SSCP 原理示意图

wt:野生型 m:突变型

【试剂与器材】

一、试剂

(一)用于 DNA 提取的试剂

1. 10mg/mL 蛋白酶 K(-20℃冰箱保存)。
2. 0.5mol/L EDTA(pH8.0,灭菌保存)。
3. TE 缓冲液(pH8.0,灭菌保存)。
4. 缓冲液 A(Buffer A):

蔗糖	109.536g
2mol/L Tris-HCl	5mL
Triton-X-100	10mL
2mol/L $MgCl_2$	2.5mL

加双蒸水至 1000mL,过滤,4℃冰箱保存。

5. 0.25g/mL 枸橼酸钠溶液。
6. 2mol/L Tris-HCl(pH8.0)(灭菌保存)。
7. 2mol/L $MgCl_2$ 溶液(灭菌保存)。
8. 5mol/L NaCl 溶液(灭菌保存)。
9. 10% SDS 溶液。
10. 核溶解缓冲液(nuclei lysis buffer)

5mol/L NaCl	40mL
0.5mol/L EDTA(pH8.0)	2mL
2mol/L Tris-HCl(pH8.0)	2.5mL
双蒸水	455.5mL

高压灭菌保存。

11. 蛋白酶 K 工作液(1 份样本为2mL 血)

	10 samples	20 samples
10mg/mL 蛋白酶 K	100μL	200μL
10% SDS	100μL	200μL
0.4mol/L EDTA	5μL	10μL
ddH_2O	795μL	1590μL
总体积	1000μL	2000μL

12. 琼脂糖(进口分装)。

13. 5×TBE。

14. 1μg/μL EB(溴乙锭)。

15. 6×加样缓冲液。

(二)用于 PCR 反应的试剂

1. 10×Buffer、$MgCl_2$、dNTPs、*Taq* DNA 聚合酶由所购试剂公司统一提供。

2. DNA 模板:正常对照来自实验者的血液样本,基因突变样本来自 1 例角膜营养不良症患者。扩增片段为角膜营养不良症基因 *BIGH*3 第 11 外显子,扩增产物长度为 223bp。

3. 引物序列如下:

Primer F:CTCGTGGGAGTATAACCAGT

Primer R:TGGGCAGAAGCTCCACCCGG

(三)用于 SSCP 的试剂

1. 双甲基丙烯酰胺(Bis)。

2. 丙烯酰胺(Acr)。

3. TEMED。

4. 30%贮存液:Acr 29g,Bis 1g,溶于 100mL 灭菌双蒸水中。

5. 10% APS(过硫酸胺),临用时配。

6. 1% HNO_3 溶液。

7. 0.2% $AgNO_3$ 溶液。

8. 显影液:

Na_2CO_3	2.96g
加双蒸水至 100mL	临用时配,4℃冷藏。
甲醛	临用时加 54μL
10%硫代硫酸钠	临用时加 10μL

9. 10% 乙酸。

10. 10% 乙醇。

11. 蔗糖。

12. 载样缓冲液(loading buffer):

95%甲酰胺	
20mmol/L EDTA	
溴酚蓝	少许
二甲苯氰	少许

二、器材

1. Eppendorf 管
2. 薄壁离心管
3. PCR 仪
4. 高速台式离心机
5. 天能电泳仪和电泳槽
6. 吸管
7. 紫外透射反射仪
8. 10mL 玻璃离心管
9. 注射器(1mL)
10. 10mL 塑料离心管
11. 各种微量加样器
12. 针头
13. 枪头(10μL、100μL、1000μL)
14. 天平
15. 各种试管架
16. 不锈钢烧锅
17. 恒温水浴箱
18. 烧杯
19. 高压灭菌锅
20. 石蜡膜
21. 量筒
22. 搪瓷盘
23. 玻璃纸
24. 电磁炉等

【实验材料】

人外周静脉血。

【操作步骤】

一、DNA 抽提

1. 抽取人静脉血 2mL,EDTA 抗凝。

2. 加 Buffer A 至 5mL 刻度线,混匀后置冰箱中冷藏保存 10min。

3. 7000r/min 离心 10min,弃去上清液。重复上述操作两次。

4. 加核溶解缓冲液 0.3mL,振荡 20s。

5. 加 10% SDS 0.02mL 和蛋白酶 K 工作液 0.05mL,混匀后,37℃恒温水浴箱中消化过夜。

6. 消化结束后,加 0.1mL 饱和 NaCl 溶液,剧烈振荡后,4000r/min 离心 30min。

7. 将含有 DNA 的上清液吸入另一新玻璃离心管中。加两倍体积的 95%酒精,缓慢晃动,DNA 逐渐被析出来。然后将 DNA 移至装有 100μL TE 缓冲液的 Eppendorf 管中。

8. 冰箱中放置两天后电泳测浓度。

9. 配制 1%琼脂糖凝胶(含 0.5μg/mL EB),用 100ng/μL 的 λDNA 作含量标记,在 254nm 紫外灯下观察,判断 DNA 含量。DNA 稀释至 100ng/μL 备用。

二、PCR 操作

每一个薄壁离心管中加入(反应总体积为 25μL):

双蒸水	17μL
10×Buffer	2.5μL
$MgCl_2$	2μL
dNTPs	1.0μL
Primer R+F	1.0μL
DNA 模板	1.0μL
Taq DNA 聚合酶	0.5μL
石蜡油	1 滴

放置在 PCR 循环仪上,循环参数设置为:

Step 1	(1 个循环)	94℃	5min

Step 2	（30 个循环）	94℃	30s
		59℃	30s
		72℃	30s
Step 3	（1 个循环）	72℃	30s

用琼脂糖凝胶电泳检测 PCR 扩增产物的有无。配制 2%琼脂糖凝胶，3μL 6×载样缓冲液和 15μL PCR 产物混合后加样。60V 电泳 30min。在紫外灯下观察结果。

三、SSCP 实验步骤

1. 8%聚丙烯酰胺凝胶 10mL，包括：

H_2O	5.3mL
蔗糖	0.6g
30%聚丙烯酰胺	2.7mL
5×TBE	2mL
10% APS	50μL
TEMED	5μL

2. 用夹子夹好后，静置 1h 聚合。聚合过程中凝胶会收缩，所以静置一些时间，待凝胶聚合后，应在梳子上加少量双蒸水。

3. DNA 样品的处理与加样：取 7.5μL PCR 产物与 15μL 上样缓冲液混合后，在 100℃沸水中加热变性 8min，冰水浴中骤冷 10min，然后马上加样。

4. 在电泳槽中，以 1×TBE 作为电泳缓冲液，150V 电泳 2～3h。由 PCR 产物的长度来决定电泳时间的长短。

5. 银染：用银染的方法来检测 DNA 分子是一种灵敏而简单的手段。利用银离子可与核酸结合的特性，在甲醛作用下银离子还原为 Ag，使凝胶中 DNA 条带显黑色。银染法具有需要样本量少、操作简便、无同位素污染、结果可以永久保存的特点，是十分方便、敏感的方法。

其操作过程如下：

①电泳完的聚丙烯酰胺凝胶用 10%酒精浸泡 5min。

②弃酒精，加入 1% HNO_3 溶液 3min，不停摇动。

③弃 HNO_3 液，用双蒸水清洗两次。

④加入 $AgNO_3$ 染液，染色 10～20min。

⑤用双蒸水清洗一次。

⑥加入显影液，至清晰的 DNA 单链电泳条带出现为止。最好是先加入少量显影液预显影，弃预显影液后，第二次再加入显影液，显影至 DNA 条带出现为止。

⑦弃显影液，加入 10%乙酸定影 5min。

⑧弃乙酸，在双蒸水中浸泡 5min 以上。

⑨用玻璃纸包胶、干燥，观察、分析及记录。

【结果分析】

正常人样品目的区带有 3 条：一条双链扩增产物带，两条单链带。单链凝胶电泳时，由于互补单链迁移率不同，所以一般形成两条单链带。两条单链带一般在双链带后边。对常染色体显性遗传病来说，如有基因突变，则除了原正常单链带，另出现突变带（图 11-2-16）。一般认为，如没有污染，SSCP 分析不存在假阳性结果，但可能出现假阴性结果。后者是由于点突变引起的空间构象变化甚微，迁移率相差无几所致。对阴性结果，适当改变电泳条件，可提高突变检出率。对有异常泳动的样本需要经过DNA测序找到突变碱基。

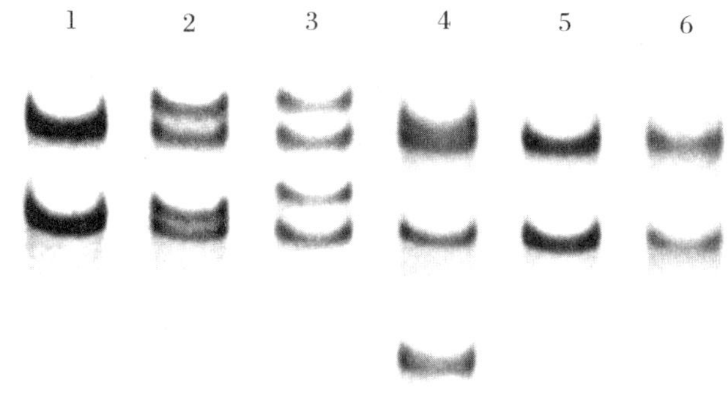

图 11-2-16 丙烯酰胺凝胶电泳结果

泳道1、5和6是正常对照；泳道2和3是正常人群中的多态L472L和IVS10-3T→C；泳道4是*BIGH*3基因第11外显子P501T突变

【注意事项】

1. SSCP的操作简单，不需要特殊仪器，PCR产物变性后无须处理就可直接电泳。通过改变SSCP电泳中的各种条件，如加入5%～10%甘油、5%蔗糖和改变温度或电压等，可将约95%的DNA碱基改变检测出来。

2. SSCP分析的灵敏性与核酸片段大小有关，片段越小，检测的敏感性越高。对于小于300bp的片段，SSCP可发现90%的变异；而大于350bp的片段，则难以发现其中的变异。因此，小于300bp，尤其是150bp左右的核苷酸片段更适合SSCP分析。对于较大的片段，可用相应的限制酶降解为小片段，然后再SSCP分析。

3. 凝胶厚度和浓度：SSCP分析一般采用5%～10%的凝胶。浓度不同，突变带的相对位置也有差异。在分析未知突变时，最好采用两种以上的凝胶浓度，以提高突变的检出率。凝胶越厚，背景越深，在上样量较多的前提下，凝胶越薄越好。

4. SSCP需要有大量的正常对照一起分析，不能仅仅只是患者的样本。另外，还必须排除人群中的多态性。

5. 硝酸银价格较贵，可回收使用，适当延长处理时间。

6. 当PCR产物特异性不高时，要增加退火温度，减少退火时间及延伸时间，降低引物和*Taq* DNA聚合酶的浓度，降低Mg^{2+}浓度，减少循环次数。

（杨月红、闫小毅）

实验 21-3 实时荧光定量PCR检测基因拷贝数变化

【实验目的】

学会运用实时荧光定量PCR检测基因拷贝数。

视频9

【基本原理】

实时荧光定量PCR(real-time PCR)是在PCR技术基础上发展而来的一种DNA定量技术，通常在PCR反应体系中加入荧光基团，利用荧光信号累积实时监测整个PCR进程，最后通过运算对比对未知模板进行定量分析的方法。荧光定量PCR扩增曲线可以分成三个阶段：基线期、指数增长期、平台期。基线期就是扩增曲线中的水平部分，此阶段扩增的荧光信号被荧光背景信号所掩盖，无法判断产物量的变化。而在平台期，扩增产物已不再呈指数式增加，PCR的终产物量与起始模板量之间没有线性关系，所以不能根据最终的PCR产物量计算出起始DNA拷贝数。只有指数增长期，PCR产物量的对数值与起始模板量之间存在线性关系，因而选择这一阶段进行定量分析。实时荧光定量PCR具有经济、易行、快速且准确等特点，广泛用于临床疾病诊断、动物疾病检测、法医学、食品病原微生物的检测等多个领域。

目前实时荧光定量PCR常用的荧光化学方法可大致分为两种：荧光染料法和荧光探针法。荧光探针法通常为特异性方法，需要设计复杂的特异性探针，检测成本高。荧光染料法通常为非特异性方法，检测方法简便，通用性好，检测成本低，因而是目前应用最为广泛的实时荧光定量PCR方法。本实验采用SYBR Green I荧光法。SYBR Green I是一种结合于所有双链DNA双螺旋小沟区域的染料，在游离状态下，SYBR Green I发出微弱的荧光，但一旦与双链DNA结合，荧光强度大大增强。因此，在实时荧光定量PCR进行过程中，随着循环数增加，双链DNA数量增多，与之结合的SYBR Green I的荧光信号强度与双链DNA的数量成正比，可以根据荧光信号检测出PCR体系存在的双链DNA含量。

运动神经元生存基因1(survival motor neuron 1，*SMN*1)定位于染色体5q13，含有9个外显子，其编码产物SMN蛋白参与小核糖核蛋白(small nuclear ribonucleoproteins，snRNPs)的组装和mRNA前体(pre-mRNA)的剪接。*SMN*1基因是脊髓性肌萎缩症(spinal muscular atrophy，SMA)的致病基因。脊髓性肌萎缩症是一种常见的致死性常染色体隐性遗传病，主要症状表现为进行性、对称性肌无力和肌萎缩。活产婴儿的发病率为1/10000～1/6000，不同人群中携带者频率为1/50～1/25。超过94%的患者是由第7外显子或第7和第8外显子纯合缺失导致，少数患者存在第7和第8外显子杂合性缺失或复合杂合突变。*SMN*1基因第7外显子缺失导致SMN蛋白不稳定而降解，从而使细胞内具有正常功能的SMN蛋白数量减少，引起运动神经元变性死亡，最终导致脊髓性肌萎缩症。疾病的严重程度与细胞内正常功能的SMN蛋白数量密切相关。因此，*SMN*1基因第7外显子拷贝数检测是诊断和排除SMA的首选方法。若拷贝数为0，则诊断为SMA患者；而正常人群中多数含有2个拷贝(正常)，少数含有1个拷贝(缺失携带者或杂合缺失)或3个拷贝(重复携带者)。

【试剂与器材】

一、试剂

1. 血液基因组DNA提取试剂。
2. 蛋白酶K。
3. 异丙醇。
4. 70%乙醇。
5. TB Green® Premix Ex Taq™ Ⅱ (Tli RNaseH Plus)。
6. PCR引物。

二、器材

1. ABI 7500 实时荧光定量 PCR 系统　2. 离心机　3. 生物安全柜
4. 冰箱　5. 紫外分光光度计　6. 离心管
7. 微量加样器　8. 吸水纸　9. 电热恒温水浴箱
10. 记号笔

【实验材料】

人外周血。

【操作步骤】

一、全血 DNA 抽提

1. 抽取 2mL 静脉血至含有抗凝剂的抽血管中。

2. 取出 300μL 含抗凝剂的血液至 1.5mL 离心管中，加入 750μL 细胞裂解液，颠倒混匀 5 次。

3. 12000×*g* 离心 20s，弃上清，将离心管倒置在干净的吸水纸上停留 2min，确保沉淀在管中。

4. 加入按 100∶1 配制的缓冲液 FG 与蛋白酶 K(150μL∶1.5μL)的混合液，立即旋涡混匀至溶液无团块。

5. 65℃水浴 10min，其间颠倒混匀数次。

6. 加入 150μL 异丙醇，颠倒充分混匀至出现丝状或簇状基因组 DNA。

7. 12000×*g* 离心 3min，弃上清。将离心管倒置在干净的吸水纸上，吸掉多余水分。

8. 加入 150μL 70%乙醇，涡旋振荡 5s，12000×*g* 离心 3min，弃上清。

9. 重复步骤 7。

10. 将离心管倒置在干净的吸水纸上停留至少 5min，确保沉淀在管中。

11. 空气干燥 DNA 沉淀至所有液体挥发干净。

12. 加入 50～100μL 缓冲液 TB，低速旋涡振荡 5s，65℃加热 10min～1h 溶解 DNA，其间手指轻弹数次。

13. 取 1μL DNA 于 Nanodrop 紫外分光光度计测定 OD_{260nm}/OD_{280nm} 比值，选取比值在 1.7～1.9 的 DNA 用于后续研究。

二、实时荧光定量 PCR

1. 引物设计

人类基因组中存在 2 个高度同源的 *SMN* 基因，均位于染色体 5q13，端粒侧 *SMN* 基因称为 *SMN*1，着丝粒侧 *SMN* 基因称为 *SMN*2，两者高度同源，仅有 5 个核苷酸不同，其中一个核苷酸位于 *MSN* 基因第 7 外显子 c.840 位。*SMN*1 上 c.840 位为 C，*SMN*2 上 c.840 位为 T。因此，在设计引物时，使引物序列包含 c.840 位，并使引物 3′端最后一个核苷酸位于 *SMN*1 基因 c.840 处，核苷酸与 *SMN*1 基因相同(即为 C)，而不同于 *SMN*2 基因(T)，从而使其特异性扩增 *SMN*1 序列。以 β-globin 作为内参基因，引物序列如下：

SMN1 (201bp)

Primer F：5′-CCTTTTATTTTCCTTACAGGGTTTC-3′

Primer R：5′-GATTGTTTTACATTAACCTTTCAACTTTT-3′

β-globin（110bp）

Primer F：5′-ACACAACTGTGTTCACTAGC-3′

Primer R：5′-CAACTTCATCCACGTTCACC-3′

2.反应体系及条件

反应在 ABI 7500 实时荧光定量 PCR 系统（Applied Biosystem，Foster City，CA）上进行。DNA 样品浓度稀释至 5ng/μL。反应体系参照以下配制，每份样品每次反应做 3 个复孔：

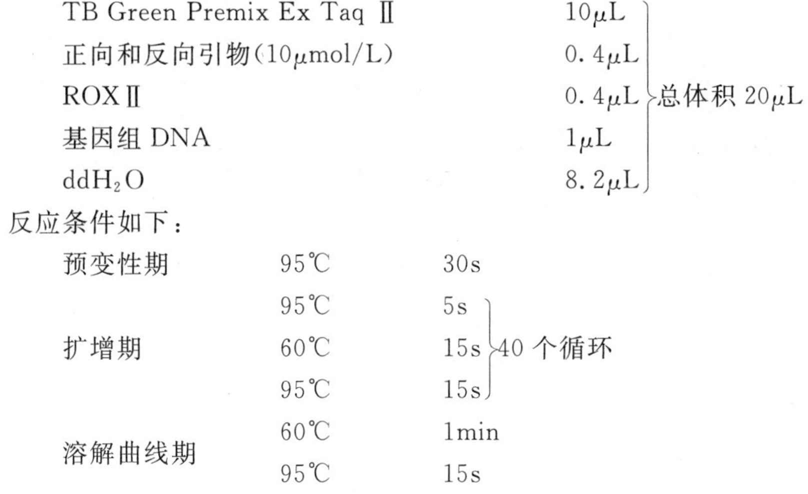

组分	体积	
TB Green Premix Ex Taq Ⅱ	10μL	总体积 20μL
正向和反向引物（10μmol/L）	0.4μL	
ROXⅡ	0.4μL	
基因组 DNA	1μL	
ddH_2O	8.2μL	

反应条件如下：

阶段	温度	时间	
预变性期	95℃	30s	
扩增期	95℃	5s	40 个循环
	60℃	15s	
	95℃	15s	
溶解曲线期	60℃	1min	
	95℃	15s	

【结果分析】

首先应对引物溶解曲线进行分析，确保没有非特异性扩增或引物二聚体，合格的溶解曲线为前半段平缓的单峰曲线，峰值应在 75～90 之间（图 11-2-17）。

为了定量方便，在实时荧光定量 PCR 技术中引入了几个重要的概念：扩增曲线、荧光阈值、Ct 值。实时荧光定量 PCR 扩增曲线呈 S 形，大致分为基线期、指数扩增期和平台期。横坐标代表扩增循环数，纵坐标代表荧光强度，每个循环进行一次荧光信号收集。荧光阈值是荧光扩增曲线上人为设置的一个值，一般荧光阈值的设置是 PCR 反应前 3～15 个循环荧光信号标准偏差的 10 倍。Ct 值即循环阈值，C 代表 cycle，t 代表 threshold，Ct 值是指每个反应管内的荧光信号到达设定的阈值时所经历的循环数。每个模板的 Ct 值与该模板的起始拷贝数的对数存在线性关系，起始拷贝数越多，Ct 值越小。

通常用 $2^{-\Delta\Delta Ct}$ 法对靶基因拷贝数进行相对定量。ΔΔCt 的计算公式为：ΔΔCt＝[Ct SMN1（待测样本）－Ct β-globin（待测样本）]－[Ct SMN1（对照样本）－Ct β-globin（对照样本）]。Ct 取每份样品三个复孔 Ct 值的平均值。ΔCt 为 *SMN*1 基因第 7 外显子与内参基因（β-globin）Ct 值的差值。每对引物选取 3 个正常女性作为对照。根据此方法计算得到每个待测样本的相对基因含量，若 $2^{-\Delta\Delta Ct}$ 值在 1 左右表示正常个体，具有 2 个拷贝（图 11-2-18A）；值为 0 代表外显子 7 纯合缺失型突变个体（图 11-2-18B），值在 0.5 左右为杂合缺失个体，即携带者，具有一个拷贝（图 11-2-18C），值在 1.5 左右为重复携带者，具有 3 个拷贝，即 1 条染色体含 2 个 *SMN*1 基因拷贝，另一条同源染色体含 1 个 *SMN*1 基因拷贝（图 10-2-18D）。

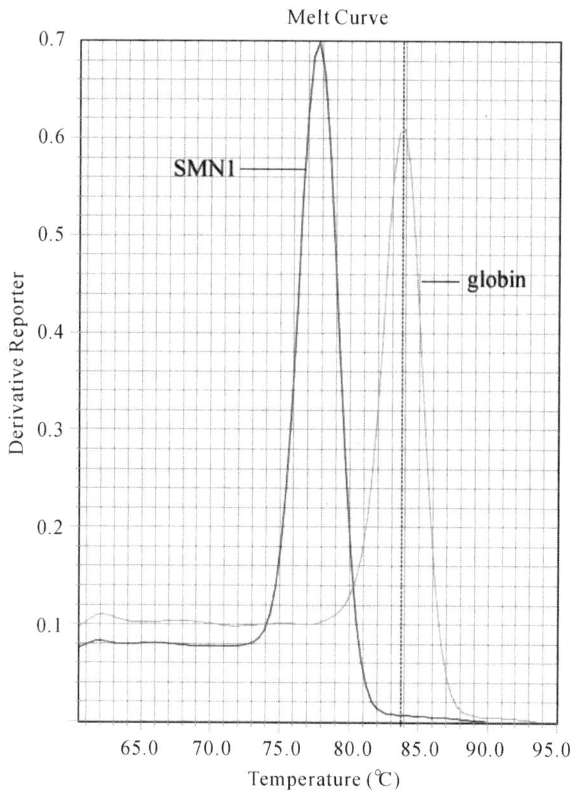

图 11-2-17　SMN1 与 globin 引物的溶解曲线

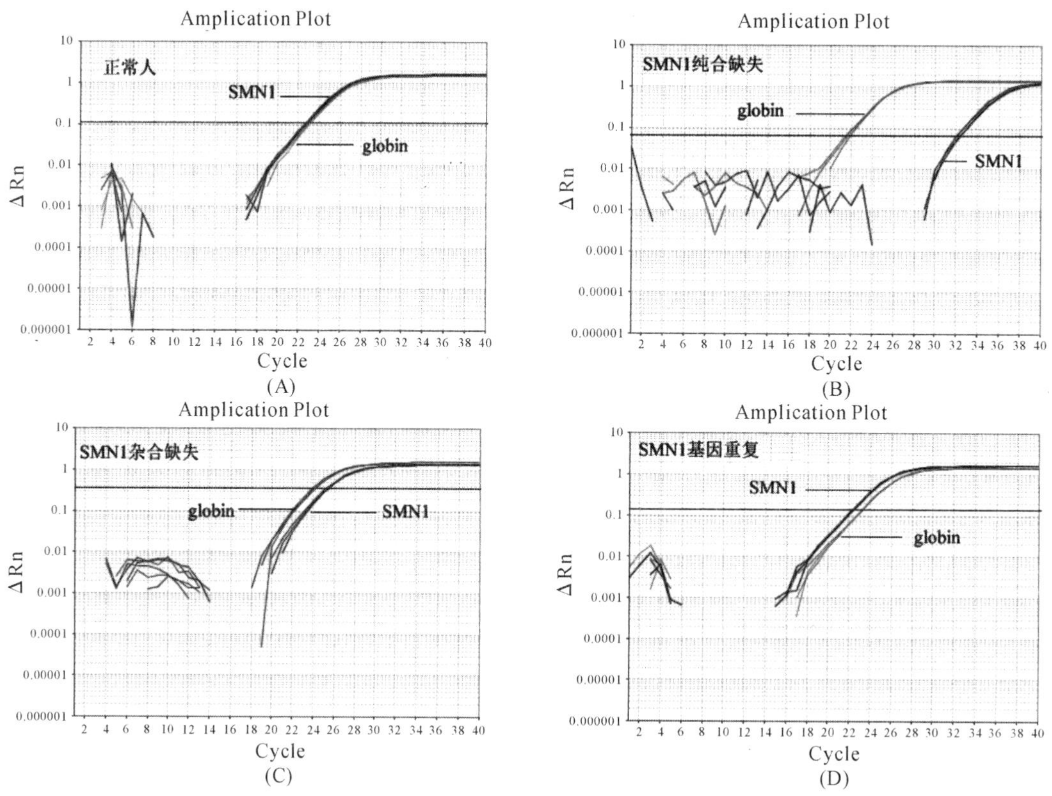

图 11-2-18　实时荧光定量 PCR 检测 *SMN1* 基因拷贝数

【注意事项】

1. 实时荧光定量 PCR 扩增产物不宜过长，通常以 150～250bp 最佳。

2. SYBR Green Ⅰ染料可与任何的双链 DNA 发生结合，因此也会与非特异性双链 DNA 序列发生结合，产生假阳性结果，因而对引物的特异性要求很高。

3. *SMN*1 基因与 *SMN*2 基因高度同源，因而设计引物时需特别小心，应在两者存在差异的序列设计特异性引物，排除高度同源性基因 *SMN*2 的干扰，以保证结果的准确、可靠。

4. 3 个复孔的 Ct 值标准差应小于 1，小于 0.5 更佳，若无法满足，则此样本数据需要重复。

（闫小毅）

实验二十二　基因多态性检测

实验 22-1　PCR-RFLP 法测定 CYP2C19m1 等位基因

【基本原理】

PCR-RFLP 是聚合酶链反应与限制性片段长度多态性（restriction fragment length polymorphism，RFLP）结合使用的一种实验方法，其原理是利用聚合酶链反应扩增一段含突变位点的片段，再选择一种特异的限制性内切酶，它能够选择性地切断有突变的片段或无突变的片段，通过电泳观察是否产生限制酶的酶切片段，从而判别该 PCR 扩增片段中有无突变发生（图 11-2-19）。

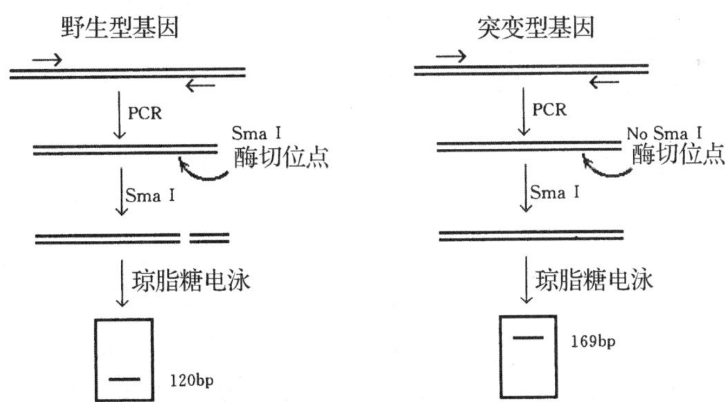

图 11-2-19　PCR-RFLP 法检测 CYP2C19m1 等位基因多态性原理示意图

如果细胞色素 P_{450} 2C19（CYP2C19）在其基因第 681 位发生 G→A 突变，那么 CYP2C19m1 等位基因是一个酶缺陷的等位基因，对该等位基因突变与否的检测可预测 CYP2C19 酶活性。在其基因第 681 位 G→A 突变的上游和下游分别设计两条 PCR 引物，扩增片段包含该突变位点的区域。本法正向引物位于突变位点的上游 120bp 处，反向引物位于下游 49bp 处。利用该对引物扩增的目标片段的长度为 169bp，野生型基因拥有限制性内切酶 Sma Ⅰ 酶切位点（CCCGGG），可被酶切产生 120bp 和 49bp 两个片段。而突变型基因，因突变使 Sma Ⅰ 酶切位点消失（CCCGGG→CCCAGG），不可被 Sma Ⅰ 酶切。即使 Sma Ⅰ 作用后，电泳结果上仍然只有 169bp 条带可见，说明为突变型基因纯合子；如果 Sma Ⅰ 酶切后电泳结果中可见 120bp 和

169bp 的区带，说明是野生型和突变型的杂合子(图 11-2-20)。

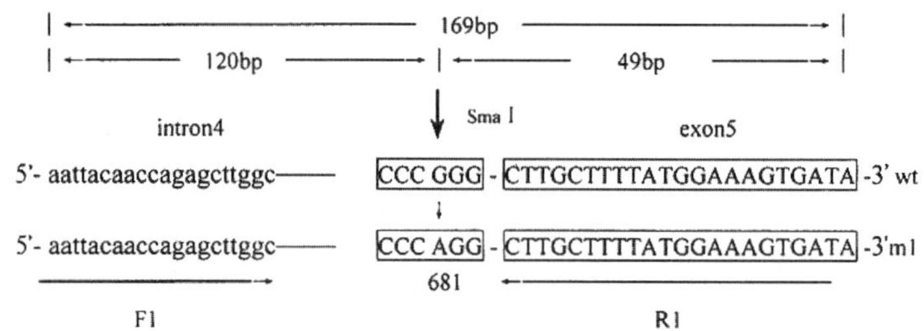

图 11-2-20 测定 CYP2C19m1 时引物的设计示意图及 SmaⅠ的酶切位点

【试剂与器材】

一、试剂

1. *Taq* DNA 聚合酶。
2. 10 倍浓 PCR 缓冲溶液。
3. PCR 引物：F1：5′-AAT TAC AAC CAG AGC TTG GC-3′。
   R1：5′-TAT CAC TTT CCA TAA AAG CAA G-3′。
4. dNTPs。
5. 琼脂糖。
6. 25mmol/L $MgCl_2$ 溶液。
7. 加样缓冲溶液：0.5%溴酚蓝，40%蔗糖。
8. TBE 缓冲溶液：44.5mmol/L Tris-硼酸，1mmol/L，pH=8.3 EDTA。
9. 溴乙锭。
10. 限制性内切酶 SmaⅠ。
11. 1kb DNA 相对分子质量标准。

二、器材

1. PCR 仪　2. 电泳仪　3. 紫外检测仪　4. 高速离心机　5. 水浴

【操作步骤】

一、引物的配制

将新合成的 F1 和 R1 引物离心甩至离心管底部，按每 1 A_{260nm} 加双蒸水 100μL，溶解即为 F1 和 R1 储备液。分别取 55μL F1 和 R1 储备液，在同一离心管中混匀。再按每管 2μL 分装于 PCR 反应管，－30℃保存备用。

二、PCR 扩增

取上述含有 F1 和 R1 引物的 PCR 反应管，每管再加 5μL 10 倍浓 PCR 缓冲溶液、4μL dNTPs、3μL 25mmol/L $MgCl_2$ 溶液、50～1000ng DNA 样本和 33μL 水，混匀后于 95℃放置 5min，使 DNA 样本彻底变性，再加 1.0U *Taq* DNA 聚合酶，放入 PCR 扩增仪中按如下条件进行扩增：于 94℃变性 1min，53℃退火 1min，72℃延长 1min，如此扩增 35 个循环，最后 72℃补充延长 10min。扩增完毕置 4℃备用。

三、SmaⅠ酶切

取 PCR 扩增产物 20μL，加 2μL(20U)限制性内切酶 SmaⅠ，置 37℃水浴水解 10h。

四、琼脂糖凝胶电泳

取琼脂糖 1.0g，加 50mL TBE 缓冲溶液，置电炉上微火加热，渐渐使其熔化。最后加 1% 溴乙锭 10μL 制备凝胶。待胶凝固后，取下梳子，将胶放入电泳槽，用 TBE 缓冲溶液浸没。20μL 扩增产物与 5μL 加样缓冲溶液混合后加入梳孔，标准相对分子质量 DNA 同法加样。然后接通电源，100V 电泳 30min 左右至溴酚蓝指示剂接近终点。切断电源，带手套取出凝胶，置紫外检测器下，观察电泳结果。扩增片段为 169bp，被 SmaⅠ水解后的片段长度应为 120bp 和 49bp。

【讨论】

PCR-RFLP 法检测基因突变的优点是：①结果准确可靠；②引物设计较容易，只要能专一扩增包含突变区的片断就行。该法的缺点是：①并非所有的基因突变都恰好位于某个内切酶的识别区；②方法中有一步酶切过程，显得烦琐又不经济。

（赵鲁杭）

实验 22-2 等位基因特异扩增法分析基因中单碱基突变

【基本原理】

ASA 是等位基因特异扩增法（allele specific amplification）的缩写，该法专用于测定某一特定位点是否发生了突变。其原理是设计两对特定的引物，每对引物中有一条引物的 3′-末端正好位于突变位点，如图 11-2-21 所示。

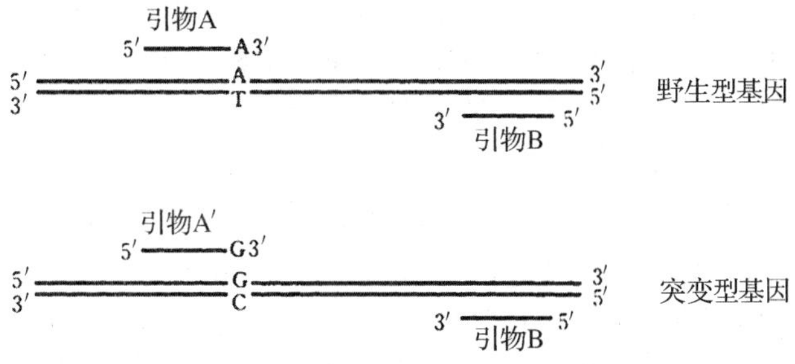

图 11-2-21 ASA 原理示意图

当引物 A 与引物 B 组成一对时，可顺利扩增野生型基因，却不能扩增突变型基因；当引物 A′与引物 B 组成一对时，可扩增突变型基因，却不能扩增野生型基因。所以，当引物 A 与引物 B 扩增时有目的产物，说明有野生型基因存在；当引物 A′与引物 B 扩增时有目的产物，说明有突变型基因存在。当两组均有目的产物时，说明是杂合子，即含有野生型基因也含有突变型基因。

细胞色素 P_{450}2D6（CYP2D6）参与 50 多种药物代谢，其羟化活性可激活前致癌物引发肺癌和膀胱癌，因此其多态性研究在药物代谢和致癌机理研究等领域受到重视。1994 年，Evert 等发现了 CYP2D6T 等位基因。CYP2D6T 是 CYP2D6 基因第 3 外显子上 T1795 丢失，导致读框位移产生终止密码，使表达产物失活。本实验将利用 ASA 法来分析 CYP2D6T。

【试剂与器材】

一、试剂

1. *Taq* DNA 聚合酶。
2. dNTPs。
3. PCR 反应管。
4. PCR 引物。
5. 琼脂糖(Type Ⅴ)。
6. 凝胶电泳加样液。
7. 溴乙锭。
8. 1kb DNA 相对分子质量标准。

二、器材

1. PCR 仪　　2. 电泳仪　　3. 紫外检测仪　　4. 高速离心机

【操作步骤】

一、CYP2D6T 等位基因测定时的引物

基因型	序列	基因位置
野生型	正向 5′-GCA AGA AGT CGC TGG AGC AGT-3′	1775～1795
	反向 5′-CAG AGA CTC CTC GGT CTC TCG CT-3′	2102～2124
突变型	正向 5′-GCA AGA AGT CGC TGG AGC AGG-3′	1775～1796
	反向 5′-CAG AGA CTC CTC GGT CTC TCG CT-3′	2102～2124

将新合成的引物首先离心甩至离心管底部，按每 1 A_{260nm} 加双蒸水 100μL，溶解即为引物储备液。分别配制野生型和突变型两组引物，方法如下：取 55μL 正向和反向引物储备液，配制在同一离心管中混匀，再按每管 2μL 分装于 PCR 反应管，－30℃保存备用。

二、PCR 扩增

取上述含有野生型和突变型引物的 PCR 反应管，每管再加 5μL 10 倍浓 PCR 缓冲溶液、4μL dNTPs、3μL 25mmol/L $MgCl_2$ 溶液、50～1000ng DNA 样本和 33μL 水。混匀后 95℃放置 5min，使 DNA 样本彻底变性，再加 1.0U *Taq* DNA 聚合酶，放入 PCR 扩增仪中按如下条件进行扩增：94℃变性 1min，55℃退火 1min，72℃延长 1.5min，如此扩增 35 个循环，最后 72℃补充延长 10min。扩增完毕置 4℃备用。

三、琼脂糖凝胶电泳

取琼脂糖 1.25g，加 100mL TBE 缓冲溶液，微波炉内加热熔化。加 1%溴乙锭 10μL，混匀，制备凝胶。待胶凝固后，取下梳子，将胶放入电泳槽，用 TBE 缓冲溶液浸没。20μL 扩增产物与 5μL 加样缓冲溶液混合后加入梳孔，标准相对分子质量 DNA 同法加样。然后接通电源，100V 电泳 30min 左右至溴酚蓝指示剂接近终点。切断电源，戴手套取出凝胶，置紫外检测器下，观察电泳结果。扩增目标产物的片段长度应为 350bp。

【讨论】

1. 等位基因特异扩增法利用 PCR 扩增中引物 3′-末端碱基互配时要求最为严格的原理，设计了等位基因特异的引物。扩增后的结果有三种可能性：野生型等位基因特异的引物有扩增，说

明检样含野生型等位基因;突变型等位基因特异的引物有扩增,说明检样含突变型等位基因;野生型和突变型等位基因均有扩增,说明检样是杂合子。图 11-2-22 是 CYP2D6T 测定的典型结果。

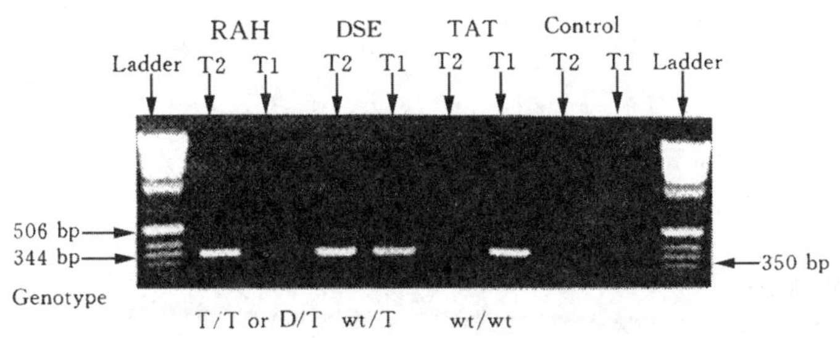

图 11-2-22　CYP2D6T 等位基因测定时的三种典型结果

T1:野生型引物;T2:突变型引物;wt/wt:野生型纯合子;wt/T:CYP2D6T 杂合子;T/T:CYP2D6T 突变型纯合子;D/T:一份基因丢失,另一份为 CYP2D6T;RAH、DSE 和 TAT 为受试者姓名第一字母缩写

2. ASA 法检测点突变有很多优势

(1)简单快速:ASA 法不需要使用同位素,也不依靠限制性内切酶位点,被检测 DNA 质量要求也不高,只要设计好特异性引物,只需 PCR 和琼脂糖凝胶电泳两步操作即可直接得到结果。从取样到获得结果,只需几个小时就可完成。

(2)能同时分析多个突变点:即所谓的"Double ARMS"法或 PAMSA 法(PCR amplification of multiple specific alleles)。Dutton 等曾用 PAMSA 法分析凝血因子 9 基因的 Alu 序列多态性。Sommer 等发现,PAMSA 可以区分 69 对等位基因。

(3)通用性强:只要有被检突变所在区域的 DNA 序列资料,即可设计特异性引物,用于分析确定样品 DNA 是否含有点突变及进行基因分型,还可以进行 DNA 多态性鉴定。目前,ASA 已广泛应用于单基因遗传病、癌基因、病原体基因和恶性疟原虫抗药性基因等的诊断。

(4)一次可分析多个样品:用突变型引物筛查多个样品中是否含有已知点突变基因,使本法具有在遗传患者群基因频率及病原体流行病学调查中的应用潜力。

尽管越来越多的实验证明 ASA 法是高度可靠的,但是,其前提是必须达到高度的特异性扩增,有许多因素会影响扩增的特异性。①引物的设计非常微妙,并非所有位于 3′-端的碱基与模板的错配均可使放大受阻。研究表明,A/G(引物/模板)、G/A、A/A、C/C 等能够有效阻止链延伸反应,而 G/T、T/G、A/C、C/A 等则难使放大受阻。Newton 等采用双重错配来解决这个问题。②选择合适的扩增参数,如模板 DNA 浓度、引物长度、退火温度、*Taq* DNA 聚合酶用量、$MgCl_2$ 浓度、循环次数等都影响反应特异性。为了达到最好的扩增特异性,需要花费大量精力筛选特异性引物、最适扩增参数,这是 ASA 法的主要缺点。

(陈枢青)

第十二章　物质代谢与激素调节

第一节　概　　述

一、物质代谢的概念

生物体中的化学物质不断地进行着各种合成和分解反应，并且不断地与周围环境进行着物质的交换，这就是生物体的物质代谢过程。生物体内的物质代谢过程是在酶的催化下进行的，并在神经、体液（激素等）的协调下有序地进行。

研究物质代谢的目的在于阐明生命活动规律，指导生产，增进人类健康，延年益寿。生物化学和分子生物学技术的迅猛发展，使我们有能力应用各种技术从不同角度研究生物的物质代谢过程。

二、物质代谢研究的材料与方法

虽然物质的代谢同时在一个细胞内进行，但由于（真核）细胞内酶和底物被细胞内的膜性结构分隔在不同的区间，这就将各种物质代谢途径分别限定在细胞内的不同区域，如糖酵解途径存在于胞浆中，而糖的有氧氧化和氧化磷酸化过程则主要存在于线粒体；而且不同器官内酶的种类和数量亦相差甚远，例如，肝脏含有丰富的脂肪酸氧化酶系和酮体合成的酶，但缺少利用酮体的酶；肌肉、肾脏、脑组织等均含有高活力的利用酮体的酶；肝脏可以将非糖物质转变成为葡萄糖或糖原，并借此调节血糖水平，而肌肉组织缺少相应的酶，没有将非糖物质转变成为葡萄糖或糖原的功能；等等。这就决定各器官具有独特的物质代谢模式。

研究物质代谢，选择合适的对象（材料）至关重要，例如研究生物氧化应选用肝脏或心肌线粒体；研究脂肪酸氧化、酮体生成最好选用肝脏，等等。实验用材料的处理可根据研究目的和细胞内物质代谢的区域化分隔分布特点，选用整体动物、完整器官、组织切片、培养细胞、组织匀浆、分离得到的各种亚细胞器或纯化的酶制剂。

生物体内物质代谢错综复杂，同一种物质在体内可能经历不同的途径进行代谢，产生完全不同的产物。由于代谢途径之间相互关联，又相互制约，还受体内一系列调控机制控制，单独一种研究技术往往难以确定某一物质在组织中的代谢过程和中间产物，因此物质代谢的研究通常要在不同层次上、采用各种方法、从多个角度入手（表 12-1-1），对结果进行综合分析。如果用不同方法得到的结果不一致，必须再作深入研究，以求获得合理的解释。

表 12-1-1　研究物质代谢的工作层次

工作层次	说　明
整体水平	方法包括：1. 切除一种脏器（如肝切除）；2. 改变食料（如饥饿、饱食）；3. 投给某种药物（如苯巴比妥）；4. 投给某种毒物（如四氯化碳）；5. 用患病动物（如糖尿病）或动物模型；6. 运用同位素示踪、核磁共振波谱等技术。 整体水平的研究得到的往往是表观的现象，由于循环系统和神经系统的中介，各器官间的活动常有重叠或遮盖的情况。
离体灌注器官	常用于肝、心和肾。可以排除循环系统、神经系统及其他器官的影响；在离体条件下器官的功能至多只能维持数小时。
组织切片	常用肝切片。可排除干扰，但常由于营养物质等供应不足在数小时内即败坏。
完整细胞	常用血细胞（较容易纯化）、组织培养的细胞。广泛应用于许多领域的研究。
匀浆	一种无细胞制备物。通过离心，可以获得各种亚细胞器；可以向匀浆加入或从匀浆中去除某一化合物（如通过透析），并研究其影响。
亚细胞器	大量用于研究线粒体、内质网、核糖体的功能。
分离、鉴定代谢物和酶	是分析化学反应或代谢途径的基本步骤。
克隆编码酶和蛋白质的基因	分离克隆基因是研究基因（DNA）结构和表达调控的关键，还可能提示基因所编码的酶或蛋白质的氨基酸序列。
转基因或基因敲除	分析、确定相应基因的功能，表达产物过剩或不足对整体动物的影响。

第二节　实验项目

实验二十三　胰岛素及肾上腺素对血糖浓度的影响

【基本原理】

胰岛素能降低血糖，肾上腺素有升高血糖的作用。本实验观察家兔在分别注射此两种激素后，血糖浓度的变化情况。

【试剂与器材】

一、试剂

1. 肾上腺素。
2. 胰岛素。
3. 测定血糖的全套试剂。

二、器材

1. 注射器及针头　　2. 刀片　　3. 消毒酒精棉球　　4. 试管

5. 血糖抗凝管（含草酸钾 6mg 及氟化钠 3mg 之青霉素小瓶）

【操作步骤】

一、动物准备

家兔2只，空腹16h，称体重，并记录之。

二、取血

以酒精涂擦兔耳部，然后灯泡照射或电灯小心烘烤使血管充血，用刀片顺耳缘静脉划破血管(约1～2mm长)，使血滴入血糖抗凝管中，边滴边轻轻转动试管，使血与抗凝剂充分混匀。每兔各取血约2～3mL，作好标记，以此血样作血糖测定。以干棉球压迫止血。在抽血过程中应保持动物安静。

三、注射激素及取血

一兔皮下注射胰岛素，剂量为每千克体重2单位，记录注射时间，1h后再取血，可以从原切口以棉球擦去血痂后按上法放血，作好标记。

另一兔皮下注射肾上腺素，剂量为每千克体重0.1%肾上腺素0.2mL，记录注射时间，半小时后再取血并标记。

四、血糖浓度测定

按Nelson-Somogyi法。

【计算】

列出算式，计算各样本血糖浓度(mol/L)，并解释之。

实验二十四　Nelson-Somogyi法测定血糖浓度

【基本原理】

$ZnSO_4$与$Ba(OH)_2$作用生成$Zn(OH)_2$-$BaSO_4$胶状沉淀法沉淀血样中的蛋白质，制得无蛋白血滤液。此无蛋白血滤液与碱性铜盐溶液共热，使Cu^{2+}被血液中的葡萄糖还原生成Cu_2O，后者再与砷钼酸试剂反应生成钼蓝。由于葡萄糖在碱性溶液中与Cu^{2+}的反应很复杂，氧化剂并非当量地与葡萄糖作用，因此必须严格固定反应条件(温度和时间)，才能得到可重复的结果。

本法所用蛋白质沉淀剂可同时除去血液中葡萄糖以外的其他各种还原性物质，如谷胱甘肽、葡萄糖醛酸、尿酸等；所用碱性铜盐试剂中加入大量Na_2SO_4对溶入气体产生盐析效应以减少溶液中溶解的空气中的氧，从而减少了Cu_2O的再氧化；同时用砷钼酸替代某些旧方法所用的磷钼酸，可使钼蓝的生成稳定，因此血糖值较接近实际数值(正常值为3.3×10^{-3}～5.6×10^{-3}mol/L全血)。

【试剂及器材】

一、试剂

1.10%草酸钾溶液(抗凝用)。

2.4.5% $Ba(OH)_2$溶液(密闭保存以免吸收CO_2)。

3.5% $ZnSO_4$溶液。

4. 碱性铜盐试剂：溶解 29g 无水磷酸氢二钠及 40g 酒石酸钾钠（$KNaC_4H_4O_6 \cdot 4H_2O$）于 700mL 蒸馏水中，加入 1mol/L NaOH 100mL，混匀，然后一边搅拌，一边加入 10%硫酸铜（$CuSO_4 \cdot 5H_2O$）溶液 80mL，最后加无水硫酸钠 180g，溶解后用蒸馏水稀释至 1L。放置 2 天后过滤，以除去可能形成的铜盐沉淀。此试剂虽可久用不变，但如出现沉淀须过滤后使用。

5. 砷钼酸试剂：称取 50g 钼酸铵（$(NH_4)_6Mo_7O_{24} \cdot 4H_2O$），加 900mL 蒸馏水，再缓缓加入 42mL 浓硫酸，搅拌使钼酸铵完全溶解。另外溶解砷酸氢二钠（$Na_2HAsO_4 \cdot 7H_2O$）6g 于 50mL 水中。将以上两种溶液混和，在 37℃ 放置 48h 后置棕色瓶中保存于室温。此试剂应呈黄色，如呈蓝绿色时，不可使用。

6. 葡萄糖标准液（2.8×10^{-4} mol/L）。

二、器材

1. 试管及试管架　　2. 各种规格移液器　　3. 离心机　　4. 碎滤纸
5. 沸水浴　　6. 可见分光光度计　　7. 旋涡混匀器

【操作步骤】

1. 移液器吸取被检血样 0.1mL，小心缓慢地将血液放入一干燥清洁的小试管底部，要求无可见血液附壁。加入 4.5% $Ba(OH)_2$ 溶液 0.95mL 及 5% $ZnSO_4$ 溶液 0.95mL，充分振摇使均匀混合，置转速为 3000r/min 的离心机中离心 5min，上清即为 1∶20 无蛋白血滤液。

2. 取干燥 10mL 试管 3 支，标号，按表 12-1-2 所示添加试剂。

表 12-2-1　添加试剂的量

试液体积/mL	1（试样管）	2（标准管）	3（空白管）
无蛋白血滤液	0.50	—	—
葡萄糖标准液（质量浓度为 0.05g/L）	—	0.50	—
蒸馏水	—	—	0.50
碱性铜盐试剂	1.00	1.00	1.00

3. 将 3 支试管均用包有聚乙烯薄膜的软木塞或橡皮塞塞住管口，同置沸水浴中，待再次沸腾时开始计算时间，20min 后立即置冷水浴中冷却至室温。

4. 分别向各管加砷钼酸试剂 1.00mL，旋涡混匀。

5. 加蒸馏水 7.5mL，用塑料薄膜按住管口，颠倒混匀。

6. 在 680nm 处，以 3 号管调吸光度零点作比色测定。

【计算】

计算血糖浓度，以 mmol/L 表示。

【讨论】

1. 人体血糖浓度维持在较为恒定的水平有重要的生理意义。血糖浓度维持相对恒定主要靠多种激素的调节。胰岛素是体内唯一降低血糖的激素。肾上腺素、胰高血糖素、糖皮质激素、生长素等是升高血糖的激素，其中以肾上腺素作用较为迅速而明显，故本实验通过注射上述两种具有代表性的激素来观察血糖浓度的变化。

2. 胰岛素能促进肝脏和肌肉细胞内合成糖原，促进血糖浓度降低。肾上腺素则通过促进肝糖原的分解，促进糖异生和促进肌糖原的酵解等作用来升高血糖。

3. 血糖的测定方法除了本实验所选用的 Nelson-Somogyi 法外，目前常用的还有葡萄糖氧化酶法、3，5-二硝基水杨酸法、邻甲苯胺法等。邻甲苯胺法利用血清中的葡萄糖与冰醋酸、邻甲苯胺共热，葡萄糖失水转化为 5-羟甲基-2-呋喃甲醛，再与邻甲苯胺缩合为蓝色的醛亚胺(Schiff 碱)，血清中的蛋白质则溶解在冰醋酸和硼酸中不发生浑浊。此法操作简单，灵敏度高，但专一性不够强，干扰因素较多，且产生的颜色不稳定，因此所有的测定值必须在同一时间内读数，而且须预先用葡萄糖标准液标定。葡萄糖氧化酶法即葡萄糖经葡萄糖氧化酶氧化生成葡萄糖酸并生成过氧化氢，后者与苯酚及 4-氨基安替比林在过氧化物酶作用下产生红色化合物，测定该有色化合物的吸光度即能算出葡萄糖含量。此法方便而快速，且对葡萄糖高度专一，但该法产生的颜色不稳定。

实验二十五　饱食、饥饿及激素对肝糖原含量的影响

【基本原理】

正常肝糖原的含量约占肝重的 5%。许多因素可影响肝糖原的含量，如饱食后肝糖原增加，饥饿后肝糖原逐渐降低；某些激素如肾上腺素能促进肝糖原分解，降低其含量；皮质醇促进糖异生，增加其含量。

糖原在浓碱溶液中较稳定，故肝组织先置浓碱中加热，破坏蛋白质及其他成分而保留肝糖原，然后加酒精至 60%使之沉淀析出并除去小分子有机物质，以免后者在浓硫酸中炭化影响生色。

糖原在浓硫酸中可先水解生成葡萄糖，然后进一步脱水生成糠醛衍生物。后者和蒽酮作用，形成蓝绿色化合物，与同法处理的葡萄糖标准液比色。反应式如下：

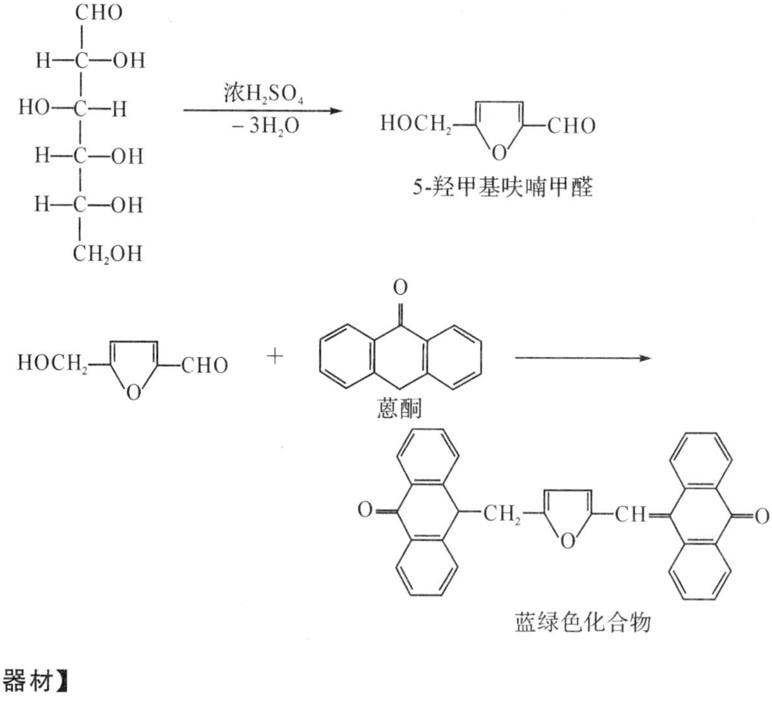

CHO—(H—C—OH)—(HO—C—H)—(H—C—OH)—(H—C—OH)—CH_2OH $\xrightarrow[-3H_2O]{浓H_2SO_4}$ $HOCH_2$—(呋喃环)—CHO

5-羟甲基呋喃甲醛

$HOCH_2$—(呋喃环)—CHO + 蒽酮 ⟶

蓝绿色化合物

【试剂与器材】

一、试剂

1. 30% KOH 溶液。

2. 0.9% NaCl 溶液。

3. 葡萄糖标准液(0.05g/L)。

4. 0.2%蒽酮在浓硫酸(密度为 1.84g/mL)中的溶液，当天配用。

5. 95%酒精。

6. 肾上腺素注射液(1g/L)。临用时用 0.9% NaCl 溶液稀释至 20mg/L。

7. 醋酸皮质醇注射液(1g/L)。

二、器材

1. 试管及试管架　　2. 容量瓶

3. 移液器及吸管　　4. 可见分光光度计

5. 沸水浴　　6. 碎滤纸

7. 剪刀　　8. 扭力天平

【实验材料】

小白鼠(体重 25g 以上)。

【操作步骤】

1. 选体重 25g 左右的小鼠 4 只，分为 2 组：一组给足量饲料；另一组于实验前禁食 24h，只给饮水。实验前 5h，给一只饥饿的小鼠腹腔注射皮质醇，用量为每 10g 体重注射皮质醇 0.2mg；实验前半小时给一只饱食小鼠腹腔注射肾上腺素，用量为每 10g 体重注射肾上腺素 5μg。

2. 糖原提取：4 只小鼠分别断头处死，取出肝脏，以 0.9% NaCl 溶液冲洗后，以滤纸吸干，准确称取肝组织 0.5g，分别放入已加有 1.5mL 30% KOH 溶液的试管中，编号，置沸水浴煮 20min 使肝组织全部溶解，取出后冷却，按 1∶2(体积比)加入 95%酒精，置沸水浴至沸腾，用转速为 3000r/min 的离心机离心 10min，沉淀即为糖原。

3. 小心将各管内容物分别定量转移入 4 只 50mL 容量瓶中，用水多次洗涤试管，一并收入容量瓶内，加水至刻度，仔细混匀。

4. 糖原的测定：取试管 6 支，按表 12-2-2 所示操作。

表 12-2-2　试剂用量

试剂用量/mL	1 饱食鼠	2 肾上腺素鼠	3 饥饿鼠	4 皮质醇鼠	5 标准管	6 空白管
糖原提取液	0.50	0.50	0.50	0.50	—	—
葡萄糖标准液	—	—	—	—	1.0	—
去离子水	0.5	0.5	0.5	0.5	—	1.0
0.2%蒽酮	4.0	4.0	4.0	4.0	4.0	4.0

旋涡混匀，置沸水浴中 10min，冷却后在 620nm 处比色测定。

5. 按下式计算各管肝糖原含量(g/100g 组织)：

$$肝糖原含量=测定管吸光度/标准管吸光度\times 50/0.5\times 100/0.5\times 10^{-6}\times 1.11$$

式中，1.11 是用此法测得葡萄糖含量换算为糖原含量的常数，即 100μg 葡萄糖用蒽酮试剂显色相当于 111μg 糖原用蒽酮试剂所显之色。

【讨论】

1.糖原的分解与合成是调节血糖的主要因素,它受激素调节。激素中最重要的是胰岛素和胰高血糖素。肾上腺素在应激时才发挥作用。肾上腺皮质激素也可影响血糖水平,但在生理性调节中仅居次要地位。

2.肾上腺分泌的皮质醇等对糖、氨基酸、脂类代谢的作用较强,对水和无机盐的影响很弱,所以也称为糖皮质激素。给动物注射糖皮质激素可引起血糖升高,肝糖原增加。其作用机制可能有两方面:一方面,糖皮质激素可以促进肌肉蛋白质分解,分解产生的氨基酸转移到肝进行糖异生;另一方面,糖皮质激素可抑制肝外组织摄取和利用葡萄糖,抑制点即为丙酮酸的氧化脱羧,从而使血糖水平升高。

实验二十六　血清谷丙转氨酶活性的测定(赖氏法)

【基本原理】

丙氨酸和α-酮戊二酸在血清谷丙转氨酶作用下生成丙酮酸和谷氨酸,在酶反应达规定时间时,加入2,4-二硝基苯肼盐酸溶液以终止反应。生成的丙酮酸与2,4-二硝基苯肼作用,产生丙酮酸-2,4-二硝基苯腙,苯腙在碱性条件下转变成红棕色苯腙硝醌化合物,显色的深浅在一定范围内可反映所生成的丙酮酸量多少。

本实验所表示的sGPT活性单位是指:在规定实验条件下(pH=7.4,37℃保温30min)由sGPT催化产生2.5μg丙酮酸为一个活性单位。

【试剂及器材】

一、试剂

1.0.1mol/L,pH=7.4磷酸盐缓冲溶液。

2.谷丙转氨酶底物溶液:精确称取DL-丙氨酸1.79g和α-酮戊二酸29.2mg,先溶于0.1mol/L磷酸盐缓冲溶液约50mL中,然后以1mol/L氢氧化钠溶液校正pH到7.4,再用0.1mol/L,pH=7.4磷酸盐缓冲溶液稀释到100mL,充分混和,分装在小瓶中,冰冻保存。

3.2,4-二硝基苯肼溶液:精确称取2,4-二硝基苯肼19.8mg,溶于10mol/L盐酸10mL中,溶解后再加蒸馏水至100mL。

4.0.4mol/L氢氧化钠溶液。

5.丙酮酸标准溶液(2mmol/L):精确称取丙酮酸钠($CH_3COCOONa$)22.0mg于100mL容量瓶中,加0.1mL 0.1mol/L,pH=7.4磷酸盐缓冲溶液至刻度。此液应新鲜配制,不能存放。

二、器材

1.可见分光光度计　　2.水浴箱

【操作步骤】

一、sGPT活性测定

sGPT活性测定操作步骤见表12-2-3所示。

表 12-2-3　操作步骤

加入物	测定管(mL)	对照管(mL)
血清	0.1	0.1
GPT 底物溶液	0.5	—
37℃水浴保温 30min		
2,4-二硝基苯肼溶液	0.5	0.5
GPT 底物溶液	—	0.5
37℃水浴保温 20min		
0.4mol/L 氢氧化钠溶液	5.0	5.0

混匀，10min 后，在 500nm 波长处进行比色，以蒸馏水调零，读取两管吸光度读数，用测定管吸光度值减去对照管吸光度值，再从已绘制好的标准曲线上查出 sGPT 的活性单位。

二、标准曲线的绘制

操作步骤如表 12-2-4 所示。

表 12-2-4　操作步骤

管　号	加入物体积(mL)					
	1	2	3	4	5	6
丙酮酸标准溶液(2mmol/L)	0	0.05	0.10	0.15	0.20	0.25
GPT 底物溶液	0.50	0.45	0.40	0.35	0.30	0.25
0.1mol/L，pH=7.4 磷酸盐缓冲溶液	0.1	0.1	0.1	0.1	0.1	0.1
37℃水浴保温 30min						
二硝基苯肼溶液	0.5	0.5	0.5	0.5	0.5	0.5
37℃水浴保温 20min						
0.4mol/L 氢氧化钠溶液	5.0	5.0	5.0	5.0	5.0	5.0
相当于 GPT 活性单位数	0	28	57	97	150	200

混匀，10min 后，在 500nm 波长处进行比色，以蒸馏水调零，读取各管吸光度读数，将各管吸光度值减去 0 号管吸光度值后，以吸光度值为纵坐标，各管相应的转氨酶活性单位数为横坐标，绘制成标准曲线。

【讨论】

1. 正常时，谷丙转氨酶主要存在于各组织细胞中(以肝细胞中含量最多，心肌细胞中含量也较多)，只有极少量释放入血液中，所以血清中此酶活力很低。当肝脏等组织病变时，由于细胞坏死或通透性增加，使得细胞内的酶大量释放进入血液中，导致血清中 GPT 活力显著增高。所以在各种肝炎的急性期，药物中毒性肝细胞坏死等疾病时，血清 GPT 活力明显增高；肝癌、肝硬化、慢性肝炎、心肌梗死等疾病时，血清中此酶活力中等度增高；阻塞性黄疸、胆管炎等疾病时，此酶活力轻度增高。

2. 所有的 α-酮酸与 2,4-二硝基苯肼都能进行反应形成苯腙，然后在碱性条件下转变为红棕色的苯腙硝醌化合物，所以反应体系中的 α-酮戊二酸的羰基也能与 2,4-二硝基苯肼反应，但因其羰基一侧基团较大，在空间结构上有一定的位阻等原因，从而一定程度上影响了 α-酮戊二酸与 2,4-二硝基苯肼的反应。另外选择 490～530nm 波长进行比色，在此波长范围内丙酮酸的苯腙硝醌化合物的吸光度值远大于 α-酮戊二酸的苯腙硝醌化合物。在绘制标准曲线时，

还按比例加入 α-酮戊二酸，和丙酮酸一起生色，以减少 α-酮戊二酸的苯腙硝醌化合物的影响。

3. 实验中加血清对照管，可以减少由血清中 α-酮戊二酸等所引起的误差。在配制底物液时，如改用 L-丙氨酸，则应按上法减半量使用(因转氨酶只作用于 L-丙氨酸)。测定结果超过 200 单位时，应将血清稀释后再进行测定，结果乘以稀释倍数。另外，丙酮酸钠的纯度、质量对测定结果的影响也很大，应选择外观洁白、干燥的丙酮酸钠使用，如发现丙酮酸钠颜色变黄或潮解，不可再用。

(应李强、赵鲁杭)

第十三章　自主创新性实验

第一节　概　　述

自主创新性实验是由学生自主设计、自主完成，具有一定创新性的实验项目实施过程，是在实验者充分理解现实的需要、实验目的和要求的前提下，在已经掌握了相关的实验基本原理和实验技术方法的基础上，综合考虑和运用各种实验方法，自行设计实验方案，自行准备实验材料并加以实施的过程，并完成相关实验研究报告或论文。

自主创新性实验对于学生综合运用所学的知识、方法，培养学生的探索性思维和能力，发挥学生的主观能动性具有重要的意义。即使由于各种条件的限制，不能完整地完成整个实验过程，但这方面的训练对于学生自主创新能力和综合运用知识能力的培养是十分有益的。在实验过程中，学生需要对每个实验步骤的设计具有充分的考虑和理解，并能给与合理的解释，说明方法、资料的来源，这种能力对于全方位、宽视野、研究型人才的培养是非常重要的。

一、自主创新性实验的分类

自主创新性实验一般包括以下几种类型：

(一)完全自主创新性实验

学生根据自己的观察和思考，选中某个感兴趣的问题，经过基本文献检索，在发现没有相关研究的完整报道的情况下，提出自己的研究计划和方案并加以实施。

(二)指定型创新性实验

由老师提出相关的实验题目，学生通过文献检索，提出完整的实验设计方案并加以实施。

(三)完善型或改进型实验

在已有某些报道的基础上，学生经过思考和文献检索，提出与原报道不同的实验设计方案(改变某些实验方法或技术手段)并加以实施。

二、自主创新性实验项目设计需要考虑或注意的问题

1.项目的选题应该体现一定的现实性、实用性、先进性和可行性。

2.应该在查阅一定的文献资料的基础上提出实验设计方案。

3.对每个实验步骤可选择的实验方法要有充分的了解，并对拟采取的实验方法作出合理的解释。

4.实验过程中可影响实验结果的各种因素有哪些？如环境因素(温度、压力、湿度等)、系统因素(浓度、时间、剂量等)和自身因素(实验材料的选择、来源、性别、年龄等)。

5.实验对照组的选择：包括空白对照组、阳性对照组和阴性对照组。通过设置实验对照组，可以排除无关变量的影响，增加实验结果的可信度和说服力。

6.实验方法的选择要兼顾简便性、可行性、经济性等原则，即在能达到实验目的的前提下，尽量采取简便的实验方法和步骤，缩短实验时间；要根据实验室的现有条件设计实验方案，并

考虑实验的费用问题。

7. 建立一个简便的检测方法，可在实验过程中随时检测实验是否成功，是否值得进一步进行实验等。

8. 实验过程中应尽量保持生物分子的活性，注意实验条件的选择。

第二节　自主创新性实验设计

一、基本程序

自主创新性实验设计的基本程序主要包括选题、文献查询、实验设计、项目实施、实验结果观察和记录、总结和报告。

（一）选题

选题就是发现、探究或是需要解决某个问题，选题是自主创新性实验设计过程中最重要也是最困难的一步。选题需要兼顾现实性、创新性、可行性和科学性各个方面，也就是说是否能解决某些理论或现实的问题，在前人研究的基础上有何创新，在现有的实验条件下能否解决这个问题等等。从选题开始到最终确定实验项目往往要经过反复的思考和论证，需要查阅相关的文献报道，各种实验方案的比较等过程。

（二）实验设计

就是利用已有的实验条件，设计一个实验方案，完成所选项目中所需要解决的问题。实验设计中还应该包括相关的实验原理、可行性分析及依据、实验材料和经费、对照组、预期实验结果等相关内容。

（三）项目实施

合理安排实验时间，准备实验相关的试剂和器材，选择合适的观察指标，随时监控实验的完成情况，并客观地记录实验的结果。

（四）实验总结

在完成相关实验过程后，通过对实验数据进行处理和分析，加上科学的推理和演绎，以各种方式（如图表等）对实验结果进行描述和说明，撰写实验报告或论文。实验总结中还应包括是否达到了实验的目的，实验中遇到了哪些问题或差错，是否需要改进实验方案，实验结果的重复性如何等内容。

二、实验设计的基本思路

以蛋白质（或酶）的研究为例说明实验设计的基本思路。对蛋白质结构和功能的研究基本上包括以下实验过程：

材料的选择→蛋白质的提取→分离→纯化→结构、功能或性质研究和分析

1. 实验材料：在实验材料的选择上应选择富含目的蛋白的实验材料，并且相对容易获得和成本较低。

2. 蛋白质或酶的获取：如何从实验材料中获取目的蛋白？常需要破碎细胞，不同的实验材料所使用的破细胞的方法有所不同（如组织匀浆法、细胞匀浆法、研磨法、超声波破细胞法、酶法、渗透压法等），应根据需要进行选择。

3. 蛋白质的提取：大多数蛋白质都溶于水、稀盐或稀酸稀碱溶液，破细胞后要在温和的实

验条件下少量多次抽提蛋白质，提取过程应保持低温环境；加入蛋白酶抑制剂、还原剂（巯基乙醇、还原型谷胱甘肽等）、金属螯合剂（EDTA 等）以保护蛋白质的稳定性和生物活性；提取液应为缓冲液，pH 值应位于目的蛋白等电点两侧一定的范围内，过酸或过碱容易导致大多数蛋白质变性或失活。

4.分离纯化方法的选择：蛋白质分离纯化的方法主要是各种层析和电泳技术，层析和电泳的方法很多，如何进行合理的搭配和衔接，同时需要兼顾分离纯化过程中蛋白质生物活性逐渐减弱的客观事实，选择合理的实验方案。

（赵鲁杭）

附　　录

一、常用数据表

表 1　调整硫酸铵溶液饱和度计算表(25℃)

		硫酸铵终浓度，%饱和度																
		10	20	25	30	33	35	40	45	50	55	60	65	70	75	80	90	100
硫酸铵初浓度，%饱和度	每升溶液加固体硫酸铵的质量(g)*																	
	0	56	114	144	176	196	209	243	277	313	351	390	430	472	516	561	662	767
	10		57	86	118	137	150	183	216	251	288	326	365	406	449	494	592	694
	20			29	59	78	91	123	155	189	225	262	300	340	382	424	520	619
	25				30	49	61	93	125	158	193	230	267	307	348	390	485	583
	30					19	30	62	94	127	162	198	235	273	314	356	449	546
	33						12	43	74	107	142	177	214	252	292	333	426	522
	35							31	63	94	129	164	200	238	278	319	411	506
	40								31	63	97	132	168	205	245	285	375	469
	45									32	65	99	134	171	210	250	339	431
	50										33	66	101	137	176	214	302	392
	55											33	67	103	141	179	264	353
	60												34	69	105	143	227	314
	65													34	70	107	190	275
	70														35	72	153	237
	75															36	115	198
	80																77	157
	90																	79

* 在 25℃，硫酸铵溶液由初浓度调到终浓度时，每升溶液所加固体硫酸铵的质量(g)。

表 2　蛋白质等电点参考值

（单位：pH）

蛋　白　质	等电点
鲑精蛋白(salmine)	12.1
鲱精蛋白(clupeine)	12.1
鲟精蛋白(sturine)	11.71
胸腺组蛋白(thymohistone)	10.80
珠蛋白(人)(globin(human))	7.5
卵白蛋白(ovalbumin)	4.71,4.59
伴清蛋白(conalbumin)	6.8,7.1
血清白蛋白(serum albumin)	4.7～4.9
肌清蛋白(myoalbumin)	3.5
肌浆蛋白 A(myogen A)	6.3
β-乳球蛋白(β-lactoglobulin)	5.1～5.3
卵黄蛋白(livetin)	4.8～5.0
γ_1-球蛋白(人)(γ_1-globulin(human))	5.8,6.6
γ_2-球蛋白(人)(γ_2-globulin(human))	7.3,8.2
肌球蛋白 A(myosin A)	5.2～5.5
原肌球蛋白(tropomyosin)	5.1
铁传递蛋白(siderophilin)	5.9
胎球蛋白(fetuin)	3.4～3.5
血纤蛋白原(fibrinogen)	5.5～5.8
α-眼晶体蛋白(α-crystallin)	4.8
β-眼晶体蛋白(β-crystallin)	6.0
花生球蛋白(arachin)	5.1
伴花生球蛋白(conarachin)	3.9
角蛋白类(keratin)	3.7～5.0
还原角蛋白(keratein)	4.6～4.7
胶原蛋白(collagen)	6.6～6.8
鱼胶(ichthyocol)	4.8～5.2
白明胶(gelatin)	4.7～5.0
α-酪蛋白(α-casein)	4.0～4.1
γ-酪蛋白(γ-casein)	5.8～6.0
β-酪蛋白(β-casein)	4.5
α-卵清粘蛋白(α-ovomucoid)	3.83～4.41
α_1-粘蛋白(α_1-mucoprotein)	1.8～2.7
卵黄类粘蛋白(vitellomucoid)	5.5
尿促性腺激素(urinary gonadotropin)	3.2～3.3
溶菌酶(lysozyme)	11.0～11.2
血红蛋白(人)(hemoglobin(human))	7.07
血红蛋白(鸡)(hemoglobin(hen))	7.23
血红蛋白(马)(hemoglobin(horse))	6.92
肌红蛋白(myoglobin)	6.99

(续表)

蛋　白　质	等电点
血蓝蛋白(hemocyanin)	4.6～6.4
蚯蚓血红蛋白(hemerythrin)	5.6
血绿蛋白(chlorocruorin)	4.3～4.5
无脊椎血红蛋白(erythrocruorin)	4.6～6.2
细胞色素 C(cytochrome C)	9.8～10.1
视紫质(rhodopsin)	4.47～4.57
促凝血酶原激酶(thromboplastin)	5.2
α_1-脂蛋白(α_1-lipoprotein)	5.5
β_1-脂蛋白(β_1-lipoprotein)	5.4
β-卵黄脂磷蛋白(β-lipovitellin)	5.9
芜菁黄花病毒(turnip yellow virus)	3.75
牛痘病毒(vaccinia virus)	5.3
生长激素(somatotropin)	6.85
催乳激素(prolactin)	5.73
胰岛素(insulin)	5.35
胃蛋白酶(pepsin)	1.0 左右
糜蛋白酶(胰凝乳蛋白酶)(chymotrypsin)	8.1
牛血清白蛋白(bovine serum albumin)	4.9
核糖核酸酶(牛胰)(ribonuclease 或 RNase(bovine pancreas))	7.8
甲状腺球蛋白(thyroglobulin)	4.58
胸腺核组蛋白(thymonucleohistone)	4 左右

表 3　常见蛋白质相对分子质量参考值

(单位:dalton)

蛋　白　质	相对分子质量
肌球蛋白(myosin)	220000
甲状腺球蛋白(thyroglobulin)	330000
β-半乳糖苷酶(β-galactosidase)	130000
副肌球蛋白(paramyosin)	100000
磷酸化酶 A(phosphorylase A)	94000
血清白蛋白(serum albumin)	68000
L-氨基酸氧化酶(L-amino acid oxidase)	63000
过氧化氢酶(catalase)	60000
丙酮酸激酶(pyruvate kinase)	57000
谷氨酸脱氢酶(glutamate dehydrogenase)	53000
亮氨酸氨肽酶(leucine aminopeptidase)	53000
γ-球蛋白,H 链(γ-globulin,H chain)	50000
延胡索酸酶(反丁烯二酸酶)(fumarase)	49000
卵清蛋白(ovalbumin)	43000
醇脱氢酶(肝)(alcohol dehydrogenase(liver))	40000
烯醇酶(enolase)	41000
醛缩酶(aldolase)	40000

（续表）

蛋　白　质	相对分子质量
肌酸激酶(creatine kinase)	40000
胃蛋白酶原(pepsinogen)	40000
D-氨基酸氧化酶(D-amino acid oxidase)	37000
醇脱氢酶(酵母)(alcohol dehydrogenase(yeast))	37000
甘油醛磷酸脱氢酶(glyceraldehyde phosphate dehydrogenase)	36000
原肌球蛋白(tropomyosin)	36000
乳酸脱氢酶(lactate dehydrogenase)	36000
胃蛋白酶(pepsin)	35000
转磷酸核糖基酶(phosphoribosyl transferase)	35000
天冬氨酸氨甲酰转移酶 C 链(aspartate transcarbamylase C chain)	34000
羧肽酶 A(carboxypeptidase A)	34000
碳酸酐酶(carbonate anhydrase)	29000
枯草杆菌蛋白酶(subtilisin)	27600
γ-球蛋白，L 链(γ-globulin，L chain)	23500
糜蛋白酶原(胰凝乳蛋白酶原)(chymotrypsinogen)	25700
胰蛋白酶(trypsin)	23300
木瓜蛋白酶(羟甲基)(papain(carboxymethyl))	23000
β-乳球蛋白(β-lactoglobulin)	18400
烟草花叶病毒外壳蛋白(TMV 外壳蛋白)(TMV coat protein)	17500
肌红蛋白(myoglobin)	17200
天冬氨酸氨甲酰转移酶，R 链(aspartate transcarbamylase，R chain)	17000
血红蛋白(h(a)emoglobin)	15500
Qβ 外壳蛋白(Qβ coat protein)	15000
溶菌酶(lysozyme)	14300
R17 外壳蛋白(R17 coatprotein)	13750
核糖核酸酶(ribonuclease 或 RNase)	13700
细胞色素 C(cytochrome C)	11700
糜蛋白酶(胰凝乳蛋白酶)(chymotrypsin)	11000 或 13000

表 4　核酸、蛋白质换算数据

（一）核酸数据换算

1. 分光光度换算

$1A_{260nm}$双链 DNA＝50μg/mL

$1A_{260nm}$单链 DNA＝33μg/mL

$1A_{260nm}$单链 RNA＝40μg/mL

2. DNA 摩尔换算

1μg 1000bp DNA＝1.52pmol

1μg pBR322 DNA＝0.36pmol

1pmol 1000bp DNA＝0.66μg

1pmol pBR322 DNA＝2.8μg

1kb 双链 DNA(钠盐)＝6.6×10^5 Da

1kb 单链 DNA(钠盐)＝3.3×10^5 Da(dNMP 平均相对分子质量＝330Da)

1kb 单链 RNA(钠盐)=3.4×10^5 Da(dNMP 平均相对分子质量=345Da)

(二)蛋白质数据换算

100pmol 相对分子质量 100000Da 蛋白质=10μg

100pmol 相对分子质量 50000Da 蛋白质=5μg

100pmol 相对分子质量 10000Da 蛋白质=1μg

氨基酸的平均相对分子质量=126.7Da

(三)蛋白质和核酸之间的换算

蛋白质/DNA 换算

1kb DNA=333 个氨基酸编码容量=3.7×10^4 Da 蛋白质

10000Da 蛋白质=270bp DNA

30000Da 蛋白质=810bp DNA

50000Da 蛋白质=1.35kb DNA

100000Da 蛋白质=2.7kb DNA

表 5　SDS-PAGE 分离胶配方表

溶液成分	不同体积(mL)凝胶液中各成分所需体积(mL)							
	5	10	15	20	25	30	40	50
6%								
水	2.6	5.3	7.9	10.6	13.2	15.9	21.2	26.5
30%丙烯酰胺溶液	1.0	2.0	3.0	4.0	5.0	6.0	8.0	10.0
1.5mol/L Tris(pH8.8)	1.3	2.5	3.8	5.0	6.3	7.5	10.0	12.5
10% SDS	0.05	0.10	0.15	0.20	0.25	0.30	0.40	0.50
10%过硫酸铵	0.05	0.10	0.15	0.20	0.25	0.30	0.40	0.50
TEMED	0.004	0.008	0.012	0.016	0.02	0.024	0.032	0.04
8%								
水	2.3	4.6	6.9	9.3	11.5	13.9	18.5	23.2
30%丙烯酰胺溶液	1.3	2.7	4.0	5.3	6.7	8.0	10.7	13.3
1.5mol/L Tris(pH8.8)	1.3	2.5	3.8	5.0	6.3	7.5	10.00	12.5
10% SDS	0.05	0.10	0.15	0.20	0.25	0.30	0.40	0.50
10%过硫酸铵	0.05	0.1	0.15	0.2	0.25	0.3	0.4	0.5
TEMED	0.003	0.006	0.009	0.012	0.015	0.018	0.024	0.03
10%								
水	1.9	4.0	5.9	7.9	9.9	11.9	15.9	19.8
30%丙烯酰胺溶液	1.7	3.3	5.0	6.7	8.3	10.0	13.3	16.7
1.5mol/L Tris(pH8.8)	1.3	2.5	3.8	5.0	6.3	7.5	10.0	12.5
10% SDS	0.05	0.1	0.15	0.2	0.25	0.3	0.4	0.5
10%过硫酸铵	0.05	0.1	0.15	0.2	0.25	0.3	0.4	0.5
TEMED	0.002	0.004	0.006	0.008	0.01	0.012	0.016	0.02
12%								
水	1.6	3.3	4.9	6.6	8.2	9.9	13.2	16.5
30%丙烯酰胺溶液	2.0	4.0	6.0	8.0	10.0	12.0	16.0	20.0
1.5mol/L Tris(pH8.8)	1.3	2.5	3.8	5.0	6.3	7.5	10.0	12.5

（续表）

溶液成分	不同体积(mL)凝胶液中各成分所需体积(mL)							
	5	10	15	20	25	30	40	50
10% SDS	0.05	0.1	0.15	0.2	0.25	0.3	0.4	0.5
10%过硫酸铵	0.05	0.1	0.15	0.2	0.25	0.3	0.4	0.5
TEMED	0.002	0.004	0.006	0.008	0.01	0.012	0.016	0.02
15%								
水	1.1	2.3	3.4	4.6	5.7	6.9	9.2	11.5
30%丙烯酰胺溶液	2.5	5.0	7.5	10.0	12.5	15.0	20.0	25.0
1.5mol/L Tris(pH8.8)	1.3	2.5	3.8	5.0	6.3	7.5	10.0	12.5
10%SDS	0.05	0.1	0.15	0.2	0.25	0.3	0.4	0.5
10%过硫酸铵	0.05	0.1	0.15	0.2	0.25	0.3	0.4	0.5
TEMED	0.002	0.004	0.006	0.008	0.01	0.012	0.016	0.02

二、常用试剂的配制

1.0.5mol/L 氢氧化钠溶液

准确称取氢氧化钠 20g，用去离子水溶解并稀释至 1L。

2.0.5mol/L 盐酸溶液

准确量取盐酸 41.7mL，用去离子水稀释至 1L。

3.含 0.5mol/L 氯化钠的 0.5mol/L 氢氧化钠溶液

准确称取氯化钠 29.3g，氢氧化钠 20g，用去离子水稀释至 1L。注意：此溶液供回收纤维素时使用。

4.0.2%葡萄糖标准溶液

称取葡萄糖 2.5g 置于称量瓶中，在 70℃干燥 2h，在干燥器中冷却至室温，重复干燥，冷却至恒重，准确称取葡萄糖 2.000g，用去离子水溶解并定容至 1L，于 4℃保存。

5.250μg/mL 牛血清白蛋白标准液

准确称取 250mg 标准牛血清白蛋白，用 0.03mol/L pH7.8 的磷酸缓冲液溶解并定容至 1L，4℃冰箱保存。

6.Folin 试剂甲

称取 10g 氢氧化钠溶于 400mL 去离子水中，加入 50g 无水碳酸钠，溶解，待用(A)。称取 0.5g 酒石酸钾钠，溶于 80mL 去离子水中，加入 0.25g $CuSO_4 \cdot 5H_2O$ 水，溶解(B)。将 A∶B∶去离子水按 20∶4∶1 的比例混合即可，4℃保存，可用 1 周。

7.Folin 试剂乙

在 500mL 的磨口回流装置内加入钨酸钠晶体($Na_2WO_4 \cdot 2H_2O$)25.0359g，钼酸钠晶体($Na_2MoO_4 \cdot 2H_2O$)6.2526g，去离子水 175mL，85%磷酸 12.5mL，浓盐酸 25mL，充分混合；回流 10h，再加硫酸锂 37.5g，去离子水 12.5mL 及数滴溴，然后开口沸腾 15min，以驱除过量的溴，冷却后定容到 250mL。于棕色瓶中保存，可使用多年。

注意：上述制备的 Folin 试剂乙的贮备液浓度一般在 2mol/L 左右，几种操作方案都是把 Folin 试剂乙稀释至 1mol/L 的浓度作为应用液。Folin 试剂乙贮备液浓度的标定，一般是以酚酞为指示剂。用 Folin 试剂乙去滴定 1mol/L 左右的标准氢氧化钠溶液，当溶液颜色由红变为紫灰，再突然变成墨绿即为终点，如果用氢氧化钠去滴定Folin试剂乙，终点不太好掌握，溶液的颜色是由浅黄变为浅绿，再变为灰紫色为终点。

8. DNS试剂(3,5-二硝基水杨酸试剂)

取3,5-二硝基水杨酸5g，加入2mol/L氢氧化钠溶液100mL，将3,5-二硝基水杨酸溶解，然后加入酒石酸钾钠150g，待其完全溶解，用去离子水稀释至1000mL，棕色瓶保存。

9. 5%蔗糖溶液

称取蔗糖50g，用去离子水溶解定容至1L。

10. 0.1mol/L 蔗糖溶液

称取蔗糖34.230g，用去离子水溶解并定容至1L。

11. 20%乙酸溶液

量取冰醋酸200mL，用去离子水稀释至1L。

12. 30%(W/V)Acrylamide

称取下列试剂，置于1L烧杯中：Acrylamide 290g、Bis 10g，加入约600mL去离子水，充分搅拌溶解，加入去离子水定容至1L，用0.45μm滤膜滤去杂质，于棕色瓶中4℃保存。注意：丙烯酰胺具有很强的神经毒性，并可通过皮肤吸收，其作用有积累性，配制时应戴手套等。聚丙烯酰胺无毒，但也应谨慎操作，因为有可能含有少量的未聚合成分。

13. 40%(W/V)Acrylamide

称取下列试剂，置于1L烧杯中：Acrylamide 380g、Bis 20g，加入约600mL去离子水，充分搅拌溶解，加入去离子水定容至1L，用0.45μm滤膜滤去杂质，于棕色瓶中4℃保存。

14. 10%(W/V)过硫酸铵

称取1g过硫酸铵，加入10mL去离子水后搅拌溶解，贮存于4℃。注意：10%过硫酸铵溶液在4℃保存可使用2周左右，超过期限会失去催化作用。

15. 考马斯亮蓝R-250染色液

组分浓度0.1%(W/V)考马斯亮蓝R-250，25%(V/V)异丙醇，10%(V/V)冰醋酸，配制量1L：称取1g考马斯亮蓝R-250，置于1L烧杯中，量取250mL异丙醇加入上述烧杯中，搅拌溶解，加入100mL冰醋酸，均匀搅拌，加入650mL去离子水，均匀搅拌用滤纸除去颗粒物质后，室温保存。

16. 考马斯亮蓝染色脱色液

组分浓度10%(V/V)醋酸，5%(V/V)乙醇：取醋酸100mL、乙醇50mL，加水充分混合后定容至1L。

17. 凝胶固定液(SDS-PAGE银氨染色用)

组分浓度50%(V/V)甲醇，10%(V/V)醋酸：量取下列溶液，置于1L烧杯中：甲醇500mL、醋酸100mL、H_2O 400mL，充分混合后室温保存。

18. 凝胶处理液(SDS-PAGE银氨染色用)

组分浓度50%(V/V)甲醇，10%(V/V)戊二醛：量取下列溶液，置于1L烧杯中：甲醇50mL、戊二醛10mL、H_2O 40mL，充分混合后室温保存。

19. 凝胶染色液(SDS-PAGE银氨染色用)

组分浓度0.4%(W/V)硝酸银，1%(V/V)浓氨水，0.04%(W/V)氢氧化钠，配制量100mL：于容量瓶中加入下列物质：20%硝酸银2mL，浓氨水1mL，4%氢氧化钠1mL，加水定容至100mL，均匀混合。该溶液应为无色透明状。如氨水浓度过低时溶液会呈现混浊状，此时应补加浓氨水，直至透明；本染色液应现用现配，不宜保存。

20. 显影液（SDS-PAGE 银氨染色用）

组分浓度 0.005％（V/V）柠檬酸，0.02％（V/V）甲醛，配制量 1L：柠檬酸 50mg，甲醛 0.2mL，置于容量瓶中，加少量去离子水混匀溶解，再加去离子水定容至 1L，室温保存。

21. 45％乙醇溶液

取无水乙醇 450mL，加去离子水 550mL，混匀。

22. 5％十二烷基硫酸钠溶液（W/V）

称取 5.0g 十二烷基硫酸钠，溶于 100mL 4％乙醇溶液中。

23. 三氯甲烷-异戊醇混合试剂

取 500mL 三氯甲烷试剂，加入 21mL 异戊醇试剂，混匀。

24. 1.6％乙醛溶液

取 47％乙醛 3.4mL，用去离子水定容至 100mL。

25. 二苯胺试剂

配制方法：称取二苯胺试剂 0.8g，溶解于 180mL 冰醋酸中；再加入 8mL 高氯酸混匀；临用前加入 0.8mL 1.6％乙醛溶液。注意：配制完成后试剂应为无色。

26. 15％三氯乙酸溶液

称取三氯乙酸 150g，用去离子水溶解并定容至 1L。

27. 1％谷氨酸溶液

称取 10g 谷氨酸，先用适量去离子水溶解，再用氢氧化钾溶液中和至中性，最后用去离子水定容至 1L。

28. 1％丙酮酸溶液

称取 10g 丙氨酸，先用适量去离子水溶解，再用氢氧化钾溶液中和至中性，最后用去离子水定容至 1L。

29. 1％碳酸氢钾溶液

称取碳酸氢钾 1g，用去离子水溶解并定容至 1L。

30. 0.05％碘乙酸溶液

称取 0.5g 碘乙酸，用去离子水溶解并定容至 1L。

31. Locke 氏溶液

称取 9g 氯化钠，0.42g 氯化钾，0.24g 氯化钙，0.15g 碳酸氢钠，1g 葡萄糖，用去离子水溶解并定容至 1L。

32. 0.2mol/L 丁酸溶液

量取 18mL 正丁酸试剂，用 1mol/L 氢氧化钠中和，用去离子水定容至 1L。

33. 0.1mol/L 硫代硫酸钠溶液

称取 24.817g 硫代硫酸钠，用去离子水溶解并定容至 1L。

34. 0.1mol/L 碘溶液

称取碘 12.7g 和碘化钾 25g，用去离子水溶解并定容至 1L。用 0.1mol/L 硫代硫酸钠标定。

35. 10％氢氧化钠溶液

称取 100g 氢氧化钠，用去离子水溶解并定容至 1L。

36.10%盐酸溶液(配制量 200mL)

量取浓盐酸 49.3mL,用去离子水定容至 200mL。

37.0.1%标准丙氨酸溶液

称取丙氨酸 1g,用去离子水溶解并定容至 1L。

38.0.1%标准谷氨酸溶液

称取谷氨酸 1g,用去离子水溶解并定容至 1L。

39.0.1%水合茚三酮乙醇溶液

称取 1g 水合茚三酮试剂,溶于 1L 无水乙醇中。

40.水饱和酚溶液

在大烧杯中加入 80mL 去离子水,再加入 300g 苯酚,水浴中加热搅拌、混合至苯酚完全溶解。将该溶液倒入盛有 200mL 去离子水的 1000mL 分液漏斗内,轻轻振荡混合,使其成为乳状液。静止 7~10h,乳状液变成两层透明溶液,下层为被水饱和的酚溶液,放出下层,贮存于棕色瓶中备用。

42.对羟基联苯试剂

称取对羟基联苯 1.5g,溶于 100mL 0.5%氢氧化钠溶液中,配制成 1.5%的溶液。若对羟基联苯颜色较深,应用丙酮或无水乙醇重结晶,放置时间较长后,会出现针状结晶,应摇匀后使用。

43.10mg/mL 牛血清蛋白(BSA)

加 100mg 牛血清蛋白于 9.5mL 水中(为减少变性,须将蛋白加入水中,而不是将水加入蛋白中),盖好盖后,轻轻摇动,直至牛血清蛋白完全溶解为止(不要涡旋混合)。加水定容到 10mL,然后分装成小份贮存于−20℃。

44.8mol/L 乙酸钾(potassium acetate)

溶解 78.5g 乙酸钾于足量的水中,加水定容到 100mL。

45.1mol/L 氯化钾(KCl)

溶解 7.46g 氯化钾于足量的水中,加水定容到 100mL。

46.3mol/L 乙酸钠(sodium acetate)

溶解 40.8g 三水乙酸钠于约 90mL 水中,用冰醋酸调溶液的 pH 至 5.2,再加水定容到 100mL。

47.0.5mol/L EDTA

配制等摩尔的 Na_2EDTA 和 NaOH 溶液(0.5mol/L),混合后形成 EDTA 三钠盐。或称取 186.1g $Na_2EDTA \cdot 2H_2O$ 和 20g NaOH,溶于水中,并定容至 1L。

48.20mg/mL 蛋白酶 K(proteinase K)

将 200mg 蛋白酶 K 加入到 9.5mL 水中,轻轻摇动,直至蛋白酶 K 完全溶解(不要涡旋混合)。加水定容到 10mL,然后分装成小份贮存于−20℃。

三、缓冲溶液及配制

(一)缓冲溶液的缓冲原理

纯水或中性盐中加入少量的酸或碱,其 pH 即有明显的变化;但在弱酸及其盐(或是弱碱及其盐)的混合溶液中加入少量的酸或碱时,其 pH 几乎没什么变化,可见此种混合溶液具有保持原有 pH 的能力,故称为缓冲溶液。弱酸及其盐(如 HAc 与 NaAc)或是弱碱及其盐($NH_3 \cdot H_2O$与 NH_4Cl)的混合溶液都是缓冲溶液。

由弱酸 HA 及其盐 NaA 所组成的缓冲溶液对酸的缓冲作用,是由于溶液中存在着足够量的碱性离子 A^-,当向这种溶液中加入一定量的强酸时,H^+ 基本上与 A^- 结合而消耗,所以溶液的 pH 值几乎不变;当加入一定量的强碱时,弱酸解离的 H^+ 与 OH^- 结合形成水,从而也阻止了 pH 的变化。

缓冲溶液中加入少量的强酸或强碱,都不会是溶液的 pH 值发生变化,但如果加入的酸或碱的量较多时,缓冲溶液的 pH 值还是会有变化的,这里就涉及一个缓冲容量的问题。影响缓冲溶液缓冲能力的因素主要是缓冲对溶液的浓度以及相互间的浓度比,浓度越大,缓冲能力越强,缓冲对的浓度比越接近 1∶1,缓冲能力也越强;反之则越弱。每个缓冲体系的有效缓冲范围一般为弱酸或弱碱解离常数的各一个 pH 单位以内。

为了配制一定 pH 值的缓冲溶液,首先要选定一个弱酸,它的 pK_a 值要尽可能地接近所配制的缓冲溶液的 pH 值,然后再计算浓度比,便可配制所需的缓冲溶液了。同样,弱碱及其盐的缓冲溶液的配制也是如此。

(二)一些常用缓冲溶液的缓冲 pH 值范围(图 1)

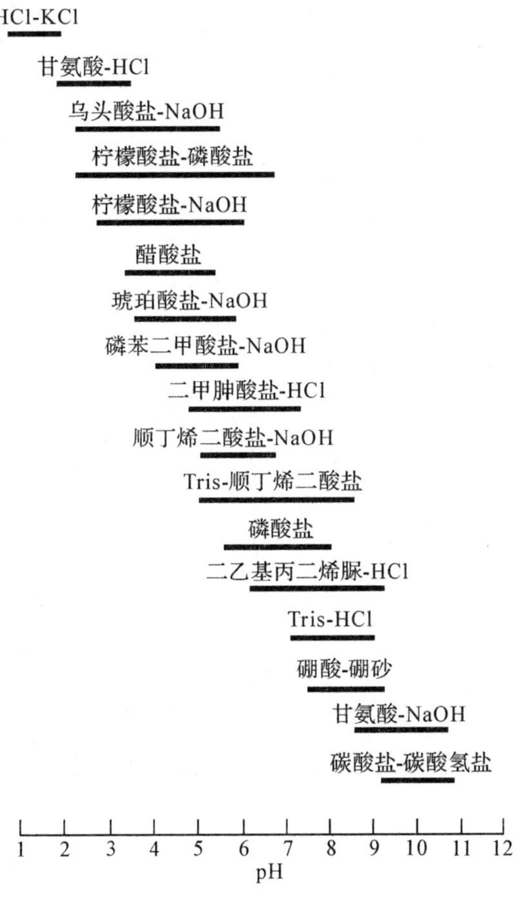

图 1　常用缓冲液的缓冲 pH 范围

(三)其他缓冲溶液的配制

1. 氯化钾-盐酸缓冲溶液(pH＝1.0～2.2)(25℃)

25mL 0.2mol/L 氯化钾溶液(14.919 g/L)＋ x mL 0.2mol/L 盐酸溶液,加蒸馏水稀释至100mL。

pH	0.2mol/L HCl 溶液(mL) (x)	水(mL)	pH	0.2mol/L HCl 溶液(mL) (x)	水(mL)	pH	0.2mol/L HCl 溶液(mL) (x)	水(mL)
1.0	67.0	8	1.5	20.7	54.3	2.0	6.5	68.5
1.1	52.8	22.2	1.6	16.2	58.8	2.1	5.1	69.9
1.2	42.5	32.5	1.7	13.0	62.0	2.2	3.9	71.1
1.3	33.6	41.4	1.8	10.2	64.8			
1.4	26.6	48.4	1.9	8.1	66.9			

2. 甘氨酸-盐酸缓冲溶液(0.05mol/L,pH＝2.2～3.6)(25 ℃)

25mL 0.2mol/L 甘氨酸溶液(15.01g/L)＋ x mL 0.2mol/L 盐酸溶液,加蒸馏水稀释至100mL。

pH	0.2mol/L HCl 溶液(mL) (x)	水(mL)	pH	0.2mol/L HCl 溶液(mL) (x)	水(mL)
2.2	22.0	53.0	3.0	5.7	69.3
2.4	16.2	58.8	3.2	4.1	70.9
2.6	12.1	62.9	3.4	3.2	71.8
2.8	8.4	66.6	3.6	2.5	72.5

3. 邻苯二甲酸氢钾-盐酸缓冲溶液(pH＝2.2～4.0)(25℃)

50mL 0.1mol/L 邻苯二甲酸氢钾溶液(20.42g/L)＋ x mL 0.1mol/L 盐酸溶液,加水稀释至100mL。

pH	0.1mol/L HCl 溶液(mL) (x)	水(mL)	pH	0.1mol/L HCl 溶液(mL) (x)	水(mL)	pH	0.1mol/L HCl 溶液(mL) (x)	水(mL)
2.2	49.5	0.5	2.9	25.7	24.3	3.6	6.3	43.7
2.3	45.8	4.8	3.0	22.3	27.7	3.7	4.5	45.5
2.4	42.2	7.8	3.1	18.8	31.2	3.8	2.9	47.1
2.5	38.8	11.2	3.2	15.7	34.3	3.9	1.4	48.6
2.6	35.4	14.6	3.3	12.9	37.1	4.0	0.1	49.9
2.7	32.1	17.9	3.4	10.4	39.6			
2.8	28.9	21.1	3.5	8.2	41.8			

4. 磷酸氢二钠-柠檬酸缓冲溶液(pH＝2.6～7.6)

0.1mol/L 柠檬酸溶液:柠檬酸 · H_2O 21.01g/L。

0.2mol/L 磷酸氢二钠溶液:$Na_2HPO_4 \cdot 2H_2O$ 35.61g/L。

pH	0.1mol/L 柠檬酸溶液(mL)	0.2mol/L Na_2HPO_4 溶液(mL)	pH	0.1mol/L 柠檬酸溶液(mL)	0.2mol/L Na_2HPO_4 溶液(mL)
2.6	89.10	10.90	5.2	46.40	53.60
2.8	84.15	15.85	5.4	44.25	55.75
3.0	79.45	20.55	5.6	42.00	58.00
3.2	75.30	24.70	5.8	39.55	60.45
3.4	71.50	28.50	6.0	36.85	63.15
3.6	67.80	32.20	6.2	33.90	66.10
3.8	64.50	35.50	6.4	30.75	69.25
4.0	61.45	38.55	6.6	27.25	72.75
4.2	58.60	41.40	6.8	22.75	77.25
4.4	55.90	44.10	7.0	17.65	82.35
4.6	53.25	46.75	7.2	13.05	86.95
4.8	50.70	49.30	7.4	9.15	90.85
5.0	48.50	51.50	7.6	6.35	93.65

5. 柠檬酸-柠檬酸三钠缓冲溶液(0.1mol/L,pH=3.0～6.2)

0.1mol/L 柠檬酸溶液:柠檬酸・H_2O 21.01g/L。

0.1mol/L 柠檬酸三钠溶液:柠檬酸三钠・$2H_2O$ 29.4g/L。

pH	0.1mol/L 柠檬酸溶液(mL)	0.1mol/L 柠檬酸三钠溶液(mL)	pH	0.1 mol/L 柠檬酸溶液(mL)	0.1mol/L 柠檬酸三钠溶液(mL)
3.0	82.0	18.0	4.8	40.0	60.0
3.2	77.5	22.5	5.0	35.0	65.0
3.4	73.0	27.0	5.2	30.0	69.5
3.6	68.5	31.5	5.4	25.5	74.5
3.8	63.5	36.5	5.6	21.0	79.0
4.0	59.0	41.0	5.8	16.0	84.0
4.2	54.0	46.0	6.0	11.5	88.5
4.4	49.5	50.5	6.2	8.0	92.0
4.6	44.5	55.5			

6. 乙酸-乙酸钠缓冲溶液(0.2mol/L,pH=3.7～5.8)(18 ℃)

0.2mol/L 乙酸钠溶液:乙酸钠・$3H_2O$ 27.22g/L。

0.2mol/L 乙酸溶液:冰醋酸 11.7mL/L。

pH	0.2mol/L NaAc 溶液(mL)	0.2mol/L HAc 溶液(mL)	pH	0.2mol/L NaAc 溶液(mL)	0.2mol/L HAc 溶液(mL)
3.7	10.0	90.0	4.8	59.0	41.0
3.8	12.0	88.0	5.0	70.0	30.0
4.0	18.0	82.0	5.2	79.0	21.0
4.2	26.5	73.5	5.4	86.0	14.0
4.4	37.0	63.0	5.6	91.0	9.0
4.6	49.0	51.0	5.8	94.0	6.0

7. 二甲基戊二酸-氢氧化钠缓冲溶液(pH=3.2～7.6)

0.1mol/L β,β'-二甲基戊二酸溶液:β,β'-二甲基戊二酸 16.02g/L。

pH	0.1mol/L β,β'-二甲基戊二酸溶液(mL)	0.2mol/L NaOH 溶液(mL)	水(mL)
3.2	50	4.15	45.85
3.4	50	7.35	42.65
3.6	50	11.0	39.00
3.8	50	13.7	36.30
4.0	50	16.65	33.35
4.2	50	18.40	31.60
4.4	50	19.60	30.40
4.6	50	20.85	29.15
4.8	50	21.95	28.05
5.0	50	23.10	26.90
5.2	50	24.50	25.50
5.4	50	26.00	24.00
5.6	50	27.90	22.10
5.8	50	29.85	20.15
6.0	50	32.50	17.50
6.2	50	35.25	14.75
6.4	50	37.75	12.25
6.6	50	42.35	7.65
6.8	50	44.00	6.00
7.0	50	45.20	4.80
7.2	50	46.05	3.95
7.4	50	46.60	3.40
7.6	50	47.00	3.00

8. 丁二酸-氢氧化钠缓冲溶液(pH=3.8～6.0)(25℃)

0.2mol/L 丁二酸溶液:$C_4H_6O_4$ 23.62g/L。

pH	0.2mol/L 丁二酸溶液(mL)	0.2mol/L NaOH 溶液(mL)	水(mL)	pH	0.2mol/L 丁二酸溶液(mL)	0.2mol/L NaOH 溶液(mL)	水(mL)
3.8	25	7.5	67.5	5.0	25	26.7	48.3
4.0	25	10.0	65.0	5.2	25	30.3	44.7
4.2	25	13.3	61.7	5.4	25	34.2	40.8
4.4	25	16.7	58.3	5.6	25	37.5	37.5
4.6	25	20.0	55.0	5.8	25	40.7	34.3
4.8	25	23.5	51.5	6.0	25	43.5	31.5

9. 邻苯二甲酸氢钾-氢氧化钠缓冲溶液(pH=4.1~5.9)(25℃)

50mL 0.1mol/L 邻苯二甲酸氢钾溶液(20.42g/L)+ x mL 0.1mol/L NaOH 溶液，加水稀释至 100mL。

pH	0.1mol/L NaOH 溶液(mL)(x)	水(mL)	pH	0.1mol/L NaOH 溶液(mL)(x)	水(mL)	pH	0.1mol/L NaOH 溶液(mL)(x)	水(mL)
4.1	1.2	48.8	4.8	16.5	33.5	5.5	36.6	13.4
4.2	3.0	47.0	4.9	19.4	30.6	5.6	38.8	11.2
4.3	4.7	45.3	5.0	22.6	27.4	5.7	40.6	9.4
4.4	6.6	43.4	5.1	25.5	24.5	5.8	42.3	7.7
4.5	8.7	41.3	5.2	28.8	21.2	5.9	43.7	6.3
4.6	11.1	38.9	5.3	31.6	18.4			
4.7	13.6	36.4	5.4	34.1	15.9			

10. 磷酸氢二钠-磷酸二氢钠缓冲溶液(0.2mol/L，pH=5.8~8.0)(25℃)

0.2mol/L 磷酸氢二钠溶液：$Na_2HPO_4 \cdot 12H_2O$ 71.64g/L。

0.2mol/L 磷酸二氢钠溶液：$NaH_2PO_4 \cdot 2H_2O$ 31.21g/L。

pH	0.2mol/L Na_2HPO_4 溶液(mL)	0.2mol/L NaH_2PO_4 溶液(mL)	pH	0.2mol/L Na_2HPO_4 溶液(mL)	0.2mol/L NaH_2PO_4 溶液(mL)
5.8	8.0	92.0	7.0	61.0	39.0
6.0	12.3	87.7	7.2	72.0	28.0
6.2	18.5	81.5	7.4	81.0	19.0
6.4	26.5	73.5	7.6	87.0	13.0
6.6	37.5	62.5	7.8	91.5	8.5
6.8	49.0	51.0	8.0	94.7	5.3

11. 磷酸二氢钾-氢氧化钠缓冲溶液(pH=5.8~8.0)

50mL 0.1mol/L 磷酸二氢钾溶液(13.6g/L)+ x mL 0.1mol/L NaOH 溶液，加水稀释至 100mL。

pH	0.1mol/L NaOH 溶液(mL)(x)	水(mL)	pH	0.1mol/L NaOH 溶液(mL)(x)	水(mL)	pH	0.1mol/L NaOH 溶液(mL)(x)	水(mL)	pH	0.1mol/L NaOH 溶液(mL)(x)	水(mL)
5.8	3.6	46.4	6.4	11.6	38.4	7.0	29.1	20.9	7.6	42.4	7.6
5.9	4.6	45.4	6.5	13.9	36.1	7.1	32.1	17.9	7.7	43.5	6.5
6.0	5.6	44.4	6.6	16.4	33.6	7.2	34.7	15.3	7.8	44.5	5.5
6.1	6.8	43.2	6.7	19.3	30.7	7.3	37.0	13.0	7.9	45.3	4.7
6.2	8.1	41.9	6.8	22.4	27.6	7.4	39.1	10.9	8.0	46.1	3.9
6.3	9.7	40.3	6.9	25.9	24.1	7.5	40.9	9.1			

12. Tris-HCl 缓冲溶液(0.05mol/L，pH=7~9)

25mL 0.2mol/L 三羟甲基氨基甲烷溶液(24.23g/L)+ x mL 0.1mol/L HCl 溶液，加水至 100mL。

pH		0.1mol/L HCl溶液(mL)(x)	pH		0.1mol/L HCl溶液(mL)(x)
23℃	37℃		23℃	37℃	
7.20	7.05	45.0	8.23	8.10	22.5
7.36	7.22	42.5	8.32	8.18	20.0
7.54	7.40	40.0	8.40	8.27	17.5
7.66	7.52	37.5	8.50	8.37	15.0
7.77	7.63	35.0	8.62	8.48	12.5
7.87	7.73	32.5	8.74	8.60	10.0
7.96	7.82	30.0	8.92	8.78	7.5
8.05	7.90	27.5	9.10	8.95	5
8.14	8.00	25.0			

13. 巴比妥-盐酸缓冲溶液(pH=6.8～9.6)(18℃)

100mL 0.04mol/L 巴比妥溶液(8.25g/L)+ x mL 0.2mol/L HCl溶液混合。

pH	0.2mol/L HCl溶液(mL)(x)	pH	0.2mol/L HCl溶液(mL)(x)	pH	0.2mol/L HCl溶液(mL)(x)
6.8	18.4	7.8	11.47	8.8	2.52
7.0	17.8	8.0	9.39	9.0	1.65
7.2	16.7	8.2	7.21	9.2	1.13
7.4	15.3	8.4	5.21	9.4	0.70
7.6	13.4	8.6	3.82	9.6	0.35

14. 2,4,6-三甲基吡啶-盐酸缓冲溶液(pH=6.4～8.3)

25mL 0.2mol/L 2,4,6-三甲基吡啶溶液($C_8H_{11}N$ 24.24g/L)+ x mL 0.2mol/L HCl溶液混合,加水稀释至100mL。

pH		0.1mol/L HCl溶液(mL)(x)	水(mL)
23℃	37℃		
6.4	6.4	22.50	52.50
6.6	6.5	21.25	53.75
6.8	6.7	20.00	55.00
6.9	6.8	18.75	56.25
7.0	6.9	17.50	57.50
7.1	7.0	16.25	58.75
7.2	7.1	15.00	60.00
7.3	7.2	13.75	61.25
7.4	7.3	12.50	62.50
7.5	7.4	11.25	63.75
7.6	7.5	10.00	65.00
7.7	7.6	8.75	66.25
7.8	7.7	7.50	67.50
7.9	7.8	6.25	68.75
8.0	7.9	5.00	70.00
8.2	8.1	3.75	71.25
8.3	8.3	2.50	72.50

15. 硼砂-硼酸缓冲溶液(pH=7.4～8.0)

0.05mol/L 硼砂溶液:$Na_2B_4O_7 \cdot H_2O$ 19.07g/L。

0.2mol/L 硼酸溶液:硼酸 12.37g/L。

pH	0.05mol/L 硼砂溶液(mL)	0.2mol/L 硼酸溶液(mL)	pH	0.05mol/L 硼砂溶液(mL)	0.2mol/L 硼酸溶液(mL)
7.4	1.0	9.0	8.2	3.5	6.5
7.6	1.5	8.5	8.4	4.5	5.5
7.8	2.0	8.0	8.7	6.0	4.0
8.0	3.0	7.0	9.0	8.0	2.0

16. 硼砂缓冲溶液(pH=8.1～10.7)(25 ℃)

50mL 0.05mol/L 硼砂溶液($Na_2B_4O_7 \cdot 10H_2O$ 9.525g/L)+ x mL 0.1 mol/L HCl 溶液或 0.1mol/L NaOH 溶液,加水稀释至 100mL。

pH	0.1mol/L HCl 溶液 (mL)(x)	水 (mL)	pH	0.1mol/L HCl 溶液 (mL)(x)	水 (mL)	pH	0.1mol/L NaOH 溶液 (mL)(x)	水 (mL)	pH	0.1mol/L NaOH 溶液 (mL)(x)	水 (mL)
8.1	19.7	30.3	8.6	13.5	36.5	9.3	3.6	46.4	10.1	19.5	30.5
8.2	18.8	31.2	8.7	11.6	38.4	9.4	6.2	43.8	10.2	20.5	29.5
8.3	17.7	32.3	8.8	9.4	40.6	9.5	8.8	41.2	10.3	21.3	28.7
8.4	16.6	33.4	8.9	7.1	42.9	9.6	11.1	38.9	10.4	22.1	27.9
8.5	15.2	34.8	9.0	4.6	45.4	9.7	13.1	36.9	10.5	22.7	27.3
						9.8	15.0	35.0	10.6	23.3	26.7
						9.9	16.7	33.3	10.7	23.5	26.2
						10.0	18.3	31.7			

17. 甘氨酸-氢氧化钠缓冲溶液(pH=8.6～10.6)(25℃)

25mL 0.2mol/L 甘氨酸溶液(15.01g/L)+ x mL 0.2mol/L NaOH 溶液,加水稀释至 100mL。

pH	0.2mol/L NaOH 溶液 (mL)(x)	水(mL)	pH	0.2mol/L NaOH 溶液 (mL)(x)	水(mL)
8.6	2.0	73.0	9.6	11.2	63.2
8.8	3.0	72.0	9.8	13.6	61.4
9.0	4.4	70.6	10.0	16.0	59.0
9.2	6.0	69.0	10.4	19.3	55.7
9.4	8.4	66.6	10.6	22.8	52.2

18. 碳酸钠-碳酸氢钠缓冲溶液(0.1mol/L,pH=9.2～10.8)

0.1mol/L Na_2CO_3 溶液:$Na_2CO_3 \cdot 10H_2O$ 28.62g/L。

0.1mol/L $NaHCO_3$ 溶液:$NaHCO_3$ 8.4g/L(有 Ca^{2+},Mg^{2+} 时不能使用)。

pH		0.1mol/L Na_2CO_3 溶液(mL)	0.1mol/L $NaHCO_3$ 溶液(mL)	pH		0.1mol/L Na_2CO_3 溶液(mL)	0.1mol/L $NaHCO_3$ 溶液(mL)
20℃	37℃			20℃	37℃		
9.2	8.8	10	90	10.1	9.9	60	40
9.4	9.1	20	80	10.3	10.1	70	30
9.5	9.4	30	70	10.5	10.3	80	20
9.8	9.5	40	60	10.8	10.6	90	10
9.9	9.7	50	50				

19.硼酸-氯化钾-氢氧化钠缓冲溶液(pH＝8.0～10.2)

50mL 0.1mol/L KCl-H_3BO_4 混合液(每升混合液含 7.455g KCl 和 6.184g H_3BO_4)＋ x mL 0.1mol/L NaOH 溶液,加水稀释至 100mL。

pH	0.1mol/L NaOH 溶液(mL)	水(mL)
8.0	3.9	46.1
8.1	4.9	45.1
8.2	6.0	44.0
8.3	7.2	42.8
8.4	8.6	41.4
8.5	10.1	39.9
8.6	11.8	38.2
8.7	13.7	36.2
8.8	15.8	34.2
8.9	18.1	31.9
9.0	20.8	29.2
9.1	23.6	26.4
9.2	26.4	23.6
9.3	29.3	20.7
9.4	32.1	17.9
9.5	34.6	15.4
9.6	36.9	13.1
9.7	38.9	11.1
9.8	40.6	9.4
9.9	42.2	7.8
10.0	43.7	6.3
10.1	45.0	5.0
10.2	46.2	3.8

20.二乙醇胺-盐酸缓冲溶液(pH＝8.0～10.0)(25℃)

25mL 0.2mol/L 二乙醇胺溶液(21.02g/L)＋ x mL 0.2mol/L 盐酸溶液,加水至 100 mL。

pH	0.2mol/L HCl 溶液(x)	水(mL)	pH	0.2mol/L HCl 溶液(x)	水(mL)
8.0	22.95	52.05	9.1	10.20	64.80
8.3	21.00	54.00	9.3	7.80	67.20
8.5	18.85	56.15	9.5	5.55	69.45
8.7	16.35	58.65	9.9	3.45	71.55
8.9	13.55	61.45	10.0	1.80	73.20

21. 硼砂-氢氧化钠缓冲溶液(0.05mol/L 硼酸)(pH＝9.3～10.1)

25mL 0.05mol/L 硼砂溶液(19.07g/L)＋ x mL 0.2mol/L NaOH 溶液,加水稀释至 1000 L。

pH	0.2mol/L NaOH 溶液(mL)(x)	水(mL)	pH	0.2mol/L NaOH 溶液(mL)(x)	水(mL)
9.3	3.0	72.0	9.8	17.0	58.0
9.4	5.5	69.5	10.0	21.5	53.5
9.6	11.5	63.5	10.1	23.0	52.0

22. 磷酸氢二钠-氢氧化钠缓冲溶液(pH＝11.0～11.9)(25 ℃)

50mL 0.05mol/L Na_2HPO_4 溶液＋ x mL 0.1mol/L NaOH 溶液,加水至 100mL。

pH	0.1mol/L NaOH 溶液(mL)(x)	水(mL)	pH	0.1mol/L NaOH 溶液(mL)(x)	水(mL)
11.0	4.1	45.9	11.5	11.1	38.9
11.1	5.1	44.9	11.6	13.5	36.5
11.2	6.3	43.7	11.7	16.2	33.8
11.3	7.6	42.4	11.8	19.4	30.6
11.4	9.1	40.9	11.9	23.0	27.0

23. 氯化钾-氢氧化钠缓冲溶液(pH＝12.0～13.0)(25℃)

25mL 0.2mol/L 氯化钾溶液(14.91g/L)＋ x mL 0.2mol/L NaOH 溶液,加水至 100 mL。

pH	0.2mol/L NaOH 溶液(mL) (x)	水(mL)	pH	0.2mol/L NaOH 溶液(mL) (x)	水(mL)
12.0	6.0	69.0	12.6	25.6	49.4
12.1	8.0	67.0	12.7	32.2	42.8
12.2	10.2	64.8	12.8	41.2	33.8
12.3	12.2	62.8	12.9	53.0	22.0
12.4	16.8	58.2	13.0	66.0	9.0
12.5	24.4	50.6			

24. 广范围缓冲溶液(pH＝2.6～12.0)(18℃)

混合液 A:6.008g 柠檬酸、3.893g 磷酸二氢钾、1.769g 硼酸和 5.266g 巴比妥加蒸馏水定容至 1000mL。

每 100mL 混合液 A＋x mL 0.2mol/L NaOH 溶液,加水至 1000mL。

pH	0.2mol/L NaOH 溶液(mL)(x)	水(mL)	pH	0.2mol/L NaOH 溶液(mL)(x)	水(mL)	pH	0.2mol/L NaOH 溶液(mL)(mL)(x)	水(mL)
2.6	2.0	898.0	5.8	36.5	863.5	9.0	72.7	827.3
2.8	4.3	895.7	6.0	38.9	861.1	9.2	74.0	826.0
3.0	6.4	893.6	6.2	41.2	858.8	9.4	75.9	824.1
3.2	8.3	891.7	6.4	43.5	856.5	9.6	77.6	822.4
3.4	10.1	889.9	6.6	46.0	854.0	9.8	79.3	820.7

（续表）

pH	0.2mol/L NaOH 溶液(mL)(x)	水(mL)	pH	0.2mol/L NaOH 溶液(mL)(x)	水(mL)	pH	0.2mol/L NaOH 溶液(mL)(x)	水(mL)
3.6	11.8	888.2	6.8	48.3	851.7	10.0	80.8	819.2
3.8	13.7	886.3	7.0	50.6	849.4	10.2	82.0	818.0
4.0	15.5	884.5	7.2	52.9	847.1	10.4	82.9	817.1
4.2	17.6	882.4	7.4	55.8	844.2	10.6	83.9	816.1
4.4	19.9	880.1	7.6	58.6	841.4	10.8	84.9	815.1
4.6	22.4	877.6	7.8	61.7	838.3	11.0	86.0	814.0
4.8	24.8	875.2	8.0	63.7	836.3	11.2	87.7	812.3
5.0	27.1	872.9	8.2	65.6	834.4	11.4	89.7	810.3
5.2	29.5	870.5	8.4	67.5	832.5	11.6	92.0	808.0
5.4	31.8	868.2	8.6	69.3	830.7	11.8	95.0	805.0
5.6	34.2	865.8	8.8	71.0	829.0	12.0	99.6	800.4

25. 离子强度恒定的缓冲溶液(pH=2.0～12.0)

按下表配制0.11或0.21的缓冲溶液，加蒸馏水至2000mL。适用于电泳中的缓冲溶液。

pH	5mol/L NaCl 溶液(mL)		1mol/L 甘氨酸-1mol/L NaCl 溶液(mL)	2mol/L HCl 溶液(mL)	2mol/L NaOH 溶液(mL)	2mol/L NaAc 溶液(mL)	8.5mol/L HAc 溶液(mL)	0.5mol/L NaH_2PO_4 溶液(mL)	4mol/L Na_2HPO_4 溶液(mL)	0.5mol/L 二乙基巴比妥钠溶液(mL)
	配成0.11时	配成0.21时								
2.0	32	72	10.6	14.7						
2.5	32	72	22.5	8.6						
3.0	32	72	31.6	4.2						
3.5	32	72	36.6	1.7						
4.0	32	72				20.0	33.7			
4.5	32	72				20.0	11.5			
5.0	32	72				20.0	3.7			
5.5	32	72				20.0	1.2			
6.0	32	72						9.2	6.6	
6.5	32	72						16.6	3.7	
7.0	32	72						22.7	1.6	
7.5	32	72						24.3	0.5	
8.0	32	72		10.4						80.0
8.5	32	72		5.3						80.0
9.0	32	72		2.0						80.0
9.5	32	72	34.5		2.7					
10.0	32	72	28.8		5.6					
10.5	32	72	23.2		8.4					
11.0	32	72	19.6		10.2					
11.5	32	72	17.6		11.2					
12.0	32	72	15.2		12.4					

26. 磷酸缓冲盐溶液(PBS)

NaCl	8g
KCl	0.2g
Na_2HPO_4	1.44g
KH_2PO_4	0.24g
H_2O	800mL

用盐酸调节 pH 至 7.4 后，定容至 1000mL。

27. 2×BES 缓冲盐溶液

BES（*N*,*N*-双(2-羟乙基)-2-氨基乙磺酸）	1.07g
NaCl	1.6g
Na_2HPO_4	0.027g
H_2O	90mL

室温下用盐酸调节 pH 至 6.96，然后定容至 100mL，0.22 μm 过滤器过滤除菌，保存于 −20℃。

28. 20×SSC

NaCl	175.3g
柠檬酸钠	88.2g
H_2O	800mL

用 10mol/L NaOH 溶液调节 pH 至 7.0 后，定容至 1000mL。

29. 20×SSPE

NaCl	175.3g
$Na_2HPO_4 \cdot H_2O$	27.6g
EDTA	7.4g
H_2O	800mL

用 NaOH 调节 pH 至 7.4 后，定容至 1000mL。

30. Tris 缓冲盐溶液(TBS，25 mmol/L Tris)

NaCl	8g
KCl	0.2g
Tris	3g
酚红	0.015g
H_2O	800mL

用盐酸调节 pH 至 7.4 后，定容至 1000mL。

31. 50×Tris-醋酸(TAE)

Tris	242g
冰醋酸	57.1mL

0.5mol/L EDTA 溶液(pH=8.0)　　100mL
加水定容至 1000mL。

(0.5mol/L EDTA 溶液,pH=8.0:在 800mL 水中加入 EDTA-Na·$2H_2O$ 186.1g,在磁力搅拌器上剧烈搅拌,加 NaOH 固体颗粒调节 pH 至 8.0(约需 20g),然后定容至 1000mL。)

32. 10×Tris-磷酸(TPE)

Tris　　108g
85%磷酸　　15.5mL
0.5mol/L EDTA 溶液(pH=8.0)　　40mL
加水定容至 1000mL。

33. 5×Tris-硼酸(TBE)

Tris　　54g
硼酸　　27.5g
0.5mol/L EDTA 溶液(pH=8.0)　　20mL
加水定容至 1000mL。

34. TE

pH=7.4
　10 mmol/L Tris-Cl 溶液(pH=7.4)
　1 mmol/L EDTA 溶液(pH=8.0)
pH=7.6
　10 mmol/L Tris-Cl 溶液(pH=7.6)
　1 mmol/L EDTA 溶液(pH=8.0)
pH=8.0
　10 mmol/L Tris-Cl 溶液(pH=8.0)
　1 mmol/L EDTA 溶液(pH=8.0)

35. STE (SEN)

0.1mol/L NaCl 溶液
10 mmol/L Tris-Cl 溶液(pH=8.0)
1 mmol/L EDTA 溶液(pH=8.0)

36. STET

0.1mol/L NaCl 溶液
10 mmol/L Tris-Cl 溶液(pH=8.0)
1 mmol/L EDTA 溶液(pH=8.0)
5% Triton X-100

37. TNT

10 mmol/L Tris-Cl 溶液(pH=8.0)

150 mmol/L NaCl 溶液

0.05% Tween 20

四、透析袋的处理与保存

(一)预处理

干燥的透析袋在制备时曾用10%的甘油处理过,以防止干燥脆裂。一般透析时,只要浸泡润湿,并用蒸馏水充分洗涤,即可使用。对于要求较高的实验,除需将甘油完全洗净外,还应将所含有的硫化物及痕量的重金属除去。可用 10mmol/L 碳酸氢钠浸洗,也可用煮沸的方法或用 50%乙醇浸泡。10mmol/L EDTA 可以很好地除去重金属。EDTA 处理过的透析袋要用去离子水或超纯水冲洗,以免再度被重金属污染。

(二)透析袋的保存

1. 新的干燥透析袋应保存在密封的聚乙烯袋中,防止受潮生霉和被微生物蚀孔。最好能保存在 4℃冰箱中。

2. 湿润的透析袋用1%的苯甲酸或0.05%叠氮化钠防腐,并应保存在密闭的塑料袋中以保持其湿润状态,勿使其干燥,于 4℃冰箱保存。

3. 经过处理和使用过的透析袋,原来添加的保湿剂已经被除去,不应将其再次干燥,否则极易脆裂破损。

4. 用过的透析袋应将其充分洗净,特别是上面附着的黏性物质,必要时可以浸泡一段时间,或用含有氯化钠的溶液处理,以溶去透析袋上黏附的蛋白质等物质,在用蒸馏水洗净,保存在 50%甘油或 50%乙醇中。

(赵鲁杭)

参考文献

[1]Chomcynski P, Sacchi N. Single step method of RNA isolation by acidguanidinium thiocyanate phenol chloroform extraction. Analytical Biochemistry,1987,162:156-159.

[2]Friesen C,Roscher M,Hormann I,et al. Anti-CD33-antibodies labelled with the alpha-emitter Bismuth-213 kill CD33-positive acute myeloid leukaemia cells specifically by activation of caspases and break radio- and chemoresistance by inhibition of the anti-apoptotic proteins X-linked inhibitor of apoptosis protein and B-cell lymphoma-extra large [J]. European Journal of Cancer,2013,49(11):2542-2554.

[3]Lim J,Kim E,Im K,et al. Combination cell therapy using mesenchymal stem cells and regulatory T cells provides a synergistic immunomodulatory effect associated with reciprocal regulation of Th1/Th2 and Th17/Treg cells in a murine acute graft-versus-host disease model[J]. Cytotherapy,2013,15(4):703-14.

[4]Sandy A R,Chung J,Toubai T,et al. T cell-specific notch inhibition blocks graft-versus-host disease by inducing a hyporesponsive program in alloreactive $CD4^+$ and $CD8^+$ T cells [J]. Journal of Immunology,2013,190(11):5818-28.

[5]Wang D F,Lou N,Li X D. Effect of Coriolus Versicolor Polysaccharide-B on the Biological Characteristics of Human Esophageal Carcinoma Cell Line Eca109[J]. Cancer Biology & Medicine,2012,9(3):164-167.

[6]陈朱波,曹雪涛. 流式细胞术:原理,操作及应用[M]. 北京:科学出版社,2014.

[7]何凤田. 生物化学与分子生物学实验教程[M]. 北京:科学出版社,2012.

[8]李永明. 实用分子生物学方法手册[M]. 北京:科学出版社,1998.

[9]理查德 J. 辛普森. 蛋白质与蛋白质组学实验指南[M]. 何大澄,主译. 北京:化学工业出版社,2006

[10]厉朝龙. 生物化学与分子生物学实验技术[M]. 杭州:浙江大学出版社,2000.

[11]马文丽. 生物化学与分子生物学实验指导[M]. 北京:人民军医出版社,2011.

[12]钱国英. 生化实验技术与实施教程[M]. 杭州:浙江大学出版社,2009.

[13]王玉明. 医学生物化学与分子生物学实验技术[M]. 北京:清华大学出版社,2011.

[14]魏熙胤,牛瑞芳. 流式细胞仪的发展历史及其原理和应用进展[J]. 现代仪器与医疗,2006(4):8-11.

[15]吴冠芸. 生物化学与分子生物学实验常用数据手册[M]. 北京:科学出版社,1999.

[16]吴长有. 流式细胞术的基础和临床应用[M]. 北京:人民卫生出版社,2014.

[17]夏其昌,曾嵘. 蛋白质化学与蛋白质组学[M]. 北京:科学出版社,2004

[18]颜真,张英起,薛晓畅等. 蛋白质研究技术[M]. 西安:第四军医大学出版社,2007

[19]张玉奎等. 现代生物样品分离分析方法[M]. 北京:科学出版社,2003

[20]赵永芳,黄健. 生物化学技术原理与应用[M]. 北京:科学出版社,2015